基于市场机制的节能减排
理论、实践与政策

胡剑锋　魏　楚　著

U0124435

科学出版社

北　京

内 容 简 介

本书遵循"理论基础→实证研究→实践总结→政策建议"这一逻辑主线，从节能减排的市场机制角度切入主题，分别从理论、实证、实践和政策四个层面对节能减排进行综合性集成式研究。全书主要分四篇，理论篇包括第 1 章至第 3 章，主要概述节能减排理论基础；实证篇包括第 4 章至第 11 章，对能源效率、水体污染治理、温室气体减排等进行实证分析；实践篇包括第 12 章至第 16 章，分别就我国印染业、机械五金业、电子信息业等的节能减排活动与其他国家的节能减排举措进行对比分析；政策篇包括第 17 章至第 21 章，对我国现有节能减排政策进行评价，并对有可能出台的碳税政策作出模拟和情景分析。第 22 章给出一般性研究结论和对策建议。

本书可供从事相关研究的教师、研究生以及政府部门和企业有关人员参考。

图书在版编目（CIP）数据

基于市场机制的节能减排理论、实践与政策/胡剑锋，魏楚著 . —北京：科学出版社，2012

ISBN 978-7-03-035797-7

Ⅰ. 基…　Ⅱ.①胡…②魏…　Ⅲ. 节能-研究-中国　Ⅳ. TK01

中国版本图书馆 CIP 数据核字（2012）第 245764 号

责任编辑：张　震／责任校对：刘小梅
责任印制：钱玉芬／封面设计：无极书装

科 学 出 版 社 出版

北京东黄城根北街 16 号
邮政编码：100717
http://www.sciencep.com

双青印刷厂印刷
科学出版社发行　各地新华书店经销

*

2012 年 10 月第　一　版　开本：B5（720×1000）
2012 年 10 月第一次印刷　印张：23
字数：450 000

定价：88.00 元
（如有印装质量问题，我社负责调换）

前　　言

资源短缺、环境恶化正在威胁着人类的生存与发展，全球气候变化更是对人类提出了严峻的挑战。节约物质资源和能量资源、减少废弃物和环境有害物排放，已成为当今国际社会的广泛共识。作为一个负责任的大国，我国《国民经济和社会发展第十一个五年规划纲要》首次提出了"节能减排"的概念及其阶段性目标，国务院还专门成立了由总理担任组长的节能减排工作领导小组，表明了我国政府对这项工作的决心和力度。这是一项功在当今、利在千秋的事业。

通常认为，经济协调主要有两大机制：一是市场机制，二是政府管制机制。由于环境问题的根源在于外部性的存在，同时环境也具有许多公共产品的特征，而这些都会导致"市场失灵"，所以早期的经济学家十分强调政府干预的必要性。从世界各国的实践来看，政府在节能减排工作上都发挥着重要作用。中国也不例外。

"十一五"期间，我国政府严控"高能耗、高污染"行业、强制推广高效节能产品、着力淘汰落后产能、积极实施十大重点节能工程等，都取得了良好的效果。最终，COD（化学需氧量）、SO_2（二氧化硫）等指标任务超额完成，单位GDP能耗也接近预期的目标，从而扭转了能耗强度和污染物排放大幅上升的势头，环境质量有所改善，为应对全球气候变化做出了重要贡献。

不过，这种以管制为主要内容的政府干预，在实践中暴露出不少问题。譬如，标准的推行，需要付出巨大的审查和监督成本；禁令的实施，会滋生大量的腐败行为；环境考核指标与政绩的挂钩，又导致了造假、虚报现象；拉闸限电行为，更是影响了正常的经济发展……为此，中央政府开始鼓励有条件的地区开展排污权交易试点，同时也开始研究是否采用碳税等市场化政策工具。

国际经验和理论研究表明，有效的市场机制也能实现外部性内部化，并且具有比政府管制更好的激励作用。譬如，可交易许可证能增加管理的灵活性，降低减污的总成本。因为它只是强调污染的控制目标，而不强制实现目标的过程和途径。为此，企业既可以选择减少产量的方式，也可以选择使用减污技术的方式，还可以选择购买排污权的方式，来实现政府的污染控制目标，从而使得企业能够以最优成本效益来适应环境约束。又如，一个好的税收政策，不仅能减少污染、增加收入，还有利于促进技术进步。

当然，市场机制的利用是需要基础和条件的。一方面，利用市场的前提是要确定产权，如果没有一个清晰的产权，交易就难以发生，甚至还出现"公地的悲剧"；另一个方面，还需要创建市场，因为排污权交易等市场原先是不存在的，这是一个相当复杂的工作。

那么，当前我国节能减排工作可采取哪些市场化政策工具？推行新的政策会产生怎样的效果？在实施过程中有哪些经验和教训？本书就是针对这些重大现实问题，分别从理论、实证、实践和政策四个层面展开综合性的集成式研究。

第一部分"理论篇"，包含三章节内容，主要是阐述节能减排的理论基础，并重点剖析基于市场机制的两种节能减排手段。第1章依据公共品理论、外部性理论和产权理论等，介绍了节能减排的理论基础，并对节能减排的政策体系进行了分类。第2章回顾了环境税理论依据，以碳税为例着重分析了税收政策的实施效应，包括环境效应和经济效应等，并指出不同税收政策之间的功能区分。第3章探讨了可交易许可证制度，分别从微观和宏观两个层面分析可交易许可证制度的作用机理、实施条件，同时介绍了初始权分配的最新研究进展，这是实施许可证制度的重点和难点，也是至今没有真正解决的理论问题。此外，还专门比较了可交易许可证制度与税收制度、税收制度与收费制度之间的区别和联系，以及碳税与能源税、排污许可证交易制度在碳减排效果和政策成本方面的不同效应等。

第二部分"实证篇"，主要利用实证研究方法，分别从节能和减排两个层面进行研究。针对现有文献对"能源效率"概念的多种误用，第4章基于DEA方法构建出一个能够反映内在技术效率变化的能源效率指标，厘清了能源效率和能源生产率之间的区别和联系。第5章利用全要素能源相对效率模型，测算了中国不同地区的能源效率，同时考察了引起省际能源效率差异的影响因素。第6章重点研究信息化发展对能源效率的影响，采用微观模型推导出信息化资本同能耗强度间的关系，并采用省际面板数据进行了实证分析。工业节能潜力究竟有多大？可采取哪些途径？第7章就此作出了专门的研究，考虑到地区差异可能对结论产生影响，研究选择了聚焦特定地区的方法。第8章以小见大，利用水污染治理的典型案例，深入剖析了水体污染的产生根源、污染治理的发展过程以及有关政策工具的实施绩效，结合环境经济学理论，对环境政策工具有效性的有关理论和观点进行了经验验证。第9章深入考察了1991~2007年全球不同区域的碳排放强度变化情况及其驱动因素。第10章利用跨国面板数据，比较分析了世界108个国家（地区）的人均碳排放变化趋势及其原因，从中归纳出7种驱动模式，为我国发展低碳经济提供参照。第11章重点考察了浙江省工业化进程中的碳排放特征，并分别利用环境库兹涅兹曲线模型和因子分解法，定量分析了影响碳排放的多重因素。

第三部分"实践篇"，根据典型行业的污染物特点，提出具体的节能减排方案，并介绍国际经验。本部分包含五章节内容。第 12 章针对印染业的高能耗、高污染的状况，重点介绍了三家印染企业的实践经验及其做法，说明印染业节能减排不仅非常必要，而且完全可能。第 13 章通过对机械五金产业的物质代谢、能源代谢等分析，提出了构建工业生态链，实现园区内部物质循环、能量梯度利用的具体方法。第 14 章通过对电子信息产业不同企业生产工艺流程和污染物排放的对比分析，发现当前电子信息产业的节能减排仍然存在较大的空间。第 15 章以浙江省湖州经济开发区为例，系统研究了综合工业园区节能减排的思路与对策。第 16 章重点介绍了美国、日本、德国等 8 个国家的节能减排经验以及对我国的启示。

第四部分"政策篇"，包括五章三个层面，包括对现有节能减排政策进行评价，对未来的政策作出模拟和实证分析，以及提出我国节能减排的政策建议。其中：第 17 章对"十一五"规划中的两个约束性目标作出可行性分析，并对节能减排实施的经济成本和现有政策的局限性展开讨论。第 18 章探讨了我国节能减排目标实行地区分解的科学性问题。第 19 章通过区域 CGE 模型的构建，对征收碳税的经济冲击和减排效果作出了模拟分析。第 20 章对长江三角洲地区发展低碳经济的目标设定与可行途径进行了分析。第 21 章以浙江省为例，从可持续发展视角探讨了制造业转型升级的可行路径。最后，即第 22 章，是全书的主要结论、重要观点和政策建议。

节能减排是一项复杂的工程，它不可能仅仅借助于某些简单的"处方"就一劳永逸，而是需要多种政策工具的灵活运用和有机配合。除了政府管制政策和市场化政策外，当前的节能减排工作还要积极引进公众参与的政策工具。但限于篇幅，本书没有将这方面的研究内容纳入其中。由于一个市场化政策措施的出台，对整体和局部的影响是不一样的，有时甚至会出现大相径庭的情形，因此在理论研究和国际经验总结的基础上，本书十分注重把有关政策放在特定的背景下（如国家层面、区域层面、行业层面、园区层面）进行观察和比较分析。这是本书的一个重要特点。

作者

2012 年 8 月

目　　录

三、实　践　篇

四、政策篇

一、理 论 篇

1

节能减排的理论基础及其政策体系[*]

1.1 节能减排政策的理论基础

节能减排是解决环境问题的一个重要手段，因此有关节能减排政策的制定，主要依据的是环境经济学中的几个理论，包括公共产品理论、外部性理论和产权理论。本节将根据研究的需要，有侧重地对这些理论进行简要回顾和深入解读。能源效率问题还涉及生产力理论，但限于篇幅在此不做展开。

1.1.1 公共产品理论

公共产品指能为绝大多数人共同消费或享用的产品或服务。纯公共产品有两个属性——非竞争性和非排他性，即公共产品的消费不妨碍他人同时享用，也不会减少他人消费该种产品的数量和质量（非竞争性）；且不能排除那些消费公共产品而不愿意买单的人（非排他性）。

在人类发展早期，环境资源的稀缺性并不显著，因为自然环境有一定的容纳废弃物的能力，即环境容量。例如，在排放污染物的微观经济单位的生产或消费规模较小，逐个的微观经济单位加总后的数量也不大，其所排放的污染物远远低于环境容量。此时，对每个微观经营单位而言，环境资源就具有非竞争性的特点，而且环境是一个开放体系，也具有非排他性的特点，因此环境资源属于典型的纯公共产品。但是，环境容量是有限的，随着人口的增长和经济的发展，环境资源也呈现出"拥护性"，并使得微观经济单位之间的竞争越来越激烈，即竞争

---

* 本章内容由胡剑锋、颜扬撰写。

性越发明显。由此，环境资源也更多地被视为共有资源。

公共产品的非排他性和非竞争性，往往使得它在使用过程中落入低效甚至无效的资源配置，这也就是著名的"公地的悲剧"。1968 年哈丁在《科学》上发表了《公地的悲剧》一文，以寓言的形式讲述了对所有人开放的公共牧场必然会遭到过度放牧的故事。牧场是向全体牧民开放的，作为经济人的牧民，为实现自己的利益最大化，都会尽可能多地放牧牲畜，造成畜群不断扩大，最终超过了牧场的承受限度，从而引起牧民的行为与环境承载力的冲突。结果，利益归个人，损失大家共同分担，产生了外部不经济性，进而导致公地悲剧的发生。

"公地的悲剧"这个表述已经成为一种象征，它意味着任何时候只要有许多人共同使用公共资源，就会产生外部不经济性，即使是大气环境领域也是如此。由于向公有的环境排污是免费的，所以作为"经济人"的企业为了实现利润最大化，就只考虑排污，而忽视治污。也就是说企业增加排污量获得的利益归企业，即内部经济性；而将扩大排污量所造成的外部不经济性留给全体人民，结果酿成"公有环境的悲剧"。通过以上分析可以看出环境污染问题在很大程度上是由环境滥用造成的，所以我们首先必须找出导致环境滥用的经济根源，这个问题解决了，节能减排的经济理论渊源也就清楚了。在经济理论中，用来解释环境滥用的理论主要有两个：一是外部性理论，二是产权理论。这两种理论之间有着很密切的关系，外部性的产生并不是市场制度的必然结果，而是由于产权没有界定清晰，有效的产权可以降低甚至消除外部性。许多环境滥用现象，可以从这两个方面得到理论解释，也就是说，节能减排的经济思想是以这两个理论为基础展开的。

1.1.2　外部性理论

外部性理论既是环境经济学的一个理论支柱，也是制定节能减排政策的一个重要理论基础。一方面，它揭示了经济活动中出现一些资源配置低效率现象的根源；另一方面，它又为如何解决环境外部不经济问题提供了分析思路和研究方向。

1.1.2.1　外部性的含义

外部性的概念是由剑桥学派两位奠基者亨利·西季威克和阿尔弗莱德·马歇尔最先提出的。当一个（或一些）人没有全部承担他的行动所产生的成本或收益时，或者反过来说，有人承担了他的行动引起的成本或收益，就存在外部性。准确和全面理解这个定义，需要注意以下两点。第一，行为者对其他人的影响是非有意的，或者说这种影响只是在考虑自己福利或效用水平时产生的，在这种情况下的外部性才是真正的外部性。换言之，如果这种影响是有意的，我们就不能把它看成外部性，而只是经济活动中的一种相关性。第二，外部性的一个条件是行为者本身没有因对其他人造成影响（获得利益或造成损害）而获得报酬或支付补偿。很显然，如果存在这种报酬或补偿，而且报酬或补偿的费用与实际的影响费用相等，那么实际上已经消除了外部性。但是如果取得的报酬或支付的补偿费用与实际存在的影响费用不相等（通常是前者小于后者），我们依然可以认定存在外部性。

外部性概念提出后，越来越多的学者从不同角度对外部性问题进行了深入的探讨。英国著名经济学家庇古从"公共产品"入手，得出外部性问题具有"不可分割性"，即任何个人都不可能排他性地消费公共产品。庇古在《福利经济学》一书中提出了"内部不经济"和"外部不经济"这一对概念，并从社会资源最优配置的角度运用边际产值的分析方法，提出了"边际社会净产值"和"边际私人净产值"，两种边际产值的差构成了外部性。庇古认为，在经济活动中，如果某一主体给其他主体或整个社会带来了不需付出代价的损失，那就是外部不经济，这时这一主体的边际私人成本小于边际社会成本，且边际私人福利大于边际社会福利。奥尔森（Lloyd Olson）于 1965 年从"集体行动"问题入手，指出由于个体之间的协商需要成本，他们之间达成一致以获得某种"集体产品"就很困难，因而外部性问题又体现为个人行动和集体行动的对立。科斯（Coase，1960）从"外部侵害"入手，认为外部性问题具有相互性，解决外部性关键是要看哪种损害更小一些。他进一步提出，只有当交易成本足够小，并且收入影响忽略不计时，通过私人谈判，产权的适当界定和实施会得到资源最优配置的结果。诺斯（North，1981）则从"搭便车"问题入手，分析了正外部性问题，认为产权界定不清楚是产生外部性的原因；博弈论专家则从"囚徒的困境"问题入手，研究外部性问题，从而揭示了人类社会的一个内在矛盾，即个人理性和集体理性、个人最优和社会最优的不一致性。

1.1.2.2 外部性内部化的必要性及其方法

从资源配置的意义上分析，无论是正外部性还是负外部性，都会影响资源配置的效率。就负外部性而言，虽然损害者没有承担受害者后果，但该后果由社会（即损害者以外的主体）承担，所以损害者私人成本小于社会成本，别的主体特别是直接受害者的私人成本同时就会增加。更为严重的后果是，损害者在不承担损害他人后果的条件下，往往就会以社会或别人巨大的损失换取自己的小利益。另一方面，由于正外部性的制造者意识到自己的行为让别人无偿受益，他可能会约束或修正自己的行为，使别人免受益或少受益。这样的后果，就减少了社会福利。这就是说，在外部性存在的情况下，单个主体最大化行为不会自动导致有效率的资源配置。为此，就必须采取措施对其加以矫正，以减少或消除外部性，努力使社会成本（收益）接近或等于私人成本（收益），将外部性制造者所制造的社会成本和收益，变为制造者自身的成本和收益，即外部性内部化。

环境问题被认为是典型的外部性问题，其内部化的方法大体上可分为直接管制手段和经济刺激手段两大类。直接管制手段即为传统的"命令-控制"型手段，是指政府根据相关的法律、规章和排污标准，直接规定活动者产生外部不经济性的允许数量及其方式，并对违反或不遵守管制的活动者进行制裁或处罚。从经济效益分析，由于直接管制手段的制定本身缺乏费用效益分析，其行使比其他手段所需费用更高，所以在某种程度上是靠牺牲效率换取所谓的排污公平性。因此，研究者就开始探寻用经济刺激手段来实现环境外部不经济内部化的方法。

（1）非市场化的经济手段。所谓"非市场化"就是不通过买卖交易来实现目的的一种手段，这种手段主要是借助政府的力量，通过价格、税收、信贷和收费等手段，向使用环境资源的企业或消费者征收一笔费用，以维护政府拥有环境资源所有权的主体权利，迫使生产者和消费者把他们产生的外部效果纳入其经济决策之中。比如，征税或补贴，就是用所谓的庇古税来纠正负外部性。

经济手段作为外部不经济性内部化的重要手段，其根本的依据或原理就是国际经济合作组织（OECD）提出的"污染者负担原则"（polluter pays principle，简称PPP原则）。所谓PPP原则，就是指污染者应当承担治理污染源、消除环境污染、赔偿受害人损失的费用。提出PPP原则，主要是针对污染者将外部不经济性转嫁给社会的不合理现象，目的是要将外部不经济性内部化。PPP原则是环境管理的支柱，它可以促使排污者积极主动地治理自身产生的污染。否则，他将受到经济上的制裁，即治理污染、赔偿损失。该原则提出后，随即被各国采纳和应用，各国在运用PPP原则时，在经济手段上大同小异，主要是在负担范围上不尽相同，有以下三种情形：

①等量负担，等量负担就是要求污染者要负担治理污染源、消除环境污染、赔偿损害等一切费用。从理论上讲，应该全部负担，这才是公平合理的。

②欠量负担，污染者只负担治理污染源、消除环境污染、赔偿损害等的部分费用。提出欠量负担，主要是考虑到污染者的支付能力，若全部由污染者来负担，会加重其经济负担，甚至使其不能进行正常的生产活动。我国现行政策实际上是欠量负担。

③超量负担，污染者需支付超过污染损失的费用。

（2）市场化的经济手段，譬如排污权交易。在原有制度安排下，企业虽然是排污和治污的主体，但却处于被动的地位，只要达到政府规定的排污标准，就没有动力进一步治理污染、减少排污。随着市场经济的成熟，推行排污权交易，既可解决环境污染的外部不经济性问题，又可减少政府征收污染税和实行污染管制的成本，使治理环境从行政手段扩展到市场手段，更好地实现环境成本内部化。

1.1.3 产权理论

产权理论的形成大致分为两个阶段：第一阶段是 20 世纪 30 年代，对正统的微观经济学进行批判性思考，指出市场经济中存在摩擦，即交易费用；代表作是科斯 1937 年发表于伦敦经济学院《经济学杂志》上的论文《企业的性质》。第二阶段是 20 世纪 50 ~ 60 年代，科斯在分析"外部性"问题时，全面分析了产权明晰化在市场运行中的重要作用，指出产权的功能在于克服外部性，降低社会成本；代表作是科斯 1960 年发表在《法与经济学杂志》上的论文《社会成本问题》。

1.1.3.1 所有权与产权的区分

正统微观经济学与标准福利经济学假定，只要所有权明确了，所有者之间的权责利关系也就确定了。而实际上，在经济活动和市场交易中，即使所有权是明确的，所有者之间的权责利关系仍具有不确定性。交易双方在各自所有权范围内行事，一方的行为可能要对另一方造成损失或收益。例如收音机所有者收听美妙动听的音乐，隔壁邻居也得到美好的享受；工厂排放废气污染农田，周围的农户却要蒙受一定的损失。这是由于两个所有者之间在所有权活动范围上的相互交叉而出现的问题。这就需要调整双方的权利、责任，使双方为他们各自的利益而行动，最大限度地增加产出。

关于区分所有权与产权，科斯举了一个形象的例子：哪怕所有者是在自己的土地上开枪而惊飞了邻居设法诱捕的野鸡，也是不应该的。在这里，科斯说明了两层意思，一是土地与枪的所有权是明确的，所有者在自己的土地上开枪是不违法的；二是枪声惊飞了邻居设法诱捕的野鸡，影响了邻居的所有者权益，枪的所有者不应该开枪。这就提出了一个问题，枪的所有者是否有权在自己的土地上开枪而损害邻居的权益。这种权利显然不是所有权，西方经济学家将这种权利初步定为产权，以便与所有权相区别。产权于是被赋予初步的定义，即人们是否有权利用自己的财产去损害别人的权利。

德姆塞茨（Demsetz, 1967）对产权所下的定义与科斯所说的基本相同，他指出"所谓产权，就是指使自己或他人受益或受损的权利"。这个定义对产权的解释虽然有些模糊，但比较清楚地指明了产权不同于所有权。前者指的是财产所有者是否有权对别人造成损害或收益，这种权利不是对所有者而言的，而是对所有者与受其影响的他人之间的关系而言的。后者指的是所有者是否有占有、使用和处置财产以及分配财产的权利，这种权利是对所有者本人而言的，具有排他性。

1.1.3.2　产权的界定与交易成本

工厂排放废气污染农户的问题是普遍存在的，这一问题属于外部性问题。厂方认为，排放废气是在自己的所有权范围之内，不应受到农户的干预；农户也认为，废气污染农田，侵入了自己的所有权范围，影响其收益，工厂应该负责赔偿。如果不对工厂与农户两种所有权之间的权责利关系予以明确的规定，二者之间就会产生无休止的矛盾和利益冲突，影响经济的正常运转。只有把共同财产（如新鲜空气）涉及所有者之间的权责利关系划分清楚，通过市场交易实现权利的转让和重新组合，才能有效配置资源。这种所有者之间权责利关系的划分叫做产权界定。

科斯将交易成本分为获得准确的市场信息所要付出的成本、谈判成本及经常性契约的成本。以威廉姆森（Williamson）为代表的西方经济学家对交易成本问题的分析，发展为交易成本经济学。他们认为，交易成本有狭义和广义之分，狭义交易成本是为履行契约而付出的时间和努力；广义交易成本则是为谈判、履行合同和获得信息而需要运用的全部资源。威廉姆森（Williamson, 1975）对交易成本做了更加明确的规定，他把交易成本分为"事先的"和"事后的"两类。事先的交易成本指的是起草、谈判、签约、规定双方的权利和责任等花费的成本，以及保证落实某种协议的成本。由于不确定性的存在，交易双方在签订契约时，需要事先规定双方的权利和义务，即界定产权关系，为此必须花费一定的代价。两者之间产权的清晰度越高，付出的代价越小；清晰度越低，代价越大。事后的交易成本指的是交易发生之后为解决契约本身存在的问题，从改变条款直至退出契约所要花费的成本。其中，一是交易者想退出契约关系必须付出的费用；二是改变契约有关条款必须付出的费用；三是政府解决交易双方的冲突，交易者必须付出的费用；四是为确保契约关系的长期化与连续性而必须付出的费用。

1.1.3.3　科斯定理与制度选择

科斯的分析是从经济学的一个"神圣教条"，即私有制条件下完全竞争的市场体系（即科斯所讲的定价制度）能够实现资源的有效配置这一点出发的。他认为："如果定价制度的运行毫无成本，那么最终的结果（产值最大化）是不受法律状况影响的。"（Coase，1960）斯蒂格勒（George Stigler）教授把这个思想称为科斯定理，也有人把它称为科斯第一定理。

科斯不是没有看到交易成本而一味假定交易成本为零，其实科斯第一定理并不是科斯想说的全部，经济活动中的外部性不可避免，交易纠纷客观存在，法院调解具有必然性，市场交易必须付出成本，这与交易成本为零的假定不相符。面对现实，科斯于是提出，一旦考虑到进行市场交易的成本，合法权利的初始界定对经济制度运行的效率产生影响。有人把这个结论称为科斯第二定理。

也许是受到了科斯定理的影响，主流经济学认为，市场机制正常作用的基本条件包括产权的明确定义、专一性、安全性和可转移性。产权是有效利用、交换、保存、管理资源和对资源进行投资的先决条件。一般来说，在典型的市场经济中，产权必须明确定义，否则就会引起法律纠纷，使所有权产生不确定性，从而打击人们对资源投资、保存和管理的积极性；产权必须是专一的或具有排他性，多重产权，不管多么安全，也会打击所有者对资源投资、保存和管理的积极性；产权必须安全，如果存在政治经济上的不稳定，如产权随时可能被剥夺，定义再明确、再专一的产权也是不安全的，在这种情况下，长期投资是不可能的；最后，产权还必须是法律上可转移的，如果不能转移，就会打击所有者投资和保护资源的积极性，长期投资就不会持续。

科斯还把经济权利的配置引入现代经济学的分析之中，认为一定的经济制度对应一定的权利结构。变革经济制度实际是对权利结构进行调整，即权利的转让与重新组合的过程。因为权利调整需要付出成本，所以制度变革也面临选择问题。如果新制度所引起的权利调整费用低于新制度的实现所增加的社会福利，或是能减少通过市场进行权利调整的费用，制度的变革就应该进行；否则变革就不会发生。

制度变革就是所谓的制度创新。我们今天所看到的制度安排，如市场、企业和政府，不是从来就有的，它们是很久以前制度创新的结果。若要更深刻地理解它们的价值，就要设想一下，如果它们不存在，人们会失去什么。以定期集市的出现为例，假设在一个地区中有两个农民，他们需要和对方交换货物。在定期集市出现之前，任何一个农民可能在一个月的任何一天到适当的地点，等待和另一个人交换，但那个人可能来也可能不来，而来的人却要付出路程和等待的时间。交换固然能使双方获益，但若有一个人未到，交易就不能达成。这个例子具有"囚徒困境模型"的性质，由于要冒自己来交换而对方不来的风险，双方最后选择的策略可能是"鸡犬之声相闻，老死不相往来"。这样，交换所能给他们带来的利益，就外部于他们。如果双方约定，每逢每月的某一天，如 15 号，就到适当的地点进行交换，定期集市就出现了。定期集市克服了由于一方未到而造成的外部性问题，使原来外部于双方的潜在利益内部化。如果我们把两个人扩展为 N 个人，结论就更强。历史上通过制度创新解决的外部性问题已不成其为外部性问题，我们今天所面临的是尚未解决的外部性问题，所以我们的任务是寻找尚不存在的制度安排来解决它。

1.1.3.4 排污权产权性的确定及其交易

按照产权学派的分析逻辑，经济双方行为主体的一切交易活动在本质上都可以被认为是一种权利束的相互交换。所以作为交易的客体，排污权首先必须是一种产权，在没有产权界定和缺乏排他性公有产权的制度安排下，监督者要独立地承担成本而使整个社会共享其成果。所以人人都存在希望别人承担监督责任的侥幸心理。而产权私有化是最具有排他性的制度安排，所以产权私有化是解决"公地的悲剧"的最理想的选择。因为少数个人之间的讨价还价达成协议所要花费的成本要远低于多数人之间达成协议所要花费的成本。所以只有确立了排污权的产权性质，才能使排污权交易从理论走向实践。

理论上可以证明，排污权交易是一种有效的环境政策手段，美国的实践也表明，排污权交易不但可以节约总体治理成本，而且可以促进减排。因此排污权不但可以进行交易，而且必须要允许交易。那么排污为什么可以成为一种权利？

第一，根据物质平衡理论，可以说明废物的产生是普遍存在的。彻底消除污染在技术上是不可能的，而只能尽量减少排污。

第二，根据最优污染理论，存在一个由治理水平、污染损失水平和经济发展水平决定的最优排污量。如果实现零排污或严格的排污标准，在经济上则是得不偿失的。

第三，环境具有一定的吸纳污染物的能力，此即环境容量。在目前情况下它具有稀缺性，是一种资源，即环境容量资源。因此，如果不利用它，就是一种资源闲置或浪费。由此可见，排污可以而且应当成为一种权利，只要明确排污的权利，也就是明确环境容量资源的产权，则可以在市场经济条件下，借助市场的力量使得环境容量资源得以优化配置。确定了排污权具有产权性，它也应该具有产权所具有的可转移的特性。所以根据产权理论，拥有剩余排污权的企业就可将其引入市场进行交易了。

1.2 节能减排政策的基本分类

节能减排政策大体上可以分为三类，分别为命令控制型政策、环境经济政策以及环境信息公开化政策。命令控制型政策是人类污染控制史上首先采用的政策手段，环境经济政策是继命令控制型政策之后采用的政策手段，而环境信息公开化政策是对前两种政策手段的有益补充。

1.2.1 命令控制型政策

在国外，最先对环境问题进行经济分析的是美国经济学家庇古（Pigou）。在《福利经济学原理》（1920 年）一书中，他提出环境问题具有"外部性"（externalities），而外部性会导致"市场失灵"（market failure）。在这种情况下，如果没有政府的干预，市场是不可能自动填补这个缺陷的。这就是庇古著名的外部性理论，它不仅为环境问题的解决提供了一个经济分析思路，而且为政府采取"命令-控制"型环境政策工具（command-and-control）提供了一个合理性的理论依据。

命令控制型政策通常是由一组定性和定量的管理目标和法规构成，其管理的目标可以针对产出品的数量、投入品的数量、生产技术或排污行为发生的地点和时间等。这类政策的一个主要优点是政策效果的"确定性"，而且对其"依从性"容易监督（Rousseau，2005），这一优势在管理复杂的环境过程中显得尤为重要（Opschoor and Pearce，1991）。正是因为这一优点，命令控制型政策在政策选择中仍然占有统治地位，市场化工具的应用很少且通常只是作为直接管制方法的补充（经济合作与发展组织，1996）。

在 20 世纪 60 年代环境保护运动开始时期，各国政府建立环境保护机构来负责环境治理，通过制定法律、法规以及排放标准来约束排污者行为。1965 年，美国制订了《水质法案》，授权联邦政府在全国范围内建立直接饮用水水质标准，1970 年又制订了废物排放许可证计划，1972 年国会通过了《联邦水污染控制法修正案》，1977 年再次修改，并成为美国水污染的法制法律基础——《清洁水法》。从 1970 年开始，美国环境政策进入一个新的时代，联邦政府在环境保护中的地位大大加强，联邦最低标准和法规成为最主要的政策工具。在过去，所有国家的环境政策（包括具有非常强的以市场为导向的国家，如美国）都主要采用"命令-控制"式的直接管制手段，包括标准、许可证和区划等（经济合作与发展组织，1996）。

其中"标准"使用规章制度来要求生产者实现特定的环境目标或吸纳更多的社会有效的管理实践。标准分设计标准和执行标准。与设计标准不同的是，执行标准具有较大的灵活性，污染者可以自己选择达到强制目标的排污方法，可以通过增加减污投资来削减污染，也可以通过减少产量来削减污染（Sterner, 2002）。

1.2.2 环境经济政策

自 Baumol 和 Oates 起，经济学家们一直在呼吁采用经济激励工具的重要性，但此类构想在 20 世纪 80 年代后期被政策领域广泛采用之前，极少受到重视（经济合作与发展组织，1996）。世界环境与发展委员会是第一个把可持续发展作为社会持续发展的前提条件的官方组织，该委员会的报告《我们共同的未来》在对可持续发展的阐释中，强化了环境经济学在实际政策中的作用（WCED, 1987）。经济合作与发展组织（OECD）于 1991 年 1 月 30 日到 31 日召开的环境委员会部长级会议建议，OECD 国家应该采取一项战略，并强调把经济与环境决策结合起来是该战略三个要素中最优先考虑的方面；部长们一致认为，经济政策工具能够提供很强的技术革新和行为改变方面的激励作用，并且能够以成本有效的方式实现环境目标，提供很好的前景（经济合作与发展组织，1996）。1992 年召开的联合国环境与发展大会则明确承认了经济工具在经济上的重要性，该会议的主要成果从不同侧面都认同了污染者（使用者）支付原则、环境成本内在化、环境变化的预警方法以及经济手段的应用（《里约宣言》和《21 世纪进程》）。随后，欧共体在其《第五个环境行动计划》中提出：要扩大包括"得到正确价格"的经济工具在内的环境政策手段的应用范围。

环境经济政策通常是建立在激励基础之上的，因此又被称为激励式（incentive based, IB）政策。一般认为环境经济政策比命令控制型政策灵活，而且，经济理论和实践都表明，环境经济政策的成本大大低于命令控制型政策的成本（Davies and Mazurek, 1998；Freeman, 1990）。但是，环境经济政策的设计对信息的要求很高，而且执行起来又需要较高的监测费用。因此，环境经济政策最初实施起来并不顺利，进展非常缓慢。欧洲自 20 世纪 60 年代开始在某些特殊案例中实施了污染收费制度，而美国在 20 世纪 80 年代初期开始一些污染交易的尝试。目前，已经有越来越多的国家开始用市场化工具来解决环境问题（Randalt and Taylor, 2000）。环境经济政策工具有两种基本类型：庇古手段和科斯手段。

早在 20 世纪 30 年代，庇古就运用外部性理论对环境污染问题进行系统地分析。基于外部性理论，环境污染问题是由于市场在环境资源配置上失灵所导致的。他认为环境污染的外部性问题不能通过市场来解决，而必须依靠政府干预。鲍莫尔（Baumol，1970）等继承与发展了庇古的观点，并运用一般均衡分析方法寻求污染控制的最优途径。他们认为，要使企业排污的外部成本内部化，需要对企业污染物排放征税，以实现帕累托最优，征税的税率取决于污染所造成的边际损失，不会因企业排污的边际收益或边际控制成本的差异而有所区别。当外部效应的边际损失和效益函数不清晰时，对过度污染排放征收统一税，会比对所有企业实行统一标准，能够更有效地减少污染排放（Baumol and Oates，1971）。与征税相对应的政策是补贴，通常认为补贴也可以达到与征税同样的减污效果。譬如对二氧化硫的排放而言，如果对企业每减少一单位排放补贴 10 美分可以得到与对企业每增加一单位排放征税 10 美分同样的激励效果。但是，Kneese 和 Bower（1968）等认为，税收与补贴对排污企业的利润影响却是完全不同的，税收使企业的利润减少，而补贴则使企业的利润增加。因此，从长期看，两种具有完全不同的效果。在补贴的情况下，将会有更多的企业加入排污产业，虽然每家企业的排污量可能减少了，但社会总排污量却可能比以前更多，而税收方式的效果却刚好相反。所以，从长期看，税收比补贴控制污染的效果要更好。

除了以上提到的基本政策工具，还存在着一些更复杂的工具，它们中的很大一部分是其他政策的组成部分。事实上，组合政策是一块多产的领域，如押金-退还制度、税收-补贴制度以及退还排污费制度等。实质上，它们都是税收和补贴的组合政策，但它们又具有各自的特点，互不相同，适用于不同的环境领域。以税收-补贴方案为例，在这个方案中，排污者的排污权被限定在由管理者规定的基准排污标准范围中（Pezzey，1992；Farrow，1995）。排污者对超出基准排污量的部分要支付费用；而当排污低于基准排污量时，则会对"节约"的部分给予补贴。新企业没有排污权，而且必须为它们的排污支付费用。这种手段有吸引人的特性：一方面，它为排污者对环境的财产权范围和基准排污量之间提供了一种清晰的联系；另一方面，它揭示了社会或排污者应该支付多大的稀缺租金。总体而言，它包括作为特殊例子的补贴和庇古税。如果基准排污量为零，那么手段就是税收；如果基准排污量等同于当前（没有受到控制）排污量，那么这种手段总体上就成为一种补贴。

科斯手段同样也是基于市场失灵的理论，但他认为市场失灵源于市场本身的不完善，市场失灵只有通过市场的发展才能解决。1960 年，科斯在《社会成本问题》一文中对外部性、税收和补贴的传统观点提出了挑战。科斯认为，与某一特定活动相关的外部性的存在，并不必然要求政府以税收或补贴的方式进行干预。

只要产权被明确界定，且交易成本为零，那么受到影响的有关各方就可以通过谈判实现帕累托最优结果，而且这一结果的性质是独立于最初的产权安排的。科斯代表的新制度学派为解决外部性问题所提出的政策思路，是用市场的方法来解决市场失灵的问题，政府没有必要对市场进行干预。Turvey（1963）甚至认为，在满足科斯定理的市场条件下，引入庇古税本身就是导致市场扭曲的根源之一。关于科斯定理，科斯本人并没有对其准确说明，而是斯蒂格勒（George Stigler，1966）等经济学家根据科斯论文中的主要结论概括出来的。其基本表述如下：在交易成本为零时，只要产权初始界定清晰，并允许当事人谈判交易，就可以实现资源的有效配置。以污染为例，科斯强调，初始的产权安排既可以是污染的受害者有权索赔，也可以是厂商有权污染。在没有交易费用的情况下，这两种产权制度安排都可以在自由买卖排污权的市场条件下实现帕累托最优结果。对科斯定理还有另外的一种解释：如果交易费用为正，那么权利的初始界定将会影响资源配置的效果。在现实市场经济运行与经济发展过程中，个人所拥有的权利在相当大程度上取决于法律制度的初始界定，这就要求法律体系尽可能地把权利分配给最能有效运用它们的人，并通过法律的明晰性和简化权利转移的法律规定，维持一种有利于经济高效运作的权利分配格局。

1968 年，Dales 首次将科斯定理应用于水污染的研究，提出在加拿大的安大略省建立一个能够出售水体"污染权"的权利机构，从而产生了可交易许可证（tradable permits）制度。在这一制度下，管制当局制定总排污量上限，并按此上限发放排污许可证，许可证可以在市场上买卖。在一定的排污水平上，减污成本较低的污染者发现削减污染比购买排污许可证更经济，而减污成本较高的污染者则会发现购买排污许可证比削减污染更合算。由于各污染者的减污成本不同，存在许可证交易的潜在可能，通过交易达到节约成本的目的。此机制的效率已得到论证（Montgomery，1972），并且在理论分析和实践中都得到了进一步的发展。

Tietenberg（1991）研究了排污权交易的市场势力问题，认为市场势力的存在可能使得新排污企业偏重污染治理，因为排污权市场的垄断势力不能影响排污治理成本，但却可以影响排污权交易价格。新排污企业的增加促使排污权的价格上升，此时企业可能更偏爱治理污染。在新排污企业没有获得其他的补偿来源时，市场给卖方一个不同寻常的垄断机会。Gandgadaran 则以 1994 年洛杉矶排污权交易市场为例，研究了排污权交易的交易成本问题。研究结果表明，在排污权交易的初期，交易成本有着重要的作用，随着排污权交易市场的成熟，交易成本对市场效率的影响逐渐下降。近年来，也有很多环境经济学者探讨如何设计激励机制以便促使厂商污染治理技术的变迁问题。Milliman 和 Prince 分析了在直接控制、排污补贴、排污税以及排污权免费分配条件下和排污权拍卖分配条件下的交易等污染控制制度下，促使厂商技术变迁的激励机制问题。研究结果表明，排污权拍卖和排污税为厂商提供了最高的技术激励。Jung 和 Krutilla 等拓展这方面的研究工作，分析出污染治理的技术问题。他们通过计算总利润得出的结论是：排污权拍卖为厂商的技术创新提供最高的动力。

Rousseau（2005）则指出许可证交易具有以下好处：①成本节约；②激励超出目前限制的污染削减；③激励技术革新；④强调水质而非安装特殊减污技术；⑤独立团体（例如环保组织）参与的可能性。但同时也存在缺陷，包括市场力量的可能性、较高交易成本的出现（McCann，1996）以及监督和执行不力等。虽然环境经济政策同样存在缺陷，但毫无疑问的是，环境政策体系中经济激励手段的采用增加了污染控制的灵活性，在很大程度上提高了污染控制的社会经济效益。

1.2.3 环境信息公开政策

环境信息公开化政策是继命令控制型政策手段和环境经济政策手段后一项新的环境管理方法，被称为人类污染控制史上的第三次浪潮。环境信息手段主要是通过各种媒体将环境行为主体的有关信息进行公开，通过社区和公众的舆论，使环境行为主体产生改善其环境行为的压力，从而达到环境保护的目的。它是基于环境知情权理论、企业的社会责任理论和信息不对称理论之上的。

20 世纪 60 年代初联邦德国的一位医生首先提出了人类环境权的主张。1969年，美国密歇根州立大学的教授约瑟夫·萨克斯（Joseph Sax）以法学中的"共有财产"和"公共委托"理论为根据，提出了系统的环境权理论，即空气、水、日光等人类生活所必需的环境要素，是人类的共有财产，未经全体共有人的同意，任何人不得擅自利用、支配、污染、损害它们。后来日本学者又提出了环境权的两个基本原则——"环境共有原则"和"环境权为集体性权力原则"，进一步发展了环境权理论。这些理论和主张得到社会各界的普遍赞同，从而使环境权在国际法和许多国家的法律中得以确认。另一方面，对于企业来讲，他们在追求利润的同时也应承担社会责任，而保护环境、控制污染也是企业的社会责任的一部分，即企业有责任向社会公众公布其在生产经营过程中所产生的污染情况。在污染控制方面，还存在着信息不对称性。污染者对他们的污染物产生、处理和排放很了解，但是他们也有理由隐瞒他们的污染情况。提供信息公开，不仅使公众了解污染者的污染情况，而且公众对污染者也有监督作用，因为公众对污染者的信息了解得越多，污染者就会感到压力，这样他们就要尽量克服不良的外部性，减少环境污染，采用无污染的工艺等。

近年来，越来越多的国家开始采用环境信息政策。美国国会于 1986 年通过了《紧急规划和社区知情权法案》，该法案规定：美国环境保护局建立公开的电子数据库，以便公众获取有关排放到环境中的有毒物质的信息。在美国的带动下，欧洲也进行了实行环境信息公开制度的探索。1990 年 6 月欧共体通过了《关于自由获取环境信息的指令》，要求所有成员国在 1992 年 12 月 31 日前制定出为实施和贯彻该指令的必要的国内法律、法规和行政规定。英国于 1992 年制定了《环境信息法》，德国也于 1993 年通过了《环境信息法案》。1992 年联合国环境与发展大会通过了《里约环境与发展宣言》，进一步推进了环境信息公开制度的发展。

可见，信息在污染控制及改善排污者环境行为方面的作用是巨大的，信息可以通过社区和市场对污染源起到限制和刺激作用。这样，提供信息就成为一种相对独立而有效的污染控制手段。随着信息科学技术的迅猛发展，信息的收集、综合和传播的成本越来越低，环境信息公开政策也将发挥越来越大的作用。

2

基于税收手段的节能减排政策[*]

2.1　征税制度的理论依据

正如上一章所述，环境资源和环境治理具有公共物品性和外部性，这会导致环境资源的过度使用和环境治理供给不足。社会个体是无法自行解决这些困难的，必须由政府制定实施相关政策来引导个体合理地利用资源环境。世界各国政府都不同程度地插手环境问题，并制定相关的治理手段。在中国，传统的治理手段包括直接行政管制、罚款、财政补贴等。但是随着国民经济的发展，社会经济活动的活跃，以往的以事论事的治理方式已经显得捉襟见肘，亟须引入更为有效的政策工具。参考西方发达国家的政策历程可以看出，资源环境类税收制度将是我国政府在今后推进节能减排理念的主要方式。

税收制度用于解决环境资源问题的理论根基在于外部性问题。1910 年著名经济学家马歇尔在其著作《经济学原理》中首次提出外部性问题，为生态税理论的产生提供了直接的理论准备。外部性可以分为外部经济或称正外部性，以及外部不经济或称负外部性。外部经济就是一些人的生产或消费使另一些人受损而又无法向后者收费的现象；外部不经济就是一些人的生产或消费使另一些人受损而前者无法补偿后者的现象。例如，私人花园的美景给路人带来美的享受，但他不必付费，这样私人花园的主人就给过路人产生了正的外部性。又如，隔壁邻居音响的音量开得太大影响了我的睡眠，这时，隔壁邻居给我带来了负的外部性。

当归结到资源环境问题时，我们主要关注社会个体的生产与消费行为所产生的外部性，生产的外部性就是由生产活动所导致的外部性，消费的外部性就是由

　＊　本章内容是在胡剑锋、颜扬合作发表的论文"碳税政策效应理论研究评述"（《经济理论与经济管理》，2011 年第 4 期）基础上修改而成的。

消费行为所导致的外部性。例如，污染型企业在其生产的过程中将废气废水等污染物排放到自然环境中，对环境造成了破坏。从整个社会的角度来看，这种破坏是该企业生产所造成的社会成本；而对企业来讲，并不会把这部分成本考虑在其生产成本中，这就造成了企业生产的负外部性。

外部性理论没有给出一个将外部成本内部化的有效方法。1920 年，英国经济学家庇古（Arthur Pigou）在《福利经济学原理》中发展了马歇尔的外部性理论，首次指出污染者需要负担与其污染排放量相当的税赋，后人称之为庇古税（Pigovian tax）。庇古税理论成为后人通过税收手段解决外部性问题的重要理论依据。

由于受益者和破坏者有了额外的付费行为，他们经济活动的成本将有所上升，其生产产量决策能够正确地反映所消耗的社会成本，从而进一步影响其产品的市场价格和需求量，降低对生态资源的破坏程度。

原理如图 2.1 所示，假定某种产品的市场需求与供给分别为 D 和 S，额外的税费将导致生产者的供给成本上升，即 S 线向上平移，从而引起价格 P 的上升以及市场需求量 Q 的减少。由于产量的减少，将在一定程度上降低对生态资源的破坏程度。

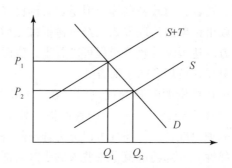

图 2.1　税费对产品市场价格和需求量的影响

就中国的实际情况来看，由于人口众多、产业结构分布也较为复杂，这给资源环境政策的实施带来了诸多困难。从 20 世纪 80 年代开始，国家已推出了多种针对节能减排以及促进环境保护的政策，但是这些以调节级差收入和促进资源合理开发利用为目标的政策，无论在公平性还是在实际效果上都不尽如人意。从比较制度的角度看，中国已经处于从发展状态到市场强化状态的转变之中，而市场强化就需要我们尽可能地利用好市场体系下的调节工具。理论分析和国际经验都表明，税收制度可以在促进资源节约与环境保护方面发挥积极而有效的作用。相比于政府规制等政策，税收制度具有非常优越的可控性和公平性：一方面，为了实现特定时期的资源与环境目标，通过公平地约束纳税人的行为，引导企业与个人放弃或收敛不利于资源与环境的生产活动和消费行为；另一方面，税收可以筹集资金，用于节约资源与环境保护的行动，为国家的可持续发展提供资金支持。因此，通过引入税收这一基于市场机制的政策工具来规范企业与个人的行为，对推进节能减排，促进国民经济和社会生活协调、快速发展具有非常重要的理论意义与现实意义。

2.2 税收政策的实施效应：以碳税为例

涉及节能减排的税种分类，主要是依据征收对象和税基来定。由于各税种之间的关系比较复杂，国内外关于税种的划分问题存在着一些争议。目前讨论较多的几种资源环境类税种包括环境税、污染税、资源税、能源税以及碳税。由于几种不同的税制的理论基础都是庇古税理论，关注的重点都包括对化石能源生产与消费的调节，所涉及的具体效应从理论上有较多重复，因此可以通过对其中个别税种作详细分析，来阐明资源环境类税制的实施效应。

由于气候变化问题在最近几年所受关注日益增加，中国政府于 2009 年 11 月公布了控制温室气体排放的行动目标，决定到 2020 年单位国内生产总值 CO_2 排放量比 2005 年下降 40%~45%。中国的减排目标和政策措施正受到国内外各界的高度关注，在中国实行碳税的呼声也越来越高。本部分将重点以碳税的实施效应为例，结合部分西方发达国家的实践经验，分析资源环境类税收隐含的各种效应。这些效应按照对环境的影响和对经济的影响大致可以分为两类，即环境效应与经济效应；同时又可按照研究角度与作用方式的不同，细分为直接环境效应、环境的二次收益、对经济总量的直接影响、对竞争力的影响、再分配效应以及福利效应等。

2.2.1 直接环境效应

对以节能减排为主要目的的税种，考察的首要因素必然是它的环境效应。作为以市场为基础的调节工具，碳税政策的实施将直接引起相关碳排放密集型产品的价格上升，通过价格机制的作用，市场能够自发且有效地调节经济行为体的 CO_2 排放量。

就部分发达国家已有的研究来看，碳税的环境效应是非常明显的，这也使得在诸多减排政策的选择过程中，碳税受到了格外的重视。很多学者利用实证数据支持了这一论点。譬如，Florosa（2005）指出，如果征收 50 欧元/吨的碳税，希腊的 CO_2 排放量将会在 1998 年的水平上减少 17.6%；Wissema 和 Dellink（2007）的研究表明，征收 10~15 欧元/吨的碳税会导致爱尔兰的 CO_2 排放量在 1998 年的水平上减少 25.8%。不过，也有少数学者提出了相反的意见，比较典型的观点可见于 Klimenko 等（1999）的研究结论。他们认为碳税的实施是毫无必要的，碳税导致燃料和电力价格上涨，将显著地影响国民的生活质量。同时，他们指出，依靠增加森林面积来控制大气中 CO_2 的含量将比实施碳税更加有效。

由于碳税是一种经济手段，它的环境效应也将通过对经济行为的引导来达到预期效果。碳税能够通过两方面的作用形式来对经济行为起到调节作用：一方面是直接作用，通过价格上升来刺激经济中的节约行为、能源使用效率的提高、能源产品的替代以及生产与消费结构的变化；另一方面是间接作用，通过将碳税收入合理地投放回经济中，会引起投资与消费模式的转变，进而增强前一方面的效应。

具体来看，碳税政策的作用方式，一般体现在引导人们的能源消费方式的三种转变来达到减排效果，即能源节约、含碳量不同的能源之间相互替代以及非能源产品对能源产品的替代。这三种转变所产生的根源都是碳税所导致的能源价格上升，鼓励供应与使用能源的企业进行技术改进，选择低碳型的能源技术，同时更多地使用天然气以及可再生能源等。鉴于上述三种原因，碳税对 CO_2 减排的作用程度将取决于能源需求的价格弹性以及能源产品之间的替代性。研究表明，能源产品之间的可替代性与能源需求的价格弹性之间是正相关的，即能源产品之间可替代性越强，那么能源需求的价格弹性也越大。然而，由于不同产业部门对能源需求的弹性存在差异，因而它们受到碳税的影响也是各不相同的。例如，一些高耗能行业，如饮食业、纺织业、非金属矿产开发业、冶金业等受到的影响将远高于其他一些低耗能的行业。

除了对企业的决策行为产生影响，碳税在一定程度上也会影响家庭的消费行为。家庭能源消费最主要的两个方面是交通与房间取暖，由于碳税导致能源价格的提升，家庭可能更多地选择公共交通来替代私人汽车以及更多地使用电力取暖来替代燃料取暖。然而，因收入条件以及交通工具使用状况不同，不同家庭对碳税的反应程度也是不一样的，这又需要结合具体家庭的实际情况来分析。

2.2.2 环境的二次收益

征收碳税所产生的环境效应并不局限于减少 CO_2 的排放。因为化石能源在使

用过程中除了排放 CO_2 之外，还会产生大量的其他污染物，而化石能源使用的减少同时会减少其他污染物的排放，这就是碳税政策所带来的环境二次收益。比如，英国有 99% 的 SO_2 和 NO_2、97% 的 CO、38% 的挥发性有机物是由化石能源的使用所产生（Ekins，1996）。随着碳税的征收，无论是企业还是个人，对化石能源的消费将有所下降，那么这些污染物的排放量将随之减少。如果考虑得更深远一点，甚至可以认为碳税所引起的交通工具使用量的减少将带来事故率降低、噪声减少等外部效应。

在现有研究中，对 CO_2 减排所带来的环境二次收益的规模估计，并没有相对精确的结论。不过，所有关于这方面的研究都一致认为，这个规模是相当可观的（Ekins，1996）。Pearce 在 1992 年研究了挪威和英国进行 CO_2 减排所带来的环境二次收益情况，认为到 2000 年的时候，二次收益的经济价值将是直接收益的 8 ~ 30 倍。Burtraw 和 Toman（1997）的研究认为，二次收益将抵消掉 30% 的 CO_2 减排成本。

如果忽视了二次收益，就可能引起对实施碳税的净成本估计出现很大的偏差，从而会导致碳税设计的失误。所以在进行碳税设计与改进时，必须考虑到 CO_2 排放以外的环境收益所能抵消的边际成本。将这一思想付诸实践有两个关键点：一是需要估计出碳减排的边际成本以及减排其他污染物带来边际损失的减少；二是需要估算除 CO_2 以外，直接对其他污染物进行减排的成本。考虑后一个因素的原因是，其他污染物的直接减排成本将影响到 CO_2 减排二次收益的价值。如果直接减排其他污染物的成本有所下降，那么 CO_2 减排的二次收益的价值也会随之降低。

2.2.3 对经济总量的影响

经济发展是几乎所有国家所考虑的最为关键的问题之一。任何一项政策推行之前，政府必然会关注其在经济方面的影响，这也是各国在推行碳税制度过程中需要考虑的一个关键问题。由于环境与经济之间的作用关系并不是单向的，在讨论碳税对经济的影响时，必然牵涉"环境—税制—经济"三者的互动。

经济发展到一定时期应该采取什么样的减排政策，各国政府的决策很大程度上建立在对其他国家做法的参考比较上，同时也取决于政府自身对环境压力与经济发展之间关系的看法。对环境与经济的关系问题存在着多种不同的观点，争论围绕这种关系是单调还是非单调的以及是非单调中的倒 U 形、N 形还是其他模型而展开。讨论最多的是倒 U 形曲线，又被称为环境库兹涅茨曲线（Environmental

Kuznets Curve，EKC）。Grossman 和 Krueger（1991）最先将原先用于描述收入不均等程度与发展阶段关系的库兹涅茨曲线，应用于环境问题。这种倒 U 形的发展路径，比较容易从现实情况中获得直观认识。在经济体的发展过程中，必须经历一个环境恶化的阶段似乎是不可避免的，而当人均收入达到某一水平后，经济的增长可以缓解原先对环境的破坏，从而使经济增长与环境保护和谐一致地发展。绝大部分已有研究，都是侧重于对环境库兹涅茨曲线是否存在进行验证。

在这里，我们主要关注环境问题中的 CO_2 排放与经济发展的实证研究。Dijkgraaf 和 Vollebergh（2001）曾对 24 个 OECD 国家的数据进行分析，发现其中有 11 个国家是符合 EKC 假设的。类似的研究还有很多，由于分析工具的不同以及个案中存在若干干扰项，导致得出的结论也大相径庭。总的来说，对环境问题中的 CO_2 排放与经济发展的关系，已有的研究并没有提供较为一致的结论。

碳税制度作为一种经济手段，主要是通过价格机制的作用对经济发展产生直接的影响。这种影响可以通过一些相互关联的宏观经济指标表现出来，比如GDP、失业率、价格水平、消费、投资等。但也并非局限于这些，很多学者已经将关注的重心放在征收碳税对竞争力偏移、收入再分配、技术进步等非指标类因素的影响上。

在关于碳税对经济总量影响效应的研究中，一般均衡模型得到了充分的利用。它可以针对不同部门的不同行为进行均衡分析，然后结合框架内所有的均衡因素，得出达到总体均衡时的数据结果。从已有的研究结论来看，实施碳税对经济总量的负面影响并不是很大。如果将碳税收入用于减少其他税收，那么这个影响则会更低。研究显示，将碳税与其他政策进行合理搭配，会减少实施碳税的净成本，甚至给经济带来正面影响。最常用的就是与适当的财政政策相结合，比如将碳税收入应用于对传统税收扭曲的缩减等。

2.2.4 对竞争力的影响

征收碳税从一定程度上会影响国内企业在国际市场上的竞争力。不过，竞争力是较为抽象的概念，比较难以量化估算，这为相关研究带来一定困难。竞争力通常的定义是，在自由和公平的市场条件下，一个国家向国际市场生产产品和提供服务，同时长期维持和提高国民收入水平的能力。从企业层面上来说，竞争力是企业增加在国际以及国内市场上的份额或者利润的能力。

碳税对企业竞争力的影响反映在导致企业相关成本的上升方面，尤其是对处在相互竞争关系中的企业来说，碳税的影响主要出现在对不同企业的成本产生不同程度影响的情形之下。碳税之所以会对不同企业竞争力的影响产生差别，主要有两方面原因：一方面是各个国家的政策不同，对不同企业尤其是对设立在不同国家的企业，其征税幅度是不同的；另一方面是各个企业自身的不同特性所产生的差异，比如碳排放量的不同，或者是所使用能源的可替代性不同。

对企业自身特性的差异而导致这些企业受碳税影响的不同，可以用一个例子来说明：如果一家企业能源密集程度较高，那么它受到碳税的影响会更大些，其在行业内的竞争力会受到削弱；而同行业内的能源密集程度较低的企业，则受碳税的影响会相对小一些。尤其是从短期来看，由于碳税的征收，能源密集程度低的企业将获得成本优势。碳税所引起的企业间竞争力的变化，导致了一些企业受益，而另一些企业遭受损失。毋庸置疑，受损失的企业必然会强烈反对这样有欠公平的碳税制度，这也是碳税政策在一些国家难以通过的原因之一。

显然，能源密集型的企业会非常关注碳税方面的政策方向。如果政策的不利形势难以扭转，他们通常会采取这样几种反应：第一是顺应政策趋势，按照市场状况来提高产品的价格，将成本上升的部分在一定程度上转嫁给消费者；第二是实施技术上的转变，选择低碳的替代型能源产品，这取决于企业的能源密集程度以及所使用能源的可替代性；第三是采取相对强硬的态度来避免缴纳碳税，有些甚至会把企业迁移到其他一些环境政策相对宽松的国家，以此来给政府施压。

需要讨论的问题是，碳税对企业竞争力的破坏作用是否如此巨大，以至于企业需要进行国家间迁移来作出回应。美国经济学家波特（Porter，1990）针对环境政策与企业竞争力的关系，提出了一个较为独特的观点。他认为，严格而有效的环境政策可以产生一个"双赢"的局面，即社会福利和企业自身利益都将得到提高，这就是著名的"波特假说"（Porter Hypothesis）。对环境政策提升社会福利的作用是显而易见的，争论的焦点在于企业自身利益是否会得到提升。波特给出的理由很简单，他认为这样的环境政策可以激发企业进行创新行为，从长远来看，相对于在环境政策宽松国家的企业，这些企业的竞争力将会得到提高。这个假设是基于非常有效的环境政策而言的，所以相对于行政命令，波特更倾向于推行税收政策。

2.2.5　碳税的再分配效应及其福利效应

税收制度必然会带来一定程度的社会财富再分配，这是决定碳税制度从政治上是否获得国民接受的重要议题。碳税的再分配效应应该从多个角度来度量，最基础的一项工作就是要对不同的群体进行分类研究。比如，按照不同收入水平的家庭分类，按照家庭处于城市还是农村地区进行分类，或者按照每一代人所应承担的份额进行分类等。现有关于碳税再分配效应的大部分研究，主要还是依据不同收入水平的分类方法。

影响碳税再分配效应的因素，至少可分为四个方面：第一，家庭的消费结构，包括对不同能源的消费以及对其他产品的消费，由于家庭消费结构的不同，受到再分配效应的影响程度也会不一样；第二，税负的最终承担者，例如，碳税是通过更高的产品价格全部转嫁给了消费者，还是由能源生产者接受更低的利润而自行承担；第三，环境质量改善的受益者，CO_2排放的减少以及化石能源消耗的减少将给不同人群带来不一样的好处，但是关于这方面的研究还很少，原因在于这种受益很难用经济价值来衡量；第四，碳税收入的使用，将碳税收入合理地再投入到经济中，很多时候能够在一定程度上抵消不公平的再分配效应。

通常来讲，政府在制定税收政策时，总是希望更少地影响到低收入人群。但大多数情况却恰恰相反，碳税对低收入家庭的影响相对于高收入家庭会更大一些，原因是能源消费占低收入家庭总支出的比例更高。许多研究都谈到，碳税收入应该用于缩减其他税制的"扭曲激励"问题，这将产生"双重红利"效应，即环境类税制的收入应当被用来降低现有税收的税率，从而减少现有税收，比如所得税或者资产税的社会福利成本。这样一种税收转移使得税收能带来环境收益的同时，可能只存在零福利成本，甚至是负的福利成本。如果分配效应对那些大企业集团即排放大户产生较大负面影响时，对其进行弥补能够保证政策的顺利实施；如果分配效应对低收入者和弱势群体造成了较大的负面影响，那么对其进行弥补就是社会公平目标的要求，这些也是公共政策的基本内容。

2.3 征税和收费政策比较

税费理论研究往往是将税收与收费置于公共财政体系框架内进行的。从国际上一些主要市场经济国家的政府预算来看，其收入来源一般都包括国家税收收入和政府非税收入两部分。但是作为以引导社会个体合理利用资源环境为主要目的时，纯粹以财政收入来决定征税和收费政策是完全错误的。从 20 世纪开始，我国在自然资源和环境保护方面采取了包括法律手段、经济手段和行政手段在内的一系列积极措施，在税收制度中也有相当一部分是针对环境保护的。目前，我国对环境污染治理的主要措施还是对排污收费的制度，与环境保护相关的税制并未真正起到环境税的应有作用，从而有待进一步完善。

当然，结合国内财税体系的实际情况，从实施目的以及对社会个体行为的调节作用来看，收取排污费与开征环境资源类税制之间有一定的共同点。首先，征税与收费都是公共财政收入的有效形式，两种政策的推行都会带来社会财富的分配与再分配，增加污染环境较多的个体成本，也就是产生社会福利效应。一旦有了这种调节作用，那么就会引导高污染或者高能耗企业通过各种途径降低对资源环境的破坏。其次，征税和收费都是以法律或者行政法规的形式予以规定，以国家的行政职能为前提，对个体的约束具有规范性和强制性，尽可能地做到公平合理。再次，征税和收费政策在制定时，都需要提前明确征收的数量和范围，并且对政策的实施效果有预见性，以确保达到预期的效果。

虽然征税和收费有共同之处，但是作为不同形式的规范手段，它们之间又存在诸多不同点。从政策的基础理论来看，虽然两者都会提高污染行为的个体成本，但是收费制度是远没有税收制度规范的。公共收费是国家、政府和公共部门规制的价格，属于包括政府在内的公共部门行为；而税收是在非市场的政治领域制定的，属于国家政府行为。对公共收费来讲，无论行政部门如何努力追求政策的公平性，它所达到的公平程度是与税收制度无法相比的。税收因普遍课征、影响广泛，国家一般采用正式立法的形式，由中央立法部门立法，所立法律具有相对稳定性；而收费的立法层次较低，且在范围、标准、时间等方面表现出较大灵活性，在具体实施过程中又有着就事论事的烦琐性。

就我国目前与治理环境污染相关的法律制度来看，其中能够发挥最直接最有效的当属排污收费制度，即由国家环境管理部门代表环境资源的所有权和管理权的主体，对污染者征收污染防治费用。排污收费的实施在很大程度上减少了企业将其本身应支付的费用转嫁给社会的可能性，但是收费政策的不足之处在实践中日益显现。我国现行的排污收费所涉及的对象范围，并没有覆盖所有的污染环境行为，如对流动污染源、居民生活用水污染、城市生活垃圾、印刷等重要的污染源因没有相应的法律、法规规定而无法对其征收排污费。此外，排污费征收目的背离环保目的。按我国《征收排污费暂行办法》的规定，排污费是作为防治污染资金的，这会引导行政部门在进行收费过程中追求筹集资金多多益善；而环境法的根本宗旨却在于制约排污单位减少污染物的排放，保护环境。由此可见，排污费征收的初衷并未能与节能减排的环保目的完全吻合。

2.4 不同税收政策之间的功能区分

目前，在各国已经出现的资源环境类税制种类较多。由于各税种之间的关系比较复杂，国内外关于税种的划分问题存在着一些争议，其中讨论最多的主要为环境税、污染税、碳税、能源税以及资源税五种。这五种税制在外延上存在一定的交叉，但是在税种的设计、税制的调节范围、课税基础和课征环节等方面却各有专长。表2.1通过对五个税种所涉及的不同应税行为的比较，来清晰地反映它们的功能差异。

表 2.1　基于应税行为的五个税种之间关系

应税行为	税种				
	资源税	能源税	环境税	污染税	碳税
非能源类自然资源开采与利用	■				
化石能源开采	■	■			■
非化石能源生产与使用（主要针对电力）		■			
化石能源产品生产		■			
化石能源产品使用		■	■	■	■
工业生产中常规污染物的排放			■	■	
消费对环境造成污染的非能源类产品			■	■	
生产与消费过程中对环境的非污染性破坏（如围海造田对海洋环境的破坏）			■		
温室气体排放					■

环境税通过税收机制和价格机制将环境成本纳入各级经济分析和决策过程，使经济活动当事人承担其活动对环境的影响，或激励其自觉采取环境友好的行为，从而改变过去无偿使用环境并将环境成本转嫁给社会的做法，最大限度实现环境、经济与社会的可持续发展。环境税所关注的重点，包括涉及废弃物排放以及非污染性环境破坏的个体行为。

污染税是伴随着排污费改税的呼声而出现的。随着社会各界对污染问题的日益关注以及排污费在处理企业排污问题上的弊端，更多学者已经开始把目光转向污染税。征收污染税和征收排污费的目的是一样的。但与征收排污费相比，征收污染税，以税法为依据和载体，可增加取得这部分资金的规范性和强制性，改变企业长期拖欠排污费的现状，可以利用税收杠杆来促进环境的良性循环。污染税的应税行为与环境税有很大重复，主要区别在于它对非污染性的环境破坏是没有调节作用的。

另外，全球变暖的趋势也在进一步的加剧，温室气体的减排问题已成为世界政治、经济、环境等领域的热门议题，针对减少碳减排的新税种——碳税也被提上议程。碳税调节的范围主要涉及化石能源的使用，尤其是使用过程中温室气体排放量的大小。与碳税的作用效果最为接近的是能源税，虽然两种税制的初衷是不同的，但是它们的主要功能都包含化石能源使用的减少。对在生产或消费过程中并未排放温室气体的能源利用，比如电力的使用，相对于能源税而言，碳税则显得无能为力。

　　资源税是我国五种税制中唯一已经开征的税种，我国现行资源税制度对维护国家的矿产资源财产权益、保护与合理开发利用资源，起到了一定作用。资源所关注的重点主要为产业链的最前端，涉及自然资源的开采，但是具体征税却并不一定以开采量为依据。比如，我国现行资源税是以应税产品自用或者销售量为依据，这样规定资源税计税依据，使企业对开采而无法销售或自用的资源不付任何税收代价，直接鼓励了企业和个人对资源的无序开采，造成资源大量积压和浪费。因此，在制定新的资源环境类税制的同时，对已有税种的合理改革也是不容忽视的。

3

基于可交易许可证手段的节能减排政策[*]

可交易许可证制度是指政府作为管制者，为了将区域范围内环境污染控制在一定程度内，把排放污染物的权利当做一种产权，并通过某种初始排污权分配方式发放给排污企业，然后通过排污权二级交易市场，以排污权价格为信号，引导排污企业进行生产活动。排污企业由于技术进步、生产工艺改进或者管理水平提高等产生剩余的排污权，则可以在市场上出售；而排污企业由于技术落后或者扩大生产规模等需要更多的排污权，则可以在市场上购买排污权，抑或向政府购买排污权。排污企业之间的这种交易，有助于激励企业不断地降低污染治理成本、改进生产工艺、提高生产效率和管理水平，最终使得经济发展的同时，环境质量也在不断得到改善。

3.1 可交易许可证制度的作用机理

3.1.1 微观层面的作用机理

假定在一区域经济范围实行可交易许可证制度，设置总量控制目标为 E，通过排污许可证初始分配，排污企业 i 得到的许可证数量为 s_i，且所有排污企业得到的许可证数量总和等于 E。假设排污企业 i 的污染物排放量 e_i，市场上单位许可证的价格为 P，根据总成本最小化而选择治理污染物的量为 r_i，可建立企业 i 的总成本目标函数：

$$\mathrm{Min}C_{Ti} = C_i(r_i) + P(e_i - r_i - s_i)$$

＊ 本章内容由胡剑锋、颜扬撰写。

令 $\mathrm{d}C_{Ti}/\mathrm{d}r_i = 0$，得到企业 i 的目标子函数解为

$$p = \frac{\mathrm{d}C_i(r_i)}{\mathrm{d}r_i}$$

明显可以看出，只有当企业的边际治理成本等于许可证的市场价格时，企业的总成本才会最小化。同时，从目标子函数和解可以看出，一般情况下，企业为了最小化总成本，需要参与许可证交易市场，通过许可证交易使得边际治理成本不断地与许可证价格更为接近，最终最小化企业的总成本。

为了更好说明可交易许可证制度的微观作用机理，下面举一个简单的例子进行说明。管制者为了改善环境，降低区域的排污量，实行可交易许可证制度。那么企业有以下的三种选择：①缩小生产规模，或者不断进行技术创新、改进生产工艺和提高管理水平等，将排污量降低至拥有的许可证量；②购买额外的许可证；③不断进行技术创新、改进生产工艺和提高管理水平等，出售剩余的许可证。

假设这个区域市场的其中三家企业 A、企业 B、企业 C，其中：

企业 A 的边际治理成本小于许可证的市场价格，即 $C_a(r_a) < P$；

企业 B 的边际治理成本等于许可证的市场价格，即 $C_b(r_b) = P$；

企业 C 的边际治理成本大于许可证的市场价格，即 $C_c(r_c) > P$。

那么，这三家企业为了最小化总成本，其最佳选择分别为：

（1）企业 A 将更为愿意选择治理排污，并出售剩余的许可证，直至其边际治理成本等于许可证的市场价格；

（2）企业 B 既可以选择治理排污，也可以选择从市场上购买许可证，只要其边际治理成本等于许可证的市场价格，无论选择哪种或是综合两种，其最终的总成本都是相同的；

（3）企业 C 将更为愿意选择购买更多许可证，或是缩小生产规模，直至排污量降低至拥有的许可证量。

综上可知，市场上其他的企业也无非将面临着上面三家企业其中的一家的情况。如果像企业 A 一样，边际治理成本小于许可证的市场价格，那么就最有可能成为许可证市场的卖方；如果像企业 C 一样，边际治理成本大于许可证的市场价格，那么就最有可能成本许可证市场的买方；如果像企业 B 一样，边际治理成本等于许可证的市场价格，那么既可能是买方也可能是卖方，或者不参与市场的交易。最终，各个企业根据自身情况，通过选择买进或者卖出许可证，使得所有企业的边际治理成本都相等，社会总成本将最小。

3.1.2 宏观层面的作用机理

通过上面分析可知，企业参与许可证市场交易必须以统一价格进行，这样才能使得最终交易结果满足等边际原则。这就要求在管制范围内建立一个许可证交易市场，使买卖双方能够获得相关信息，并进行公开公平的交易。这样，在竞争的压力下，边际治理成本低的企业会将出售许可证，边际治理成本高的企业将会购买许可证，使得许可证的价格趋于统一。

如图 3.1 所示，假定 MAC 和 MEC 分别代表边际治理成本和边际外部成本，S 和 D 分别代表许可证的总供给和总需求。由于管制者实行许可证制度通常会设置一个减排目标，所以许可证的总供给通常是固定的，即总供给曲线 S 为垂直于横轴的直线。而企业是否购买许可证取决于其边际治理成本，可将 MAC 曲线作为总需求曲线 D。通过对总供给曲线与总需求曲线的分析，可得到均衡时的许可证市场价格 P^*。

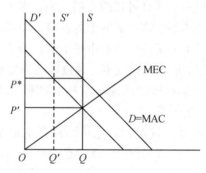

图 3.1　许可证交易市场

当总供给 S 不变时，企业扩大生产或是有新进企业，许可证的总需求增加，总需求曲线右移，价格上升；企业缩小生产规模，许可证的总需求减少，总需求曲线左移，价格下降。相似地，当总需求曲线不变，管制者增加市场上的许可证供给，总供给曲线右移，价格下降；管制者减少供给，总供给曲线左移，价格上升。另外，当总供给与总需求曲线同时移动时，亦可以根据移动后的结果知道均衡价格。

由于技术进步往往是一个较为漫长的过程，且未知因素很多也很复杂，使得企业治理排污成本在一定时期内难以有较大改变，这样，市场总需求通常在一定时期内难有大的改变。管制者为了在一定时期内达到环境管制目标，就必须选择调控许可证的总供给来作为调节许可证市场。管制者可以借鉴公开市场的调控机理，当环境污染严重时，通过买进许可证，减少市场总供给，价格上升，企业更多地选择治理，减少排污；当环境管制过严时，通过卖出许可证，增加市场总供给，价格下降，企业的总成本将会降低。

3.2　可交易许可证制度的实施条件

3.2.1　产权

从许可证制度的理论基础可以看出，可交易许可证制度的有效实施，是以环境资源作为一种产权为前提的。环境遭受污染是由于环境是一种公共资源，在市场机制下，由于环境的产权没有界定清晰，市场不能有效调节排污企业的排污行为，导致市场失灵，从而导致了"公地的悲剧"的发生。所以，首先必须设置排污权作为一种产权，只要产权界定清晰，产权私有化使得排污企业要为其排污行为承担成本，从而避免"公地的悲剧"的发生。当确定了排污权具有产权性后，它就具有产权所具有的可转移的特性，那么，排污权也就可以进行交易。所以根据产权理论，需要更多许可证的企业和拥有剩余许可证的企业就可进入许可证市场进行交易了。

那么，只有在有效的产权结构下，许可证交易市场才可能有效地运行。一个有效的产权结构主要有三个特点：①排他性，许可证带来的收益和成本只能由其所有者承担，且只能由所有者自愿出售转让出去；②可转让性，许可证可以在市场自由地转让；③强制性，许可证作为一种资源使用的产权，必须受到法律的保护，防止非自愿的交易和侵权。

3.2.2　交易方式：信用交易和权利交易

交易方式主要有两种方式：信用交易和权利交易。其中信用交易方式最早在美国实行，主要包括补偿政策、气泡政策、银行政策和容量节余政策。信用交易是根据一定的技术制订排放标准，排污企业削减量超过基准排污水平，就可以向环保局申请，得到认可后就可产生排污削减信用（ERCs），且削减信用是没有上限的。ERC既可自用，也可出售转让给其他企业。权利交易是在总量控制范围内，管制者根据一定的标准或方法发放排污许可证给排污企业，然后企业根据自身的治理成本，或是购入许可证或是出售许可证，只要其排污量不大于其自身持有的许可证量即可。

信用交易与权利交易两种交易形式都有激励排污企业削减排污的作用，但也存在不同之处，可从表 3.1 看出。

表 3.1 信用交易与权利交易比较分析

项目	信用交易	权利交易
减排单位	只承认连续的、永久性的减排。以污染物的流量定义，如吨/年	以独立的、不连续的数量定义，如"吨"。既承认永久减排，也承认暂时减排（即不连续的排放削减）
基准线	交易中的排放削减超过基于技术标准确定的基准线就可成为可交易的信用。基准线逐案确定，是相对的	理论上，只要总量确定，可以以任何方式将预先确定好的许可数量分配给排放者。基准线是绝对的，可交易的许可量也是确定的
排污交易总量上限	不设定总量上限	设定排放问题上限，且该指标不随经济增长而被突破
与传统体制的关系	以原有管制体系为基础，是对原有管制体系的补充	全新的体系，相对独立于原有管制体全新的体系

资料来源：陈竹音，2009

从表 3.1 分析可知，权利交易方式有以下的优势：①更具灵活性，排污企业既可暂时减排也可永久减排；②更低的交易成本，无须对各个污染源设定基准线，适用范围更广；③更有效地控制环境目标，信用交易的总量是无上限的，而权利交易是有总量上限的，可以在一定期限内达到环境目标。

3.2.3 其他条件

可交易许可证制度的有效实施，除了有明确的产权外，还需要具备其他一系列的条件（沈满洪，2009）：①必要的技术支撑，如环境容量的确定技术、环境容量的分配技术和污染物排放的监测、量化技术和污染物排放的监控技术等；②完备的法律制度，包括对总量控制、许可证交易、政府在环境管理中的权力和行为的法律规定；③成熟的市场机制，许可证交易本身就是一种市场化的经济手段，必须依赖于高度发达的市场机制，否则在不完善的市场机制下，其发挥的作用必将受到限制；④健全的政府职能，政府必须转变环境管制观念，深刻理解可交易许可证的实质，转变政府环保职能和提高管理能力，构建健全的许可证交易平台，创造良好的市场竞争环境，为实行可交易许可证制度提供必要的保障。

3.3 传统初始排污权分配方法

目前无论在实践运用中还是理论研究上，主要有拍卖和祖父制这两种初始分配方式。在这两种分配方式中，实践运用中更多的是采用祖父制为主，而理论界更倾向于采用拍卖这种分配方式。

3.3.1 祖父制

祖父制（Grandfathering）是政府部门根据公司的产量或历史排污量，抑或是政治上的需要而偏向一些团体来分配排污权的分配方式。从经济理论的角度来看，祖父制作为一种分配方式被使用在排污权交易当中，是缺乏经济理论支持的。早期关于祖父制的研究是从排污权交易与命令控制手段或是庇古税比较上来研究的，而近些年来则更多与拍卖方式进行比较。

Ackerman 等（1999）对美国用煤发电厂的数据进行分析时指出，祖父制的其中一个负外部影响就是可能会延长旧设备的使用。因为当使用新的更好的设备产生的污染更少时，分配得到的初始排污权就会更少。这样，企业就会激励继续使用正在使用污染较大的设备，从而希望得到更多的初始排污权。同时，他们还认为，对祖父制最大的争论在于：当政府在实施排污权交易制度的过程中改变规则时，对现存的设备强加新规则是不公平的。其中最为极端的不公平就是无补偿地没收现存的设备。

Stavins（1997）对美国 SO_2 交易计划进行研究时指出，祖父制并不是一种理想的分配方式，它是低效率的，且在对待新进企业方面是不公平的，因为现存企业不但免费获得排污权，并且可将剩余的排污权转卖给新进企业，导致财产无形转移。Joskow 和 Schmalensee（1998）研究指出，在 SO_2 排污交易案件中，分配的协商过程是高成本的和费时的，而且最终的分配反映出了许多特殊利益和免税在公司之间、州之间的财富直接分配产生明显的获利者和失利者。

但是，有少数学者认为，祖父制在一些情况下是可取的。Kling 和 Zhao（2000）建立了一个排污权分配的模型，这个模型假定市场是完全竞争的；且排污权市场会对企业进入或者退出市场造成影响；认为政府免费分配给公司的排污权是一种补贴，会减少公司的生产规模和排污量，并增加市场上的公司数量。它推导出下面这个公式：

$$\frac{e_0^*}{e^*} = 1 - \frac{\varepsilon_n^D}{\varepsilon_e^D} \tag{3.1}$$

式中，e_0^* 表示政府选择通过祖父制来分配的最佳免费分配量；e^* 表示政府选择通过拍卖来分配的最佳量；ε_n^D 表示排污损害相对于公司数目的弹性；ε_e^D 表示排污损害相对于每个公司排污量的弹性。

得出结论：当 $\varepsilon_n^D = 0$ 时，所有的排污权都应该免费分配；当 $\varepsilon_e^D > \varepsilon_n^D$ 时，应该免费分配一部分，然后拍卖剩余部分，即当市场上的公司数目较少时（例如一些本地的污染），应该采用免费的分配方式（祖父制）；当 $\varepsilon_e^D = \varepsilon_n^D$ 时，所有的排污权都应该通过拍卖的方式来进行分配，即当公司的数目过多，每个公司的排污量很少时（如全球性排污权交易），应该采用拍卖这种方式。

排污权交易制度之所以被众多的当今经济学家所选择，一个很重要的原因就是它能与不同的排污权初始分配方式相融合。虽然在学术研究中显示，祖父制分配方式有许多缺点，但是由于在政治上其可操作性相对于其他的分配方式更强（Stavins，1997），使得现实中的许多排污权交易实践采用了祖父制，包括美国酸雨计划（US Acid Rain Program）、英国排污权交易计划（UK Emission Trading Scheme）、欧盟碳排放交易计划等。在这些排污权交易计划中，对新进入市场的企业有时还会组合采用拍卖（如美国的酸雨计划）或是基于某些标准免费分配的方式发放排污权。其次，Kehoane 等（1998）认为祖父制分配方式对大公司更为有利，使得政府在政策制定的过程中，受到来自被管制公司对其施加的政治影响，导致政府为了更快地实行排污权交易计划而采用了祖父制这一分配方式。最后，Zodrow（1992）认为祖父制可以满足政治上的需要，将可能的失利者转变为获利者，从而可以获得更多的支持。同时，他也建议运用祖父制时必须谨慎，特别是它在时间长度的有效性上必须慎重地进行限制。如果对拥有者的潜在财产损失补偿在时间上过长，将会产生过度的免税，进而造成社会上的损失，从而导致政策失败。

3.3.2　拍卖制

拍卖（auctions）作为排污权交易的另一种可选择的分配方式，其优点比祖父制多。例如，拍卖可以将排污权分配到最需要它们的公司手中，使企业有更大的动力去创新；完善排污交易的二级交易市场；政府得到排污权租金而不是现存公司；减少分配过程中的政治争议；政府利用得到的收入减少税收扭曲；更好地分散成本，等等（Cramton and Kerr，2002；Hepburn et al.，2006）。

Goulder 等（1999）、Fullerton 和 Metcalf（2001）分别用一般均衡模型证明了拍

卖是最有成本效率的一种分配方式，而且还可以利用所得的收益来减少现存的税收扭曲。其实，祖父制和拍卖与其他工具一样，都默许公司可以通过减少产出，提高产品价格以超过边际生产成本来达到它们的一些目标（得到稀缺租金）。祖父制使得被管制的公司得到稀缺租金，而这样可能导致社会的无效率。拍卖这些稀缺租金并用所得收益矫正先前存在的税收扭曲或者用于生产公共物品。根据强倍加红利假说（Goulder，1995），拍卖这种政策甚至可以增加社会福利和就业。而尽管这种假说是有争议的，但拍卖（强倍加红利）是优于祖父制（弱倍加红利）的，这一点是毋庸置疑的。

Tietenberg（2006）认为拍卖使企业有更大的动力去进行技术创新。运用祖父制来分配，排污权市场出现买家与卖家，卖家更愿意策略性地保持排污权高价，并以此来避免技术创新。而在拍卖的排污权市场中，所有的排污者都是买家，因此，企业为了提高收益，只能通过低排污技术或是通过低的排污权价格，来降低边际削减成本。

另外，由于拍卖的种类很多，许多学者就各类拍卖进行了不同的研究，如Cramton 和 Kerr（2002）对 sealed-bid auction 和 ascending auction 两种类型进行了分析并做了比较研究，指出 ascendng auction 比 sealed-bid auction 具有更多的优势。

3.3.3　传统分配方式存在的缺陷

祖父制的缺点很多，如激励游说行动、行政成本高、寻租行为，以及由于按过去排污量来分配，使得部分企业因为以前技术创新或是生产改进行为没有被考虑而产生的不公平，还有企业没有尽力去创新、社会福利减少等。所以，在理论界，几乎很少有偏向于选择祖父制这种分配方式的。

而拍卖方式优点虽多，但是也有其致命的缺点。拍卖没能在实践中被作为主要的分配方式，其中很重要的原因就是它损害了现存利益团体的利益，使其在政治上遇到很大的困难。大量学者（如 Lyon，1982；Hahn and Noll，1982；Oehmke，1987；Franciosi et al.，1993；Cramton and Kerr，2002）也曾指出，拍卖这种方式与财务实力相关，每个公司所分配到的排污权不仅与本身财务实力相关，还与其他公司的财务实力相关。另外，由于拍卖是定期举行的，它并不是经常举行的，可能导致部分企业不能及时获得排污权。虽然可以缩短周期而多进行小的拍卖会，但这同时也会增加行政的成本。Hanley 等（2007）研究表明，拍卖对公司的财政负担与排污税一样沉重。

最后，拍卖这种方式在其他行业中应用广泛，其并不是为排污权交易量身定做的。它可能在某些行业运用中起到很好的效用，但对排污权交易的分配并不一定同样有效。Hepburn 等（2006）用欧盟的第三代移动通信（3G）许可证拍卖的成功作为例子，指出拍卖用在排污权交易并不能达到同样的效果。原因有以下几点：第一，排污权交易给部门增加成本，激励大量现有公司进行游说活动，而3G 许可证市场的这些成本与其相比是很少的或者并不那么明显的；第二，排污权交易可能对本土出口型公司的竞争力造成影响，而在 3G 拍卖并不会造成明显的相似影响；第三，通信行业是一个快速发展的行业，许多有实力的公司并不是通过祖父制来获得许可证的（Cramton and Kerr, 2002）。所以，在排污权交易当中运用拍卖来进行分配，其许多的优点是否同样存在，还必须根据排污权市场自身的特点来进行研究。

3.4 初始排污权分配最新研究进展

3.4.1 基于竞争机制（PAC）的分配方式研究

MacKenzie 等（2008，2009）提出一种新的初始分配方式（permit allocation contest, PAC），构建了一个根据企业之间排位（rank-order）来分配初始排污权的竞赛机制。这一分配方式主要借鉴于 rank-order contest 模式，主张根据参与企业的等级来进行分配。其中，等级的划分是依据参与企业的外部性影响来评定的，但这种外部性影响必须是可观测到的，而且必须是一个独立于排污权交易市场和企业排放量选择的企业行为或特性（一般是正的社会外部性影响）。

3.4.1.1 PAC 的运行机理

如图 3.2 所示，传统的排污权初始分配阶段，通常是以管制者为主导，在确定总量控制的前提下，根据祖父制与拍卖的组合方式进行初始分配；然后在二级交易市场上，以企业为主导，企业根据各自的边际治理成本和排污权的市场价格的大小来决定是买进排污权，还是卖出排污权，同时也可以通过排污权价格的变动对自己产品和价格及生产成本作出及时反应。最后可达到最小化排污权交易市场的总削减成本目标。

以 PAC 机制进行初始分配，在二级排污权交易市场上，与传统的排污权交易相同，都是以企业为主导。在排污权初始分配阶段，并不只是以管制者为主导，企业在此阶段并不像传统方式那样，以消极被动的形式参与，而是积极参与

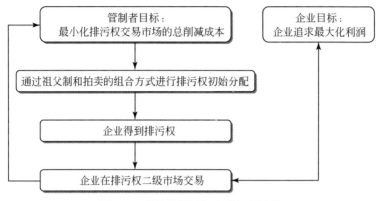

图 3.2 传统的排污权交易机制路线

竞争，实施外部行为以获得更大量的排污权分配，如图 3.3 所示。

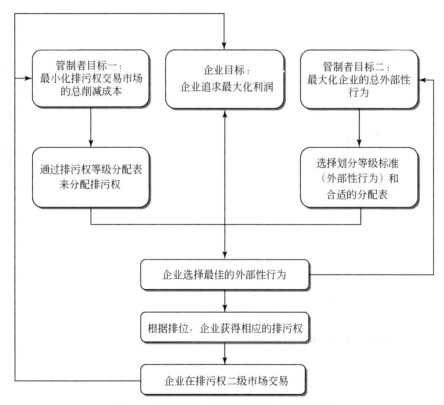

图 3.3 采用 PAC 分配的排污权交易机制路线

另外，在 PAC 机制中，管制者有两个不冲突的目标：第一个目标就是根据企业的外部性行为来分配排污权，最小化排污权交易市场的总削减成本；第二个目标就是通过选择划分等级的标准（如噪声的减少、工人健康安全的改善或是公司的社会责任目标的改进等），制定合适的等级分配表（不同等级可获得的排污权一般是有差别的，且具体数目在竞争开始前颁布），激励企业选择更大外部性行为规模，从而最大化总外部性行为。

3.4.1.2　PAC 的优点

1）减少其他负外部影响

在 PAC 竞赛机制里，排污权分配并不是与公司的外部影响直接相关的，而是取决于根据公司的外部影响规模大小来划分的等级顺序，并按此顺序进行排污权份额的划分。因此，一个小的外部影响增量就可能导致等级的上升，从而获得与其外部影响不成比例的更多排污权。那么，公司施加一个额外的外部影响就可能大大改变其获得的分配量，在这种强大的激励下，所有参与的公司都可能增加自身的外部影响。

2）管制者更自由地选择合适的政策目标

由于划分等级的标准可以不用财务实力来衡量，任何外部影响只要独立于排污的都可以作为标准，所以，不管是对管制者、参与分配的成员或是对一个更大的经济来说，其选择的标准将可以更有政治上的可接受性。正因如此，PAC 将可以被用于更广泛的不同的排污权交易背景之中。例如，跨区域污染问题、区域内污染问题或是一个小的市场交易，它们可以根据不同的背景设置不同的标准来达到预定的政策目标。与祖父制和拍卖相比，虽然它们都可以应用于所有的排污权交易市场之中，但它们的分配标准是相对单一的。

3）政治利益

在 PAC 机制下，排污权分配与一些有益于社会的公司外部影响有明显的联系，也正是由于这种关系，使得管制者能从中获取有目的的政治利益。这就可以避免祖父制的单一标准——根据历史排污量来分配：多污染者获得多分配，且没有考虑先前一些治理成本和改进技术的行为，这明显是不合理的。而 PAC 机制是以公司的有益于社会的影响来进行分配的，这就可以避免这种不公平的方式且能获得正外部影响。

PAC 与拍卖相似，当进行分配时都忽视过去与现在所持有的排污权量，公平地对待所有的公司。而且这种方式可以避免对那些过去减少排污的公司的隐形惩罚（祖父制也会有类似的惩罚）。与拍卖不同的是，PAC 机制可以不以财力为标准来划分等级，这就可以比拍卖更公平地对待所有参与公司，也就可以获得政治的支持。

4）存在更多合适的外部因素

如前面提到的，标准的选择是有限制的，公司的外部影响是可观测的且独立于排污的，以防止对排污交易市场造成不利影响。但外部影响的标准可以灵活地根据不同的经济制度背景来选择。

5）存在奖罚的激励机制

PAC 机制隐含着一个奖罚机制，参加分配的公司表现好（如减少噪声、减少贫困的行为等）的将会得到更多的排污权，而表现差的将得到小的或是没有任何排污权，这就使得参与的公司将努力去获得好的奖励。

PAC 机制虽然有许多的优点，但目前还只是停留在理论层面，其可行性研究还有待进一步加强。从前面的分析可以看出，它还是有局限的，如标准的选择是可观测到的，且必须是不对排污行为造成影响的；等级划分的各个级别分配量如何做到最佳规划还有待进一步研究；且要防止小公司获得大的排污权而大公司获得小的排污权这种现象的出现，还必须对外部影响规模与公司规模之间的关系进行协调。

与传统的各种制度相比，排污权交易还需要不断磨合和适应，虽然 PAC 在理论上呈现出一定完美性，但却使得排污权交易制度更加复杂化，这不利于排污权交易在我国的推广。所以，只有当我国积累足够的排污权交易实践经验时，可以适时选择试点运行 PAC 机制。

3.4.2 基于 DEA 模型的分配方式研究

数据包络分析（data envelopment analysis，DEA）是由 Chames 和 Cooper 等于 1978 年创建的一种效率评价方法，也是一种非参数的评估方法，它把单输入、单输出的工程效率概念推广到多输入、多输出同类决策单元（decision making units，DMU）的有效性评价中，同时在避免主观因素、简化算法、减少误差等方面有着不可低估的优越性。

自从 Färe 等（1989）提出第一个处理环境污染物（不期望产出）的 DEA 模型以来，就开始出现大量的环境效率评价方法。总体来说，主要包括曲线测度评价法、污染物作投入处理法、数据转换函数处理法以及距离函数法等四类效率评价方法，这四种方法各有优缺点。

利用 DEA 模型的分配方式主要与下面几个方面有关：环境效率评价、分配评价指标、经济体的效率和分配方案等。首先应该选定一种对区域内的环境效率进行评价的 DEA 方法，其次定义决策单元效率在区域范围内的贡献率评价指标，最后利用得到的各个决策单元效率贡献率，构建一种通过排污权初始分配来改进区域范围内的环境效率的方法。下面将介绍一种基于 DEA 模型的排污许可证分配方案。

3.4.2.1 基于 DEA 模型的排污许可证分配方案

1) 区域环境效率评价的确定

这里用 Tone 和 Tsutsul（2006）提出的 SBM-Undesirable DEA 模型来进行环境效率评价，区域内有 n 个决策单元（decision making units，DMU），每个 DMU 有投入、正产出和负产出（排污）；投入要素向量为 $X \in [x_1, \cdots, x_n] \in R^{m \times n}$，正产出向量 $Y^g = [y_1^g, \cdots, y_n^g] \in R^{s_1 \times n}$ 和副产出向量 $Y^b = [y_1^b, \cdots, y_n^b] \in R^{s_2 \times n}$，且 $X>0$，$Y^g>0$，$Y^b>0$，则规模收益不变（即 CRS）的生产可能性集合为：$P = \{(x, y^g, y^b \mid x \geqslant X\lambda, y \leqslant Y^g\lambda, y^b \geqslant Y^b\lambda, \lambda \geqslant 0\}$，SBM-Undesirable DEA 模型为

$$\min\rho = \frac{1 - \dfrac{1}{m}\sum_{i=1}^{m}\dfrac{s_i^-}{x_{io}}}{1 + \dfrac{1}{s_1 + s_2}\left(\sum_{r=1}^{s_1}\dfrac{s_r^g}{y_{r0}^g} + \sum_{r=1}^{s_2}\dfrac{s_r^b}{y_m^b}\right)} \tag{3.2}$$

$$\text{s. t.} \quad x_0 = X\lambda + s^-$$
$$y_0^g = Y\lambda - s^g$$
$$y_0^b = Y\lambda + s^b$$
$$s^- \geqslant 0, \ s^g \geqslant 0, \ s^b \geqslant 0, \ \lambda \geqslant 0$$

式中，s 表示投入、产出的松弛量；λ 是权重向量。目标函数 ρ 是关于 s^-，s^g，s^b 严格递减的，且 $0 \leqslant \rho \leqslant 1$。对于特定的决策单元当且仅当 $\rho=1$ 有效，即 $s^- = s^g = s^b = 0$，决策单元有效；如果 $\rho<1$，决策单元无效，投入、正产出及副产出三者至少有一个存在改进的可能。另外，在这里将 ρ 定义为 SBM-Undesirable DEA 的技术效率，在下面将运用到。

2) 排污权初始分配指标的确定

政策制定者在政策过程中，必须考虑到政策的实施效果是否会对区域经济整体平稳运行造成影响。如同 PAC 机制一样，政策制定者不仅要考虑到各排污企业的效率问题，还需要对排污企业的规模大小进行综合考虑。应当在兼顾效率与公平之间进行权衡，防止经济体过度波动。

首先，因为在一个区域经济体的范围内，一个排污企业（决策单元）对整个区域经济体中的影响程度，一般取决于该排污企业的产出（也可考虑其他因素，如投入、收益等）占区域经济体总产出的比重。一排污企业的产出在区域经济总产出中的比重越大，其对整体经济贡献越大；反之，则越小。其次，企业的产出大小取决于企业的生产效率及生产规模。在生产规模相同的情况下，生产效率较高的企业一般其产出较大，对区域经济的贡献也就较大；在生产效率相同的情况下，生产规模较大的企业一般其产出较大，对区域经济的贡献也就较大。

综上可知，政策制定者需要同时考虑排污企业的环境效率及生产规模两种因素，并应该极力避免如下情况发生：①一个生产效率极高（例如效率值为1）且生产规模极小的企业获得大量的排污权，因为其对区域经济的贡献也是非常小，这样势必造成其他企业获得的排污权不足，影响正常生产；②一个生产规模极大且生产效率极低的企业获得大量的排污权，因为其对区域经济的贡献同样也是有限的，最重要的是污染大且资源浪费严重。所以，这里根据排污企业（决策单元）效率贡献率来确定分配指标：

$$\omega_j = \frac{\rho_j \beta_j}{\sum_{j=1}^{n} \rho_j \beta_j} \tag{3.3}$$

式中，ω_j 为决策单元 j 的分配指标；ρ_j 为 SBM-Undesirable DEA 的 DMU_j 的技术效率评价指标；β_j 为决策单元 j 的环境效率的权重，在这里 β_j 用 DMU_j 在整个区域经济体系的贡献率作为评价指标，其定义为

$$\beta_j = \frac{y_j^g}{\sum_{j=1}^{n} y_j^g} \tag{3.4}$$

易知，$\sum_{j=1}^{n} \beta_j = 1$，$y_j^g$ 为决策单元 j 的正产出。

显然，ω_j 的大小可以反映出排污企业（决策单元）在区域经济体的效率高低，也能反映其在区域经济中的贡献大小。区域的管制者可以根据各个排污企业的效率贡献率来确定初始排污权的分配方案。

3）分配机制的确定

基于 DEA 理论的排污权初始分配主要涉及总排污量的目标设定、配额的确定。首先，排污企业（决策单元）的生产活动是在一个时间段内完成的，且当前的生产阶段 T 即将结束，T 阶段内的各污染物的各种投入产出数据为已知，ω_j 也可以根据相应的数据得出。那么，在下一阶段（$T+1$）的分配配额可以根据管制者的目标（排污总量控制）和 T 阶段的 ω_j 来确定各个决策单元可获得的排污

权量，具体定义为

$$e_i = E\omega_j \tag{3.5}$$

式中，ω_j 为 T 阶段决策单元 j 的分配指标；E 为 $T+1$ 阶段的排污总量控制目标；e_i 为 $T+1$ 阶段决策单元 i 能够分配到的排污权量。

3.4.2.2 简要小结

综上，基于 DEA 模型的排污权初始分配政策的制定，主要是根据区域经济范围内现有的资源状况及环境污染程度及各个排污企业的环境效率及生产规模等因素，以效率反馈为依据，分配初始排污权，并以此调节各个排污企业的生产活动，控制区域内各个排污企业排污量大小，以提高区域的总体环境效率。

作为一次性分配方式时，基于 DEA 模型的分配方式更像是对祖父制的一种理论改进。原因有以下几点：第一，其数据来源是参与单位过去的投入产出数据；第二，其分配也是免费的；第三，分配的结果不会对现存的公司生产活动造成大的波动（该方式可以在模型当中增加一些约束条件）。但这种分配方式的优势在于不用考虑投入品和产品的价格，只需考虑投入产出的数量问题；可以从整体上提高效率；另外，还可以激励技术效率的改进，而不单单地分配给先前的重污染排放者或者是作为一种产出补贴。虽然这种方式并不像拍卖在理论上看起来那么有效率，但它和祖父制相似，由于不会给公司增加过重的成本并且不会限制公司的正常生产，所以可以更容易地在实践中被运用。

上面构建的 DEA 分配方式，可用于区域范围内的一行业内进行分配，通过算例分析可以看到，它把企业的技术效率和生产规模同时考虑进去，显得更加公平；同时，当企业知道技术效率和生产改进能够获得更多的排污权时，就会进行技术创新和生产的改进等，其分配结果不仅更加有效率了，而且也更加公平合理了。

最后，DEA 分配方式不仅可以应用于区域范围内的一个行业内分配，通过 DEA 模型和分配指标调整（如把投入产出数据改为价格总值、区域经济贡献率指标改为总资产贡献率），还可以应用到区域范围内总量控制的行业间分配。

3.5 可交易许可证制度与税收政策的比较

OECD（1995）对解决能源环境问题的不同经济手段进行了比较，尤其是碳税和碳排放交易机制，认为这两种减排机制在效果上相差不多。这两种经济手段都是通过价格机制起作用，增加了能源产品的成本，并带动其他相关产品的价格上升。这一价格变动将激励人们进行能源技术创新，并在一定程度上改变消费行为。但是，当学者们将研究的重点转向可操作性以及政策成本等方面时，这两种政策工具的差异则变得较为明显。

相对于碳税制度，排污许可证交易机制存在的最明显问题是如何进行初始权的分配（initial allocation）。对许可证分配方式，现有文献中讨论最多的是拍卖制和祖父制两种。拍卖制可以产生财政收入，与碳税收入类似，可以将拍卖收入用于税收扭曲的缩减，或者用于对企业或个人的一次性补贴等方面，这使得拍卖制比祖父制更接近于碳税政策。祖父制则根据企业以往的排放情况进行许可证的分配，使得一些企业在排放问题上不需要付出任何成本，很容易出现由于信息不对称而导致政策效率降低的现象。有关许可证分配制度的详细研究，可参见 Zhang（1999）、Edwards（2001）、Lee（2008）等文献，这里不进行更多的讨论。除了初始分配权问题之外，现实中还存在大量非固定排放源的问题。由于这些排放源的规模和分布都是不均匀的，如果使用许可证制度，在管理上会相当困难，而且相互之间进行许可证交易的成本也会非常高。而碳税在解决这一问题上，则表现出更多的优越性。

在减排效果的确定性问题上，Speck（1999）认为，如果利用排放交易体制，总排放量可以提前确定下来。相比之下，碳税制度的减排效果具有更大的不确定性。原因在于能源产品供需的价格弹性会受到多方面因素的干扰，而已有的研究中，对这些干扰的了解还很不全面。但是另一方面，实施碳税的政策成本却比排放交易体制更容易把握，不存在交易成本的问题，并且税率和能源价格都可以在政策制定的过程中确定下来。

二、实证篇

4

能源效率与能源生产率的内涵比较[*]

4.1 引言

自从罗马俱乐部发布《增长的极限》报告以及西方发达国家经历了 20 世纪 70 年代石油大危机以来，对能源的研究越来越多，能源问题已经成为全球共同关注的焦点。中国当前的能源形势不容乐观，主要表现在：①中国的人均能源储量远低于世界平均水平。如果拿中国最富有的煤矿资源同美国相比，人均探明储量和开采量仅为其 1/9，原油和天然气人均储量则不足 1/3（World Bank，2006）。②随着经济的快速发展，对能源的需求日趋增加。中国现已成为世界能源需求第二大国，对部分重要能源（如石油）的需求缺口将急剧增加。预计到 2030 年，中国石油的对外依存度将高达 74%（IEA，2004）。③尽管能源的供需矛盾日益突出，但对能源的利用水平却较低，仍旧沿袭着"高能耗、低产出"的发展模式（World Bank，2001）。如果采用汇率法进行比较，我国单位 GDP 能耗为世界平均水平的 3 倍、日本的 9 倍（IEA，2006）。④由于能源生产和消费所产生的温室气体对全球气候的影响也越来越引起人们的关注（IPCC，2007）。如果采取汇率法进行国际比较，则中国的单位 GDP 排放 CO_2 量为世界平均水平的 4 倍（IEA，2006）。

本章的研究目的在于：理清以往研究中对能源效率的误用，对能源效率和能源生产率这两个不同但经常混用的概念进行区分和比较，并基于 DEA 方法提出一个新的能源效率指标，从而解决当前定义混淆的问题，为后续研究提供一个基础。

---

[*] 本章是在魏楚、沈满洪合作发表的论文"能源效率与能源生产率：基于 DEA 方法的省际数据比较"（《数量经济技术经济研究》，2007 年）基础上修改而成的，该文相关内容还被收录于魏楚所著《中国能源效率问题研究》（中国环境科学出版社，2011 年）。

4.2 文献回顾

Patterson（1996）指出，能源效率本身是一个一般化的术语，可以有多种数量上的指标来进行测算。一般来说，能源效率是指用较少的能源生产同样数量的服务或者有用的产出，问题是如何准确地定义有用的产出和能源投入。对于能源效率的测量传统上主要可分为四种。

1）热力学指标

热力学指标完全依赖于对投入、产出的热量测度。按照不同的热量测度方法，又可以分为：第一法则能源效率、第二法则工作能源效率以及第二法则理想能源效率。其中第一法则能源效率（也叫热量效率）指标用于宏观层面的能源效率研究，其表达式为：$E_{\Delta H} = \Delta H_{out} / \Delta H_{in}$，其中 ΔH 表示热量变化值，$E_{\Delta H}$ 为热量效率，ΔH_{out} 和 ΔH_{in} 分别为生产过程中有用的能源产出之和、生产过程中投入的所有能源之和，该方法因为假定不同能源要素同质而受到了质疑；IFIAS（International Federation of Institutes for Advanced Study，1974）提出可以利用 Gibbs 自由能量的变化量来测量投入能源的相对质量，也就是测算第二法则工作能源效率，其中 Gibbs 自由能量的下降可以定义为 $\Delta G = \Delta H - T\Delta S$，式中，$\Delta G$ 为 Gibbs 自由能量的变化量，ΔH 为热量变化，T 为温度，ΔS 为熵的变化值。尽管同第一法则能源效率相比有了很大的改进，但是仍然没有完全解决能源投入的同质问题。研究者在此基础上提出了第二法则理想能源效率，其定义为：实际的能源热能效率同"理想的"最小能源热能效率之间的相对效率。即 $\rho = E_{\Delta H(actual)} / E_{\Delta H(ideal)}$，式中 $E_{\Delta H(actual)}$ 和 $E_{\Delta H(ideal)}$ 分别为某一特定生产中实际热能效率和利用最优设备所能达到的理想热能效率。该比率可以用来测量真实世界中能源转化过程对理想效率的逼近程度，最有效的过程为 $\rho = 1$。理想能源效率指标 ρ 可以应用于微观生产过程的效率测度，包括化学、运输、热传导以及电器设备。尽管它比以往单纯测量热能效率更进一步，但其对生产的假设是完美可逆的，没有考虑到实际生产中所存在的各种时间和人力约束，同时无法进行宏观加总，因此具有很大的局限性。

2）物理–热量指标

对传统的热力学指标的批评，主要是该方法在计算产出时并没有充分考虑到消费者所需要的最终服务，而能源本身是一种派生需求。因此物理–热量指标应运而生，其中能源投入是以热量单位计算，产出是以物理单位测量，这些物理单位测量生产中所产生的服务，如产品的重量或者运输的里程数。同传统的热量指标相比，该指标更能直接反映出消费者所需要的终端服务。该指标可以用于纵向比较（时序比较），且局限于一定的产业和部门（因为每个部门的标准不同）。譬如，美国国会经济委员会（The Joint Economic Committee of the US Congress）于1981年建议使用能源投入-立方米来测量商业和居民的建筑能源效率；Collins（1992）认为，对于旅客运输可采用能源投入-旅客公里数来计算交通部门的能源效率。

物理-热量指标的缺陷，在于难以计算总的能源效率。因为每个产业部门生产的产品不同，可能导致同一种能源投入会有两种或者多种产出（譬如运输绵羊包括了羊毛运输和肉的运输），而不同产出之间是难以进行加总的。

3）经济-热量指标

能源的经济-热量指标也是一个混合指标，其中，生产的服务（产出）是按照市场价格计算的，能源投入是按照传统的热量单位计算。该指标可用于测量不同层次的经济活动效率，包括微观的生产以及宏观的部门甚至国家层面。

该指标主要有两种形式："能源-GDP"，或者"GDP-能源"，前者往往叫做能源消耗强度，后者则是最常用的能源生产率。这两者互为倒数关系，都可以用作测量部门或者国家的能源效率指标。能源生产率是对传统资本生产率和劳动生产率分析的一种补充，对考察能源在经济中的作用更有效，但在现实应用中仍然存在一定的不足，后文将进行详细分析。

4）纯经济指标

纯经济指标是根据投入能源的市场价值与产出的市场价值来进行测量的。常见的计算为"国民能源投入价值/国民产出"，它是美国国会经济委员会（1981）提出的。他们认为该指标同"能源-GDP"指标相比，更能准确反映能源经济生产效率，并且还可以提供能源价格信息，从而反映出对能源的供需变化。Berndt（1978）认为，使用能源价格而不是热量单位来测量能源投入，可以解决能源非同质问题，使得不同质量的能源投入可以进行加总计算。他提出使用"理想价格"来测量能源投入，理想价格反映了生产中能源的边际转化率，或者消费不同能源品时的边际替代率。但是理想价格明显存在两个问题：首先是计算一个可操作的理想价格很困难；其次是这样的理想价格不像热量的测度非常固定，从长期来看是不稳定的，它会随着技术进步以及人们的偏好发生变化。

上述文献对能源效率给出了不同的解释和定义，但在实际对指标的测量过程中，往往存在以下缺陷，使得其测量结果差异较大且缺乏可比性。

首先是对能源投入的测量。第一个问题在于如何将非同质的投入要素加总，这是构建一个可靠的能源效率指标的基础。在宏观层面上，需要对每种主要能源投入进行调整，否则将导致偏误。第二个问题在于确定加总的方法后，是采取热量指标还是价值指标的问题。如果采用前者，需要考虑人们对投入和产出的估价；如果采用后者，其价值会随着人们的偏好、市场价格等因素发生变化。第三是存在能源界定问题。在计算能源投入时，一般只考虑了通过市场交易的商业能源，其他的非商业能源，如秸秆、太阳能等可再生能源则没有被计算，从而导致了对能源投入的低估（Patterson，1996）。此外，我们对初级能源投入到底定义在何种程度？经过一定加工和运输后损失掉的部分是否该记入能源投入中？（IFIAS，1974）

其次是对能源产出的测量界定问题。何种产出是有用的？何种是无用的？此外，在有些生产过程中，一种能源投入可能有多种产出，是考虑其中的一种还是计算所有的产出？IFIAS（1974）提出了四种解决方法，主要包括：将所有能源与所关注的产出进行计算；将能源按照成本份额进行比例配置；采取一定的物理参数来进行比例配置；采取边际能源节约水平来进行比例配置。但是这四种方法都受到批评，而且无法实现宏观能源效率测算。除此之外，如果对产出采取市场价值法，在进行跨国比较时还存在一些方法问题，譬如学术界仍然存在着"汇率法"与"PPP 法"的争论。

最后是对技术效率的争论。Wilson 等（1994）指出，利用上述能源效率指标将导致误解，譬如被大量文献运用的能源生产率（或者能耗强度）指标，它本身包括大量的结构因素，经济中产业结构的变动（Jenne and Cattell，1983），能源与劳动、资本之间的替代以及能源投入结构的变化（Renshaw，1981），或者能源价格的变动（Boyd and Pang，2000），这些都将显著影响指标值的大小，但这并不表明经济中能源的技术效率发生了变化，因此使用生产率这个单要素指标难以体现出"效率"因素。Patterson 和 Wadsworth（1993）的实证研究证明了这一点，他们发现，新西兰的能耗强度在 1979 ~ 1990 年增长了 37.82%，主要并不是由于技术效率的变化，最有影响的因素是经济结构中能源密集型部门的增加（增长了26.72%），而技术效率的退化仅仅对能耗强度的上升贡献了 6.9%，因此，将能耗强度作为能源利用效率改善的技术指标实际上被严重误导了。此外，Patterson（1996）及 Hu 和 Wang（2006）认为，对能源生产率指标，它只是衡量了能源这一单要素与经济产出之间的一个比例关系，没有考虑其他投入要素的影响，但在生产中，最后的经济产出是和所有投入的要素相关联的，因此仅仅将能源与产出比值作为测度能源效率的一个指标存在很大的局限性。

对能源效率的概念和定义缺少统一标准，加上其测算指标本身存在一定缺陷，由此导致各种研究计算出来的能源效率结果和比较差异较大。以对中国的能源效率进行跨国比较为例，蒋金荷（2004）和王庆一（2005）等发现：如果采用能源热量效率指标，则我国 2002 年的能源效率为 33%，比国际先进水平（日本）低10%左右，大致相当于欧洲1990年年初、日本1970年中期水平；如果采用单位产品能耗指标，则2000年8大行业（石化、电力、钢铁、有色金属、建材、化工、轻工、纺织）的产品能耗平均比国际先进水平高47%；王庆一（2005）和施发启（2005）采用能源生产率指标的比较结果表明，如果按照汇率法计算，中国能耗强度是日本的8~9倍，是世界平均水平的2~3倍，但如果按照PPP法计算，则差距明显减少，同其他国家大体相当，但同OECD国家平均水平相比要高出20%。可以发现，采用不同的定义和不同的指标，可能结果差异很大，从而使得进行跨国（地区）比较难度较大，对当前能源效率所处的水平也难以有一个判断。

本章将从以下几方面对上述文献进行拓展：首先，对能源生产率和能源效率给予明确区分和定义，并对这两个概念进行比较，为今后的研究工作提供一个清晰的基础概念以避免混淆和误用；其次，在明确概念和定义的基础上，运用DEA方法，建立省级能源效率的计算模型，并利用1995~2004年省际面板数据进行省级能源效率测算；最后，将测算结果和利用能源生产率测算的结果进行比较并寻找差异。

4.3 能源效率与能源生产率的内涵比较

生产率是指生产过程中产出与所需投入之间的比率（李琼，2000）。Patterson（1996）曾经按照投入–产出的不同变量对能源生产率做过一个详细的分类，本章所讨论的能源生产率主要是指"GDP-能源投入"这一传统指标，按照投入要素的数量，又可以区分为单要素生产率、多要素生产率或全要素生产率。考虑一般的三要素生产函数（Rashe and Tatom，1977；赵丽霞和魏巍贤，1998）：

$$Y = Af(X_i) = Af(K, L, E) \tag{4.1}$$

式中，Y是代表产出变量，X_i是所有的投入要素（其中K、L、E分别代表资本、人力和能源要素），那么单要素生产率是指某一投入要素和产出之间的关系（Y/X_i），大多数文献中能源生产率表示为$EP = Y/E$，能源生产率与统计年鉴上的能源消耗强度$EI = E/Y$互为倒数。多要素生产率[①]是对投入要素根据一定的权重进行加总后得到的投入–产出之间的关系，简单表达为$Y/X = Y/\sum w_i x_i$。其中w_i为

---

① 多要素生产率有时候也叫做全要素生产率（TFP）。TFP往往用于代表剔除投入要素增长对经济增长的贡献以外，其他剩余的因素（可能是总的技术效率或者其他未考虑到的因素）对增长的贡献，也称之为Solow残差。

各要素 x_i 的权重，一般用要素 x_i 的产出弹性来表示[①]。

效率包括两部分：技术效率和配置效率（Farrel，1957）。前者是指现有资源最优利用的能力，即在给定各种投入要素的条件下实现最大产出，或者给定产出水平下投入最小化的能力（Lovell，1993）；后者则要求在一定的要素价格条件下实现投入（产出）最优组合的能力。一般对效率的考察和测度都是针对技术效率的[②]，本章也将遵循这一思路，下面所指的能源效率均意味着能源的技术效率。能源生产率和能源效率的关系，如图 4.1 所示。

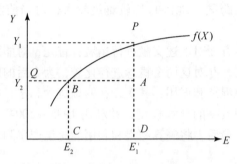

图 4.1　能源生产率与能源效率

$f(X)$ 表示生产前沿，也就是在不存在效率损失的情况下所能达到的最优生产可能边界，横轴代表所投入的能源要素 E，当投入数量 E_1 时，由于各种损耗、管理上的无效、技术水平落后、规模不经济以及 X-效率，使得最终实际的产出只能达到点 A，实际产出为 Y_2，那么此时的能源生产率即为（Y_2/E_1），而效率的测度则可根据投入角度或者产出角度区分为两种，从产出角度来说，最优产出水平为 Y_1，实际产出 Y_2，产出损失为 $AP = |Y_1 - Y_2|$，基于产出的技术效率 $TE_O = Y_2/Y_1 = DA/DP = 1 - AP/DP$，也就是衡量投入不变时 A 点距离生产边界最优点 P 的距离与程度。同样的，基于投入的技术效率 $TE_I = E_2/E_1 = QB/QA = 1 - BA/QA$，衡量的是产出不变时 A 点距离生产边界最优点 B 的距离与程度。

由此可见，生产率和效率之间并不是等同的概念，两者存在以下差异，见表 4.1 所示。

①　如果在一个完全竞争的市场中，也可以用要素 i 的成本在投入中所占的比重表示。如果产出弹性与成本投入比重不相等，则意味着存在配置无效率，可参见 Coelli（1996）。

②　如果在完全竞争的市场中，各要素的产出弹性等于投入要素所占总成本的比重，此时配置有效率。

表 4.1　生产率与效率的对比

项目	生产率	效率
定义	生产过程中产出与所需投入之间的比率	投入资源最优利用的能力
表达式	单要素：Y/X_i； 多要素：$Y/\sum w_i x_i$	投入法：最优投入/实际投入 产出法：实际产出/最优产出
值的大小	$[0, +\infty)$	$[0, 1]$
比较标准	不同经济体之间横向比较，或者自身纵向比较	等于 1 为有效率，等于 0 为无效率
是否有量纲	有，根据选取的 X、Y 单位来决定	无量纲
优点	计算简单，适用于技术效率差异较大经济体（如行业）之间的比较	能够衡量投入要素被实际生产所利用的程度，更体现效率因素
缺点	没有考虑其他配合要素的影响，不能体现出技术效率的真实变化	计算较为复杂，基于投入法和产出法的效率值不相等

能源生产率只是衡量了能源投入与产出之间的一个比例关系，其作为测度能源效率的一个指标存在很大的局限性（Patterson，1996；Hu and Wang，2006）。其度量单位会随着所选取的变量的单位而变化，可能是实物指标也可能是经济指标，能源生产率指标的最大缺陷在于：它没有考虑到在生产中其他投入要素的影响，无法度量潜在的能源技术效率（Wilson et al.，1994），其他诸如产业结构的变动、各种投入要素或者不同能源要素之间的相互替代都会影响到生产率的大小，但这并不表示实际的技术效率发生了变化，因此该指标难以刻画出"效率"的内涵。

能源效率是度量在当前固定能源投入下实际产出能力达到最大产出的程度，或者说在产出固定条件下所能实现最小投入的程度，它是一个不大于 1 的正数，且无量纲，因此不会受变量单位变化的影响。它的优点在于能够很好地测度出能源要素，以及其他要素在生产中的技术效率，但是如果在可变规模报酬条件下，基于投入法和基于产出法计算出来的非效率单元的效率值会出现差异（Färe and Lovell，1978），这为进一步分解出规模效率增加了难度，此外，如果进行比较的

---

① 这一点很容易从图 4.1 中看出，如果 $f(X)$ 是一条曲线，则基于投入的效率 $TE_1 = QB/QA$，基于产出的效率 $TE_0 = DA/DP$，$TE_1 \neq TE_0$；但要注意的是，如果是有效点，则投入法和产出法计算出来的前沿和效率值都相等；如果 $f(X)$ 是一条射线，则投入法、产出法无差异。

经济单元之间存在较大技术差异，那么利用技术效率概念进行计算可能出现偏误。

4.4　研究方法与数据

从上述分析可以得知，测度效率需要掌握生产前沿曲线的性状，但一般来说是未知的，只有通过实际的观测样本点（实际的投入、产出水平）来进行估计，Farrel（1957）提出可以通过构建一个非参数的线段凸面来估计，或者通过参数函数来拟合数据。本章使用非参数估计的 DEA 方法，下面将简单介绍。

4.4.1　DEA 方法

Farrel（1957）首先提出可以通过构造一个非参数的线性凸面来估计生产前沿。直到 Charnes 等（1978）发展出一个基于规模报酬不变（constant return to scale，CRS）的 DEA 模型之后才引起广泛关注和运用，之后 Banker 等（1984）扩展了 CCR 模型中关于规模报酬不变的假设，提出了基于可变规模报酬（variable return to scale，VRS）的 DEA 模型。DEA 是一种运用线性规划的数学过程，用于评价决策单元（DMU）的效率（Coelli，1992）。其目的就是构建出一条非参数的包络前沿线，有效点位于生产前沿上，无效点处于前沿的下方。假定有 N 个 DMU，每一个单元使用 K 种投入要素来生产 M 种产出，第 i 个 DMU 的效率即是求解以下线性规划问题：

$$\operatorname*{Min}_{\theta,\lambda}\theta$$
$$\text{s. t. } -y_i + Y\lambda \geqslant 0,$$
$$\theta x_i - X\lambda \geqslant 0,$$
$$\lambda \geqslant 0 \tag{4.2}$$

式中，θ 是标量，λ 是一个 $N\times 1$ 的常向量，解出来的 θ 值即为 DMU_i 的效率值，一般有 $\theta \leqslant 1$，如果 $\theta = 1$，则意味着该单元是技术有效的，且位于前沿上[①]（Coelli et al.，1998）。由于本章关注的是投入要素，因此本章将采用 CRS 假设下基于投入法的 DEA 模型。

---

① 如果在方程（4.2）中添加约束条件 $N1'\lambda = 1$（其中 $N1$ 是 $N\times 1$ 向量），则变为基于 VRS 假设的 DEA 模型，它构成了一个截面凸包，比 CRS 构成的圆锥包更为紧凑，同时可以将技术效率分解为纯技术效率和规模效率。但是在 VRS 假设下，基于投入法和产出法所计算的效率是不相等的，可参见 Färe 和 Lovell（1978）。

4.4.2　能源效率模型

Hu 和 Wang（2006）基于全要素生产率框架，运用 DEA 方法定义了全要素能源效率指标（TFEE），通过"前沿曲线上最优能源投入"和"实际能源投入"的比值来计算能源效率，由于在计算过程中考虑了实际生产中所投入的其他生产要素，因此弥补了传统指标——能源生产率仅考虑了能源单一要素的缺陷，本章即基于他们的思路来建立能源效率测算模型。

考虑如图 4.2 的一个 CRS 假设下基于投入法的 DEA 模型。将产出水平单位化，等产量线为 SS′，投入要素为能源以及其他要素（包括资本和人力），包络线上的点 C、D 表示是有效率，而点 A、B 则存在效率损失，因为实现同样的产出需要耗用更多的资源。按照 Farrel（1957）的定义，DMU_A 和 DMU_B 的效率分别为 OA′/OA 和 OB′/OB，但在图 4.2 中，点 A 的有效参照点并非点 A′ 而是点 C[①]，点 A 的要素无效损失包括两部分：一部分是由于 DMU_A 的技术无效率而导致的所有投入资源过量 AA′，另一部分是由于配置不恰当所导致的松弛量 A′C，因此 AC＝AA′+A′C 即为点 A 为达到目标（target）点 C 所可能实现的能源"节约"数量，如果 AC 越大，意味着同那些前沿上的有效点相比，该点可以在实现相同产出条件下能够调整、减少的能源越多，也就表明该点的能源效率越低，如果能源投入不需要调整（AC＝0），此时能源效率为 1。

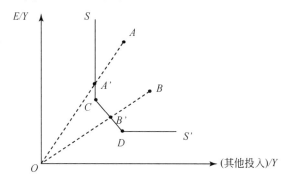

图 4.2　基于投入的 CRS DEA 模型

---

① 点 A′ 不是有效点是因为在 A′ 点可以继续减少能源投入 CA′ 从而到达 C 点，而产出维持不变。这就是投入松弛（slacks）问题。现实世界中存在着各种无效，松弛正是反映出要素的配置中的无效率，可参见 Ferrier 和 Lovell（1990）。

根据对效率的定义以及上述分析，可以定义能源效率为

$$EE_{i,t} = \frac{AEI_{i,t} - LEI_{i,t}}{AEI_{i,t}} = 1 - \frac{LEI_{i,t}}{AEI_{i,t}} = \frac{TEI_{i,t}}{AEI_{i,t}} \qquad (4.3)$$

式中，i 为第 i 个省（市、自治区）；t 为时间；EE 为能源效率；AEI 为实际的能源投入数量；LEI 为损失的能源投入数量；TEI 为目标能源投入，也就是在当前生产技术水平下，为实现一定产出所需要的最优（最少）的能源投入数量。此外，从方程（4.3）还可以计算某一区域在某一年的能源效率：

$$REE_{k,t} = \frac{RTEI}{RAEI} = \sum_{j \in K} TEI_{j,t} \Big/ \sum_{j \in K} AEI_{j,t} \qquad (4.4)$$

式中，$REE_{k,t}$ 为区域 k 在第 t 年的能源效率，它等于区域内所有省份的目标能源投入之和与实际能源投入之和的比值。

此外，还可以通过方程（4.3）计算各个省每年的节能潜力，也就是 $LEI_{i,t}/AEI_{i,t}$，该比例越高，说明当前能源投入的无效率损耗越大，也同时表明该地区的节能潜力越大。

4.4.3 数据处理

本章以 1995~2004 年中国 29 个省、市、自治区（以下为方便全部简称省）资本存量、劳动力和能源消费量为投入要素，以各省 GDP 作为产出要素来进行能源效率分析。其中：

GDP 产出：各省当年的 GDP 和 GDP 平减指数来自于《新中国五十年统计资料汇编》和 2000~2004 年度的《中国统计年鉴》，并以 1990 年不变价格进行换算。为了保持口径的统一，将重庆市的数据合并到四川省。

资本存量：一般用"永续盘存法"来估计每年的实际资本存量，计算方法为：$K_{i,t} = I_{i,t} + (1-\delta_i) K_{i,t-1}$，其中 $K_{i,t}$ 是地区 i 第 t 年的资本存量，$I_{i,t}$ 是地区 i 在第 t 年的投资，δ_i 是地区 i 在第 t 年的固定资产折旧率，此处主要参考了张军等（2004）的已有研究成果，以 1952 年不变价格计算。

劳动力：主要数据来源于《新中国五十年统计资料汇编》和 2000~2004 年度的《中国统计年鉴》，当年就业人数按照公式"（当年年末就业人数+上一年年末就业人数）÷2"来计算得到，这里由于各省的人均教育水平等数据不可得，因此没有包括各省劳动力质量上的差异。

能源：使用各省每年的能源消耗量来表示所投入的能源，主要来自于相应各年份的《中国能源统计年鉴》以及《中国工业交通能源 50 年统计资料汇编》，

已经折算成标准煤。其中宁夏缺少 2001 年的能源数据，取前后两年的平均数补齐；西藏由于缺少能源数据，因此没有包括在样本内。

4.5 结果讨论

根据 DEAP 2.1 软件包，可以计算得到中国 29 个省在 1995 ~ 2004 年的能源效率得分，见表 4.2 所示。

表 4.2　中国各省能源效率（1995 ~ 2004 年）

地区	1995 年	1998 年	2000 年	2004 年	平均	排名
北京	0.75	0.76	0.8	0.92	0.83	12
天津	0.76	0.86	0.86	0.77	0.84	11
河北	0.6	0.6	0.6	0.52	0.58	23
山西	0.34	0.48	0.46	0.33	0.42	27
内蒙古	0.67	0.67	0.63	0.39	0.6	21
辽宁	1	1	1	0.66	0.97	4
吉林	0.69	0.72	0.74	0.62	0.7	19
黑龙江	1	1	1	1	1	1
上海	1	1	1	1	1	1
江苏	0.84	0.87	0.92	0.89	0.91	6
浙江	0.85	0.84	0.8	0.74	0.82	13
安徽	0.86	0.85	0.79	0.92	0.85	10
福建	1	1	1	0.95	0.99	3
江西	0.73	1	0.82	0.93	0.89	8
山东	0.75	0.79	0.74	0.65	0.75	15
河南	0.64	0.68	0.7	0.71	0.7	18
湖北	0.97	0.95	0.92	0.73	0.9	7
湖南	0.78	0.9	1	0.93	0.93	5
广东	0.88	0.91	0.93	0.79	0.89	9
广西	0.86	0.83	0.73	0.8	0.81	14
海南	1	1	1	0.99	0.99	2
四川	0.61	0.68	0.77	0.77	0.72	16
贵州	0.5	0.44	0.45	0.4	0.45	26

地区	1995 年	1998 年	2000 年	2004 年	平均	排名
云南	1	1	1	1	1	1
陕西	0.57	0.63	0.8	0.79	0.7	17
甘肃	0.42	0.51	0.49	0.52	0.49	24
青海	0.67	0.63	0.58	0.46	0.58	22
宁夏	0.6	0.55	0.46	0.25	0.47	25
新疆	0.68	0.69	0.74	0.58	0.68	20
全国	0.76	0.79	0.8	0.71	0.78	

通过上表可以发现，全国能源效率最高的省份为黑龙江、上海和云南，在1995～2004 年均处于前沿曲线上，海南、福建、辽宁和湖南四省也有若干年位于前沿曲线上；能源效率最低的 5 个省份分别为山西、贵州、宁夏、甘肃和河北。同高振宇和王益（2006）计算的各省 1995～2003 年能源生产率的结果相比，对能源效率最低省份的排名基本接近，但是河北省在高振宇等的计算中处于中下游，而在本章中却在末位；对能源效率最高省份的排名差异很大，在高振宇等的计算中，能源生产率最高的 5 个省份依次为福建、海南、广东、江苏和浙江，同本章的计算结果相比只有福建和海南属于能源高效利用省份，产生如此大差异的原因可能在于：利用能源生产率计算时没有考虑到其他要素，如资本和劳动的投入，而这些生产要素很可能在能源投入不变时使得最后的产出水平产生较大差异，譬如高振宇等的研究结果中，广东、江苏和浙江都属于资本较为丰富的地区，经济产出水平也较高，因此导致其排名靠前，而通过 DEA 方法计算则综合考虑到其他要素的相互配合，这些省份排名则后移到中上游水平，这意味着，尽管这些省份经济产出高，但是同能源高效地区相比，其能源投入仍然过多，所以其效率得分下降，也正是能源生产率和能源效率这两种不同方法的主要区别所在。

从能源效率的变化趋势上看，大多数省份能源效率符合"先上升，再下降"的特征，转折点一般出现在 1999～2002 年，这与史丹（2002）、孙鹏等（2005）等利用能源生产率所得出的研究结论基本一致，能源效率较高的广东、福建、海南基本上是从 2000 年开始远离前沿面，辽宁、湖南则是从 2004 年开始出现能源效率下降，唯一例外的是安徽省，其能源效率在考察期内是先下降，到 2001 年后反而开始上升；能源效率一直处于下降趋势的包括湖北、广西、内蒙古、河北、贵州、青海和宁夏。整体上来看，全国的能源效率变动趋势在 1995～2004

年符合倒 U 形，即在 2000 年之前持续改进，在 2001 年开始下降。

从不同省份之间的变动差异来看（图 4.3），在 1999 年之前，各省之间的能源效率的变异系数在逐渐减小，但在 1999 年之后逐年加大，说明从全国范围来看，这 29 个省之间的能源效率差距正在扩大，并不具有趋同性，这同史丹（2002）利用能源生产率指标所考察的省级之间的收敛性结论一致。

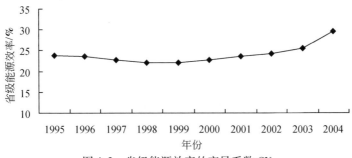

图 4.3　省级能源效率的变异系数 CV

高振宇和王益（2006）曾经借助聚类分析而非传统的东、中、西区域来划分不同的能源生产率地区，并将之区分为能源高效区、中效区和低效区，本章在此也利用这一方法同他们的划分结果相比较，详见表 4.3。可以看出，两者结果的差异性主要表现在：以能源生产率为基础的聚类中，对浙江、广西、山东、河北的评价得分偏高，而对辽宁、黑龙江、云南、湖北和新疆的测度则偏低，这可能正是前面所提到的原因所致，即能源生产率仅测度能源单一投入同产出之间的关系，而一些其他因素诸如投入要素之间的相互替代等都会影响到该值的大小，但对其效率而言并没有产生任何影响；而本章定义的能源效率则是在考虑所有其他的投入要素的框架下，将测量点同当前可行的最优绩效点所构成的前沿进行相对比较，从方法上来说更能反映一个地区对能源要素的实际利用的效率水平。

表 4.3　能源生产率同能源效率的聚类分区比较

项目	基于能源生产率的聚类结果	基于能源效率的聚类结果
能源高效区	浙江、广东、江苏、江西、广西、山东、上海、湖南、福建、海南	辽宁、黑龙江、上海、江苏、福建、江西、湖北、湖南、广东、海南、云南
能源中效区	河北、吉林、陕西、辽宁、北京、黑龙江、天津、云南、安徽、河南、湖北、四川	北京、天津、吉林、浙江、安徽、山东、河南、广西、四川、陕西、新疆
能源低效区	宁夏、甘肃、青海、内蒙古、新疆、贵州、山西	河北、山西、内蒙古、贵州、甘肃、青海、宁夏

注：主要借助 SPSS 12.0 完成。

本章对能源效率的不同定义和计算指标进行了梳理，对最常用的能源生产率和能源效率进行了对比和区分，运用 DEA 方法构建起一个相对前沿的能源技术效率指标，并利用中国省级层面 1995～2004 年的数据计算了各省能源效率，并同以能源生产率为指标的计算结果进行了比较，主要得到以下几点结论和启示。

（1）传统的能源生产率指标由于存在诸多缺陷，不能完全刻画出能源效率，两者存在诸多差异。本章通过 DEA 方法定义的能源效率是在全要素生产框架下度量当前能源投入与最优可实现的能源投入，综合考虑了其他要素对产出的影响，是一个更能刻画"技术效率"变化的指标。

（2）省级能源效率的计算表明，全国能源效率最高的省份为黑龙江、上海、云南，它们处在生产前沿上，也就是相对最有效率的地区；能源效率最低的五个省份分别为山西、贵州、宁夏、甘肃、河北，同能源生产率计算的结果相比，最低的省份差别不大，但是水平最高的省份有一定差异。此外，根据聚类分析来划分能源高效区、中效区和低效区的话，也会同能源生产率计算的结果存在较大差异，可能是由于能源生产率在计算时仅考虑了能源单要素同经济产出之间的关系，而忽略了其他投入要素的作用；而基于 DEA 的能源效率则可以在全要素生产框架下综合各种要素进行评价，更具有可信度。

（3）从能源效率的变化趋势上看，大多省份能源效率符合"先上升，再下降"的特征，转折点一般出现在 1999～2002 年。在 1999 年之后，省级之间的能源效率差距逐渐扩大，不具有趋同性。这两个变化趋势同能源生产率计算的结果相类似。

本章主要在于对能源效率和能源生产率进行区分。对影响能源效率的因素以及能源效率的省际比较，将在下一章做出专门研究。

5

中国省际能源效率及影响因素分析*

5.1 引言

中国政府为了实现可持续发展，提出要建设资源节约型社会，通过提高整个社会利用与配置资源的效率来降低对资源尤其是能源的消耗，并且在"十一五"规划中明确规定了万元 GDP 能耗降低 20％ 的约束性指标。但根据国家统计局的统计资料显示，在"十一五"初期，大部分省份都没有完成相应目标。因此，如何提高能源效率也就成为当前节能降耗工作的重中之重。

现有的关于能源效率的研究文献主要从以下几个方面来分析。

首先，通过进行能源效率的国际比较来评估当前中国的能源利用水平。大多数比较发现，如果按照汇率法计算，中国能耗强度是日本的 8~9 倍，是世界平均水平的 2~3 倍；但如果按照 PPP 法计算，则差距明显减少。

其次，众多学者对宏观经济进行时间序列分析，主要考察中国能源效率变动的趋势以及背后的驱动力。一般认为主要有以下几个因素：①产业结构的调整促使各种要素（包括能源）从低生产率的行业流向高生产率的行业，从而降低了能源消耗强度；②技术进步和创新使得降低能耗在技术上成为可能；③还有学者认为能源效率的改善依赖于全要素生产率的提高，也就是要配合其他投入要素的投入比例来提高能源效率。

最后，其他一些研究关注于中观层面，对行业或区域的能源生产率进行了研究，并尝试对行业（地区）间能源生产率差异的影响因素进行解释和收敛性验

* 本章是在魏楚、沈满洪合作发表的论文"能源效率及其影响因素：基于 DEA 的实证分析"（《管理世界》，2007 年第 8 期）基础上修改而成的，该文相关内容还被收录于魏楚所著《中国能源效率问题研究》（中国环境科学出版社，2011 年）。

证。如高振宇和王益（2006）计算了各省 1995～2003 年的能源生产率，并进行了聚类分析，将全国划分为能源高效区、中效区和低效区，并认为经济发展水平、产业结构、投资及能源价格是影响能源生产率的主要因素。史丹（2006）同样计算了区域间的能源生产率，并在各地区能源生产率趋同条件下计算了节能潜力，认为影响区域能源生产率的主要原因包括产业结构、人均 GDP、能源消费结构、对外开放程度和地理区位。Hu 和 Wang（2006）等基于省级数据进行了 DEA 分解，在全要素生产率框架下计算了能源效率。李廉水和周勇（2006）用能源生产率来表示能源效率指标，通过对 35 个工业行业进行 Malmquist 分解，并将分解后的技术进步、技术效率和规模效率作为解释变量，去估算各因素对能源效率的关系。结果发现，技术效率而非技术进步是工业部门能源效率提高的主要原因，但后者的作用将逐渐增强。

上述文献主要存在以下缺陷与不足：首先，对能源效率的定义迥异，其研究结论并不一致；其次，大多数研究集中在全国或者某一区域的能源效率的变动趋势，对地区间能源效率差异以及影响能源效率的因素的研究较少；最后，在对能源效率影响因素的分析方法上，定量分析较少。

本章试图从以下几个方面对上述文献进行拓展：首先，沿着 Hu 和 Wang（2006）的思路，利用 1995～2007 年的分省面板数据对省级全要素能源相对效率进行评价；其次，同此前因素分解方法不同的是，本章将建立能源效率影响因素的计量模型，利用面板数据进行定量检验与分析。

5.2 模型、变量与数据

5.2.1 全要素能源相对模型

由于考察的是能源要素可以节约的程度，本章采用 CRS 假设下基于投入法的 DEA 模型。本章采用的是全要素能源相对效率指标，即通过衡量"最优能源投入/实际能源投入"来作为能源效率指标，其表达式见式（4.3）和式（4.4）。

此外，还可以通过式（4.3）计算各个省每年的节能潜力 $SPE_{i,t}$，即：

$$SPE_{i,t} = LEI_{i,t}/AEI_{i,t} \tag{5.1}$$

该比例越高，说明当前能源投入的无效率损耗越大，也同时表明该地区的节能潜力越大。

5.2.2 变量与数据

本章以 1995~2007 年中国 29 个省份资本存量、劳动力和能源消费量为投入要素，以各省份 GDP 作为产出要素来进行能源效率分析。其中：

GDP 产出：各省份当年的 GDP 和 GDP 平减指数来自于《新中国五十年统计资料汇编》和 2000~2008 年度的《中国统计年鉴》，为了保持口径的统一，将重庆市的数据合并到四川省，所有 GDP 均转换为以 2000 年不变价格计算的真实 GDP，单位为亿元。

资本存量：一般用"永续盘存法"来估计每年的实际资本存量，计算方法为 $K_{i,t} = I_{i,t} + (1-\delta_i) K_{i,t-1}$，其中 $K_{i,t}$ 是地区 i 第 t 年的资本存量，$I_{i,t}$ 是地区 i 在第 t 年的投资，δ_i 是地区 i 固定资产折旧率，此处主要参考了张军等（2004）的已有研究成果，并按照其公布的方法将其序列扩展到 2007 年，以 2000 年不变价格计算，单位为亿元。

劳动力：劳动力应该是指有效劳动力，国外的一般采用工作小时数来作为劳动力投入变量，但受限于数据可得性，这里采用历年《中国统计年鉴》中公布的当年就业人数，这里由于各省的人均教育水平等数据不可得，因此没有包括各省份劳动力质量上的差异，单位为万人。

能源：使用各省份每年的能源消耗量来表示所投入的能源，主要来自于相应各年份的《中国能源统计年鉴》、《中国工业交通能源 50 年统计资料汇编》和《中国统计年鉴》中的相应数据，此外从 2005 年开始各省份能源消费数据不直接公布，转而公布各省份能耗强度指标，因此对 2005~2007 年的能源消费数据根据各年的真实 GDP 进行转换得来，其中宁夏缺少 2001 年的能源数据，取前后两年的平均数补齐；西藏由于缺少能源数据，因此没有包括在样本内，单位为万吨标准煤。

地区划分：按照传统的区域划分方法，将 29 个省份分为东部沿海地区、中部地区和西部地区，从而在更大范围内考察区域之间的效率差异。其中，东部沿海地区包括北京、天津、河北、辽宁、上海、江苏、浙江、福建、山东、广东和海南 11 个省份；中部包括山西、吉林、黑龙江、安徽、江西、河南、湖北和湖南 8 个省份；西部包括内蒙古、广西、四川、贵州、云南、陕西、甘肃、青海、宁夏、新疆 10 个省份。各变量的统计性描述见表 5.1。

表 5.1 中国 29 省份投入产出变量统计性描述（1995～2007 年）

变量	GDP（2000年不变价格）/亿元	资本存量（2000年不变价格）/亿元	劳动力/万人	能源消费/万吨标准煤
均值	4 186.83	8 240.34	2 238.832	6 525.558
标准差	3 911.24	7 427.179	1 570.282	4 676.379
最小值	173.3	392.3	226	303
最大值	25 923.4	43 250.9	6 568.2	28 552.01

5.3 地区能源效率评价与节能潜力

5.3.1 全要素能源相对效率测算

根据 DEAP 2.1 软件包可以计算得到式（5.1）中所需的目标能源投入 TEI，除以各地区的真实能源投入 AEI 即可得到全要素能源相对效率值，最终中国大陆 29 个省份在 1995～2007 年的全要素能源相对效率得分见表 5.2。

通过表 5.2 可以发现，在 1995～2007 年，全国各省份中，全要素能源相对效率平均值最高的省份为上海、广东、福建、海南和北京，其中上海和广东的得分为 1，即一直处于最优前沿曲线上，福建、湖北等省份也有若干年位于前沿曲线上；如果以最新的 2007 年的测算结果来看，处于能源利用最前沿的地区仍然是上海和广东两地，北京、福建和海南则距离前沿曲线较近。在 1995～2007 年，全要素能源相对效率平均值最低的省份分别为内蒙古、新疆、贵州、山西、青海和宁夏，同最优前沿上的省份相比，其值均未超过 0.5；如果以最新的 2007 年的测算结果考察，全要素能源相对效率较低的是山西、青海、贵州和宁夏。其中最落后的宁夏其得分仅为 0.176，这意味着这些省份在能源生产利用中存在着巨大的无效损耗，从另一个角度来说，这也意味着这些省份的节能潜力与改进空间巨大。

表 5.2 中国各省全要素能源相对效率（1995～2007 年）

地区	1995～1997平均值	1998～2000平均值	2001～2003平均值	2004～2007平均值	全时期平均效率值	全时期平均效率排名	2007 年效率值排名
北京	0.867	0.809	0.890	0.948	0.884	5	3
天津	0.623	0.652	0.720	0.774	0.699	13	8

地区	1995～1997 平均值	1998～2000 平均值	2001～2003 平均值	2004～2007 平均值	全时期平均效率值	全时期平均效率排名	2007年效率值排名
河北	0.682	0.677	0.428	0.389	0.532	18	22
山西	0.404	0.443	0.213	0.240	0.318	27	26
内蒙古	0.613	0.621	0.350	0.316	0.463	24	25
辽宁	0.464	0.459	0.484	0.507	0.481	22	18
吉林	0.476	0.588	0.451	0.488	0.500	20	19
黑龙江	0.414	0.515	0.527	0.579	0.514	19	13
上海	1.000	1.000	1.000	1.000	1.000	1	1
江苏	0.786	0.846	0.928	0.867	0.857	7	6
浙江	0.900	0.873	0.823	0.843	0.858	6	7
安徽	0.711	0.776	0.562	0.650	0.673	15	10
福建	1.000	1.000	0.971	0.921	0.969	3	4
江西	0.883	0.911	0.736	0.728	0.808	8	9
山东	0.864	0.859	0.670	0.598	0.736	12	12
河南	0.867	0.863	0.567	0.530	0.693	14	16
湖北	1.000	1.000	0.539	0.522	0.746	10	17
湖南	0.848	0.914	0.695	0.580	0.745	11	14
广东	1.000	1.000	1.000	1.000	1.000	2	2
广西	0.969	0.926	0.697	0.629	0.792	9	11
海南	0.985	0.904	0.865	0.911	0.916	4	5
四川	0.793	0.794	0.541	0.533	0.655	16	15
贵州	0.509	0.423	0.222	0.230	0.337	26	28
云南	0.471	0.456	0.477	0.459	0.465	23	21

地区	1995~1997 平均值	1998~2000 平均值	2001~2003 平均值	2004~2007 平均值	全时期平均 效率值	全时期平均 效率排名	2007年 效率值排名
陕西	0.555	0.626	0.509	0.501	0.544	17	20
甘肃	0.682	0.634	0.343	0.357	0.493	21	23
青海	0.389	0.356	0.284	0.250	0.314	28	27
宁夏	0.319	0.357	0.206	0.175	0.257	29	29
新疆	0.407	0.378	0.387	0.363	0.382	25	24

注：为便于阅读，此处给出的是三年平均值，更详细的效率值可参见本章附表一。

从上述分析可以发现，全要素能源相对效率较高的地区多是经济较为发达的东部沿海省份，而西部欠发达地区往往全要素能源相对效率较低，为此根据式(5.2) 对三大区域的全要素能源相对效率进行评价和比较，见表 5.3。

表 5.3 中国东部、中部、西部地区全要素能源相对效率 （1995~2007 年）

区域	1995~1997 平均值	1998~2000 平均值	2001~2003 平均值	2004~2007 平均值	全时期 平均值
全国	0.706	0.712	0.589	0.582	0.643
东部	0.834	0.825	0.798	0.797	0.812
中部	0.701	0.751	0.536	0.540	0.625
西部	0.571	0.557	0.402	0.381	0.470

从大的区域上看，东部沿海地区的全要素能源相对效率最高，其考察期内的平均值为 0.812，其次为中部地区，平均为 0.625，西部地区依然落后于前两者，其全要素能源相对效率为 0.47。对于东部、中部、西部效率逐渐递减的结果，同大多数学者关于 TFP 的地区间比较结论相一致。此外，由于采用的都是基于全要素生产率的框架，因此将这一结果同 Hu 和 Wang （2006） 的计算进行了比较，对于东部的疑义不大，都是处于领先地位的，但是 Hu 的结果显示西部能源效率（0.691） 要高于中部能源效率 （0.682），产生差异的原因可能是由于对资本存量的计算不一样，Hu 采用的是自己估算的省级数据，而本章利用的是张军等的估算结果，此外，本章同 Hu 在区域划分和考察时期上也有差异[①]。

———

① 譬如对于内蒙古，一般是将其划为中部地区的，但本章按照"西部大开发"的战略指导，将其划为西部地区；此外，Hu 和 Wang （2006） 考察期为 1995~2003 年，本章的时间区间显然扩展得更长。

5.3.2 全要素能源相对效率变化趋势

此处对各区域的全要素能源相对效率变动趋势进行简要描述，如图5.1所示。从各地区全要素能源相对效率的变化趋势上看，大多省份符合"先上升，再下降"的特征，转折点一般出现在2000年左右，这与史丹（2002）、孙鹏等（2005）等利用能源生产率所得出的研究结论基本一致，其主要原因是由于其加速的重化工业进程所致（史丹，2002）；如果从区域角度来看，东部地区能源相对效率一直较为平稳，一直在0.8左右小幅波动，在2000年之后出现了较为显著的、小幅的下滑，直到2005年才开始缓慢回升；中部地区在2000年之前有一个显著的效率提升，意味着这一时期中部地区有一个"追赶前沿"不断逼近前沿的动态过程，但是在2000年之后出现了较大的下滑，一直持续到2004年达到能效低谷，在此之后窄幅波动，变动不大；西部地区在1995~2000年处于平稳阶段，既无明显赶超，也无大幅落后迹象，但是2001年开始其效率从0.55大幅下降到0.4左右，其后的时间内同中部地区一样，没有较大起色，也没有出现大幅下滑趋势，保持在0.38左右。

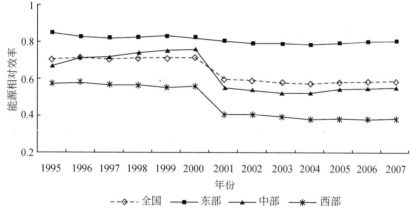

图5.1　不同地区全要素能源相对效率变动趋势（1995~2007年）

为考察不同地区的全要素能源相对效率变动差异，这里给出了省际和区域间的变异系数趋势图（图5.2），更详细的变异系数报告可参见本章附表二。

从图5.2可以发现，省际的变异系数高于区域间的变异系数。从全国范围来看，29个省份之间的全要素能源相对效率在2000年之前有收敛趋势，但2000年之后呈现轻微发散态势；东部、中部、西部地区之间的全要素能源相对效率趋势变动类似。此外，如果考察东部、中部、西部区域内的省份变动情况，则可以发

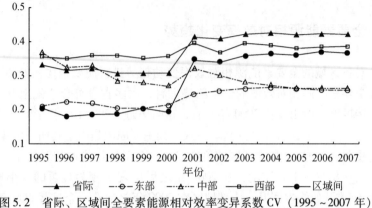

图 5.2 省际、区域间全要素能源相对效率变异系数 CV（1995～2007 年）

现三大区域内还是存在较大差异的。东部地区的 11 省份能源效率差异有逐渐增加的趋势，呈现发散性，但是较为稳定；中部地区 8 省份在 2000 年之前呈现收敛趋势，在 2000 年有一个跃升，但其后仍然呈现收敛趋势，说明中部地区省份的全要素能源相对效率差异在逐渐减小；西部地区 10 省份在 1997～1999 年有收敛趋势，但之后呈现发散态势，表明西部各省份的全要素能源相对效率差距在增加。

5.4 能源效率影响因素的实证分析

5.4.1 变量与数据说明

从上面计算出的结果分析可以看出，不同省之间的全要素能源相对效率差异非常大，而且其变动趋势也日趋复杂，如何理解这种省级乃至更大区域范围内的效率差异？又有哪些原因造成了全要素能源相对效率的不同？根据此前相关文献讨论，本章主要考虑以下四个变量。

（1）产业结构：即宏观经济中第一、第二、第三产业所占比重。由于第三产业相对第二产业而言能耗低而产出较高，因此这成为各地政府通过"退二进三"政策来进行"节能降耗"的主要手段。由于不同地区产业发展水平、速度和质量不一，需要关注的是"退二进三"是否是一剂普适的"药方"及其"药效"如何。这里用第二产业增加值在各地 GDP 中所占比重来表示其产业结构特征，数据来源于各年的《中国统计年鉴》。

（2）产权制度：在微观企业层面，不同的产权制度产生不同的激励机制，这对企业的生产效率、资源配置与利用水平都有很大影响。已有的研究结论普遍认为国有企业其经营绩效和效率较低，因此国有产权比重越高，其能源效率将会越低。由于无法获得微观数据，这里只能考虑用其他指标代替，一般可以利用国有（及国有控股企业）工业总产值占全部国有（及规模以上非国有工业企业）工业总产值比重来表示各地工业经济中的国有比重，但各地国有工业总产值在 2004 年并没有公布，考虑到数据序列完整性，此处选择用国有单位职工人数占当地职工总数的比重来进行刻画，其中 2005 年之前数据来源于中宏网数据库，2005 年之后则来源于相应年份的《中国统计年鉴》。

（3）要素禀赋：即便对相同的企业而言，由于资本、劳动和能源之间存在相互替代关系①，投入不同的禀赋要素可以实现相同产出，那么就为节约能源提供了一种思路，即利用其他要素的投入来进行替代，由于在这三种要素中，以资本存量增长最为迅速，因此本章以 log（劳均资本装备水平）来表示禀赋结构②，并考察资本深化对全要素能源相对效率的影响，同时其结果也有助于理解资本同能源之间的关系，资本存量数据来源已在本章第二节中做了说明。

（4）能源结构：能源投入是所有不同能源产品按照其热量单位进行加总后的值，由于煤炭、电力、石油、天然气等不同能源品的成本、热量产出存在巨大差异，因此考察能源的消费结构对能源效率的影响也很有意义③，这里根据数据可得性，采用各地区电力消费占当地能源消费总量的比重来刻画能源结构，数据来自相应年份《中国统计年鉴》和《中国能源统计年鉴》。

此外，技术水平也会影响到能源效率，但对技术水平的刻画存在较大分歧④，受限于数据可得性与完整性⑤，这里采用 log（人均专利申请量）来反映各地所拥有和掌握的技术水平，数据来源于相关年份的《中国科技统计年鉴》。

各变量的符号及统计性描述（均值）见表5.4。

---

① 对能源同劳动之间的研究结论较为一致，Berndt 和 Wood（1975）、Halvorsen 和 Ford（1978）及 Fuss（1977）等的研究均表明这两者可以相互替代，但对能源与资本之间的关系则存在较大分歧。Field 和 Grebenstein（1980）在一个综述中指出，Halvorsen 和 Ford 等的研究是基于截面数据，更多的是揭示出长期调整的可能性，而 Berndt 和 Wood 等的研究则是基于时间序列的，侧重于短期内估计，因此有可能存在一种情况，即能源和资本在短期内是互补关系，在长期内则可以替代。

② 能源相对价格也可表示不同要素间的配置结构，但这基于一个潜在的假设，即要素市场是完全竞争的，所有要素的价格反映了该要素在生产中的边际产出能力，但在中国，要素市场并未完全放开，尤其对能源而言，仍存在较高程度的政府管制。

③ 如果考虑污染排放的话，能源消费结构则对整个经济效率和环境绩效影响更加重大。

④ 一般文献对技术水平的刻画可以区分为技术投入和产出两个角度，从对技术的投入来看可以选择"财政科技支出"或者"R&D 支出"等指标，如果从产出角度则可选择"专利申请数"、"专利授予数"等指标。

⑤ 最为直接的"R&D 支出"、"R&D 人员数"等指标 2000 年之后才开始统计、公布。

表 5.4　全要素能源相对效率与各解释变量的均值描述

变量	全要素能源相对效率	产业结构	产权制度	要素禀赋	能源结构	技术
	（EE）	（Industry）	（State）	（ln k）	（Power）	ln Patent
全国平均	0.643	0.455	0.685	1.21	0.121	−0.038
东部	0.812	0.466	0.592	1.765	0.134	0.877
中部	0.625	0.469	0.709	0.86	0.104	−0.429
西部	0.470	0.431	0.767	0.877	0.121	−0.733

5.4.2　模型设定

对面板数据的估计主要包括聚合最小二乘回归模型（pool OLS）、固定效应模型（fixed effect）和随机效应模型（random effect），由于仅对样本本身的个体差异进行分析，并非通过样本来推断总体，因此需要选择固定效应模型[①]。由于样本的差异可能是由个体的偏离和时期变化所导致的，因而需要控制这两个因素，考虑到数据集中截面数较多而时序较少，为了减少自由度的损失，在此增加了地区虚拟变量 East 和 Middle 用于控制个体差异，以时期固定影响变截距模型来表述，即每一年变量对所有样本的影响一致，但不同年份的表现不一。此外，为降低多重共线性，对相关度较高的变量进行交叉乘积项。最终用于解释能源效率差异的影响因素的计量模型为

$$EE_{i,t} = C_0 + C_t + C_1 \text{Industry}_{i,t} + C_2 \text{State}_{i,t} + C_3 \ln k_{i,t} + C_4 \text{Power}_{i,t}$$
$$+ C_5 \ln \text{Patent}_{i,t} + C_6 \text{State}_{i,t} \times \ln k_{i,t} + C_7 \text{State}_{i,t} \times \text{Power}_{i,t} \quad (5.2)$$
$$+ C_8 \text{State}_{i,t} \times \ln \text{Patent}_{i,t} + C_9 \text{East}_{i,t} + C_{10} \text{Middle}_{i,t} + \varepsilon_{i,t}$$

式中，i 与 t 分别表示不同时期不同地区的对应值；C_0 为公共截距；C_t 则是反映时期影响的时期个体恒量，刻画不同时期对均值的偏离程度；East 和 Middle 则是设置的地区哑变量，用于解释样本的地区差异；$\varepsilon_{i,t}$ 误差项服从正态分布。

5.4.3　回归结果及解释

为了消除随机误差项存在的时期异方差和同期相关，采用了广义最小二乘法

---

① 当然，也对后面的模型进行了 Hausman 检验，其结果也拒绝了随机效应的假设。

（GLS）对模型进行估计，GLS 转换权重为时期间似不相关（period SUR）。对模型（5.2）进行估计，原始结果见表 5.5 的第（Ⅰ）列，由于有交叉项，各变量的估计系数并非是真实的影响系数，需要进一步测算其偏效应①。经过调整之后的各影响变量的结果见表 5.5 的第（Ⅱ）列，为了进行比较，去掉模型中的交叉项，对各影响因子进行了直接回归，其结果见表 5.5 中的第（Ⅲ）列，对比第（Ⅱ）、（Ⅲ）列可以发现，其系数变化并不是很大。

表 5.5　全要素能源相对效率影响因素的回归结果（1995 ~ 2007 年）

变量	（Ⅰ）交叉项 原始结果	（Ⅱ）交叉项 调整偏效应后	（Ⅲ）直接估计 结果
Industry	−0. 1441 *** （−2. 4267）	−0. 1441 *** （−2. 4267）	−0. 167 *** （−3. 06）
State	0. 5987 *** （4. 1957）	−0. 1542 ** （−2. 953）	−0. 161 *** （−3. 09）
ln k	0. 1669 ** （2. 5343）	−0. 0346† （−1. 495）	−0. 042 * （−1. 83）
Power	2. 9070 *** （5. 5079）	0. 6984 *** （6. 874）	0. 546 *** （5. 8）
ln Patent	−0. 1076 *** （−2. 8440）	0. 0061 （0. 7944）	0. 017 ** （2. 45）
East	0. 2472 *** （6. 3572）	0. 2472 *** （6. 3572）	0. 252 *** （6. 37）
Middle	0. 1629 *** （4. 9317）	0. 1629 *** （4. 9317）	0. 149 *** （4. 35）
C	0. 2522 ** （2. 2261）	0. 2522 ** （2. 2261）	0. 817 *** （13. 7）
State×ln k	−0. 2943 *** （−3. 3189）		

---

① 如资本禀赋结构 ln k 的影响系数是 d TE/d ln$k$＝0. 1669−0. 2943State，其系数的 t 检验量可以通过在模型（5-2）中将交叉项 State×ln$k$ 更改为［State−mean（State）］×ln k 即可得到，其他系数和统计量均不变，见伍德里奇（2003）。

变量	（Ⅰ）交叉项 原始结果	（Ⅱ）交叉项 调整偏效应后	（Ⅲ）直接估计 结果
State×Power	−3.2254 *** （−4.3282）		
State×ln Patent	0.1661 *** （3.2673）		
调整后的 R^2	0.395	0.395	0.343
D. W.	2.0	2.0	2.02
F 值	11.8	11.8	11.08

说明：所有结果用 Eviews 5.0 估计，***、**、* 和 † 分别代表在 1%、5%、10% 和 15% 水平上显著，括号内为 t 检验量。

从表 5.5 可以得到以下主要结论。

同此前预期和大多数文献研究结论相同，第二产业比重同全要素能源相对效率之间存在显著的负相关。如果经济中第二产业所占比重增加 1%，则全要素能源相对效率将下降 0.14%~0.16%；此外，国有比重也将会损害全要素能源相对效率，如果国有职工占就业人口比重上升 1%，在一定程度上反映了国有经济的规模和影响力出现扩张，那么全要素能源相对效率将会出现下降，其下降的程度与第二产业的影响系数接近，为 0.15%~0.16%。这也说明进一步地降低国有经济比重，深化国有企业改革，推动"国退民进"，可以从微观上强化企业激励机制，自发地实施提高生产运营效率、节约稀缺资源等经济行为。

资本深化对全要素能源相对效率的影响较为复杂。从表 5.5 可以发现，其影响系数相对较小，且在 10% 或 15% 水平上显著为负，按照常理，资本深化会促进全要素生产率的改善（杨文举，2006），可以节约、替代资源，应该表现为正面的影响，全要素能源相对效率之所以出现恶化，笔者认为可能主要有以下原因：

首先，表 5.5 的结果是对全国整体的估计，可能会掩盖对不同地区影响的差异性，根据模型（5.2）可以得到：d TE/d ln$k$ = C_3 + C_6 State，根据第（Ⅰ）列估计出的系数，C_3 > 0，C_6 < 0 且均显著，同时可以计算出边界值为 State* = 0.567，而样本中 State 的范围为 0.305~0.896，这意味着资本深化的影响具有地区差别：在国有比重较高的地区，资本深化会使得该地区同前沿地区之间的距离越来越远——全要素能源相对效率出现下滑；而国有比重较低的地区，资本深化则会使得该地区全要素能源相对效率逼近前沿地区水平，也就意味着全要素能源相对效

率不断改善。第（II）列中给出的是基于 State 变量的样本均值（0.697）计算，因此最终得到了一个小于零的"平均"影响系数。

其次，资本深化对经济效益的确存在一定的负面影响，尤其是近年来由于各地区 GDP 竞争加剧，纷纷出现过度资本深化现象并偏离了中国的"资源禀赋"优势（林毅夫和刘培林，2004），大量、过快的资本替代了相对富裕的劳动力，而资本所需的能源消费却又是相对稀缺的，这将导致整体效率的下滑。

再者，在考察资本时，大多是指"物质"资本数量，而忽略了与之配合的其他要素，如人力资本的作用。在"物质"资本深化的同时，还需要相应的软性"人力"资本配合来共同发挥作用，代谦和别朝霞（2006）的研究表明发达国家 FDI 产业的选择依赖于发展中国家的技术能力和竞争能力，最终 FDI 能否带来技术进步和经济增长依赖于该国的人力资本积累；许和连等（2006）对省际全要素生产率的研究也表明，一定水平的人力资本积累有助于提高物质资本的利用率，同时将产生更多的技术外溢和效率提升。

最后，资本深化还存在"质量"差别，在市场经济发展水平较高的东部地区，由于较好的投资环境与制度，吸引、聚集了大量的较为先进的外商直接投资，同时激烈的市场竞争也将"驱逐"水平低下、效率不高的资本，在这样的背景下，资本深化将逐渐走向资源节约、知识密集型道路。对中部、西部而言，受各项软制度环境、人才与知识等因素限制，资本深化速度可能很快，但"有效"、"高效"资本不足，"承接"的往往是一些技术水平较低、资源环境消耗较大的投资项目，这也无疑会产生一定负面作用。

能源消费结构对全要素能源相对效率影响重大。从表 5.5 的结果可以发现，如果电力占能源消费中的比重增加 1%，则全要素能源相对效率将提高近 0.5%～0.7%，其改善程度大大超过了产业结构、产权结构的影响。实际上，如果考虑到在计算中没有包含污染排放物，那么这一结论更加有意义：由于煤炭目前占中国能源消费的 70% 左右，而全国二氧化硫排放量的 90%、烟尘排放量的 70%、二氧化碳排放量的 70% 均来自于燃煤，如果能够以更清洁、更高效的其他能源（如天然气、水电或核电）来替代煤电，一方面可以大大改善能源效率，缓解能源紧张与经济增长之间的矛盾，同时由于其他非煤电污染排放较低，可以大幅削减有害气体和温室气体的排放，从而实现环境质量的改善。从这个角度来看，改善当前以煤为主的能源消费结构，大力推行高效、环保类能源无疑是实施节能减排工作的重要措施。

技术水平的系数非常小且并不显著。这可能是因为：选择的指标不合适，用人均专利申请数量来衡量技术发展水平不是很确切，同时忽略了人力资本流动和知识外溢的存在;技术还可以通过交易、购买、FDI 的方式获取,并不一定通过专利的形式。此外,地区虚拟变量对模型的解释程度很高,在估计的三个结果中均呈现很强的一致性:同西部地区相比较,东部地区的全要素能源相对效率显著高出 0.24~0.25,中部地区显著高于西部地区约 0.15~0.16,呈现显著的东部、中部、西部地区差异,这一结论同史丹(2006)、魏楚和沈满洪(2007a)等的研究结论一致。

5.5 本章小结

本章利用 DEA 方法测算了中国各地区的全要素能源要素效率,利用 1995~2007 年的省际面板数据,基于产业结构、产权制度、资源禀赋、能源结构、技术水平和地区差异等因素,对地区间能源效率的差异进行了计量回归和解释,主要结论如下。

省级全要素能源相对效率的评价表明,在 1995~2007 年,上海、广东一直处于最优生产前沿上,全要素能源相对效率较高的地区还包括福建、海南和北京;全要素能源相对效率得分最低的省份是内蒙古、新疆、贵州、山西、青海和宁夏,同最优前沿上的省份相比,其全要素能源相对效率值均未超过 0.5;东部显著高于中部和西部,呈现较大的地区差异性。

从全要素能源相对效率的变化趋势上看,大多省份符合"先上升,再下降"的特征,转折点一般出现在 2000 年。在 1999 年之后,省份之间的全要素能源相对效率差距逐渐扩大,不具有趋同性。东部的全要素能源相对效率在 2000 年前后变动幅度小于中部和西部,东部和西部区域内的各省有较明显的发散趋势,中部地区各省则呈现一定的收敛趋势。

以"退二进三"为主要思路的产业结构调整能够在一定程度上改善能源效率,如果第二产业结构比重下降 1%,则全要素能源相对效率将提高 0.14%~0.16%。此外,继续深化国有经济改革、降低国有经济比重也是提高全要素能源相对效率的有效手段,如果国有职工就业比重减少 1%,代表的相应的国有经济所占比重下降 1%,其对全要素能源相对效率的改善作用与产业结构调整的效果接近约 0.15%~0.16%。

资本深化对全要素能源相对效率的影响较为复杂,总体来看,资本深化在考察期内产生了一定负面作用,但呈现地区间的差异性,并同地区自身发展水平有关,如何吸引较高水平的投资及如何发挥各地区的"资源禀赋"优势,是各地区转变发展模式、从单纯的资本积累到依靠效率提升所必然面临的课题。

　　优化能源消费结构可以大幅改善全要素能源相对效率，如果电力占能源消费比重提高 1%，则全要素能源相对效率可以改善 0.5%~0.7%，此外还能促进环境质量的改善。尽管目前短期仍然无法改变以煤为主的现状，但长期来看，降低化石能源消费份额，大规模发展非化石能源、可再生能源利用是实现可持续发展的必经之路。

附　录

附表一　中国各省及三大区域全要素能源相对效率值（1995～2007 年）

地区	1995	1996	1997	1998	1999	2000	2001	2002	2003	2004	2005	2006	2007	时期平均
北京	1.000	0.827	0.774	0.776	0.815	0.836	0.867	0.881	0.921	0.904	0.939	0.972	0.978	0.884
天津	0.645	0.607	0.619	0.649	0.661	0.647	0.674	0.722	0.763	0.747	0.765	0.790	0.796	0.699
河北	0.656	0.705	0.686	0.680	0.671	0.679	0.456	0.448	0.380	0.383	0.391	0.392	0.391	0.532
山西	0.327	0.447	0.438	0.443	0.440	0.445	0.217	0.207	0.215	0.231	0.244	0.241	0.245	0.318
内蒙古	0.607	0.661	0.572	0.652	0.554	0.657	0.358	0.358	0.334	0.310	0.312	0.318	0.324	0.463
辽宁	0.511	0.442	0.440	0.471	0.472	0.435	0.455	0.490	0.507	0.488	0.506	0.516	0.516	0.481
吉林	0.443	0.495	0.491	0.564	0.591	0.609	0.477	0.445	0.432	0.452	0.490	0.501	0.510	0.500
黑龙江	0.414	0.416	0.412	0.499	0.513	0.533	0.493	0.546	0.541	0.550	0.586	0.586	0.593	0.514
上海	1.000	1.000	1.000	1.000	1.000	1.000	1.000	1.000	1.000	1.000	1.000	1.000	1.000	1.000
江苏	0.752	0.797	0.808	0.818	0.847	0.871	0.906	0.940	0.938	0.889	0.852	0.357	0.869	0.857
浙江	0.916	0.902	0.882	0.882	0.887	0.851	0.872	0.796	0.800	0.813	0.847	0.352	0.861	0.858
安徽	0.675	0.718	0.741	0.752	0.779	0.796	0.532	0.558	0.597	0.621	0.656	0.560	0.665	0.673
福建	1.000	1.000	1.000	1.000	1.000	1.000	1.000	1.000	0.912	0.910	0.920	0.926	0.929	0.969
江西	0.843	0.901	0.905	0.908	0.916	0.908	0.809	0.709	0.689	0.709	0.730	0.732	0.739	0.808
山东	0.853	0.873	0.864	0.865	0.868	0.844	0.797	0.606	0.606	0.600	0.589	0.597	0.605	0.736
河南	0.845	0.884	0.873	0.859	0.865	0.866	0.578	0.576	0.547	0.510	0.535	0.535	0.540	0.693
湖北	1.000	1.000	1.000	1.000	1.000	1.000	0.553	0.543	0.521	0.495	0.528	0.529	0.535	0.746
湖南	0.811	0.853	0.880	0.894	0.922	0.925	0.724	0.722	0.637	0.599	0.572	0.575	0.573	0.745
广东	1.000	1.000	1.000	1.000	1.000	1.000	1.000	1.000	1.000	1.000	1.000	1.000	1.000	1.000
广西	0.987	0.976	0.944	0.942	0.929	0.907	0.729	0.688	0.675	0.640	0.627	0.625	0.626	0.792
海南	1.000	1.000	0.954	0.904	0.906	0.902	0.850	0.864	0.880	0.908	0.931	0.914	0.893	0.916

续表

地区	1995	1996	1997	1998	1999	2000	2001	2002	2003	2004	2005	2006	2007	时期平均
四川	0.770	0.800	0.808	0.794	0.789	0.799	0.531	0.566	0.525	0.511	0.540	0.538	0.543	0.655
贵州	0.569	0.500	0.458	0.409	0.435	0.426	0.218	0.236	0.211	0.219	0.235	0.232	0.234	0.337
云南	0.478	0.507	0.428	0.430	0.461	0.477	0.473	0.465	0.492	0.473	0.458	0.451	0.455	0.465
陕西	0.519	0.559	0.587	0.610	0.634	0.635	0.523	0.502	0.502	0.501	0.497	0.499	0.506	0.544
甘肃	0.659	0.672	0.714	0.672	0.613	0.618	0.343	0.343	0.343	0.349	0.359	0.358	0.361	0.493
青海	0.367	0.402	0.398	0.387	0.323	0.358	0.275	0.290	0.287	0.268	0.252	0.242	0.238	0.314
宁夏	0.275	0.329	0.353	0.371	0.394	0.307	0.220	0.224	0.174	0.170	0.179	0.175	0.176	0.257
新疆	0.480	0.372	0.370	0.366	0.382	0.387	0.388	0.389	0.384	0.363	0.366	0.364	0.361	0.382
全国	0.704	0.712	0.703	0.710	0.713	0.714	0.597	0.590	0.580	0.573	0.583	0.585	0.588	0.643
其中:														
东部	0.848	0.832	0.821	0.822	0.830	0.824	0.807	0.795	0.792	0.786	0.795	0.801	0.804	0.812
中部	0.670	0.714	0.718	0.740	0.753	0.760	0.548	0.538	0.522	0.521	0.543	0.545	0.550	0.625
西部	0.571	0.578	0.563	0.563	0.552	0.557	0.406	0.406	0.393	0.380	0.382	0.380	0.382	0.470

附表二 省际、区域间全要素能源相对效率变异系数（1995～2007 年）

地区	1995	1996	1997	1998	1999	2000	2001	2002	2003	2004	2005	2006	2007
省际	0.332	0.317	0.321	0.306	0.308	0.308	0.415	0.408	0.421	0.426	0.420	0.423	0.421
东部	0.211	0.222	0.220	0.205	0.202	0.212	0.247	0.256	0.263	0.265	0.262	0.259	0.258
中部	0.367	0.324	0.329	0.285	0.280	0.269	0.322	0.301	0.281	0.273	0.264	0.264	0.263
西部	0.355	0.351	0.359	0.358	0.351	0.357	0.396	0.367	0.395	0.389	0.380	0.384	0.385
区域间	0.202	0.180	0.185	0.187	0.202	0.195	0.347	0.341	0.358	0.366	0.362	0.369	0.367

6

信息化资本对能源强度的影响研究[*]

6.1 引言

工业化与信息化的融合是当今世界经济发展的一个趋势，其独特作用已得到人们的广泛关注。我国政府审时度势，在十六大报告中明确提出了"以信息化带动工业化"的政策思路，即"以信息化带动工业化，以工业化促进信息化，走出一条科技含量高、经济效益好、资源消耗低、环境污染少、人力资源优势得到充分发挥的新型工业化道路"。理论界普遍认为，将信息通信技术应用到工业行业生产中，不仅有利于传统产业升级和结构调整（杨永福，2002），提高企业生产绩效、企业竞争力和企业创新能力（汪淼军等，2007），而且有助于推进工业行业实现节能减排，大幅降低单位 GDP 能耗水平。国际非政府组织"全球电子可持续发展倡议"（GeSI）在其题为《节能化 2020 年：在信息时代推动低碳经济》（2008 年）的报告中提出，如果将信息通信技术充分用于节能减排，那么在2020 年全球温室气体排放量可能比不充分采用该技术少 15%，所节约能源的总价值近 9000 亿美元。报告认为，信息技术对节能减排的重要意义主要体现在两个方面：一是信息产业自身的发展有助于减少社会经济活动对部分物资的消耗，从而减少生产这些物资的能源消耗；二是将信息技术应用于其他产业可以带来更大的节能效果，比如提高工业设备的能源使用效率，实现物流业的节能化等。然而，此前也有学者通过实证研究得出了与此相左的结论。米尔斯（Mills，1999）就曾指出，由于信息产品的使用，美国电力消费大幅上升，信息产品的电耗已占全美电耗的 18%。那么，在信息化带动工业化过程中，信息化与节能降耗究

---

[*] 本章内容是在胡剑锋发表的论文"信息化资本对能源强度的影响研究——基于我国省际面板数据的实证分析"（《中国经济问题》，2010 年第 4 期）基础上修改而成的。

是相互促进还是此消彼长？或者说，我国可否采用加大信息化资本的投入来实现节能降耗的目标？对这些问题，我们不能根据理论推导来解释，而是应该通过实证分析作出回答。

6.2 文献综述

在我国，由于能源问题的日益突出，关于能源效率（或能源强度）的研究已得到学术界的广泛关注。有些学者认为，经济结构会影响能源消耗强度。例如，李上鹤（2002）较早地定性分析了经济结构调整与能源效率之间的关系；蒋金荷（2004）通过定量分析，研究了产值能耗与经济结构调整之间的关系，他提出：在较长时期内，发展第三产业有利于降低能源消耗强度；而在中、短期内，调整工业结构是降低能源消耗的主要策略。有些学者则认为，技术进步是影响能源效率的主要因素。例如，齐志新和陈文颖（2006）应用拉氏因素分解法，分析了1980～2003年中国宏观能源强度以及1993～2003年工业部门能源强度下降的原因，研究发现技术进步是我国能源效率提高的决定因素；李廉水和周勇（2006）以35个工业行业为样本，用非参数的DEA-Malmquist生产率方法把广义技术进步分解为科技进步、纯技术效率和规模效率3个部分，然后采用面板技术估算了这3个部分对能源效率的作用，结果发现：技术效率（纯技术效率与规模效率的乘积）是工业部门能源效率提高的主要原因，科技进步的贡献相对低些，但随着时间推移，科技进步的作用逐渐增强，技术效率的作用慢慢减弱。此外，也有一些学者，如史丹等（2003）认为改变能源消费方式和消费结构，可以促进我国能源强度的下降。

在国外，关于能源强度的研究，学者们起先也都围绕着结构调整、技术进步等因素开展讨论。例如，赖特纳（Laitner，2000）认为，1996～2000年美国能源强度的下降，有1/3～1/2得益于经济结构的调整，1/2～2/3得益于能源效率的提高。然而，随着信息技术的普及化，发达国家的学者们开始关注信息化尤其是信息通信技术（information and communication technology，ICT）资本对提高能源效率的作用。穆罗塔和塔卡斯（Murota and Takase，2001）的研究表明，信息通信技术资本投入会影响宏观经济（GDP、物价、失业率）和产业结构，而这两者又将从经济和技术两方面对能源产生影响，他们还预测和比较了信息技术投入在2010年对美国和日本能源状况的不同影响。罗姆（Romm，2002）则认为，是因特网经济本身带来了结构调整和能源效率的提高，减少了能源消费，降低了能源强度，他还指出了ICT资本扩散对于能源消费节约的两种形式：一是企业生产线管理改进带来能源效率的提高，二是因特网的普及减少了个人交通需求，引起能源消耗结构上的改善。

近些年，很多发达国家都出现了 GDP 增加的同时能源消耗却下降的现象，学者们普遍将其归因于信息通信技术的广泛应用。罗姆（Romm，2002）指出，美国在"前因特网时代"（1992～1996 年）中 GDP 和能源消耗的年均增长率分别为3.2%和2.4%，而进入"因特网时代"（1996～2000 年）两者的年增长率分别为4%和1%。库拉德（Collard，2005）利用需求因素模型，就 ICT 在法国服务行业对电力强度影响做了研究，总体上信息技术资本有效降低了电力强度，其中信息资本会提高电耗强度，而通信资本却降低了电耗强度。Cho 等（2007）利用动态对数增长模型和1991～2003 年数据，研究了韩国 11 个产业的 ICT 资本和能源价格对电力需求影响，分析发现：在电力密集型制造产业中，ICT 投入促进了劳动力和电力的生产要素替代效应；ICT 投入在一些制造行业中减少了电力消费，而在大部分制造和服务行业增加了电力消费；电力价格对电力消费影响不显著，其需求刚性较强。赖特纳和马丁兹（Laitner and Ehrhardt-Martinez，2008）的研究则发现，信息通信技术资本显著提高了美国的经济生产率和能源效率，可以很好地解决经济发展和能源消费的关系。本思腾（Bernstein，2008）利用不同产业数据的分析表明，不同产业间通信资本都可以有效降低电耗强度，信息资本则因产业不同而产生不同影响，但总体上 ICT 资本可以有效提高电力效率。

回顾以上文献不难发现，从信息通信技术资本视角来研究能源强度（效率）问题已得到国际理论界的广泛关注，学者们普遍认为信息通信技术资本可以有效提高能源效率或降低能源强度，但对这种影响是显著还是微弱、是完全正相关还是部分正相关，理论界仍然存在争论。目前，我国学者则大多着眼于经济结构、技术进步等的分析，基于信息通信资本的能源效率研究则几乎还是空白。基于此，本章利用1997～2006 年我国省际面板数据，试图就有关问题作出经验验证。

6.3 模型和变量

6.3.1 理论模型

本章采用目前国际理论界研究 ICT 资本和能源强度的前沿方法，假设典型企业的生产函数是一个内嵌式 CES 固定规模收益生产函数（Collard et al.，2005；Bernstein et al.，2008）：

$$Y_t = \left[\omega\{\Theta_t E_t\}^{\frac{\sigma-1}{\sigma}} + (1-\omega)\{F(X_{kt}K_t, X_{lt}L_t)\}^{\frac{\sigma-1}{\sigma}}\right]^{\frac{\sigma}{\sigma-1}} \tag{6.1}$$

式中，$\omega \in [0，1]$；$\sigma > 0$ 表示生产要素间的替代弹性；K 是企业资本存量；E 是能源消耗；L 是企业的劳动力水平。$F(\cdot)$ 是均匀的一次拟凸函数，其中 X_k 和 X_l 分别表示资本增大和劳动力增大带来的技术进步，并假定 Xk 和 Xl 对于企业来说是外生性的。

由式（6.1）的生产函数可以推出能源消耗与存量资本之间的关系（用 Θ_t 表示）：

$$\log(\Theta_t) = \theta_0 + \theta_{Tt} + \theta_{IC} \log\left(\frac{K_{ic,t}}{K_t}\right) + \theta_{OM} \log\left(\frac{OM_t}{K_t}\right) \tag{6.2}$$

式中，隐含着生产过程中的能源消耗程度可以部分由企业来控制，而这取决于产品产出中的技术条件。生产过程中内生的变化可用两个变量代替：一是机器的资本存量比率（OM/K：机器资本/总资本存量），二是 ICT 的资本存量比率（K_{ic}/K：信息通信技术资本/总资本存量）。生产过程中的外生变化用一个时间趋势的对数线性模拟，这些技术处理旨在复制技术进步在能源节约中的长期趋势。θ_0 表示影响企业生产能源消耗强度的其他因素。

假定整个市场处于完全竞争，那么企业追求利润最大化的一阶条件表明，投入需求建立在价格等于边际生产力的点上。因此，能源需求可以用如下的对数形式表示：

$$\log\left(\frac{E_t}{Y_t}\right) = \sigma\log(\omega) - \sigma\left(\frac{P_{Et}}{P_t}\right) - (\sigma - 1)\log(\Theta_t) \tag{6.3}$$

式中，P_E 是能源价格，P 是产品价格，变量 E_t/Y_t 表示能源消耗强度。因此对应投入产出矩阵的技术系数，又涉及列昂捷夫系数。这个理论给本章提供了一系列技术系数的解释变量。合并式（6.2）和式（6.3）就得到一个对数线性等式：

$$\log\left(\frac{E_t}{Y_t}\right) = \sigma\log(\omega) - \sigma\log\left(\frac{P_{E,t}}{P_t}\right) + (\sigma - 1)$$

$$\times \left[\theta_0 + \theta_{Tt} + \theta_{ic}\log\left(\frac{K_{ic,t}}{K_t}\right) + \theta_{OM}\log\left(\frac{OM_t}{K_t}\right)\right] \tag{6.4}$$

为了深入考察信息化资本对能源强度的影响，本章将信息通信技术资本分为通信资本和信息（计算机和软件）资本，在式（6.2）的基础上可以得到如下等式：

$$\log(\Theta_t) = \theta_0 + \theta_{Tt} + \theta_C \log\left(\frac{K_{C,t}}{K_t}\right) + \theta_{CS}\log\left(\frac{K_{CS,t}}{K_t}\right) + \theta_{OM}\log\left(\frac{OM_t}{K_t}\right) \tag{6.5}$$

由此，生产过程中内生的变化就由三个变量代替：机器的资本存量比率（OM/K）、通信资本存量比率（K_C/K）和信息资本存量比率（K_{CS}/K）。合并式

（6.3）和式（6.5）就得到另一个对数线性式（6.6）。这时通过输入相关数据就可以估算出各个结构的参数值 $\Phi \equiv (\sigma, \theta_T, \theta_C, \theta_{CS}, \theta_{OM})$。

$$\log\left(\frac{E_t}{Y_t}\right) = \sigma\log(\omega) - \sigma\log\left(\frac{P_{E,t}}{P_t}\right) + (\sigma - 1)$$

$$\times \left[\theta_0 + \theta_{Tt} + \theta_C \log\left(\frac{K_{C,t}}{K_t}\right) + \theta_{CS} \log\left(\frac{K_{CS,t}}{K_t}\right) + \theta_{OM} \log\left(\frac{OM_t}{K_t}\right)\right] \quad (6.6)$$

6.3.2　数据来源和变量处理

本章采用 1997～2006 年我国的省际面板数据[①]。然而，除了能源消费可以从相关统计年鉴直接得到之外，其他数据如 GDP 的不变价值、能源价格、资本存量等均无法从现有的统计资料中直接获取，所以本章只能结合经济理论和现有统计文献的有关方法，对上述所需数据加以推算。

（1）能源消费：有关数据主要来自《中国能源统计年鉴》以及《中国工业交通能源 50 年统计资料汇编》，已经折算成标准煤。其中宁夏缺少 2001 年的能源数据，取前后两年的平均数补齐。

（2）GDP 产出：各省的 GDP 数据来自《中国统计年鉴》，并利用 GDP 指数进行调整，获得以 2000 年为基准的不变价值。

（3）能源价格和工业品出厂价格：现有的统计资料没有明确给出能源价格和工业品出厂价格数据，但从历年《中国统计年鉴》可以查到燃料、动力价格购进指数和工业品出厂价格指数。在相关研究文献中，通常用燃料、动力价格购进指数来替代能源价格（杭雷鸣，2006；杨中东，2007；鲁成军等，2008），用工业品出厂价格指数来替代工业品出厂价格（杭雷鸣，2006）。由于基年的选择越早，其估计的误差对后续年份的影响就会越小，并考虑到数据的可得性及与同类研究的可比性，所以本章采用的基年是 1988 年，即将以上所有价格指数均换算成以 1988 年为基年的定基指数[②]。

（4）资本存量的估算：国内外对此研究已有大量的文献，学者们通用的方法是谷德史密斯（Goldsmith，1951）开创的永续盘存法（PIM）。它的核心假设

---

　①　考虑到数据可得性，采用了除天津、辽宁、上海、云南、西藏外的 26 个省、市、自治区数据，其中为了保持口径统一，将重庆市的数据合并到四川省。

　②　工业品价格指数为分省数据，燃料、动力价格购进指数为全国统一指数；其中海南缺少 1997～2001 年的工业品出厂价格指数，用地理和经济都较为接近的广西数据代替。

是采用相对效率几何下降的模式，此时重置率为常数，生产性资本存量的基本估计公式可以表达为 $K_{it}=K_{it-1}(1-\delta_{it})+I_{it}$，其中 K 是地区 i 第 t 年的资本存量，I 是地区 i 在第 t 年的投资，δ 是地区 i 在第 t 年的固定资产折旧率。

关于总资本存量 K，张军等（2004）、郝枫（2006）、单豪杰（2008）分别运用 PIM 法给予估算，但由于估算的目的和应用的方向不同而存在区别。本章主要借鉴了张军等的研究成果，并利用价格指数对资本存量进行调整，获得以 2000 年为基准的不变价值。

关于通信资本存量 K_C，国内研究中尚未对其进行过详细估算，汪淼军等（2007）在估算企业信息化水平时，把路由器、集线器、广域和局域网设备、交换机、电话和移动电话等统称为通信设备项目。此处运用其归类方法，并采用 PIM 法进行估算通信资本存量。当年投资 I 选取《中国信息年鉴》通信投入，固定资产折旧率选用 5%。基期资本存量则利用许多国际研究文献中的一种通用方法（Hall and Jones, 1999），即采用 1960 年的投资比上 1960~1970 年各国投资增长的几何平均数加上折旧率后的比值，来估算各年各省通信资本存量，再利用投资品价格指数对其进行调整，最后获得以 2000 年为基准的不变价值①。关于信息资本存量 K_{CS}，同样采用 PIM 法进行估算。当年投资 I 没有直接数据，本章采用《中国统计年鉴》中每百户计算机数量乘以家庭数量得到分省计算机数，用《中国信息产业年鉴电子卷》全国计算机行业销售收入（包括整机销售收入和软件销售收入等）除以全国计算机数量得到计算机当年单价，再用计算机数和计算机单价相乘得到当年投资 I，固定资产折旧率选用 5%，由此算出基年期信息资本存量和各年各省信息资本存量，然后同样利用投资品价格指数对其进行调整，获得以 2000 年为基准的不变价值。

关于其他机器资本存量，库拉德等（Collard et al., 2005）用变量加热面积（HA）来控制生产规模的变化，但这一数据在国内无法取得。本章运用了本思腾（Bernstein, 2008）方法，用"其他机器和设备"代替。当年投资 I 选取《中国统计年鉴》的设备、工器具购置投资完成额，固定资产折旧率选用 10%，以此计算出基年期资本存量和各年各省资本存量，再利用投资品价格指数进行调整，获得以 2000 年为基准的不变价值。②

根据以上分析思路，本章收集和整理了相关数据，并作了简单统计性分析

---

① 广东 1997~2000 年 IPI 用地理和经济水平都较为接近的福建的 IPI 代替；海南 1997~1999 年 IPI 直接采用其 RPI 代替，这样得到的价格上涨趋势和全国的趋势接近。

② 海南 1997~1999 年 IPI 直接采用其 RPI 代替，这样得到的价格上涨趋势和全国的趋势接近。

（表6.1），作为下一步回归分析的依据。

表6.1　简单统计性分析

函数	均值	最大值	最小值	标准差	观测样本
$\log (E/Y)$	0.246	1.451	-1.338	0.448	250
$\log (P_E/P)$	-0.264	-0.099	-0.477	0.071	250
$\log (K_{IC}/K)$	-1.166	-0.073	-2.699	0.392	250
$\log (K_C/K)$	-1.244	-0.275	-2.958	0.394	250
$\log (K_{CS}/K)$	-2.132	-0.422	-4.136	0.587	250
$\log (OM/K)$	-1.252	-0.498	-2.103	0.389	250

6.4　实证结果与分析

在进行回归分析之前，本章首先需要说明一下结构等式中各符号的经济学含义。σ 表示能源和资本、劳动力之间的替代弹性，如果其显著小于1，则表示能源和资本、劳动力之间互为补充品；如果其显著大于1，则表示能源和资本、劳动力之间互为替代品。在相关研究中，学者们得出了不同的结论。杨中东（2007）认为，能源与资本、劳动之间存在较强的替代关系；鲁成军和周瑞明（2008）分析得出，劳动与能源之间存在明显的替代关系，而资本与能源之间的替代关系呈现不确定性，即资本与能源之间呈现间或的互补关系；郑照宁和刘德顺（2004）研究发现，能源和资本替代关系呈现较高的不确定性。$-\sigma$ 表示能源相对价格变动对能源强度的影响，如果其显著大于0，则表示能源相对价格与能源强度呈正相关关系；如果其显著小于0，则表示能源相对价格与能源强度呈负相关关系。杭雷鸣（2006）、彼罗和科普勒（Birol and Keppler, 2000）、费舍·旺登（Fisher- Vanden, 2004）等研究均表明，能源价格的上升对于能源强度具有积极作用，即能源价格的上升可以有效降低能源强度。θ_T 表示能源技术进步趋势，如果其显著大于0，则表示能源技术进步；如果其显著小于0，则表示能源技术后退。$(\sigma-1)\theta_T$ 表示能源强度趋势，如果其显著大于0，则表示能源强度上升；如果其显著小于0，则表明能源强度下降。现有研究普遍认为，改革开放以来我国能源强度整体下降，2002年之后有上升趋势。$(\sigma-1)\theta_{IC}$、$(\sigma-1)\theta_{CS}$、$(\sigma-1)\theta_C$、$(\sigma-1)\theta_{OM}$ 分别表示信息资本存量、通信资本存量和其他机器资本存量对能源强度的影响。如果其显著大于0，则表示该项资本存量将提高能源强度；如果其显著小于0，则表示该项资本投入使得能源强度有效下降。

本章假设不同产业间或者不同地区间的弹性相同，即所有地区（省）的弹性（σ，θ_t，θ_{IC}，θ_{CS}，θ_C，θ_{OM}）相同，以此建立面板数据，并采用非线性最小二乘法对式（6.4）和式（6.6）进行参数估算。此外，考虑到解释变量（K_{IC}/K，K_C/K，K_{CS}/K 和 OM/K）对能源增长技术进步潜在的内生性（例如，这些变量可能与残差相关），这就可能存在同时性偏差，因此本章采用二阶段方法，用一阶滞后解释变量组成的一系列工具变量 $\left[t\,(-1)\right]$、$\log\left[\dfrac{P_E}{P}\,(-1)\right]$、$\log\left[\dfrac{K_{CS}}{K}\,(-1)\right]$、$\log\left[\dfrac{K_C}{K}\,(-1)\right]$、$\log\left[\dfrac{K_C}{K}\,(-1)\right]$、$\log\left[\dfrac{OM}{K}\,(-1)\right]$，作二阶段非线性最小二乘法进行参数估算，最后得出如下回归结果（表6.2）。

表6.2　参数估算和回归结果

估计方法参数	（Ⅰ）NLS	（Ⅱ）TSNLS	（Ⅲ）NLS	（Ⅳ）TSNLS
σ	0.0684（0.76）	0.1019（0.99）	0.091（1.00）	0.294 **（2.50）
θ_T	0.0182 **（2.58）	−0.0156 **（−1.99）	0.0387 ***（3.09）	0.0996 ***（2.67）
θ_C			0.0906 ***（2.96）	0.2391 ***（2.78）
θ_{CS}			−0.0587 **（−1.96）	−0.3089 ***（−2.71）
θ_{IC}	0.0633 **（2.03）	0.0697 *（1.60）		
θ_{OM}	−0.0621 **（−2.01）	0.0697 *（1.53）	−0.0575 **（−1.84）	0.0363 **（0.67）
R^2	0.991	0.993	0.991	0.992
D.W.	1.149	1.567	1.144	1.448

注：（Ⅰ）、（Ⅱ）栏为对等式（6.4）的估算，（Ⅲ）、（Ⅳ）为对等式（6.6）的估算；其中括号内数值为稳健性估计下的 t 统计量。表中的 *、**、*** 系数分别表示在10%、5%和1%水平上显著。NLS 为非线性最小二乘法，TSNLS 为二阶段非线性最小二乘法。

从表6.2可见，σ 均小于1，表明能源与资本、劳动力之间呈现较强的互补关系，这一结果符合宏观经济层面对要素替代的解释；（$\sigma-1$）θ_T 小于0，表明我国能源技术进步明显，整体上能源强度呈下降趋势；又由 $-\sigma$ 小于0可以发现，能源强度出现下降趋势的原因主要是能源价格和能源强度之间存在着背离的关系，即随着能源价格的提高可以有效降低能源强度。这一实证结果支持了前文中彼罗和科普勒（Birol and Keppler，2000）的观点，也与费舍·旺登（Fisher-Vanden，2004）的微观层面结论大致相符。

从表6.2还可得到更重要的结论：从总体来看，信息、通信技术资本存量和能源强度存在负相关，即信息、通信技术资本的投入可以有效降低我国能源强度，提高能源效率；但具体分析却发现，其中信息资本的投入会提高能源强度，而通信资本的投入会更多地降低能源强度。

6.5 本章小结

根据上述实证分析结果，本章可以得出以下几个重要结论。

（1）信息化资本的投入可以从整体上降低能源强度，说明我国政府推行"以信息化带动工业化"的政策思路，既符合当前经济社会发展要求，同时也符合我国节能减排的可持续发展战略。通信资本的投入会显著降低能源强度，说明发展通信产业有利于实现节能降耗的目标。当然，这仅仅是从能源视角所得出的一个结论，从我国目前通信产业的发展现状来看，还需要高度重视和切实解决通信电源的污染问题。信息资本的投入会提高能源强度的结论表明，信息产业的发展需要在拉动经济与节能降耗之间寻求一个平衡点，其中一个重要的工作就是要充分重视信息产业自身的节能降耗问题。不仅要在信息产业内部确立绿色环保理念，而且要从整个行业的价值链，包括产品设计、产品制造、网络运营等各个环节，积极推行节能技术和节能装备。更为重要的是要提高信息产品的集成度，通过模块化的设计，集约化使用，使得整个信息产业能耗得到大幅度降低，最终实现经济、社会和生态的和谐发展。

（2）资本、劳动力与能源之间存在互补关系，说明在一定程度上借助资本和劳动力的投入有利于缓解我国的能源供应短缺问题。不过，资本、劳动力与能源之间的关系，毕竟只是互补关系，而不是替代关系，其作用是有一定限度的。因此，从长远来看，面对日益紧缺的能源问题，我国主要应通过节能技术的开发和应用以及产业结构的调整和升级，来降低能源的消耗总量。

（3）能源价格和能源强度的背离关系表明，运用经济手段适当提高能源的价格，充分发挥价格机制的调节作用，是提高我国能源配置效率和利用效率的一条重要途径。也就是说，在强调科技进步和结构调整的同时，加快能源价格体制的改革也是节能减排战略中不可或缺的工作。

7

工业能源效率、节能潜力与影响因素[*]

7.1 引言

本章要研究和回答的问题是：不同地区、产业的真实节能潜力有多大？对发展水平不一致的各个地区，是否有必要设置统一的节能目标？为了促进节能降耗工作，各地政府是采取一致的还是有差别的政策？为此，将根据 1999 ～ 2006 年浙江省 11 市工业经济的投入产出数据，对浙江各地区工业能源效率和节能潜力进行评价，同时对其能效的地区间差异进行解释。文中将采取两步回归分析法：首先对各地区的工业能源效率和节能潜力进行测算，接着以工业能源效率为因变量，建立能够解释工业能源效率差异的模型，主要考虑各地区工业经济的规模、技术水平、外资引入程度、信息化程度、工业结构和政府影响等因素。

本章在以下几方面有别于其他研究，首先在研究对象和数据上，我们没有选择分省数据，而是以浙江省内不同地区的工业经济为研究对象，其目的在于控制地区及制度变量，减少东部、中部、西部地区间的省级差异所带来的偏差①；其次我们测算了各地工业可实现的节能量，从而为设定不同的节能目标提供了数量依据；最后我们发现除了产业结构、技术水平等影响因素外，工业经济规模和信息化程度也是解释地区间工业能源效率差异的重要变量。

本章的结构安排如下：第二部分是对模型、数据的描述，第三部分将评价浙

---

* 本章内容是在魏楚发表的论文"工业能源效率、节能潜力与影响因素：基于浙江省的实证分析"（《学习与实践》，2010 年第 3 期）基础上修改而成的。

① 实际上浙江省内的浙东北、浙西南地区也存在着发展差异，但是我们在后文中设置了地区虚变量进行检验，发现其效应并不显著。

江各地区工业能源效率和节能潜力，第四部分是对各影响因素的实证分析，最后是对结果的讨论及相关的政策含义。

7.2　模型与数据说明

7.2.1　基于 DEA 的能源效率模型及方法

对能源效率的定义和测度存在较大分歧，本书第四章已经对此进行了详细讨论，在此不另外展开。本章将基于全要素生产率框架，利用 DEA 方法测度出相对能源技术效率，并将它作为能源效率指标，此处仅简要介绍该指标。

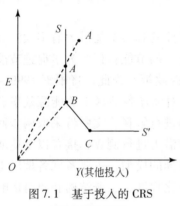

图 7.1　基于投入的 CRS
经济效率模型

根据 Hu 和 Wang（2006）的思路，考虑如图 7.1 的 CRS 假设下基于投入的 DEA 模型：等产量线为 SS'，投入要素为能源及其他要素（包括资本和人力），点 A 相对于包络线上的有效点 B 和 C 存在过度投入，其无效损失包括两部分：一部分是由技术无效率而导致的所有投入资源过量 AA'；其次是配置不恰当所导致的松弛量 $A'B$，因此 $AB = AA' + A'B$ 即为点 A 达到目标（target）点 B 所需要调整的能源要素数量，该值越大，则意味着同其他有效点相比，在保持产出不变的情况下，可以实现调整、节约的能源越多，即该点的能源效率越低，如果能源投入不需要调整（$AB = 0$），则意味着此时能源投入在生产上已处于"最优能源投入"状态上，此时能源效率为 1。

由此可将能源效率定义为

$$TE_{i,t} = TEI_{i,t} / AEI_{i,t} = 1 - (LEI_{i,t} / AEI_{i,t}) \tag{7.1}$$

式中，i 为第 i 个地区，t 为时间，TE 表示能源效率，AEI（actual energy input）为实际的能源投入数量，LEI（loss energy input）为损失的能源投入数量，TEI（target energy input）为目标能源投入，也就是在当前生产技术水平下，为实现一定产出所需要的最优（最少）的能源投入数量。同时根据上面的说明可以相应地测算出不同地区的节能潜力，即：

$$节能潜力 = 无效损失的能源投入（LEI） = AEI - TEI \tag{7.2}$$

7.2.2　变量及数据说明

文中所有数据均来自于相应年份的《浙江省统计年鉴》，说明如下：

经济产出：对工业企业的产出度量，一般选择"工业增加值"或者"工业总产值"等指标，但受限于数据的不可得，我们以"产品销售收入"作为其产出实现能力[1]，单位为亿元。

要素投入：其中劳动力数据用"从业人员平均人数"表示，单位为万人；资本投入数据则参照刘小玄（2004）的研究，选择以"固定资产净值年平均余额"表示，单位为亿元；能源投入则采用"各市公路里程、邮电通信和用电量情况"中的"工业用电量"表示，单位为亿千瓦·时。

各地区工业投入–产出变量的统计性描述见表7.1。

表7.1　浙江11市工业投入–产出变量描述性统计（1999~2006年）

项目	工业产品销售收入/亿元	从业人员/万人	资本/亿元	工业用电/亿千瓦·时
均值	2514.23	1237.81	44.28	397.37
中位数	2028.50	776.81	35.01	259.68
最大值	9873.00	6807.64	159.64	1651.53
最小值	186.00	50.00	4.46	35.00
标准差	2196.13	1372.26	35.11	370.07

资料来源：根据相关年份的《浙江统计年鉴》计算。

7.3　工业能源效率及节能潜力评价

7.3.1　能源效率评价

根据上述模型，利用 DEAP 软件可以计算出 11 市工业在 1999~2006 年的能

---

① 在统计年鉴中还公布了各市的"第二产业生产总值"及"工业生产总值"数据，我们也利用工业生产总值数据作为产出进行了测算，结果发现各市最终的排序同以销售收入计算的排序一致，由于统计年鉴中公布的数据中包含了大部分投入–产出指标，为降低由于统计口径不一致所导致的可能误差，我们最终选择以该表中的指标为主的原则，当然能源消费量则是选择其他表中的数据。

源技术效率以及浙东北地区、浙西南地区的比较，可见表7.2。

表 7.2　浙江 11 市工业企业能源效率（1999～2006 年）

城市	1999 年	2000 年	2001 年	2002 年	2003 年	2004 年	2005 年	2006 年	均值	排名
杭州	0.901	0.946	1.000	1.000	1.000	1.000	1.000	1.000	0.981	3
宁波	0.983	1.000	1.000	1.000	1.000	0.971	0.987	0.940	0.985	2
嘉兴	0.835	0.842	0.872	0.817	0.841	0.750	0.789	0.700	0.806	7
湖州	0.748	0.730	0.751	0.786	0.771	0.759	0.827	0.808	0.773	8
绍兴	1.000	1.000	1.000	0.995	0.926	0.853	0.894	0.832	0.938	6
舟山	1.000	1.000	0.858	1.000	0.970	0.932	0.990	0.952	0.963	4
温州	1.000	1.000	1.000	1.000	0.986	0.900	0.861	0.835	0.948	5
金华	0.734	0.722	0.718	0.733	0.754	0.814	0.727	0.638	0.730	10
衢州	0.553	0.497	0.523	0.480	0.473	0.677	0.606	0.644	0.557	11
台州	1.000	1.000	1.000	1.000	1.000	1.000	1.000	1.000	1.000	1
丽水	0.621	0.762	0.975	0.855	0.825	0.707	0.716	0.702	0.770	9
浙东北	0.911	0.920	0.914	0.933	0.918	0.878	0.915	0.872	0.907	
浙西南	0.782	0.796	0.843	0.814	0.808	0.820	0.782	0.764	0.801	
平均	0.852	0.864	0.882	0.879	0.868	0.851	0.854	0.823	0.859	

　　在浙江省 11 个市中，台州市一直处于技术前沿曲线上，宁波市、杭州市和舟山市紧随其后，距离前沿较近，而且部分年份处于前沿位置上；丽水市、金华市和衢州市则相对而言距离前沿最远，技术效率值最低，其中衢州市的技术效率均值仅 0.557，说明其工业生产中效率损失较大。

　　从图 7.2 中的时间趋势来看，各地区能源效率均值在 2001 年达到最高，此

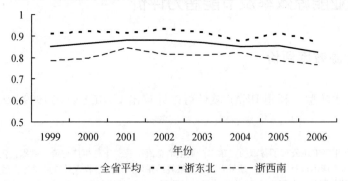

图 7.2　浙东北、浙西南地区工业能源效率变化趋势（1999～2006 年）

后一直持续下降，这同全国的能源效率变化趋势一致。但浙东北地区、浙西南地区的表现也有一定差异，其中浙东北地区在 2002 年之前，技术效率呈现缓慢上升势态，此后较快的下降；浙西南地区的技术效率低于浙东北地区，在 2001 年之前有较明显的改善，但之后开始出现转折，尤其 2004 年之后更是出现较大的退步。

7.3.2 节能潜力评价

根据式（7.2）可以计算出各市"节能潜力"，某一地区的"节能潜力"的真实含义是指：如果该地区经济按照最优前沿上的模式运行，在相同的投入和产出条件下，可以实现的能源减少量；而部分地区可节约能源量为零，并不意味着该地区不存在能源效率损失，而是指该地区同其他地区相比，在当前技术条件和产出水平下，无法实现能源投入的进一步节约。

从表 7.3 可以发现，从地区上来看，衢州市的相对节能潜力最大，在过去 8 年内累计可节约 233.4 亿千瓦·时电力，平均每年可省电 29.18 亿千瓦·时，金华、嘉兴等地的节能潜力也很大，年均可省电分别为 24.31 亿千瓦·时和 19.85 亿千瓦·时。根据最后两行数据，我们绘制了浙江省每年工业能源消费中"可节约量"、"消费总量"及"节能潜力"趋势图，见图 7.3。

表 7.3 浙江 11 市工业能源可节约量（1999～2006 年） （单位：万吨标准煤）

城市	1999 年	2000 年	2001 年	2002 年	2003 年	2004 年	2005 年	2006 年	累计可省电量	年均可省电量
杭州	0.00	0.00	0.00	0.00	0.00	0.00	0.00	0.00	0.00	0.00
宁波	0.00	0.00	0.00	0.00	0.00	4.90	1.89	14.87	21.66	2.71
嘉兴	6.93	8.94	10.41	17.87	19.47	25.21	25.62	44.35	158.79	19.85
湖州	6.99	10.69	9.19	11.73	17.48	22.37	22.71	23.56	124.72	15.59
绍兴	0.00	0.00	0.00	0.00	10.67	18.58	18.37	31.85	79.47	9.93
舟山	0.00	0.00	0.00	0.00	0.00	0.00	0.00	0.00	0.00	0.00
温州	0.00	0.00	0.00	0.00	0.00	25.95	36.64	46.55	109.14	13.64
金华	10.57	14.87	17.32	18.95	29.09	27.96	34.18	41.57	194.51	24.31
衢州	22.44	21.29	22.92	26.87	29.79	31.46	36.72	41.90	233.40	29.18
台州	0.00	0.00	0.00	0.00	0.00	0.00	0.00	0.00	0.00	0.00
丽水	0.00	0.00	0.00	0.00	4.17	6.49	6.31	8.31	25.27	3.16
加总累计量	46.93	55.80	59.84	75.42	110.67	162.91	182.44	252.96	946.95	118.37
节能潜力/%	11.28	11.19	10.43	10.92	13.11	16.57	15.47	18.43	14.44	

可以看出，浙江省的节能潜力在 2001 年之前轻微下降，在 2001 年之后开始快速上升，在 2006 年更是攀升到了顶峰，当年由于效率损失导致了 252.96 亿千

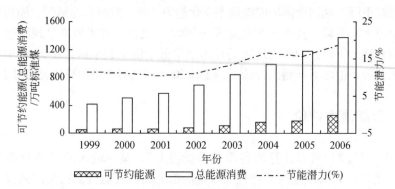

图 7.3　浙江 11 市工业累计可节约能源状况（1999~2006 年）

瓦·时电力浪费，占当年浙江省工业用电总量的 18.43%。从平均值来看，每年浙江工业经济中由于管理、配置和规模无效等因素导致的无谓能源损耗均在 10% 以上，且有逐年上升的趋势，当然不同地区的节能潜力则存在较大差异，但总体来说还是有较大的节能空间和潜能的。

7.4　工业能源效率及节能潜力评价

7.4.1　解释变量与数据说明

受限于数据可得性，我们设定了以下解释变量：

（1）企业规模。按照产业经济学的理论，企业自身的规模往往是竞争的结果，这种规模效益能够通过大中型企业的积极作用充分表现出来。大量对中国工业企业的实证研究均表明，企业规模同技术效率之间的确存在显著正相关（姚洋和章奇，2001；刘小玄，2004）。我们根据"各市规模以上工业企业单位数"和"各市规模以上工业总产值"[①] 计算可得到不同地区工业企业的平均规模，由于该值是绝对值，为便于处理，以每一年最大的平均工业规模为 1 进行单位化处理[②]，从而形成企业规模的相对值序列。

---

　　①　由于统计口径发生变化，在 2001 年之前统计年鉴中公布的是"限额以上工业企业"数据，在 2001 年之后公布的是"规模以上工业企业"数据，为方便起见，后文统称为"规模以上工业企业"。

　　②　实际上如果不进行单位化处理，对后面的计量回归结果影响不大，因为每年的最大工业规模值变动不大，其可被视为常数，仅影响最后该变量的相对系数大小，而对模型其他待估系数无显著影响。

（2）技术水平。显然技术水平会影响到生产效率。由于无法获取企业水平的研发数据，只能以更为宏观的指标进行替代，在这里我们根据"各市专业技术人员和专利申请"中的各类专业技术人员数占当地从业人员比重来刻画各地的技术研发投入力量。一般来说，如果技术人员所占劳动力比重越高，其对效率改善的促进也将更明显，通过不断地创新、研发以及更为有效的"干中学"等活动，使得能源效率出现提升（李廉水和周勇，2006）。

（3）对外开放程度。我们利用各地区吸收、利用外资占当地经济的比重来刻画各市对外开放程度，一般来说，基础设施完善、行政效率较高的地区能够吸收、利用更多的外资，同时，外资的进入也能促进市场竞争和活力，改善企业的经济效益。在沈坤荣（1999）、何洁（2000）等对中国各省工业经济的实证分析中，均发现了FDI对生产率有显著的正向外溢效应；但是另一方面，由于FDI本身的质量差异及FDI所导致的国内不平等竞争，可能又会使得能源效率出现一定恶化，最终的影响依赖于其正、负效应的相对大小。

（4）信息化程度。尽管早有学者指出，信息化水平低下、监督考核制度不完善等因素是能源管理、利用过程中产生无效低效的主要原因（宣能啸，2004）；而借助信息化带动工业化战略，可以尽早过渡到能耗较低的新型工业化阶段（蒋金荷，2004），并由此提高工业用能效率，实现"信息化节能"（白泉和佟庆，2004），但对此一直缺乏实证研究。信息化的普及能够改善企业业务流程，有效配置资源利用，加速提升劳动生产率，减少无效损耗，因此预期信息化的深入会对企业能源效率有一定改善作用。由于无法获取企业层面的信息化利用指标（如企业计算机数量、ERP等应用软件投入等），我们以"移动电话用户数"占地区人口比重来衡量当地的电信基础设施与信息沟通、连接程度的指标。

以上各变量的统计性描述见表7.4[①]。

表7.4　各解释变量的统计性描述

项目	能源技术效率 （TE）	工业企业规模 （Scale）	专业技术人员 （Tech）	对外开放程度 （FDI）	信息化程度 （Info）
均值	0.859	0.638	0.353	2.858	0.386
中位数	0.883	0.577	0.336	1.814	0.340
最大值	1.000	1.000	0.630	9.063	1.021

---

① 除了以上变量外，我们还考虑过地区虚拟变量，即检验"浙东北"和"浙西南"地区是否存在显著的差异，但最终结果并不显著，对模型的解释力也并没有提高，因此没有纳入模型中。

项目	能源技术效率 （TE）	工业企业规模 （Scale）	专业技术人员 （Tech）	对外开放程度 （FDI）	信息化程度 （Info）
最小值	0.473	0.364	0.157	0.145	0.025
标准差	0.147	0.181	0.125	2.640	0.259

资料来源：根据历年《浙江统计年鉴》数据计算。

7.4.2 计量模型设定

面板数据的估计方法主要包括：聚合最小二乘回归模型（Pool OLS）、固定效应模型（fixed effect）和随机效应模型（random effect）。为确定模型形式，需要进行一定的检验，首先我们利用冗余固定效应检验来判断是利用聚合模型还是固定效应模型，检验结果可见表7.5。

表7.5 模型识别：冗余固定效应检验

检验	统计量	自由度	概率
Period F	7.39597	(7, 76)	0

从上表可以看出，原假设（H_0：$\alpha_1 = \cdots = \alpha_n$）显著被拒绝，因此不应使用聚合最小二乘回归模型，而应该选择固定效应模型。其次，我们还利用 Hausman 检验来甄别是否可用随机效应模型，其检验结果见表7.6。

表7.6 模型识别：Hausman 检验

检验	统计量	自由度	概率
Period random	33.3418	4	0

Hausman 检验的原假设是 H_0：$\mathrm{corr}\,(x_{i,t},\ \mu_i) = 0$，显然上表中的结果显著拒绝该假设，即未观测效应同解释变量之间存在相关性，说明最终模型应为固定效应模型。

根据上述模型检验结果，我们设立了一个基本的计量模型用于检验上述变量对能源效率的影响

$$\begin{aligned} \mathrm{TE}_{i,t} = &\alpha_0 + \alpha_t + \beta_1 \times \mathrm{Scale}_{i,t} + \beta_2 \times \mathrm{Tech}_{i,t} \\ &+ \beta_3 \times \mathrm{FDI}_{i,t} + \beta_4 \times \mathrm{Info}_{i,t} + \varepsilon_{i,t} \end{aligned} \tag{7.3}$$

式中，变量 TE、Scale、Tech、FDI 和 Info 分别为第 i 市在第 t 年的工业能源效率、工业企业平均规模、技术人员所占比重、吸收利用外资水平和信息化水平，变量 α_0 为年均值，α_t 为每年的时间效应，即对样本期间均值的波动，$\varepsilon_{i,t}$ 为误差项。为了减少误差项中存在的异方差性和序列相关性影响，使用可行广义最小二乘法（FGLS）来进行参数估计。

为保持模型的稳健性，而且考虑到被解释变量为 0 ~ 1，我们还利用 Tobit 方法进行估计①，其基本的计量模型为

$$
\begin{aligned}
\text{TE}_{i,t} = \alpha_0 &+ \beta_1 \times \text{Scale}_{i,t} + \beta_2 \times \text{Tech}_{i,t} + \beta_3 \times \text{FDI}_{i,t} \\
&+ \beta_4 \times \text{Info}_{i,t} + \text{YearDummy}_t + \varepsilon_{i,t}
\end{aligned}
\tag{7.4}
$$

模型（7.3）、模型（7.4）的区别在于：模型（7.3）中利用时期效应 α_t 来刻画在时期上的差异和波动，而在模型（7.4）中，我们以 1999 年为基准，利用时间虚变量 YearDummy 来描述相对于 1999 年，各年份在能源效率上的差异。

7.4.3 计量结果讨论

根据上述的模型设定，我们对模型（7.3）和模型（7.4）分别进行估计，结果如表 7.7 所示。

表 7.7 计量回归结果

变量	模型（7.3） FGLS 估计	变量	模型（7.4） Tobit 估计
Scale	0.271 *** (3.94)	Scale	0.283 *** (3.95)
Tech	0.082 (0.72)	Tech	−0.023 (−0.18)
FDI	−0.018 *** (−3.31)	FDI	−0.016 ** (−2.51)
Info	0.709 *** (6.75)	Info	0.707 *** (5.84)

---

① 由于被解释变量为 0 ~ 1，因此应该使用 Tobit 模型进行分析，但是 Tobit 模型和 OLS 模型之间的结果并没有差异，其结果通常很近似（伍德里奇，2003），同时由于取值为 1 的样本点较少，用 OLS 来进行估计不会产生显著偏差（村上直树和申寅荣，2006）。

续表

变量	模型 (7.3) FGLS 估计	变量	模型 (7.4) Tobit 估计
C	0.435 *** (6.54)	C	0.65 *** (10.43)
Period_ effect_1999	0.198		
Period_ effect_2000	0.146	Dummy_2000	−0.05 (−10.5)
Period_ effect_2001	0.124	Dummy_2001	−0.07 (−1.45)
Period_ effect_2002	0.085	Dummy_2002	−0.1 ** (−1.79)
Period_ effect_2003	−0.004	Dummy_2003	−0.19 *** (−2.83)
Period_ effect_2004	−0.094	Dummy_2004	−0.28 *** (−3.87)
Period_ effect_2005	−0.169	Dummy_2005	−0.35 *** (−4.01)
Period_ effect_2006	−0.286	Dummy_2006	−0.47 *** (−4.8)
Adj. R^2	0.434	Adj. R^2	0.34
F-stat.	7.07	Log likelihood	68.9
Obs.	88	obs	88

***，**，* 分别表示在 1%、5%、10% 和 15% 水平上显著，括号里为 t 统计量。

从上表的回归结果来看，利用 FGLS 和 Tobit 方法估计的变量系数基本一致，说明了模型较为稳健，此外，根据各变量的待估系数，可以得到以下结论：

（1）工业企业规模同地区能源效率之间存在正相关，即企业的规模越大，其能源利用也将得到一定程度的改善。魏楚和沈满洪（2008）曾利用 2004 年浙江经济普查数据对浙江工业行业的绩效进行了分析，也同样得到了企业平均规模同效率正相关的结论，这说明从宏观经济上来讲，进一步扩大经营规模，对改善要素之间的配置结构、优化要素生产率具有一定的促进作用，由于浙江经济的特点是中小型民营经济占主导①，因此如何通过进一步的市场竞争，通过兼并整合等途径扩大工业生产规模、形成有较强竞争力、处于生产链中上游地位的优势企业也就成为提升经济质量、改善要素效率的重要举措。当然就具体的地区而言，其工业规模是否会改善能源效率，还是存在一定的区别的②。

（2）以技术人员占劳动力比重表示的技术水平变量——无论是在模型（7.3）还是模型（7.4）中，其系数很小，且均不显著，这可能有几方面的原因，一方面可能由于本章选取的指标未能完全刻画出各地区工业的技术水平③，另一方面，技术的确可能会对能源效率产生"回弹效应"，从而削弱、降低了其正向的促进作用，并导致其被估系数不显著，当然我们也不能排除在浙江工业经济中，技术的影响的确不显著的可能性。对技术活动在促进能源效率中究竟扮演何种角色，可能需要更为细致的基于企业层面数据来进行分析。

（3）引进外资会降低能源效率——这是一个较为重要的具有政策性意义的结论。如何理解外商直接投资会对能源效率产生负面影响？这需要从两个方面考虑。

第一，外商直接投资带来了先进的技术和管理理念，可以提升和改善生产效率，通过技术外溢、增进人力资本累积等途径实现要素生产率的提高，但是由于地区的发展水平存在差异，沿海、非沿海地区引进外资的规模、速度和质量并不相同。一方面在开放较早的沿海城市，如杭州、宁波等地，由于具备了较好的投资环境，从而使得其吸收、利用外资的规模较大，外商投资使得这些地区的能源效率出现一定程度的改善。但各地区的效率改善速度并不相同，对于处于前沿的地区——多为沿海城市，其改善程度更大——意味着他们推动前沿前进的速度更快；而相对内陆的地区——一般也距离前沿较远，尽管其能源效率得到了改善，出现了向前沿追赶的趋势，但由于其追赶的速度低于前沿移动的速度，使得其相

---

① 根据浙江 2004 年经济普查数据，在工业企业中，98.4% 的是中小型企业，而大型企业其工业总产值和销售产值仅占全省工业的 10% 左右。

② 根据我们对技术效率的测算，发现在考察期内，温州、嘉兴、湖州三市的规模报酬是非递减的，即要么规模报酬增加或者不变，而其他地区则部分时段出现了规模报酬递减，说明各地区不同时期由于投入要素规模不同，其对于整体效率的影响是不同的，当然，我们估计的系数只能表明从"平均"的角度，工业企业规模同能源效率之间显著正相关。

③ 尽管在截面上能够表示出地区之间的差异，但在时序上，该指标在某些年份出现了下降，如杭州、湖州等地，在 2003 年之前，技术人员占从业人员比重一直上升，但 2003~2006 年，该比值却持续下降，这可能是由于从业人员基数上升导致了该比重下降——然而这并不意味着出现了"技术退步"。

对前沿的距离越来越远——也就是相对效率反而出现了下降趋势。

第二，还有一个原因造成了 FDI 系数显著为负，即吸收、引进的外商直接投资自身的"质量"差异所致，由于中国拥有良好的基础设施、丰富的劳动力，同时其资源产品市场化程度不高，价格远低于国际同类产品价格（最明显的就是对油品的价格管制），加上公众对环境污染的意识不够，使得一些在国外属于高资源消耗、高环境污染的产业越来越倾向于转移到中国内地进行生产。尽管引进的外资为经济增长带来了新的动力，也在一定程度上改善了生产绩效，加大了市场竞争程度；但是低层次的外资——尤其是高能耗、高污染、低产出的产业转移——在为"世界工厂"赢得增长的同时，也消耗了更多的能源与环境，这些负面影响可能远大于其正面的改善作用，使得最后在考察期内的效应显著为负。由于浙江逐渐开始转变外资引进策略，从"要外资"开始转向"选外资"，这很可能使得未来时期内该系数大小发生变化。

（4）信息化对于能源效率的改善作用不容小视，在本章中，如果信息化程度——以手机普及率衡量的指标——上升1%，则相应的可以提升能源效率近0.7%，这也是中国提出"以信息化带动工业化"的一个具体体现①。其影响途径可从两个方面分析：

第一，信息技术改造了传统产业，尤其对于钢铁、冶金、水泥等高耗能产业而言，信息化改造能够实现生产、输送、分配等流程的全程监控，减少管理环节，优化管理流程，确保生产运行系统处于最佳状态，由此将显著提高包括能源在内的实物资源的配置效率（周伏秋和戴彦德，2001）；

第二，信息资源本身也是生产要素，信息等"软化"资源将在一定程度上替代各种能源、实物等要素投入，尤其对钢铁、化工等高耗能行业而言将带来显著的能源节约（周伏秋和戴彦德，2001）。信息化程度的深化将扩大非物质产业在经济中的比重，衍生出与之相关的其他服务型行业，并为高层次的服务业，如金融、证券等行业提供保障基础与平台，因此，信息产业本身对于优化经济结构、改善物质流与非物质流的比重，降低经济活动交易成本具有重大意义。

（5）时期的变化特征总体是呈现下降趋势，如图7.4所示，无论是 GLS 估计中的时期效应，还是 Tobit 模型中的时期哑变量，均呈现较明显的下降特征，这表明在考察期内，能源效率是逐年下滑的，这也同全国大多省份的变化特征相符。

---

① 十六大提出"信息化带动工业化，工业化促进信息化"，到了十七大更是提出了"信息化与工业化融合"的新论断。

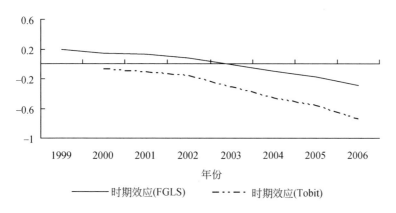

图 7.4   FGLS 和 Tobit 两种估计方法的时期效应

7.4.4   其他讨论

考虑到各时期变动的系数较大，同时整个计量模型的 R^2 并不是很高，因此除上面包含的工业规模、技术、对外开放和信息化因素以外，可以认为：仍有很重要的因素没有纳入模型中，从而导致了这些被忽略的效应都归因到时期效应中了，这些被忽略的因素主要可能包括：工业经济中的轻重结构差异、各地区的人力资本差异、各地区的制度差异等因素，由于无法获取相关的数据信息，我们主要对结构因素和制度因素进行一定的定性比较分析。

1）结构的影响

结构变动对能源效率的影响最初反映在"结构红利假说"中：由于各行业（部门）生产率水平和增长速度存在系统差别，因此当能源要素从低生产率或者生产率增长较低的部门向高生产率或者生产率增长较高的部门转移时，就会促进由各部门组成的经济体的总的能源效率提高（Maddison，1987）。一般认为，产业（部门）结构的变化，尤其是工业与服务业以及工业轻重结构的变化，是导致能耗强度变化的主要因素（Kambara，1992；Fisher et al.，2006；齐志新等，2007）。

在本章中由于数据缺乏原因，我们没有包括相关的结构因素，而诸如产业结构、工业结构、产品结构对能源效率的影响是很大的，尤其是近年来的重工业化趋势更是加剧了高耗能、高污染、低产出的矛盾现状。从图 7.5 可以发现，尽管浙江工业中的重工业比重低于江苏和上海，但从 2003 年开始，其重工业化加速趋势十分明显，年平均增速均在 2%~3%，超过了上海和江苏的同期增速。浙江由于地理区位及资源禀赋等条件，其优势产业以轻工业为主①，过度重工业化可能会使得其发展偏离"资源禀赋优势"路径②（林毅夫和刘培林，2004），同时也加剧了资源、环境压力。

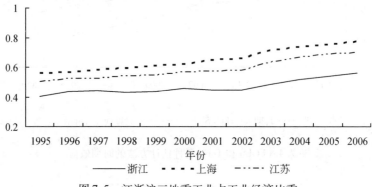

图7.5 江浙沪三地重工业占工业经济比重

2) 制度的影响

尽管中国实行市场化改革已经多年，但是市场经济这一"看得见的手"仍然处于不完善的阶段，对资源的价格管制、政府的行政干预等都损害了市场机制的有效运行，政府这只"看得见得手"对市场机制的影响越大，那么经济效益将会越低（王志刚等，2006）。魏楚和沈满洪（2007a）在对省际能源效率的研究中，也同样发现了政府的干预同能源效率负相关的结论，但是其影响存在着地区差异，一般来说，干预程度较小且提供公共品程度较高的地区，政府干预对经济的破坏程度较小，甚至会产生正面影响。

我们考察以政府为主要对象的地区制度，主要从两个方面展开：一是政府对经济的干预程度，我们用地方财政支出占当地经济的比重来衡量；另一个用来测度地方政府干预经济的范围，由于政府兼有提供公共品的职能，因此我们用财政支出中科技费用所占比重来衡量公共支出范围，而用财政支出中的管理费用支出所占比重来衡量政府自身的效率。由于在以往的分省研究中，上海始终处于能源效率前沿，因此我们选择上海以及近邻江苏作为浙江的比较对象。

从图7.6可以发现，浙江的财政支出规模相对不大，同上海相比只有一半水平，同江苏接近；从图7.7、图7.8可以发现，在财政支出的领域上来看，浙江

---

① 根据浙江省对外贸易经济合作厅的报告，浙江优势产业主要包括：轻纺、机械、电子、化工、医药、建筑业、农业及海洋渔业和专业市场（http://www.zftec.gov.cn/wjhz/dwtzgk/dwtzcy/T1340.html）。

② 对于主要重工业产品完全可以通过国内省际分工和国内市场完成。

对于科技费用支出维持较高水平，一直领先于江苏，但在 2004 年之后低于上海，在政府管理费用的支出上则维持了较高水平，远高于上海。这表明：浙江的市场竞争环境较好，政府对经济干预程度较小，但是同上海等前沿地区相比，近年来对公共品的投入不足，同时也要进一步降低政府规模，提高行政效率，尽量降低

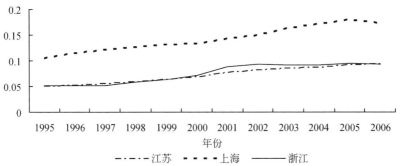

图 7.6　政府规模：江浙沪三地财政支出比重（1995～2006 年）

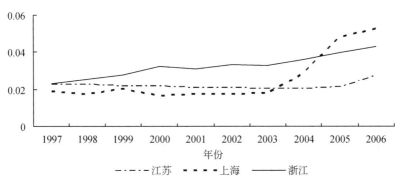

图 7.7　政府公共品支出：江浙沪三地财政支出中科技费用支出比重（1997～2006 年）

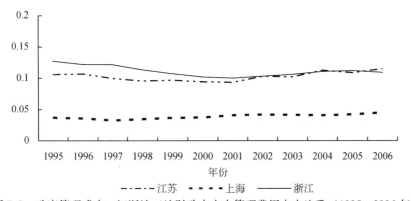

图 7.8　政府管理成本：江浙沪三地财政支出中管理费用支出比重（1995～2006 年）

有形的制度成本，从而减少整个社会的交易成本。

7.5 主要结论

本章运用两步回归法，首先基于 DEA 框架，根据浙江省内 11 市在 1999～2006 年的工业面板数据，测算了各地区的工业能源效率，并估计出各地工业相对的"节能潜力"。接着，我们建立了计量模型，利用地区间工业规模、技术水平、对外开放程度和信息化程度等变量，通过 FGLS 和 Tobit 方法对能源效率差异进行了定量解释，主要结论包括：

（1）在浙江省 11 个市中，台州工业能源效率最高，宁波、杭州和舟山紧随其后，丽水、金华和衢州则相对而言距离前沿最远，在工业生产中存在较大的效率损失和能源浪费；各市能源效率在 2001 年出现拐点，此后一直持续下降。

（2）从地区上来看，衢州、金华、嘉兴等地的节能潜力很大，平均每年可省电 29.18 亿千瓦·时、24.31 亿千瓦·时和 19.85 亿千瓦·时。浙江省各地每年由于管理、配置和规模无效等因素导致的无谓能源损耗平均在 10% 以上，且逐年上升，在 2006 年由于效率损失导致了 252.96 亿千瓦·时电力浪费，占当年工业用电总量的 18.43%。

（3）工业企业规模、信息化程度同能源效率之间显著正相关，意味着适度扩大工业规模、以信息化促进工业化等手段都能提高能源效率；而对外开放对能源效率的影响较为复杂，一方面能够通过技术、人力资本等途径改善能源效率，但是由于外资质量的差异性以及其投资产业特征，也会加剧地区间效率差距，甚至产生负面影响。

由此，我们引出了以下相关政策建议：首先，对节能降耗目标的分解，不能一刀切，应该考虑到地区差异，根据各地自身的发展水平和阶段来制定，遵循"先易后难"的原则，优先从节能潜力更大的地区入手以满足节能总量目标；其次，改善能源效率有多个途径，应以此为突破口实施经济发展模式的转型：要适度整合、扩大工业规模以提升市场竞争力；加大信息化应用力度，提升工业化质量和效率；注重外资的质量与产业特征，引进自身需要的高水平外资；最后，对浙江是否需要以及如何走"重工业化"道路以及政府如何进一步降低规模、提高行政效能，需要进行更为深入的思考和探索。

受限于数据可得性，对工业结构和制度因素没有纳入计量分析，有待于未来基于微观数据的进一步细致研究。

8

水污染治理及其政策工具的有效性*

8.1 问题提出及文献综述

在我国的工业化进程中，污染型产业正在逐步从城市向农村转移，这给农村生态与环境带来了严重的破坏，进而直接影响到农村经济社会的可持续发展。政府有关部门如何通过环境政策工具的有效制定及其实施，引导和鼓励企业实行节能减排，走新型工业化道路，促进经济与生态的互动发展，是当前我国农村经济社会发展中一个迫切需要解决的问题。

经济学家普遍认为，环境问题具有"外部性"，即个人收益不等于社会收益。在这种情况下，如果没有政府的干预，市场是不可能自动填补这个缺陷的，从而会导致"市场失灵"。这就是庇古著名的外部性理论（Pigou，1932），它为环境问题的解决提供了一个经济分析思路，也为政府介入环境治理提供了一个合理性的理论依据。然而，科斯并不完全赞同这种观点，他认为只要产权界定清晰，交易成本足够低，当事人可以通过自行协商、讨价还价等方式，将外部效应"内部化"（Coase，1960）。也就是说，并非只有通过政府才能解决"外部性"问题，市场本身具有解决"外部性"的机制。但是大量实证研究却表明（Dixon and Howe，1993；Hanemann，1995；Bergland and Pedersen，1997），不仅市场会出现失灵，政府的规制也不一定有效，同样会产生"政策失灵"。在综合有关研究的基础上，学者们进一步提出，除了利用政府规制和市场机制外，环境质量的改善还有赖于全社会环保意识的提高（Xepapadeas and Zeeuw，1999）。这就是近些年西方发达国家纷纷采用公众参与政策工具的理论背景。

* 本章内容是在胡剑锋、朱剑秋合作发表的论文"水污染治理及其政策工具的有效性——以温州市平阳县水头制革基地为例"（《管理世界》，2008 年第 5 期）基础上修改而成的。

半个多世纪以来，经济学家和环境问题专家就日趋恶化的环境问题展开了广泛讨论，从产权、不确定性、非对称信息、非竞争市场等多重视角探讨了引起环境问题的内在机理（如 Spulber，1985；Stavins，1996；Tietenberg，1998；Green，1997；Pizer，1999；Sterner，2002），并结合具体的环境问题，如空气污染、气候变化、水污染、有害物质和固体废弃物，讨论了工业化国家的环境经济与政策问题（Jenkins，1993；Faiz et al.，1996；Smith and Tsur，1997；Probst and Beierle，1999；Toman，2001）。在有关理论的指导下，欧美等发达国家和地区已设计和应用了大量不同的环境政策工具，如税费、可交易排污许可证（TEP）、押金-退款制度（DRS）、自愿性协议（VA）、贴标签计划（labeling schemes），等等。近几年，一些发展中国家，如墨西哥、孟加拉国、埃及、巴西，在环境政策工具的创新方面也都取得了令人振奋的经验。世界银行在一份研究报告中，把这些政策工具归纳为利用市场、创建市场、环境管制和公众参与等四类（World Bank，1997）。不过，学者们似乎更愿意把它们划分为三类，即命令-控制式工具（CAC）、市场化工具（MBIs）和公众参与工具。由于市场化工具是借助于市场机制的一些经济激励手段，命令-控制式工具是通过立法和政策执行所作出的强制性管制措施，而公众参与工具则是利用对话与合作等机制进行的协商与鼓励方法，因此国外某些政治学家把这三类政策工具形象地比喻为胡萝卜、大棒和说教（Bemelmans-Videc et al.，1998）。

在我国，对环境政策工具的研究起步相对较晚，现有研究多侧重于理论分析和国外经验介绍，而结合具体环境问题的分析并不多，针对不同污染物特点的环境政策研究更是少见。有关研究和经验表明，不同的环境政策工具在纠正外部性问题的效果、达到污染控制目标的成本以及政策实施的有效性等方面均有明显的差别，并且同一种政策工具在不同地区或行业也会产生不同的效应。因此，要想对有关政策工具的有效性作出判断，就不能仅仅局限于理论分析，而是需要在特定的背景下进行观察。正如 Sterner（2002）所说的："我们不应该对哪种类型的工具最适合过早地下结论，而是要在一个又一个案例分析的基础上进行仔细选择。"

8.2　案例：温州市平阳县水头制革基地的水污染治理

水头是浙江省温州市平阳县的一个镇，位于鳌江中上游，是平阳县经济副中心。该镇主要以制革工业为主，其历史十分悠久。据史料记载，早在宋朝末年，水头人就已开始制革生产。清朝光绪年间，水头人王怀成发明了一种可以将猪皮剖成 3 层的剖皮刀, 由此推动了制革业的发展。20 世纪 80 年代中后期, 温州民营经济风起云涌, 平阳县的制革业重新崛起, 并纷纷向水头镇集聚。然而, 制革业是一个高污染行业, 因此在经济发展的同时也给周边环境带来了极大的破坏。

8.2.1 从"中国皮都"到"中国第一污染源"

20 世纪 90 年代, 水头制革业得到迅猛发展。到 21 世纪初, 水头镇的制革企业已发展到 1200 多家, 年加工猪皮革 1.2 亿标准张, 约占世界总量的 1/4, 猪皮市场交易量 9000 万张, 年产值近 40 亿元, 已成为亚洲最大的皮革生产加工基地、全国最大的猪皮革集散地和贸易市场, 以及全国最大的成品皮出口供应基地。为此, 2001 年水头镇被中国地区发展促进会授予"中国皮都"称号。

水头制革业主要以猪皮为加工原料, 其生产工艺流程大致分为三个工段。一是准备工段, 包括水洗、浸水、脱毛、浸灰、脱灰、软化、脱脂等环节; 二是鞣制工段, 包括水洗、浸酸、鞣制等过程; 三是整饰工段, 包括水洗、挤水、染色、加脂固色和后整理。水头制革企业普遍采用的灰碱法脱毛技术和铬鞣制工艺, 都是传统的制革技术, 要求使用大量的铵盐、硫化碱、石灰和铬等辅料, 在加工过程中会产生大量的污水。三个工段产生的污染物情况: 在准备工段主要是有机废物 (包括污血、泥浆、蛋白质、油脂等)、无机废物 (包括盐、硫化物、石灰、Na_2CO_3、NH_4^+、$NaOH$ 等) 和有机化合物 (包括表面活性剂、脱脂剂等), 该工段是制革污水的最主要来源; 在鞣制工段主要有无机盐、重金属铬等; 在整饰工段主要是染料、油脂、有机化合物 (如表面活性剂、酚类化合物、有机溶剂) 等。制革各工段的用水比例及污染物产生情况详见表 8.1。

表 8.1 制革各工段的用水比例及污染物产生情况

工段	鞣前准备工段		鞣制工段		鞣后湿整饰		共计	
用水比例/%	48		28		24		100	
参数污染物	质量分数/(千克/吨)	比例/%	质量分数/(千克/吨)	比例/%	质量分数/(千克/吨)	比例/%	质量分数/(千克/吨)	比例/%
COD_{Cr}	146.5	66.7	8	3.6	65	29.7	219.5	100
BOD_5	64.7	84.9	3.5	4.6	8	10.5	76.2	100
SS	100	71.5	10	7.2	30	21.3	140	100
S^{2-}	87.9	99.9	0.1	0.9	—	—	88	100
Cr^{3+}	—	—	7	87.5	1	12.5	8	100

水头制革基地主要由金凤、溪心、金溪、中厚、麻园（方方）、江屿等六大区块组成。在环境整治前，共有转鼓数 3228 个，开皮机 174 台，废水产生量约为 9.33 万立方米/天（表 8.2）。

表 8.2　整治前水头制革基地废水产生量

基地名称	转鼓数	开皮机	废水量（万立方米/天）
金凤基地	705	45	2.06
溪心基地	886	50	2.55
金溪基地			
溪头南	502	16	1.5
溪头北	259	21	0.75
中厚基地	375	22	1.13
麻园基地	373	16	1.09
江屿基地	128	4	0.25
总计	3228	174	9.33

在环境整治前，大部分制革企业都是用木头和油毛毡搭建的家庭作坊，规模比较小。生产过程中，技术含量低，粗放式生产，污水大多未经处理就直接排放到河沟，再流入鳌江。因此，随着制革产业的高速发展，水头基地的环境污染越来越严重。当地农田作物几乎颗粒无收，整日弥漫在空气中的恶臭以及被污染的生活用水严重危害着周围居民的身心健康。与此同时，也给整个鳌江流域造成严重的水体污染。污水流经之处漂浮着蓝黑色的黏液，鳌江江水逐渐由浑变黑变臭，殃及中下游"五镇一乡"。

据浙江省环保联合检查组的报告显示，1992 年鳌江水系还属于二类水质，1994 年降到四类，1995 年之后发展到劣五类，其环境质量位居浙江省八大水系末位，基本丧失水体功能。2003 年国家环保总局把鳌江污染定性为"全国十大环境违法典型案例"之一，浙江省环保局也把它列入"浙江省严重污染环境九大案件"。2004 年水头因制革业污染问题被称作"中国第一污染源"，成为浙江省"811"污染整治的重点区域，被戴上"浙江省环境重点监管区"的帽子，同时也是浙江省唯一被国家环保总局挂牌督办的监管区。

8.2.2　全面整治，三易思路

从 2003 年开始，平阳县把水头制革基地的污染治理作为落实科学发展观的一号工程，本着"决心下到底、责任落到实、立下军令状、最终看结果"的态度，以水头制革基地污水整治为重点，开展了长达4年多的环境治理活动。在经济增长和环境保护之间的一次次艰难博弈中，他们三易污染治理思路，最终实现了预期的目标。

1）末端治理思路——兴建污水处理厂

其实早在20世纪90年代，水头镇的污水治理工作就已开始。1998年平阳县专门成立了水头制革污水处理工程指挥部，并筹措4500万元建起了全国制革行业第一家股份制污水处理厂（Ⅰ号），日处理污水设计能力为2.5万吨，大约占当时污水产生量的一半。但是，由于污水收集系统不配套，生化技术有硬伤，Ⅰ号污水处理厂实际日处理量仅在1.5吨左右，与实际排污量相去甚远。因此，随后几年鳌江水质的污染程度越来越严重。2003年水头制革基地被"戴帽"后，当地才开始真正走向全面整治的道路，并提出了"有多少生产能力建设多少污染处理厂"的治理思路。当年，政府又投资兴建了日处理设计能力3万吨的Ⅱ号污水处理厂，并鼓励基地内几个规模较大、实力雄厚的企业分别在侨信、宝利、江屿、河头和金塔等地建造了5个日处理能力在2500～5000吨的污水处理厂。七家污水处理厂设计的日处理能力共达7.15万立方米/天（详见表8.3）。

表8.3　水头制革基地污水处理厂基本情况

名称	设计规模/（万立方米/天）	处理工艺流程
Ⅰ号污水处理厂	2.5	格栅+预沉+调节+初沉+奥贝尔氧化沟+二沉
Ⅱ号污水处理厂	3.0	格栅+预沉+调节+初沉+气浮+奥贝尔氧化沟+二沉
侨信污水处理厂	0.5	格栅+预沉+调节+初沉+SBR
宝利污水处理厂	0.3	格栅+预沉+调节+初沉+SBR
河头村污水处理厂	0.3	格栅+预沉+调节+初沉+气浮+MSBR
金塔村污水处理厂	0.3	格栅+预沉+调节+初沉+SBR
寺前污水处理厂	0.25	格栅+预沉+调节+初沉+水解+SBR
合计	7.15	

按理说，7个污水处理厂的日处理能力已接近当地企业的污水排放总量，并且均具有生物脱氮功能，污水治理应该会有明显成效。然而，在污水处理厂全部投入运行后，却发现仍然存在不少问题。首先是氨氮严重超标，这是因为好氧池容积不够大，硝化时间不够长，氨氮去除率不高，因此出水的 NH_3-N（约为200毫克/升）超标严重。其次是污水处理能力不稳定，一个原因是在提高排污收费后，企业开始控制生产的用水量，使得排放的污水浓度大大增加（ COD_{Cr}、SS 和 NH_3-N 分别高达4000～6000毫克/升、2000～4000毫克/升、200～300毫克/升），远远超出污水处理厂设计的进水浓度（ $COD_{Cr} \leq 2500$ 毫克/升，SS ≤ 2000 毫

克/升，$NH_3 - N \leqslant 50$ 毫克/升），致使所有污水处理厂都不能达到设计的处理能力；另一个原因是制革企业的含铬废水没有实行分流，铬水直接进入管网后，集中式污水处理系统出现了活性污泥中毒现象，从而导致污水处理系统运行的不稳定。此外，受经济利益驱使，制革企业的偷漏排和超量排放现象时有发生。结果，鳌江水质还是进一步恶化。

2）限制排量思路——分片轮产限产

鉴于以上这些问题，平阳县决定改变环境治理思路，提出了"根据污水处理能力来安排生产"治污方针。2003 年 11 月，水头镇开始采用限制生产的策略，即根据污水处理工程的日处理能力，把制革企业分为 4 个片区，每天安排 1/4 的企业进行轮产。

在限产的同时，有关部门进一步认识到，要解决水头的污染问题还必须改变企业"低、小、散、乱"的状况，因此决定将水头制革企业进行优化重组。通过政策引导，一些小制革户退出了制革生产，而其他企业则纷纷合并重组。2004年 8 月底水头镇原有的 1261 家企业中，有 1054 家完成了重组，成立了 162 家新的制革企业。这次整治主要解决了水头制革基地的行业结构性污染问题，提升了企业档次，污水排放总量已经控制到 4.5 万立方米/天。平阳县环保局的监测数据表明，受水头影响最大的鳌江江屿断面，挥发酚的含量开始有了明显下降，BOD_5 含量也已有所减少，但 $NH_3 - N$ 和高锰酸盐指数仍然出现继续上升的趋势（图 8.1），并且鳌江水依旧还是发黑发臭。可见，水头污水整治措施还是不够彻底，环境问题依然存在。

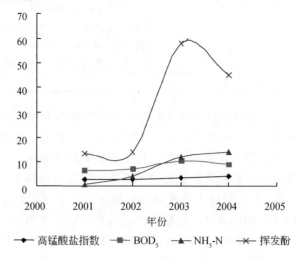

图 8.1　2001~2004 年鳌江江屿断面各项水质指标变化示意图

3）源头控制思路——削减产业规模

面对环境治理中出现的诸多状况，浙江省及温州市有关部门的领导和专家亲临水头考察指导。专家们对鳌江流域的地表水污染负荷和水环境容量进行分析后指出，要全面改善鳌江流域的水环境质量，就必须进一步削减水头制革企业的生产转鼓和开皮机数量。为此，2006 年平阳县再次转变水污染治理思路，提出要"根据鳌江流域环境容量控制生产规模"。按照这一思想，有关部门对鳌江流域每日可容纳的最大排污量进行测算（表 8.4），编制了《鳌江流域污染综合整治规划》，然后根据该规划和分配方案，制定了《水头制革基地污染总量控制方案》。根据该方案，水头的废水排放总量必须控制在 1.75 万吨/日以下，同时考虑到污水处理厂设计的进水浓度，对污水中 COD_{Cr}、氨氮、总铬等含量也做了具体限定，即 COD 不得超过 250 毫克/升，氨氮不得超过 50 毫克/升，总铬不得超过 0.5 毫克/升。经推算，要达到以上目标，必须将转鼓数减少到 500 只以内，开皮机在 60 台以下，制革企业控制在 30 家左右。

表 8.4　鳌江流域及水头段的环境容量分析

水文保证率	范围	现有排污总量（吨/年）		环境容量（吨/年）	
		COD	氨氮	COD	氨氮
75% 水文保证率	全流域	107 808.4	12 040.4	7 867.4	369.9
	水头段	60 274.0	4 573.7	1 198.7	55.0
90% 水文保证率	全流域	同上	同上	4 514.3	262.1
	水头段	同上	同上	1 014.7	49.7

明确污染整治目标后，平阳县于 2006 年 11 月对水头制革企业实施了"休克疗法"，即所有企业一律停止生产，实行全面整治。不仅要求严格按照现代企业制度规范组建企业，而且要求大幅度削减转鼓和开皮机的数量。这次整治活动进一步将水头镇的 162 家制革企业改造重组为 39 家，同时转鼓数从原来的 3228 只削减到 463 只。年废水排放总量已由整治前的 1350 万吨减少到 390 万吨，COD 从 17 550 吨减少到 849 吨，氨氮从 2700 吨下降到 125.4 吨。与此同时，鳌江水质也有明显改善，发黑发臭的江水已经转黄，恢复了原有的颜色，重污染河段又重现鱼群。根据浙江省环境监测中心的监测结果，2007 年 9 月鳌江四个省控站位（埭头、江屿、方岩渡、江口渡）的 pH、COD_{Mn}、铬（六价）、总氰化物、挥发酚等指标均达到了 I~II 类水质要求；DO、氨氮和总磷在各断面也呈明显好转趋势（表 8.5）。其中，受水头影响最大的江屿断面变化尤为明显，其高锰酸盐指数、挥发酚等指标均已从劣 V 类水变为 I 类水。这些指标已基本达到浙江省政府

"811" 环境整治的要求，符合《浙江省省级环境保护重点监管区污染整治验收工作规程》中规定的验收标准。为此，2007 年 10 月水头终于摘除了"环境重点监管区"的帽子。

20 多年存积下来的污染问题得到根本性改善，足以说明这次污染整治工作是有成效的。周边生态的恢复和改善，环境容量的扩大，不仅为当地经济的持续发展消除了环境资源的瓶颈，也为水头镇经济的新一轮增长创造了新的发展空间，同时还有利于促进当地产业结构的升级换代。

表 8.5 鳌江四个省控断面水质监测结果

采样地点		DO	pH	COD$_{Mn}$	氨氮	总磷	挥发酚	六价铬	总氰化物
埭头	浓度	6.91	6.93	1.20	0.26	0.011	−1	−1	−1
	类别	I	I	I	II	II	I	I	I
江屿	浓度	5.34	7.21	1.98	5.74	0.096	0.001	−1	−1
	类别	II	I	I	劣 V	II	I	I	I
方岩渡	浓度	1.47	7.79	2.06	2.42	0.182	0.001	−1	−1
	类别	劣 V	I	II	劣 V	III	I	I	I
江口渡	浓度	2.00	7.79	1.93	2.15	0.092	0.001	−1	−1
	类别	V	I	II	劣 V	II	I	I	I
参考标准	III	5	6~9	6	1.0	0.2	0.005	0.05	0.2
	V	2	6~9	15	2.0	0.4	0.1	0.1	0.2

资料来源：浙江省环境监测中心；监测时间：2007.9.10；单位：除 pH 外单位均为毫克/升。

当然，我们也应该看到，目前水头的环境治理仍然遗留着不少的问题，存在一些严重的隐患。譬如，氨氮处理技术一直不过关，在短期内要彻底解决制革行业的环境污染难度还很大；又如，尽管鳌江发黑发臭现象已基本消除，但水质状况与功能区的要求仍有一定差距。因此，我们有必要以理性的态度对水头污染整治工作作出更加全面客观的评估，以便为今后工作进一步理清思路和明确方向，也可为我国其他地区或行业的环境治理提供指导和借鉴。而政策工具的有效性分析是环境治理效果评估的一个重要视角，因为政策工具既是环境治理的指挥棒，也是解决环境问题的重要手段，它将直接关系到环境治理工作的成效甚至成败。

8.3 水污染治理中政策工具的实施效果

在水头环境治理过程中，地方政府根据三个不同的治理思路先后采用了若干环境政策工具，它们主要包括排污收费制度、提供公共物品、政府规章制度、可交易许可制度和公共参与制度等。从应用情况来看，有的工具已经得到较好的应用，有的却没有真正地施行，而还有的虽然实施了但效果并不理想。

8.3.1 排污收费制度——价格型政策工具

在价格型政策工具中，最为常见的是环境税（taxes）和排污收费（charges）两个工具。如果仅仅从制定成本角度来看，收费工具显然优于税收工具。因为制定或修正一项税法的司法程序相对比较复杂，这就使税收工具需要较多的成本，同时也使这个工具显得有些迟钝。此外，税收还具有专项性，即税收一般都应纳入财政收入而进入国库，却不能为地方政府或部门所用，也难以指定用于地方污染控制的公共开支，这使地方政府和企业对收税和纳税都缺乏积极性。因此，经济学家和环境学家通常把排污收费看做环境治理中最有用的一个工具，并且经常把它作为其他工具的参照。这些本质的局限性可能是目前我国迟迟没有出台环境税的主要原因。

水头最先采用的就是排污收费工具。这个工具在应用时主要应考虑两个因素，一是收费依据，二是收费标准。从严格意义上讲，环境收费应以企业排放的污水流量、污水浓度及污水类别等为依据。但是，在实际操作中要测定每个企业在不同时期排放的污水类别及其浓度是一件十分困难的事，需要花费大量的人力物力财力。因此，平阳县环保部门早先只是依据水头制革企业的实际排水量来计算企业应缴纳的污水处理费用。这种收费方法，具有一定的合理性和现实性，至少可以减少大量的管理成本。然而，在实施过程中却发现，企业为了降低污水排放量，在加工过程中尽量减少用水量，致使企业排放出来的污水浓度大大增加，甚至远远超出污水处理厂设计的进水浓度，从而严重地影响了污水处理厂的处理能力。针对这种情况，后来当地环保部门又按企业的生产能力即企业拥有的转鼓数增加收费。结果，这又引发企业加足马力扩大生产，所以污水的排放总量不降反升。这可能是第一种治污思路失败的根本原因，同时也是当地政府部门采取第二种限制生产治污思路的现实背景。

关于收费标准问题，平阳县环保部门曾经规定，除了按排水量收费外，制革企业还必须承担两部分的污染缴费任务：一是按每个转鼓每天 80 元的标准上缴，根据全面改造时政府规定的开工企业最少应拥有转鼓数量 15 个计算，每个企业每天至少应承担 1200 元；二是按每个转鼓每月 500 元的固定标准收取。仅这两项，企业需要支付的费用就达到每个月 4 万元以上。对此，企业主们颇有怨言，认为自己既要按污水排放量交纳污水处理费，同时又要按生产能力交纳固定费用，其成本明显高于其他地区，在市场竞争中处于不利地位。因此，一些企业为了少交排污费而私挖秘密通道，把污水偷偷排进河里，而不是全部接到基地的排污管道。同时，一些正常开工企业因高额的污水处理费用，经营状况举步维艰，整个行业曾经一度出现萧条景象。为此，有些企业干脆迁离水头，到一些收费较低或管理不严的地区去。站在全国的高度，这会造成污染的全国转移。这一事实表明排污收费制度本身具有局限性，同时也表明合理确定收费标准的重要性。

针对收费标准确定难问题，水头的一个经验就是试错法，即通过反复地尝试来取得最优结果。当他们发现按产能收费会事与愿违，就改回统一按排污量收取，并把收费标准逐步调整为每吨 1.3 元。同时，还采用了双重收费的政策，即企业排放的污水在规定要求范围内的，只按以上标准收取；如果超浓度排放的，就加倍收费；如果进一步超标，则勒令停业整顿甚至关闭企业。从执行的情况来看，这种制度安排和收费标准不仅得到了企业的普遍接受，而且还有效地制止了企业过量排放的问题。

8.3.2 提供公共产品——支持型政策工具

一个清洁的环境可以看做一种公共产品，而环境污染则可以看作为一种公共破坏（Sterner，2002）。因为公共产品不是个人消费品，而是总体上被所有或多数公民所喜欢的产品，因此公共产品供给应该是政府的一个基本职责。所谓公共产品供给就是地方政府或环境保护机构利用自身的人员、技术和资源去解决环境问题。

在水头环境治理中，政府提供公共产品的主要形式是出资兴建污水处理工程和有关基础设施。有关资料显示，2003～2007 年平阳县已投入了 8 亿多元对水头制革污染进行整治。其中，基地改造和企业重组改造投入资金 3.5 亿元，企业转产转业补助 1.45 亿元，污水处理厂建设和 NH_3-N 处理工艺改造投入 1.7 亿元，其他（如交通等基础设施建设、制革污泥焚烧、溪流整治、基地环境卫生整治、含铬废水分流分治工程建设、电子监控和在线监测系统建设、基地绿化美化等）投入资金也近亿元。这是一笔相当可观的投入，它对水头基地的污染治理起到了十分重要的作用。

然而，人们不禁要问：如果水头没有被中央或浙江省政府列为环境污染的重点监管区，那么当地政府会不会如此不惜血本地投入环境治理呢？投入 8 亿多元是多还是少？这就引出了两个问题：一是环境治理的成本在政府和企业之间以及企业与企业之间应如何合理分摊？二是政府的这种投资效率究竟是高还是低？限于篇幅，作者在此不做成本-效益分析。

8.3.3 政府规制制度——强制型政策工具

在现实中，企业一般不会主动承担减污职责，因此政府采取一些强制性措施是必要的。政府通常会从两个方面进行管制，一是执行规制，即对产量或排污量强制实行某一限制的规制；二是技术规制，即规定企业在生产过程中应采用某些专门的技术或条件。

按照第二种治污思路，水头曾采用控制生产减少排污的对策。这种策略操作简便，容易见效。然而，限产轮产使得企业正常开工的时间大大减少，严重地影响了企业的生产效率和经济效益。从长远来看，这种做法显然不利于企业以及基地的持续发展。因此这种制度一实施，马上遭到了企业的强烈抵制。此外，几年来平阳县曾出动数万人次，分别组织开展了"集中整治大行动"、"百日整治大行动"、"停产改造专项行动"、"绿箭风暴"系列行动等专项环保执法大行动。这些行动大大地增强了政府的监管力度，强力震慑了非法制革生产。但是，期间所投入的人力、物力也是相当巨大的，并且稍有处理不当，就会让群众产生对立情绪。由此可见，执行规制的实施效果并不是很理想。

在水头环境治理中，虽然没有严格规定企业一定要采用某种清洁技术或工艺，但当地政府一直号召和鼓励企业运用高新技术和先进技术改造提升制革产业。因为价格型政策工具只是一种将外部效应内部化的办法，"会使行业整体供应减少、价格上升，而不利于社会福利水平的提高"（王兵和王春胜，2006），而依靠科技进步，如环境技术的创新、工艺流程的改进、清洁生产技术的推广等，则可以从源头上控制污染，提高资源利用率，减少污染的治理成本，从而真正实现经济与环境的持续协调发展。平阳县两家制革企业（其中一家在水头基地）的清洁生产试点结果证实了以上观点。在采用清洁生产工艺后，企业不仅可以节约原辅材料 23.6%（加工 1 吨原皮所消耗的物料从 758.16 千克减少到 570.06 千克），并且万元产值的污染物排放量也有大幅度下降（表 8.6）。

表8.6 清洁生产前后万元产值污染物排放量比较 （单位：吨）

污染因子	COD	BOD	NH_3-N	SS	S
清洁生产前	0.326	0.119	—	0.053	—
清洁生产后	0.0096	0.0038	0.0019	0.0057	0.000 04

注：清洁生产前废水中氨氮和硫化物的含量没有数据。

8.3.4 可交易许可证制度——数量型政策工具

水头环境治理的第三种思路是根据鳌江流域的环境容量来安排生产，即先确定污水排放总量，然后以配额方式落实到有关企业，并允许企业之间相互交易。这其实就是一种可交易排污许可证制度。它与排污收费等价格型政策工具相比具有不同的激励效应。如果说价格型政策工具主要是调整污染的控制成本，那么可交易许可证制度则是可以将污染总量控制在一定的水平上，因此也称之为数量型政策工具。

这种工具的最大优点，就是可增加管理的灵活性，降低减污的总成本。因为它只是强调污染的控制目标，而不强制实现目标的过程和途径。为此，企业既可以选择减少产量的方式，也可以选择使用减污技术的方式，还可以选择购买排污权的方式，来实现政府的污染控制目标，从而使得企业能够以最优成本效益来适应环境约束。与排污收费工具相比，可交易许可证使污染治理变得有利可图，而不是一种负担，因此企业尤其是减污边际成本较低的企业更愿意开展污染的治理工作。它的特点就是使资源仅仅在私人部门之间转移，而不像收费工具那样使资源从私人部门转移到公共部门，因此能得到企业的普遍欢迎。此外，政府只要提供一个良好的交易环境，也不必为此进行过多的干预，从而可以大大减少政策工具的执行成本。由此可以预言，可交易许可证制度在我国必将具有广阔的发展前景和应用空间。

8.3.5 公共参与制度——自愿型政策工具

如前所述，市场化工具因存在外部性有时会出现失灵，政府的规制也常常因没有被充分理解而遭到抵制。这就是说，市场机制具有不完善性，政府的干预本身也存在缺陷。而造成这些问题的根源往往与信息不对称有关，因为在环境问题上企业通常比政府拥有更多重要的信息，这就可能出现"道德风险"和"逆向选择"问题，从而会大大增加政策工具实施的监管成本。这时以信息披露为主要内容的公共参与制度成为环境治理的一个重要工具，因为通过这个工具可以把公众的积极性和分散的社会力量充分地调动起来，使琐碎复杂而又难以管理的日常问题可以在更低的成本下得到解决。在水头镇的实践也已证实了这一点。

这些年，当地政府采用召开动员大会、座谈会、工作例会，发放宣传资料，一家一家走访企业等多种形式，大力宣传环境污染的危害性以及环境保护的重要性。"不是我们消灭污染，就是污染消灭我们"，"背水一战治污水，保住水头一张皮"等口号，在当地可谓家喻户晓、人人皆知。于是，企业主们逐渐认识到，如果环境治理不力，国家必将进一步采取措施，甚至有可能把所有的企业都关掉，那么最大的受害者还是企业。因此，他们从抵制转向配合政府部门的整治工作。如温州文昌皮件有限公司，主动调整产业结构，从皮革生产彻底转向皮件的深加工；温州宝市皮革有限公司等企业，也积极引进清洁生产技术。同时，政府有关部门还定期公布环境质量信息，接受公众的监督，并鼓励公众举报非法生产和排污行为，一经查实就予以奖励5万元。这些措施不仅大大减少了政府部门的监督成本，有效地制止了污染扩散，有利于建立长效机制，而且还明显地提高了公众对环境的满意度。据调查，自环境整治以来，有关鳌江污染的信访投诉有逐年明显减少的趋势。

8.4　本章小结

水头现象，可以说是改革开放30年我国"高能耗、高污染、低产出"工业化发展模式的一个缩影。一方面经济持续快速增长，人民生活日益富裕；另一方面生态环境不断恶化，社会矛盾日趋激烈。当前，环境问题已经严重影响到人民的生活和健康，同时也使经济发展面临着资源环境的双重约束。

水头的污染整治案例，在我国环境保护工作中也具有一定的典型性。既体现出我国政府开展环境治理的决心和能力，也体现出我们对政策工具的理解还比较粗浅，政策工具还有待于不断创新。通过本案例分析，至少可以得到以下几个方面的结论和启示。

（1）每个政策工具都有自身发挥作用的空间，同时也都有一定的局限性。如收费工具有利于发挥地方政府的积极性和主动性，但会引起排污企业的流动性问题；税收工具能弥补收费工具的这种缺陷，又因制订或修正的程序十分复杂而使制定成本过高，并且具有"大而统"的特点而使自身缺乏灵敏性和灵活性；规制工具由于过于"强硬"，容易遭到企业的抵制；公共产品供给则需要考虑成本-收益问题。相对来说，公众参与工具、可交易许可证工具等能大大降低环境治理成本，可以获得更多方面的支持，因此在我国的环境治理中必将有很大的发展和应用空间。

（2）由于环境治理经常要求实现多重目标，所以环境政策的制定并不仅仅是在"市场化工具"和"命令-控制式工具"之间进行简单的选择，而是需要依据具体的生态环境与产业特征进行灵活选择和设计，并且通常需要多个工具的综合运用。在多数情况下，需要"看得见的手"和"看不见的手"兼而用之。而在特定情况下，哪一种政策工具更加有效，则取决于污染物的特点以及所处的社会、政治和经济环境。

（3）环境政策工具是政府减缓环境破坏，改善环境质量的重要手段。但是，如果仅仅依靠环境政策工具将外部效应内部化，则不利于社会经济福利的提高。要真正实现经济与环境的持续协调发展，还需要依靠科技进步，进一步减少环境污染的负外部性。

（4）本案例还给我们一个启示，工业园区、经济开发区等是抓好当前"节能减排"工作的一个重要抓手。因为园区产业集中，便于开展产业结构调整、推广节能和清洁生产技术，也有利于实施能源资源的集成以及"三废"的综合治理和利用。

9

碳排放强度演变趋势及驱动因素[*]

9.1 引言

　　全球气候正经历着一场重大变化，特别是化石燃料的使用导致大气中 CO_2 气体浓度增加，使得全球气候异常。尽管各国政府都承认以 CO_2 为首的温室气体排放对气候带来的不利影响，也都表示应该为气候环境的可持续发展承担减排义务，但各方面总是无法就统一的标准与具体的减排口径达成一致。为表明我国在碳减排上的鲜明立场，2009 年 12 月的哥本哈根气候大会上，我国政府提出了以"碳排放强度"为减排指标的减排计划：争取到 2020 年，中国单位国内生产总值二氧化碳排放比 2005 年显著下降（40%~45%）。以碳排放强度为减排标度的做法打破了传统思路上绝对量的限度，有利于碳减排过程中经济的稳定发展。

　　近 20 年来各国学者对碳排放的研究对象主要有碳排放总量（邹秀萍等，2009；Liua，2007；Wang et al.，2005）、人均碳排放（徐国泉等，2005；徐玉高和郭元，1999）和碳排放强度（Fan，2007；Ebohon，2006；Shrestha and Timilsina，1996）等几个方面，但大多研究集中于前两个对象，通过计量回归、因素分解或验证环境 Kuznets 曲线等方法来分析经济发展、能源结构等因素与碳排放的关系。碳排放总量指标以国家或地区为单位进行排放量的计算，是较早应用的指标；相对应的，人均排放指标是以人为单元进行排放量的计算，反映了不同地区人口对有限排放空间的占用程度；而碳排放强度指标，即单位 GDP 的碳排放，相比较于碳排放总量和人均碳排放等指标，反映的是单位产值所耗能源的碳排放率，概念本身简洁明了、具有可比性，是度量各国或国家集团在减缓气候变化行动中分

　　[*] 本章内容是在黄文若、魏楚合作发表的论文"碳排放强度：影响因素与中国的应对策略——基于 Divisia 分解的实证研究"（《学习与实践》，2011 年第 9 期）基础上修改而成的。

担责任份额的良好指标，可以较好地引导各国经济体提高能源利用效率、向低碳型经济转型（张志强和曲建升，2008）。

随着各国经济发展不平衡性的加剧，碳排放总量和人均碳排放等指标已远远不能客观准确地衡量不同经济发展水平国家的碳排放程度，因此以碳排放强度为减排指标的研究具有深刻的含义与积极的指导作用。但关于碳排放强度方面的文献资料非常少，而国内在这方面的研究就更加少了，这也使得本章的写作符合现实需要。本章将在总结过去文献的基础上，展开对世界主要 CO_2 排放地区碳排放强度演变与分解的研究，试图通过碳排放强度指标来衡量各个地区的历史碳排放行为，从中找出影响碳排放强度的关键影响因素，进而为制定合理的碳减排政策提供理论支持。本章结构安排如下：第二部分探讨全球不同地理板块碳排放强度的历史演变趋势，第三部分介绍因素分解方法与数据来源，第四部分探讨碳排放强度分解结果，第五部分专门针对中国进行分析，最后为结论与对策。

9.2 碳排放强度在世界地理上的演变特征

由于各个国家所处世界地理位置上的不同，其原始资源禀赋及经济发展模式不尽相同，因而会表现出各自的碳排放演变特点。整体上看，世界碳排放强度的总体平均水平为 0.5～0.6，并有略微的下降趋势。而图 9.1 给出了 1991～2007 年，世界七大地理板块及中国的碳排放强度演变趋势。从柱形的不同颜色来看，黑色的欧亚大陆、中国及中东地区，其碳排放强度水平较高，说明该地区单位 GDP 所排放的二氧化碳较多；黑白相间的北美洲与非洲的碳排放强度水平比较接近世界总体均值；而白色柱体的欧洲与中南美洲则属于碳排放强度较低的地区，表明其单位 GDP 的碳排放量较少，该地区环境承受压力较小。

从碳排放强度的历年走势看，除中东地区的上升趋势显得尤为特别外，其余地理板块，包括中国在内，其最终都实现了下降的趋势，所不同的只是下降拐点出现的早晚与幅度的大小。欧洲与北美洲的碳排放强度基本上呈现出逐年递减的下降趋势，在 1991～2007 年降幅分别达到 28.6% 与 26.7%。中南美洲的碳排放强度基本徘徊在 0.29～0.32，波幅较小，较为稳定。而亚太地区的碳排放强度呈倒 U 形，1991～1999 年从 0.408 上升到 0.428，升幅为 4.9%，之后开始出现较为明显的下降趋势，1999～2007 年降幅达 9.2%。非洲经历了一轮微幅上升，在 1994 年达到历史高位 0.56，之后开始呈现走低趋势，并于 2007 年达到 0.44 的低点。欧亚大陆板块的碳排放强度在 1991～1996 年呈现一股上升趋势，但也在之后的 10 年时间里实现了下降。

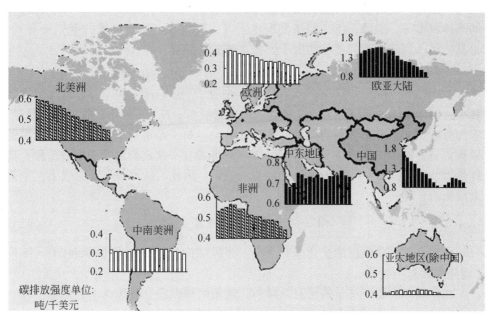

图 9.1 1991～2007 年世界各地理板块碳排放强度走势

因此，在整个世界范围内，除了中东地区的碳排放强度呈现一段先快后慢持续攀升的态势（从该地区的政治特殊性来考虑，也不难解释这种现象的产生），其趋势线还处于倒 U 形曲线的上升阶段外，其余各个板块在近年基本上都开始了降低的趋势，大致已处于倒 U 形曲线的下降阶段，尤其是北美和欧洲等板块，碳排放强度基本呈直线下降，也带动了世界平均水平的下降趋势。

9.3 方法与数据

无论各个板块的碳排放强度是增是减，其变动的原因，即关键影响因素才是最需要被深入探究的，这样才能为下一步的发展规划奠定理论基础。为了解引起碳排放强度变动的主要因素，基于扩展的 KAYA 等式的因素分解法可以实现这一目的。KAYA 等式是 Yoichi Kaya（1989）在 IPCC 研讨会上提出的，用于 CO_2 排放量变化的驱动因子分析，其表达式如下：

$$C = \frac{C}{E} \times \frac{E}{Y} \times \frac{Y}{P} \times P \tag{9.1}$$

其中，C 为碳排放总量；E 为一次能源的消费量；Y 为国内生产总值（GDP）；P

为人口数量。它的基本思想就是将碳排放总量分解成四个影响因素，即单位能源的碳排放水平、能源强度、经济发展水平及人口规模。基于标准的 KAYA 等式，将其扩展得到碳排放强度驱动因子的基本公式如下：

$$CI = \frac{C}{Y} = \frac{\sum_i Ci}{Y} = \sum_i \frac{C_i}{E_i} \times \frac{E_i}{E} \times \frac{E}{Y} \tag{9.2}$$

其中，CI 为碳排放强度；C_i 为 i 种能源的碳排放量；E_i 为 i 种化石能源的消费量。下面分别定义，各类能源的碳排放效应 $EM_i = C_i / E_i$，即消费单位 i 种化石能源的碳排放量；能源结构效应 $ES_i = E_i / E$，即 i 种能源在一次能源消费中所占份额；能耗强度效应 $EI = E/Y$，即单位 GDP 能源消耗量。因此，碳排放强度由以上三个因素所影响，即：

$$CI = \frac{C}{Y} = \sum_i ES_i \times EM_i \times EI \tag{9.3}$$

可知，碳排放强度的变化来自 ES_i（能源结构）、EM_i（能源碳排放）与 EI（能耗强度）的变化。

在环境和能源经济学的研究领域中，常用两种因素分解法：一种是基于投入产出表的结构性因素分解方法（structural decomposition analysis，SDA），一种是指数因素分解方法（index decomposition analysis，IDA），后者更为简单易行，并分为拉氏分解和迪氏分解等两种不同的方法（宋德勇和卢忠宝，2009）。通过对数均值指数因素分解法能将碳排放强度指标分解成几个不同的因素，较其他分解方法更有效。基于这样的考虑，本章采用了较通行的 LMDI（the logarithmic mean Divisia index）方法。指数因素分解法一般是以时间序列数据为对象，通过加法形式或乘法形式进行分解，从易于理解的角度本章采用加法形式，即：

$$\Delta CI = CI^t - CI^0 = \sum_i ES_i^t \times EM_i^t \times EI^t - \sum_i ES_i^0 \times EM_i^0 \times EI^0 = \Delta ES + \Delta EM + \Delta EI + \Delta rsd \tag{9.4}$$

取加权的权重为 $\dfrac{CI_i^t - CI_i^0}{\ln(CI_i^t / CI_i^0)}$，分解后残差项为 0，各个因素可以分解如下（Ang，2005）：

$$\Delta ES = \sum_i \frac{C_i^t / Y^t - C_i^0 / Y^0}{\ln(C_i^t / Y^t) - \ln(C_i^0 / Y^0)} \ln\left(\frac{ES_i^t}{ES_i^0}\right) \tag{9.5}$$

$$\Delta EM = \sum_i \frac{C_i^t / Y^t - C_i^0 / Y^0}{\ln(C_i^t / Y^t) - \ln(C_i^0 / Y^0)} \ln\left(\frac{EM_i^t}{EM_i^0}\right) \tag{9.6}$$

$$\Delta EI = \sum_i \frac{C_i^t / Y^t - C_i^0 / Y^0}{\ln(C_i^t / Y^t) - \ln(C_i^0 / Y^0)} \ln\left(\frac{EI^t}{EI^0}\right) \tag{9.7}$$

同理，不同经济体之间的碳排放强度差异可分解为

$$\Delta CI = CI_i - CI_j = ES_i \times EM_i \times EI_i - ES_j \times EM_j \times EI_j = \Delta ES + \Delta EM + \Delta EI \qquad (9.8)$$

因素分解过程中所用到的绝大部分数据均来源于美国能源情报署（Energy Information Administration，EIA）官网上公布的各地区 1991～2007 年的年度数据：

能源消费与能耗强度数据。本章在分解过程中主要采用三种化石能源：煤、石油和天然气。这三种能源消费量、能源消费总量及能源强度等数据，均在 EIA 官方网站上查询得到。

CO_2 排放数据。包括按购买力平价（PPP）计算的 CO_2 排放强度、CO_2 排放总量以及各类能源所对应的 CO_2 排放量等数据也在 EIA 官方网站获得。

各国各地区 GDP 数据。由于不能直接从 EIA 中得到世界各国按购买力平价计算的 GDP 数据，但由 CO_2 排放总量与 CO_2 排放强度的乘积，可以得到按购买力平价计算的 GDP 数据。

9.4　七大板块碳排放强度的分解结果

图 9.2 所示的即是七大地理板块 1991～2007 年碳排放强度的 Divisia 分解结果。总效应柱子为负，表示 2007 年较 1991 年的碳排放强度有所下降，而负的越多则说明下降得越多，且总变动效应是能耗强度变动效应、能源碳排放变动效应与能源结构变动效应三者之和，因此可以从后三者的柱形长度看出哪种因素对总变动效应起到最关键性的推动作用。

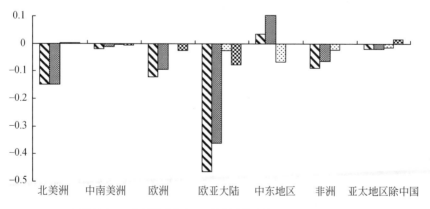

图 9.2　1991～2007 年七大地理板块总效应及分解效应

不难发现，碳排放强度减少幅度最大的是欧亚大陆板块，另外北美洲、欧洲和非洲的减幅也比较明显，且它们的碳排放强度变动主要由能耗强度所带动。中东虽然是个碳排放强度上升的特例，但我们从中还是能得出相似的结论，即能耗强度主导了碳排放强度的变动方向。

由于 1991～2007 年的时间跨度较长，不同年份中程度相当的向上推动效应与向下拉动效应会相互抵消，可能会掩盖短期的波动特征，故以五年为一个周期将 17 年划分成四个时间区段，即 1991～1995 年、1995～1999 年、1999～2003 年、2003～2007 年，进行进一步的研究，并将四个时间段里的变动值做成一个堆积图便于观察。图 9.3 的结果也进一步地表明，能耗强度是影响碳排放强度的最直接因素，原本图 9.2 中能耗强度变动不明显的中南美洲和亚太地区，从图 9.3 中也显示出较大的影响力。

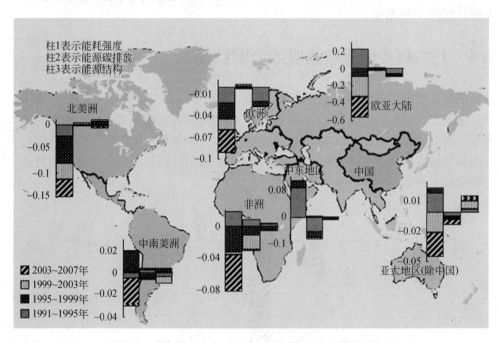

图 9.3　七大洲四阶段三因素对碳排放强度的影响累积图

此外，还能清楚地发现不同地理板块受不同影响因素的作用。如北美洲与欧亚大陆的碳排放强度基本只受到能耗强度这单一因素的影响；而欧洲、非洲、中东则受到双因素的影响，除能耗强度的主要影响外，欧洲的能源结构，非洲、中东的能源碳排放对碳排放强度也产生较大影响；中南美洲、亚太地区则同时受三因素影响，影响程度依次是：能耗强度>能源结构>能源碳排放。可见，能源碳排放与能源结构虽然对碳排放强度的影响力相对能源强度而言较弱，但其可能带来的促进降低碳排放强度的正面作用，或抵消由于能耗强度带来的碳排放强度的降低的负面作用也是不可忽视的。表 9.1 归纳了三个因素对碳排放强度的影响力程度。

表 9.1　1991～2007 年各地区碳排放强度影响因素汇总

分组	总效应 （碳排放强度效应）	能耗强度效应	能源碳排放效应	能源结构效应
北美洲	↓	***		
中南美洲	↓	***	*	*
欧洲	↓	***		*
欧亚大陆	↓	***		
中东地区	（↑）	***（↑）	**	
非洲	↓	***	**	
亚太地区（除中国）	↓	***	**	**（↑）

*** 表示十分明显，** 表示比较明显，* 表示一般明显；效应的增加用（↑）突出表示。

9.5　中国碳排放强度的趋势及影响因素

基于中国在过去的 16 年中碳强度降低明显的事实，在本章给予单独研究。我国在 1991~2001 年顺利地实现了碳排放强度的逐年递减，从 1991 年的 1.723 到 2001 年的 0.807，降幅达到 53.16%；之后在 2001~2004 年小幅反弹，增幅为 29.8%；又于 2004 年后继续下行，碳排放强度达到 0.92，距 2001 年的低点 0.807 只差 0.113 个点。我国碳排放强度的值较其他地区是比较高的，但历年的总体形势是偏向于降低的。因此，碳排放强度分解的结果可以告诉我们是什么导致了这种良性的发展，下一步的发展应该朝着什么方向。

9.5.1　中国碳排放强度的分解

分解结果图 9.4 表明，能耗强度的变动对碳排放强度的变动起到最主要的作用，它们的走势基本呈现一致的形态，两者之间仅有微小的差距，这说明了能源结构与能源碳排放的变动分别对碳排放强度造成了一定程度的影响，即使作用远不及能耗强度大。

我国的能源碳排放效应很微小，这表明我国各类能源的碳排放系数较稳定，对碳排放强度的影响较小。能源结构相较于能源碳排放，对碳排放强度的贡献率会高一些。从分解结果来看，能源结构效应在个别年份也是抑制我国碳排放强度降低的主要因素，因此，能源结构影响虽小，但其可能出现的抑制碳排放强度降低的作用也不能被忽视。

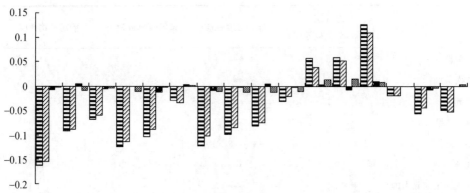

图 9.4　中国 1991～2007 年碳排放强度分解结果

根据分解结果可知，我国近年来碳排放强度大幅下降是由于能耗强度变动的影响，能耗强度的下降直接带动了碳排放强度的下降，而从 2002 年开始的一波反弹也是由于能耗上升而造成的直接后果。此外，能源结构对碳排放强度的影响在个别年份出现了抑制作用；而能源碳排放变动效应较为固定，影响较小。

9.5.2　中国与其他地区的比较

中国历史的特殊性决定了中国的碳排放强度的基点比较高，即使经历了 20 多年的不断降低，从 2007 年的跨区域分解比较图 9.5 中可以发现，我国的碳排放强度仍旧偏高。

图 9.5 中唯一与中国碳排放强度值旗鼓相当的板块是亚欧大陆，虽然它的能耗强度比我国更高，但它的能源结构要比我国精良许多，值得借鉴。就中国所处的亚太板块来看，我国的能耗强度（占 67.72%）和能源结构（占 31.15%）就

解释了碳排放强度高于亚太地区的98.87%。反而对我国碳排放强度影响最小的能源碳排放效应比各板块都略小。

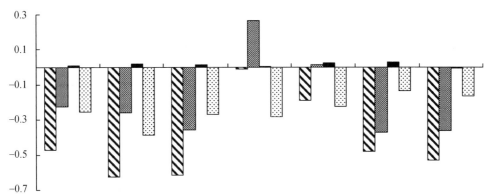

图9.5　中国与不同地理板块的碳排放强度的对比（2007年）

综上，通过中国与不同地理板块的比较，得出一个共同的启示，中国需要在降低能耗强度、改善能源结构等方面做出更多的努力，才能使我国的碳排放强度值有更进一步的降低。

9.6　结论与对策

文章以碳排放强度这一减排指标为对象，通过研究美国能源情报署关于各地区历史数据的演变，对各大地理板块与我国的碳排放强度进行了横向与纵向的比较。并在此基础上，采用LMDI分解法将世界主要地区的碳排放强度变动分解为能耗强度变动、能源碳排放变动、能源结构变动，分析了影响碳排放强度变动的关键因素，得到如下结论：

第一，碳排放强度表现出降低的趋势：除中东板块的碳排放强度走势是升高的外，其余的样本地区在大部分年间都遵循了下降的趋势，尤其像北美洲、欧洲等经济发达地区的碳排放强度一度呈现出直线下降趋势。

第二，能耗强度是碳排放强度变动的主要影响因素：能耗强度变动效应主导了几乎所有地区的碳排放强度变动，但除欧洲、北美与欧亚大陆外，其他地区间能源碳排放与能源结构的次要影响作用也不应该被完全忽视。

第三，中国相对较高的碳排放强度主要体现能耗强度和能源结构差异：碳排放强度高而降低快，是我国碳排放强度的一个独特表现；我国 2007 年的碳排放强度要高于世界大部分地区的值，其主要原因在于能耗强度和能源结构这两方面，较之其他地区较高的能耗强度和低效率的能源使用结构，是导致碳排放强度居高不下，与其他地区产生差距的最大症结所在。

鉴于我国碳排放强度的现实情况，得出以下政策建议：

第一，由于能耗强度因素是我国碳排放强度变动的决定性因素，对碳排放强度的变动贡献最大，因此，加快技术进步、开发和引进能源节约型的先进技术、加大能源节约力度、促进各产业能源高效使用，是能源使用战略的关键，这样才能够有力地降低能耗强度，从而实现碳排放强度指标的下降。

第二，能源结构和能源碳排放对碳强度变动的解释力不强，说明能源结构优化升级滞后，能源使用种类没能进行较明显的改良，以至于这两个影响因素的调整不能够及时促进碳排放强度的向下变动。从能源结构的发展上看，我国大部分地区依然在密集使用碳排放值较高的传统型能源，低排放型能源以及清洁型能源的使用比重过小，这些原因从一定程度上使得碳排放强度下降幅度没能远大于能耗强度的下降幅度，也是造成我国同世界其他地区碳排放强度存在巨大差异的一大原因。因此，加快国家能源结构转变和增加清洁能源的使用、提高能源使用效率仍是经济结构调整中的重要任务。

总之，全球气候系统变暖已成为不争的事实，温室气体减排行动是当前最重要的减缓气候变暖的举措。在未来国际碳税机制确立后，单位 GDP 低排放的国家可以为本国的产品创造更为有利的竞争环境。作为发展中国家，中国在促进国民经济发展的同时，在节能减排，发展低碳经济的道路上也是任重道远，在了解自身与其他地区的差异后，尤其是在降低能耗强度、改善能源结构等方面还需不断跟进与努力。

10

人均碳排放的模式与影响因素

10.1 引言

气候变化的影响波及全球，属于典型的全球公共物品，需要国际社会的共同努力才有可能实现减排目标。根据荷兰环境评估局（MNP）的评估报告，2006年中国的二氧化碳排放达到62亿吨，已超过美国成为排放第一大国。在2009年哥本哈根气候会议中，中国政府承诺到2020年将二氧化碳排放强度（每万元GDP排放的二氧化碳量）在2005年的基础上降低40%~45%，但这并不意味着碳排放总量的下降。可以预见，在今后很长一段时期内，我国必将面临越来越大的国际二氧化碳减排压力。

现阶段如果强制性减排，必须以牺牲经济增长为代价，因为经济发展先后已经造成了能源分配和环境污染的不公平（林伯强和蒋竺均，2009）。从工业革命到1950年的两个世纪里，发达国家化石燃料燃烧释放的二氧化碳占全球总排放量的95%，1950~2000年，一些发展中国家开始实现工业化的半个世纪里，发达国家的排放量仍占总排放量的77%[①]。因此，全球变暖主要是发达国家造成的。中国幅员辽阔、人口众多，要发展就难免不排放，排放问题本质上就是发展问题，排放权即发展权（丁仲礼等，2009）。而世界上每个人的发展权都是一样的，因此仅从二氧化碳排放总量评价中国排放是不合理的，考虑人均二氧化碳排放显得更加公平。

对我国政府而言，当务之急应全面、科学地分析人均二氧化碳排放的主要模

---

* 本章内容是在魏楚、夏栋合作发表的论文"中国人均 CO_2 排放分解：一个跨国比较"（《管理评论》，2010年第8期）基础上修改而成的。

① 资料来源：World Resource Institution，http://cait.wri.org/。

式以及影响因素，从而为我国实行减排战略提供科学依据。本章即是对此问题的研究，通过运用对数平均迪式分解法（the logarithmic mean Divisia index，LMDI），对全球 108 个国家（地区）在 1980～2004 年的人均二氧化碳排放按照人均产出水平、能耗强度以及碳排放因子进行分解，并对中国人均二氧化碳排放的因素进行了分析，此外，还总结出 7 种人均二氧化碳排放模式，从而为未来中国发展低碳经济揖供参照对象和学习模式。

本章的结构安排如下：第二部分首先回顾对二氧化碳排放分解的现有研究，第三部分是方法与数据，第四部分是主要结果讨论，第五部分是结论和启示。

10.2　文献回顾

有关二氧化碳排放影响因素的研究大致可以分为两类。第一类方法是基于计量经济分析的环境库兹涅茨曲线（Environmental Kuznets Curve，EKC）估计。EKC 最早由 Grossman 和 Krueger（1991）提出，最初有关 EKC 的研究主要针对二氧化硫、粉尘、水污染等环境污染问题，后来才逐渐扩展到二氧化碳分析。Tucker（1995）基于 137 个国家 21 年的面板数据，考察了人均二氧化碳排放与人均 GDP 之间的关系，发现经济增长的加速可以使二氧化碳排放的速度放慢，同时发现，能源价格对二氧化碳的排放有显著的影响。Holtz-Eakin 和 Selden（1995）基于全球 130 多个国家的面板数据，考察了人均 GDP 和二氧化碳排放之间的关系，发现两者之间确实存在倒 U 形关系，但是预测结果显示，即使到 2100 年，全球二氧化碳排放量仍然将是不断增长的，作者认为这主要是因为发展中国家将维持较高的经济增长率和人口增长率的缘故。林伯强和蒋竺均（2009）基于国家水平的宏观数据，预测了我国二氧化碳排放量，基于 EKC 方法的预测结果显示 2020 年应该出现拐点。

第二类是因素分解法，其中最常用的分解公式是 KAYA 恒等式，将二氧化碳排放分解为人口总量、人均 GDP、能耗强度和能源消费的碳结构四个因素。如 Wang 等（2005）基于 KAYA 恒等式，采取对数平均迪式分解法（LMDI）分解研究了中国 1957～2000 年能源相关的二氧化碳排放量变动情况，发现人均 GDP 的快速增长是我国二氧化碳排放快速增加的主要原因，而能耗强度的大幅度降低则对二氧化碳的减排作出了重大贡献。林伯强和蒋竺均（2009）也基于 KAYA 恒等式，运用对数平均迪氏分解法分析研究了我国 1990～2007 年人均二氧化碳排放影响因素的贡献率，发现人均 GDP、能耗强度和碳结构这三个因素对中国人均二氧化碳的排放都具有重要影响，但是人均 GDP 和能耗强度对人均二氧化碳排放的变化影响最大，而碳结构的影响相对较小。Lee 和 Oh（2006）也基于 KAYA 恒等式，运用对数平均迪式分解法分解研究了亚太经济合作组织中 15 个国家 1980 年和 1998 年两个时间段上二氧化碳排放量的变动情况，发现人均 GDP 和人口的增长是大多数国家二氧化碳排放增加的主要原因，作者还认为能源效率和清洁能源替代领域是亚太经济合作组织国家间最有希望合作的领域。

总的来说，有关二氧化碳排放影响因素的研究一般涉及三个对象：二氧化碳排放量、人均二氧化碳排放量以及二氧化碳排放强度。有关二氧化碳排放影响因素的研究一般有两个研究层面，一是纵向的按时间序列分解；二是横向的按国家（地区）分解。本章在前人研究基础上，运用对数平均迪式分解法，对全球 108 个国家（地区）的人均二氧化碳排放量进行了时间序列分解，并进行横向间比较。

10.3 方法与数据

KAYA 恒等式是日本学者 Kaya（1989）在 IPCC 的研讨会上提出的，通常用于国家层面上的二氧化碳排放量变化的驱动力因子分析。表达式见式（9.1）。

根据扩展的 KAYA 恒等式可以得到

$$\frac{C}{P} = \frac{C}{E} \times \frac{E}{Y} \times \frac{Y}{P} = F \times I \times G \qquad (10.1)$$

式中，C 为各种类型能源消费导致的二氧化碳排放总量，E 为各种类型能源消费的总量，Y 为 GDP 总量，P 为人口总数。C/P 为人均二氧化碳排放总量，C/E 为能源消费总量中的二氧化碳排放系数，简记为 F；E/Y 为能耗强度，简记为 I；Y/P 为人均 GDP，简记为 G。

拉式分解法（Laspeyres Decomposition）和迪式分解法（Divisia Decomposition）是应用最广泛的两种因素分解法[①]。本章选择的迪式分解法（LMDI）是一种完全的、无残差的分解方法，该方法具有时间转置和因子转置的性质，而且在变量的值有较大的波动时还能保持平稳的性质（Ang，2004；Lee and Oh，2006）。

---

① 拉式因素分解法可以视为一种基于微分的方法，它非常符合因素分解的思维，即假定其他因素不变，求出某一个因素变化时对待分解变量的影响，而且计算简单，所以得到了广泛的应用。迪式因素分解法不是直接对各个因素微分，而是对时间微分。传统的拉式因素分解法的主要缺陷是该方法经常留有巨大的不能解释的残差。

10.3.1 按时间序列分解

人均二氧化碳排放量的变化可分解为：$\Delta C_{F\text{-}effect}$、$\Delta C_{I\text{-}effect}$、$\Delta C_{G\text{-}effect}$，分别表示：能源消费结构效应、能耗强度效应和人均收入水平效应。用下标 t 和 $t-1$ 表示任意相邻两年，人均二氧化碳排放的变动可以分解为

$$\Delta C = C_t - C_{t-1} = F_t \times I_t \times G_t - F_{t-1} \times I_{t-1} \times G_{t-1} = \Delta C_{F\text{-}effect} + \Delta C_{I\text{-}effect} + \Delta C_{G\text{-}effect}$$

$$(10.2)$$

式中，$\Delta C_{F\text{-}effect}$、$\Delta C_{I\text{-}effect}$、$\Delta C_{G\text{-}effect}$ 分别可通过下式计算：

$$\Delta C_{F\text{-}effect} = L\ (C_t,\ C_{t-1})\ \times \ln\ (F_t/F_{t-1}) \tag{10.3}$$

$$\Delta C_{I\text{-}effect} = L\ (C_t,\ C_{t-1})\ \times \ln\ (I_t/I_{t-1}) \tag{10.4}$$

$$\Delta C_{G\text{-}effect} = L\ (C_t,\ C_{t-1})\ \times \ln\ (G_t/G_{t-1}) \tag{10.5}$$

其中，$L\ (C_t,\ C_{t-1})$ 为 $t-1$ 到 t 年间人均二氧化碳排放量的对数平均数，即：

$$L\ (C_t,\ C_{t-1}) = (C_t - C_{t-1})\ /\ln\ (C_t/C_{t-1}) \tag{10.6}$$

10.3.2 变量与数据描述

根据数据的可得性和完整性，最后选择了 1980～2004 年各变量均较为完整的 108 个样本国家[①]。其中能源消费量和能耗强度来自美国能源信息管理局（EIA）[②]，二氧化碳排放量、人均二氧化碳排放量和各国 GDP 总量来自联合国（UN）[③]。人口根据二氧化碳排放量和人均二氧化碳排放量计算，人均 GDP 根据各国 GDP 总量和相应的人口计算得到，其中 GDP 数据是以汇率法计算并转换为 2000 年不变价格[④]。按照不同收入分组的描述性统计见表 10.1 所示。

---

① 由于数据缺失，因此样本中未包含俄罗斯及德国。
② 数据来源：http://www.eia.doe.gov/。
③ 数据来源：http://data.un.org/。
④ 此处我们主要参考了 Lee 和 Oh（2006）的做法，采用了按汇率法计算的 GDP。Manne 等（2005）曾讨论过汇率法及购买力评价法（PPP）在温室气体排放的跨国比较与预测时的优缺点，其结论认为，两种方法尽管有区别，但是区别很小。

表 10.1　不同收入分组的描述性统计（1980～2004 年）

变量	样本均值	高收入组（OECD）	高收入组（非 OECD）	中高收入组	中低收入组	低收入组	中国
人均二氧化碳/吨	4.38	13.12	13.93	5.26	3.27	0.87	3.84
人均 GDP/美元	5 903	28 600	16 100	4 000	1 370	467	1 314
能耗强度/（Btu/美元）	12 106	8 390	17 100	23 800	29 950	23 000	34 978
碳排放系数（10^{-12}吨/Btu）	61 312	54 684	50 810	55 181	79 950	81 375	83 520

从表 10.1 可以看出，除了碳排放系数外，不同收入分组之间的差异很大。一般而言，经济收入水平较高的分组国家其人均二氧化碳排放较高，且能耗强度较低；经济收入水平较低的分组国家其人均二氧化碳排放较少，但能耗强度偏高。中国目前处于中低收入组，人均二氧化碳排放稍低于样本均值，但能耗强度是样本均值的 3.5 倍，值得注意的是，由于中国以煤为主的能源消费结构，使得中国能源消费的碳排放系数均高于其他所有收入分组（包括低收入组），是样本均值的 1.4 倍。

10.4　世界各国人均碳排放模式

我们首先考察研究时段的首、尾两个时点的人均二氧化碳排放变动，各国在 1980 年和 2004 年起始点的人均二氧化碳排放量变化情况可以分为三种：基本不变、显著增加、显著减少。此外，由于人均二氧化碳的变化是由收入效应、能耗强度效应和能源碳结构效应共同决定的，通过对各国在 1980～2004 年的时序分解，可以识别出人均二氧化碳变动的主要推动因素，表 10.2 列举出不同国家在这一时期人均二氧化碳的基本变化及主要驱动因素。

表 10.2　各国（地区）人均二氧化碳变化及主要影响因素

主要影响因素		显著增加	基本不变	显著减少
单因素	能耗强度	伊朗，多哥	马达加斯加，塞拉利昂	丹麦，冈比亚，塞内加尔
	人均收入	奥地利，韩国，毛里求斯	阿根廷	
	能源结构	厄瓜多尔，萨尔瓦多，马耳他，尼泊尔	肯尼亚，尼加拉瓜	安哥拉

主要影响因素		显著增加	基本不变	显著减少
两因素	能耗强度、人均收入	中国，希腊，印度，爱尔兰，日本，约旦，菲律宾	加拿大，南非，英国，美国，委内瑞拉	利比里亚，卢森堡，马里，瑞典
	能耗强度、能源结构	贝宁，刚果，多米尼克，多米尼加，加纳，格林纳达，洪都拉斯，毛里塔尼亚，阿曼，巴拉圭，圣卢西亚，塞舌尔，叙利亚	科摩罗，卢旺达，斯威士兰，乌拉圭	几内亚，马拉维，莫桑比克，津巴布韦
	人均收入、能源结构	智利，中国香港，哥斯达黎加，印度尼西亚，以色列，挪威，巴基斯坦，西班牙	秘鲁，新加坡	比利时，科特迪瓦，法国
三因素	能耗强度、人均收入、能源结构	阿尔及利亚，安提瓜和巴布达，伯利兹，不丹，埃及，危地马拉，海地，马来西亚，摩洛哥，新西兰，葡萄牙，圣文森特和格林纳丁斯，斯里兰卡，苏丹，泰国，特立尼达和多巴哥，突尼斯，土耳其	玻利维亚，哥伦比亚，芬兰，几内亚比绍，冰岛，牙买加，墨西哥，荷兰，尼日尔，尼日利亚，巴拿马，所罗门群岛，瑞士，阿拉伯联合酋长国	巴西，民主刚果，基里巴斯，巴布亚新几内亚，沙特阿拉伯，苏里南，瓦努阿图，赞比亚

注：如果 2004 年比 1980 年人均二氧化碳增长 20% 以上，界定为显著增加；如果波动幅度在 20% 以内界定为基本不变；如果下降幅度超过 20% 界定为显著减少；主要影响因素的识别主要通过分解后计算各影响因素的相对贡献值获得。

资料来源：作者计算及归纳。

从表 10.2 首先可以看出，大多数国家的人均二氧化碳均有一定程度的增加。在所有 108 个样本国家中，有 55 个国家人均二氧化碳显著增加，包括韩国、中国、日本、新西兰、泰国等，其中不丹的人均二氧化碳增幅最高为 12.8 倍，从 1980 年的 0.05 吨/人增加到 2004 年的 0.66 吨/人；有 30 个国家的人均二氧化碳排放量保持基本不变，包括阿根廷、加拿大、南非、英国、美国、新加坡等；其余 23 个国家的人均二氧化碳排放量则呈现显著下降趋势，包括丹麦、卢森堡、瑞典、比利时、法国、巴西等，其中利比里亚的人均二氧化碳排放在所有样本国家中降幅最大，从 1980 年的 1.09 吨/人下降为 2004 年的 0.14 吨/人。

表 10.2 还揭示出，各国由于经济发展水平、能源利用效率及能源禀赋的巨大差异，影响人均二氧化碳排放的因素各不相同，总体来看，仅由一种因素推动人均二氧化碳变动的国家较少，更多的样本国家的人均二氧化碳变动是由两种或三种因素共同决定的。根据不同的分类，可以划分为 7 种基本模式，为了更加清晰地了解各种模式的主要特征，我们把各种模式下的主要国家的人均二氧化碳排放变化量按时间趋势逐年分解。

10.4.1 模式一：能耗强度驱动型

这一模式包括了伊朗、丹麦等 7 个样本国家，其主要特征是：能耗强度对人均二氧化碳排放量的影响远超过其他两种因素。以伊朗为例，其人均二氧化碳从 1980 年的 2.97 吨/人增加到 2004 年的 6.31 吨/人，年均增速 3.2%。三种影响因素在不同时期的相对贡献，如图 10.1 所示。

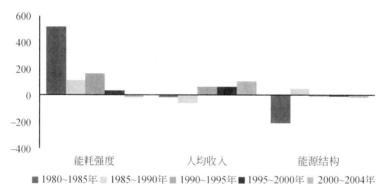

图 10.1 伊朗人均二氧化碳分解图（1980～2004 年）

注：为便于直观识别，将样本区间划分为 1980～1985 年、1985～1990 年、1990～1995 年、1995～2000 年、2000～2004 年共 5 个阶段，每一阶段逐一计算各影响因素的相对贡献值，以下其他各国分解图如无特殊说明，均为这 5 个阶段的分解图。

资料来源：作者计算。

从图 10.1 可以看出，除了 2000～2004 年这一时期外，其他四个时期内，能耗强度的贡献均为正值[1]，对人均二氧化碳变动的累积贡献超过了 168.1%；此

---

① 如 1980 年伊朗能耗强度为 30 424 Btu/美元，到 2004 年上升为 78 753 Btu/美元，也即是能源效率出现恶化。

外，伊朗的人均收入水平变动较小，对人均二氧化碳的累计贡献率仅为61.7%；尽管伊朗的能源碳排放结构出现了持续改进，但由于其累积贡献率仅为55.1%，远低于能耗强度和人均收入的累积贡献之和，因此最终表现出大多时期内，伊朗的人均二氧化碳排放量呈现增长趋势，且主要原因是由于能源利用效率恶化所致。

10.4.2　模式二：人均收入驱动型

模式二仅包括了奥地利、韩国、毛里求斯和阿根廷4个样本国家，其主要特征是：人均收入水平对人均二氧化碳排放量的影响远超过其他两种因素。以韩国为例，其人均二氧化碳从1980年的3.28吨/人增加到2004年的9.77吨/人，年均增速4.6%。三种影响因素在不同时期的相对贡献，如图10.2所示。

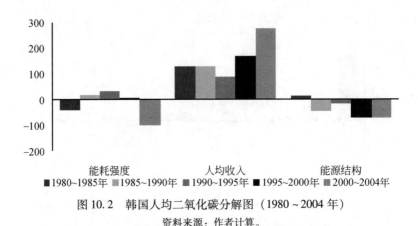

图10.2　韩国人均二氧化碳分解图（1980～2004年）

资料来源：作者计算。

从图10.2可以看出，在1985～2000年，能耗强度的效应为正，2000年之后能耗强度为负，总体来看，能耗强度的累积贡献率为38.7%，对人均碳排放呈现出负作用；人均收入始终为正效应，其快速增长的经济水平拉动了人均二氧化碳排放的增加[1]，累积贡献率达到了156.8%；此外，能源碳排放系数在1985年之后一直是负效应，其累积贡献率为43.9%，由于在各时期能耗强度与能源碳排放

---

[1]　从实际数据上看，韩国的人均GDP在1980年为3221美元，到了2004年激增至12 868美元，年均增速5.9%。

系数两者的负效应之和均低于由于人均收入增加所致的碳增长，因此除了若干年份外，其余时期均呈现人均二氧化碳排放量的增加，且主要是由于人均收入水平变动所致。

10.4.3 模式三：能源结构驱动型

模式三包括厄瓜多尔、尼泊尔、肯尼亚等 7 个样本国家，其主要特征是：人均二氧化碳排放量的变动主要受能源碳排放系数影响。以肯尼亚为例，其人均二氧化碳基本保持不变，1980 年和 2004 年分别为 0.38 吨/人和 0.31 吨/人。三种影响因素在不同时期的相对贡献，如图 10.3 所示。

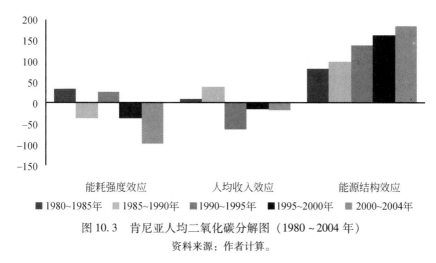

图 10.3　肯尼亚人均二氧化碳分解图（1980～2004 年）

资料来源：作者计算。

从图 10.3 可以看出，肯尼亚的能耗强度波动较大，除了 1980～1985 年和 1990～1995 年时段外，其他时段内能耗强度效应为负，总体来看，能耗强度的累积贡献率为 46.3%；从人均收入效应来看，肯尼亚的人均 GDP 在这一时期内始终徘徊在 403～405 美元，没有显著的增长和下降，累积贡献仅为 28.8%；能源碳排放系数始终呈现正效应且逐年递增，表明能源消费结构对人均碳排放存在推动影响力，累积贡献率为 133.2%，远超过能耗强度与人均收入的负效应之和，因此使得肯尼亚的人均碳排放走势主要由能源碳排放系数走势决定，即呈现出 1985 年之前下降，此后缓慢回升的形态，如果比较该时期的起始点，则人均排放水平基本不变。

10.4.4 模式四：能耗强度、人均收入混合驱动型

模式四主要包括了中国、印度、日本、美国等 16 个样本国家，其主要特征是：人均二氧化碳排放量的变动主要受能耗强度和人均收入因素的影响，而能源碳排放系数的影响较小。以美国为例，其人均二氧化碳从 1980 年的 20 吨/人略增至 2004 年的 20.4 吨/人，基本保持不变。三种影响因素的相对贡献，如图 10.4 所示。

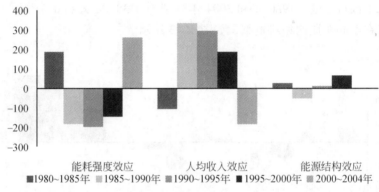

图 10.4　美国人均二氧化碳分解图（1980~2004 年）

资料来源：作者计算。

首先考察能耗强度的效应，美国能耗强度从 1980 年的 15 135 Btu/美元持续下降到 2004 年的 8841 Btu/美元，这一时期的能源利用效率的改善显然能够减少人均二氧化碳排放，但从图 10.4 可以看出，在 1985 年之前及 2000 年之后，美国能耗强度的贡献为正，这表明：在这两个时期内，能耗强度尽管下降了，但是人均碳排放却上升了，整个时期的能耗强度累计贡献率为 195%；美国人均收入水平的不断提高将使得人均二氧化碳排放持续增加[①]，其累计贡献率为 220.6%；此外，能源碳排放系数的累计贡献率仅为 31.6%，由于能耗强度和人均收入分别对人均二氧化碳呈现负效应和正效应，且累积贡献率相近，加上能源消费结构的贡献较小，因此最终使得美国人均二氧化碳水平基本保持不变，且主要受能耗强度和人均收入两种力量驱动。

---

① 数据显示，美国 1980 年人均 GDP 为 22 207 美元，到 2004 年则上升为 36 059 美元。

10.4.5　模式五：能耗强度、能源结构混合驱动型

模式五主要包括了刚果、乌拉圭、几内亚等 21 个样本国家，其主要特征是：能耗强度和能源碳排放系数是人均二氧化碳排放量变动的主要影响因素，而收入效应的影响较小。以几内亚为例，1980 年人均二氧化碳仅为 0.21 吨/人，2004年下降到 0.15 吨/人。三种影响因素的相对贡献，如图 10.5 所示。

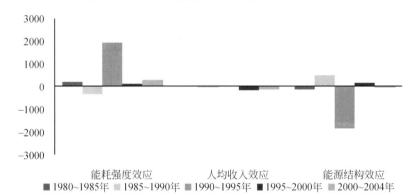

图 10.5　几内亚人均二氧化碳分解图（1980～2004 年）

资料来源：作者计算。

在 1985～1990 年，其能耗强度呈现负效应，而其他年份，能耗强度的下降带动了人均碳排放的下降[①]，总体来看，能耗强度的累积贡献率为 570.2%；同其他众多非洲国家一样，几内亚人均 GDP 始终徘徊在 320～396 美元，累积贡献仅为 84.2%；此外，几内亚的能源碳排放系数在整体上呈现下降趋势，但在1985 年和 1990 年有异常点，1992～1996 年轻微上升，表现为图 10.5 中 1995～2000 区呈现较大的负效应，其累积贡献率为 532.4%。由于能耗强度和能源碳排放系数整体趋于下降，且累积贡献率远超过人均收入上升所带来的碳排放增加，因此其共同作用使得几内亚的人均碳排放出现了下降。

10.4.6　模式六：人均收入、能源结构混合驱动型

模式六主要包括智利、西班牙、新加坡、法国等 13 个样本国家，其主要特

---

①　几内亚的能耗强度在 1980 年为 8867 Btu/美元，除了 1985 年和 1990 年异常以外，其他年份均处于持续下降通道，到 2004 年下降到 6077 Btu/美元。

征是：人均收入和能源碳排放系数对人均二氧化碳排放影响最关键，能耗强度的影响则较小。以西班牙为例，其人均二氧化碳从 1980 年的 5.35 吨/人上升到 2004 年的 7.72 吨/人。三种影响因素的相对贡献如图 10.6 所示。

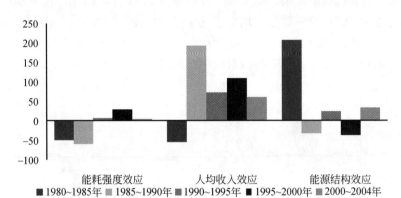

图 10.6　西班牙人均二氧化碳分解图（1980～2004 年）

资料来源：作者计算。

从图 10.6 可以看出，能耗强度对人均碳排放的相对贡献在 1980～1990 年为负，且贡献较大，此后均为正效应，累积贡献率为 29%；高速增长的经济水平对人均二氧化碳排放产生了较大的正效应[①]，累积贡献率为 97.6%；而能源结构在 1988 年之前有持续的改善，此后呈现窄幅波动形态，累积贡献率为 66.1%；由于人均收入和能源碳排放系数对最终的人均碳排放影响较大，因此在两者的共同作用下，西班牙人均二氧化碳呈现出先下降之后上升的态势。

10.4.7　模式七：能耗强度、人均收入、能源结构混合驱动型

模式七包括泰国、芬兰、墨西哥、巴西、沙特等 40 个样本国家，其主要特征是：人均二氧化碳排放受能耗强度、人均收入及能源结构的共同影响。以沙特为例，其人均二氧化碳从 1980 年的 21.4 吨/人下降到 2004 年的 13.4 吨/人。三种影响因素的相对贡献如图 10.7 所示。

首先从能耗强度来看，沙特除了在 1987～1991 年能耗强度下降外，其他时段内能耗强度均处于上升态势，能源利用效率的不断恶化将使得人均碳排放增

---

① 西班牙的人均收入在最初两年轻微下滑，此后从 8122 美元持续增长到 2004 年的 15 318 美元。

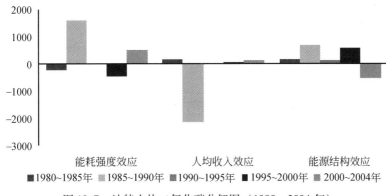

图 10.7　沙特人均二氧化碳分解图（1980～2004 年）

资料来源：作者计算。

加；从收入水平来看，沙特的人均 GDP 在 1980～1989 年快速下滑，之后呈现窄幅波动态势，经济的恶化使得人均碳排放减少；此外，从碳排放系数来看，在1987 年前呈现显著下降态势，其后上升，直到 1994 年达到峰值后继续下降，因此在 1980～1987 年以及 1994 年后，能源消费结构的改善将使得人均二氧化碳排放出现下降。综合来看，三者对人均碳排放的累积贡献率相当，分别为 551%、493% 和 410%，由于收入水平及能源碳排放结构的负效应之和高于能耗强度的正效应，因此最终在三种力量影响下，沙特的人均二氧化碳呈现下降态势。

10.5　中国人均碳排放分解

　　根据表 10.2，中国同印度、日本、南非、美国等国同属于模式三，即受能耗强度与人均收入水平推动。图 10.8 首先给出了中国人均碳排放及三个影响因素的历史走势图。

　　从图 10.8 可以看出，中国的人均二氧化碳除了在 1990 年、1997 年、1998年曾经出现短暂下降外，在其他年份一直处于上升趋势，尤其是 2002 年开始，人均二氧化碳显著开始快速增加；在三个影响因素中，人均 GDP 增长最快，从1980 年的 183.1 美元快速增长到 2004 年的 1314 美元，年均增幅 8.6%；能耗强度下降幅度也较大，从 1980 年的 94 498 Btu/美元降至 2004 年的 34 978 Btu/美元，年均降幅 4%，但 2002 年之后出现了反弹；能源碳排放系数的变动相对最小，2004 年相对 1980 年仅下降了 2.3%，表明能源消费结构并未出现显著性改善。

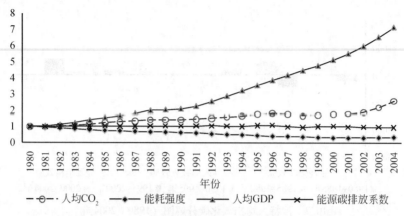

图 10.8 中国人均碳排放及影响因素的历史走势图（1980~2004 年）

注：为便于比较，将所有变量在 1980 年的值单位化为 1。

资料来源：作者计算。

相同地，我们对中国在 1980~2004 年的人均二氧化碳的变化进行了逐年分解，见图 10.9 所示。

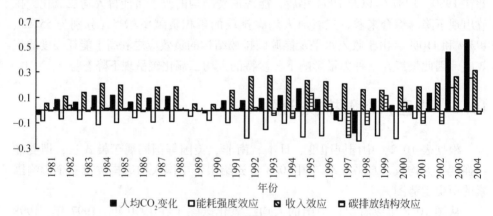

图 10.9 中国人均二氧化碳排放分解图（1981~2004 年）

资料来源：作者计算。

从图 10.9 可以看出，中国的人均 GDP 效应始终为正，这表明在 1980~2004 年，经济水平的提升一直推动着人均二氧化碳的上升；能耗强度对人均碳排放的贡献在大多年份均为负值，表明能耗强度的降低与持续攀升的人均碳排放之间走势背离，值得关注的是，2002 年之后能耗强度的效应由负转为正，说明从 2002

年开始，能耗强度与人均碳排放走势一致，即恶化的能源效率进一步推动着人均二氧化碳的增加；此外，能源的碳排放结构效应在研究时段内相对贡献很小，但在1997年、1998年以及2001年、2002年的相对贡献较大。总体来看，人均收入水平的持续增加对人均碳排放的变动影响最大，累积贡献率为3034.4%，能耗强度的贡献其次，为2799.7%，此外，由于能源消费结构变化导致碳排放系数对人均二氧化碳的累积贡献较小，仅为202.1%，由于人均收入水平的正向贡献高于能耗强度和碳排放结构的贡献，因此最终表现为中国人均碳排放水平的持续增加。

未来一段时期内，随着工业化进程的加快以及城镇化的加速，可以预期人均收入水平及能源消费将进一步增加，而碳排放总量至少在2030~2040年左右才达到拐点（何建坤等，2008；中国科学院可持续发展战略研究组，2009），在人均收入持续增长的情况下，要减缓人均二氧化碳排放的增长，可以通过降低能耗强度和优化能源消费结构两个途径。对中国来说，模式四中维持人均二氧化碳不变甚至减少的国家，如美国、南非、卢森堡、瑞典等国都值得中国学习，即通过大力提高能源利用效率来减少人均碳排放增速。一方面要实行全面、严格的能源节约制度和措施，并加大科技投入，全面促进企业节能技术创新，提高企业微观能源效率。另一方面要优化区域产业布局、促进产业升级转型，从宏观上降低能耗强度。此外，模式六中保持人均二氧化碳不变甚至降低人均碳排放的国家，如秘鲁、新加坡、比利时、法国等国也值得中国学习，即大力调整和优化能源消费结构，尤其是要大力开发和利用绿色能源与清洁能源，提高其在整个能源消费结构中的比重，减少二氧化碳的排放量。鉴于我国特有的能源资源禀赋，决定了以煤为主的能源消费结构在短时间内难以改变。因此，需要大力促进煤炭消费相关的技术创新，如清洁煤的高效利用等技术研发与推广。

10.6 结论与启示

本章利用跨国数据，将全球108个经济体在1980~2004年的人均二氧化碳分解为收入效应、能耗强度效应和碳排放结构效应，在此基础上，概括出人均二氧化碳排放的七种主要模式，并对中国人均二氧化碳排放变动进行了细致分析，本章主要结论如下：

（1）全球人均二氧化碳的排放量有较大幅度的提高，从1980年的3.5吨/人上升到2004年的4.38吨/人。而不同收入组国家之间的人均二氧化碳排放量差异较大。其中：高收入OECD组国家最高，而低收入组国家的人均二氧化碳排放量最低，到 2004 年为 0.87 吨/人，仅为发达国家 1980 年的 7%。中国的人均二氧化碳的排放增长较快，从 1980 年的 1.48 吨/人上升到 2004 年的 3.84 吨/人。

（2）各国人均二氧化碳排放可以分为七种模式，其中，模式一、模式二、模式三主要受能耗强度、人均收入、能源碳排放系数单一要素影响；模式四、模式五、模式六主要受两种因素影响；模式七的样本国家则受三种因素共同作用。

（3）对中国来说，人均收入的增加是 1980~2004 年人均二氧化碳排放增加的主要原因，能耗强度的降低减缓了人均二氧化碳排放的增加速度，同样也是人均二氧化碳排放的重要影响因素，相对而言，碳排放结构对人均二氧化碳的影响较小。

本章研究结论的启示在于：首先，中国的人均二氧化碳排放还是比较低的，以中美对比来看，2004 年中国的人均二氧化碳排放水平为 3.84 吨/人，仅为美国 1980 年水平的 19.2%。因此仅从排放总量评价中国排放是不合理的。

此外，在人均收入持续增长的预期和以煤为主的能源禀赋背景下，中国实现低碳经济转型将主要依靠降低能耗强度、发展清洁可再生能源两条途径。其中降低能耗强度需要在微观层面上促进企业节能技术的研发与应用，并借助能源价格的调整予以经济激励；在宏观层面上则要通过产业结构的转型升级和区域合理布局来进行宏观管理；优化能源消费结构需要两头并举，一方面要加大对煤炭高效、清洁利用技术研发的投入，使得煤炭的碳排放系数得以降低，另一方面则要大力发展核能、太阳能、风能等可再生能源，通过有效的财税补贴与税费政策予以激励。

11

工业化进程中地区碳排放特征及影响因素[*]

11.1 引言

环境与气候问题，是当今国际社会的一个热门话题。以"联合国政府间气候变化专门委员会"（Intergovernmental Panel on Climate Change，IPCC）为代表的国际主流科学界认为，气候暖化主要是由人类活动排放的温室气体导致的，而二氧化碳作为一种主要的温室气体，对全球气候变暖的影响举足轻重。同时有研究表明，人类排放的二氧化碳 80% 来自发达国家在 1950 以前的工业革命（IPCC，2007）。换而言之，人类因为工业化进程所排放的二氧化碳对全球气候暖化影响深远，加快对工业化进程中的碳排放问题的研究显得尤为重要。

当前，我国正处于工业化的快速发展时期，经济的高速发展和人民生活水平的显著提高，客观上要求投入更多的能源。而与此同时，由于生产力水平的限制，我国能源的使用效率比较低，单位 GDP 能耗较高。此外，我国的产业结构并不合理，经济增长方式比较粗放，产业结构调整和产业转型升级的压力也日益增加。因此，中国正面临着节能减排的巨大压力。在保持经济高速发展的同时，如何通过科技进步和产业结构的转型升级，减少能源的消耗，提高能源的效率，减少温室气体的排放成为摆在我国决策者面前的一道难题。而且我国疆域辽阔，各区域在资源禀赋和经济结构等众多方面都存在着巨大的差异，因地制宜地实施适合各个区域的节能减排政策，将更有利于实现我国节能减排的总体目标。为此，本章将从省域的角度出发，以浙江省为例对工业化进程中的碳排放特征及其影响因素进行研究分析，力图为我国应对气候问题和实施节能减排国策提供理论依据和政策导向。

---

　　* 本章内容由胡剑锋、马诗慧撰写。

11.2　文献综述

关于碳排放的特征问题，大量的学者从定性和定量两个角度对之进行了研究。其中定性研究方面，学者们多从碳排放的数据着手，归纳总结碳排放存在的规律。而定量研究方面，大多数学者选择了通过研究经济增长与碳排放二者之间的动态变化规律来衡量碳排放的特征，即以经济增长和碳排放量作为两个指标，运用环境的库兹涅茨曲线（EKC）来验证经济增长与碳排量二者之间的关系，并验证经济增长和碳排放量之间是否符合 EKC 曲线的假设。在所有的研究中，定量研究占据了主导地位，并且大部分的研究都证实了 EKC 曲线的假设。Tucker（1995）以人均碳排放量和人均 GDP 作为研究对象，对全球 137 个国家 21 个年份的碳排放量与 GDP 之间的关系进行了实证研究，得出了二次回归函数。Roberts 和 Grimes（1997）通过对若干国家的单位 GDP 碳排放和人均 GDP 二者之间的关系的研究提出单位 GDP 碳排放和人均 GDP 之间的关系已经从 1962 年的直线形转变为 1991 年的倒 U 形。王中英和王礼茂（2006）通过相关分析探讨了中国 GDP 的增长与碳排放二者之间的关系，并得出二者有明显的相关性。朱永彬等（2009）基于 EKC 曲线及其改进模型，首先从理论上得到了最优经济增长率与能源强度之间存在倒 U 曲线关系的必要条件，并预测了能源高峰阀值出现的时间和人均 GDP 的数量，同时还分三种情景模拟了可再生能源替代政策对碳排放高峰的影响。

而对碳排放影响因素的研究则始于 Shrestha 和 Timilsina（1996）采用 Divisia 指数分解法对包含中国在内的亚洲 12 国电力行业的二氧化碳强度变化的研究。研究表明在 1980～1990 年影响中国电力行业二氧化碳排放量的主要因素是燃料强度的变化。Ang 等（1998）运用对数平均 Divisia 指数（LMDI）分解法，对中国工业部门消费能源而排放的二氧化碳量进行研究。这种处理有效地解决了分解中的剩余项问题，而且能解决数据中的零值问题。研究结果表明中国 1985～1990 年工业部门总产出的变化对该部门的二氧化碳排放量产生了比较大的正向影响，而工业部门能源强度的变化对二氧化碳排放量起了较大的抑制作用。随着关于碳排放量影响因素研究的深入，基于能源消费的碳排放量的影响因素的相关研究也日益丰富。Wu 等（2005，2006）研究了能源供应量、能源消耗量与二氧化碳排放量的关系，并且在能源驱动因素贡献度的测算方面做出了有创新性的工作。宋德勇和卢忠宝（2009）采用两阶段"LMDI"方法，研究了经济周期性对二氧化碳排放量的影响。徐国泉等（2006）通过研究经济发展对拉动中国人均碳排放的贡献率来研究能源效率、能源结构对抑制中国人均碳排放的影响，结论认为贡献率呈倒"U"形。吴巧生等（2006）则运用 Laspeyres 指数法及其分解模型，对中国能源消耗强度进行分解并对其影响因素进行量化，得出能源效率的提高是中国能耗强度下降的主要原因。

以上文献回顾表明，现有关于碳排放的研究多数是基于国家层面的分析，几乎没有涉及省（市、区）层面的研究；而在因素分析的指标设定方面，主要围绕能源消费、经济增长与人口增长三大因素，关于产业结构这一因素提及的较少，即使有些研究涉及了工业部门的发展与碳排放量二者之间的关系，也只是停留在分析工业部门的总产出与碳排放量二者的简单关系的层面，没有考虑产业结构以及产业转型升级问题对碳排放的影响。随着碳排放问题日益引起更广泛的关注以及各经济主体对这个问题的日益重视，更加深入细致的研究是很有必要的。不过，有关文献对本章所具有的参考价值也是不容忽视的，特别是文献中提及的一些研究方法对本研究的进行具有重大的参考和借鉴意义。

11.3　研究方法与数据来源

11.3.1　碳排放的测算

11.3.1.1　碳排放的测算方法

由于目前官方并未公布省级的碳排放数据，先要对浙江省的碳排放量进行测算。IPCC 作为世界气象组织（WMO）和联合国环境规划署（UNEP）共同组建的解决全球气候变暖的官方组织，在碳排放问题的研究方面具有权威性。本章将基于《2006 年 IPCC 国家温室气体清单指南》中提供的参考方法，对浙江省碳排放量进行测算，具体方法为 $C = \sum_i \left[(E_i \times \alpha \times CC_i)\, 10^{-3} - \beta \right] \times COF_i$，式中，$C$ 表示碳排放量；E_i 表示第 i 种能源的消费量；α 表示转化因子，主要是指将 i 种能源转化成标准煤，然后再将标准煤转化成为热量单位；CC_i 表示单位 i 中能源的碳含量；β 表示非燃碳，即排除在燃料燃烧以外的原料和非能源用途中的碳；COF_i 表示碳氧化因子，即碳被氧化的比例，通常该值为 1，表示完全氧化。

11.3.1.2　数据来源

本研究中碳排放测算所需要的能源消费数据均来自《中国能源统计年鉴》

中的浙江能源平衡表，各种能源转化为标准煤以及标准煤转化成为热量单位的数据来自《中国能源统计年鉴》附录中的各种能源折标准煤的参考系数表。而碳排放测算中所需的各能源的碳含量以及非燃碳则均来自《2006 年 IPCC 国家温室气体清单指南》。

11.3.2　碳排放与经济增长

11.3.2.1　环境的库兹涅茨曲线

经济增长与环境质量二者之间的关系一直是学术界讨论的热点问题，大量的学者对这个问题进行了广泛的研究，其中以环境库兹涅茨曲线的提出及实证最具有代表性。库兹涅茨曲线，又称之为倒 U 曲线（Inverted curve），库兹涅茨倒 U 形曲线假说，是美国经济学家库兹涅茨在 1955 年提出来的，主要阐释的是收入分配状况随经济发展过程而变化的关系，是发展经济学中重要的概念。它于 1991 年被学者 Grossman Krueger，Shafik 和 Panayotou 创造性地用来解决环境问题，EKC 曲线便由此而产生。EKC 假定，如果没有环境政策的干预，一个国家的环境质量在经济发展的初期会随着经济的增长而恶化，但当经济发展到较高水平时，环境质量会随着经济的增长而好转，即呈现出倒 U 形的发展趋势。国外的大部分实证研究都支持了 EKC 倒 U 形的假说，即认为经济增长与环境改善之间符合二次函数的关系，用公式表现为

$$Y = \beta_0 + \beta_1 X + \beta_2 X^2 + \varepsilon \tag{11.1}$$

随着研究的深入，部分学者对 EKC 倒 U 形假说提出了质疑，他们认为 EKC 的形状还有可能表现为一次、三次、指数和对数函数的形式，即分别用公式表现为

$$Y = \beta_0 + \beta_1 X + \varepsilon \tag{11.2}$$

$$Y = \beta_0 + \beta_1 X + \beta_2 X^2 + \beta_3 X^3 + \varepsilon \tag{11.3}$$

$$Y = \alpha e^{\beta X} + \varepsilon \tag{11.4}$$

$$\mathrm{Ln} Y = \beta_0 + \beta_1 \ln X + \varepsilon \tag{11.5}$$

式中，Y 表示环境指标，而 X 表示经济指标。本章将运用浙江省 1995 ~ 2008 年的人均碳排放和人均 GDP 的相关数据对以上几种形式进行验证，并通过比较拟合优度、F 检验及 T 检验等相关指标来确定适合浙江省的 EKC 的模型并进行实证研究。

11.3.2.2 数据来源

浙江省 1995~2008 年的 GDP 以及人口数据均来自《浙江统计年鉴》，为了剔除价格因素对 GDP 的影响，本研究将采用实际 GDP 来进行运算，并设定 1995 年为基础年份。

11.3.3 碳排放的因素分析

11.3.3.1 KAYA 恒等式

KAYA 恒等式是由日本学者 Yoichi Kaya 在 IPCC 的一次研讨会上提出的，它建立了经济、政策和人口等因素与二氧化碳排放之间的联系，即将导致碳排放量差异的因素分成能源效率、能源结构、能源强度、经济增长以及人口增长等。近年来的研究表明，除了以上主要影响因素以外，碳排放量的增加还与产业结构有很大的关联，把产业结构这一变量纳入碳排放的影响因素的指标体系十分必要，扩展的 KAYA 恒等式也正是基于这样的考量而来，本章参考 Wu 等（2005）提出的"三层完全分解法"以及王锋（2010）的改进，同时结合本研究的特点对 KAYA 恒等式进行扩展，把产业结构（各产业产值在 GDP 总量中的比重）这一变量引入原始的 KAYA 恒等式，建立起能够表征产业结构、能源消费、经济增长及人口增长因素的扩展的 KAYA 恒等式，即为

$$C = \sum_{i=1}^{3} \sum_{j=1}^{4} C_{ij} = \sum_{i=1}^{3} \sum_{j=1}^{4} \frac{C_{ij}}{E_{ij}} \frac{E_{ij}}{E_i} \frac{E_i}{Y_i} \frac{Y_i}{Y} \frac{Y}{P} P \tag{11.6}$$

式中，C 为二氧化碳排放量，E 为能源消费量，Y 为国内生产总值，P 为人口，i、j 分别指 i 种产业和 j 种能源。其中，分产业的能源消耗数据按照《中国能源统计年鉴》分为农林牧副渔、工业、建筑业等六大部门，但是由于分产业产值数据的限制，故将分产业的能源消耗按照三次产业的划分重新整合。并将《中国能源统计年鉴》中划分的 20 种能源整合成为煤类能源、油类能源、气类能源和热、电及其他四个大块。同时分别定义，各类能源排放强度因素 $F_{ij} = C_{ij}/E_{ij}$，即 i 产业消费 j 种能源的碳排放量；能源结构因素 $S_{ij} = E_{ij}/E_i$，即 i 产业消费的 j 种能源在该产业消费的所有能源中的份额；能源强度因素 $I_i = E_i/Y_i$，即 i 产业单位产值的能源消耗；产业结构因素 $H_i = Y_i/Y$，即 i 产业产值在总产值中的比重；经济发展因素 $R = Y/P$，即人均 GDP。因此，人均碳排放量可以写为

$$A = \frac{C}{P} = \sum_i \sum_j F_{ij} S_{ij} I_i H_i R \tag{11.7}$$

11.3.3.2 对数平均迪氏指数分析法

由公式（11.7）可知，人均碳排放量 A 的变化来自 F_{ij} 的变化（能源排放强度）、S_{ij} 的变化（能源结构）、I_i 的变化（能源强度）、H_i 的变化（产业结构）和 R 的变化（经济发展）。

第 t 期相对于基期的人均碳排放量的变化分别可以表示为加法形式和乘法形式。

（1）加法形式为

$$\Delta A = A^t - A^0 = \sum_i \sum_j F_{ij}^t S_{ij}^t I_i^t H_i^t R^t - \sum_i \sum_j F_{ij}^0 S_{ij}^0 I_i^0 H_i^0 R^0$$

$$= \Delta A_F + \Delta A_S + \Delta A_I + \Delta A_H + \Delta A_R + \Delta A_{rsd}$$

$$= \sum_i \sum_j W_{ij}^* \ln \frac{F_{ij}^t}{F_{ij}^0} + \sum_i \sum_j W_{ij}^* \ln \frac{S_{ij}^t}{S_{ij}^0} + \sum_i \sum_j W_{ij}^* \ln \frac{I_{ij}^t}{I_{ij}^0}$$

$$+ \sum_i \sum_j W_{ij}^* \ln \frac{H_{ij}^t}{H_{ij}^0} + \sum_i \sum_j W_{ij}^* \ln \frac{R_{ij}^t}{R_{ij}^0} + \Delta A_{rsd} \tag{11.8}$$

式中，$W_{ij}^* = \dfrac{A_{ij}^t - A_{ij}^0}{\ln(A_{ij}^t / A_{ij}^0)}$；

$$\Delta A_{rsd} = \Delta A - (\Delta A_F + \Delta A_S + \Delta A_I + \Delta A_H + \Delta A_R)$$

$$= A^t - A^0 - \sum_i \sum_j W_{ij}^* \left(\ln \frac{F_{ij}^t}{F_{ij}^0} + \ln \frac{S_{ij}^t}{S_{ij}^0} + \ln \frac{I_{ij}^t}{I_{ij}^0} + \ln \frac{H_{ij}^t}{H_{ij}^0} + \ln \frac{R_{ij}^t}{R_{ij}^0} \right)$$

$$= A^t - A^0 - \sum_i \sum_j W_{ij}^* \ln \frac{A_{ji}^t}{A_{ij}^0} = A^t - A^0 - \sum_i \sum_j (A_{ij}^t - A_{ij}^0) = 0$$

（2）乘法形式为

$$D = \frac{A^t}{A^0} = D_F D_S D_I D_H D_R D_{rsd}$$

$$= \exp(W \Delta A_F) \times \exp(W \Delta A_S) \times \exp(W \Delta A_I) \times \exp(W \Delta A_H) \times \exp(W \Delta A_R) \times D_{rsd} \tag{11.9}$$

式中，$W = \dfrac{\ln A^t - \ln A^0}{A^t - A^0}$； $\tag{11.10}$

$$D_{rsd} = \frac{D}{D_F D_S D_I D_H D_R} = \frac{A^t}{A^0} \frac{1}{e^{w(\Delta A_F + \Delta A_S + \Delta A_I + \Delta A_H + \Delta A_R)}} = \frac{A^t}{A^0} \frac{1}{e^{(\ln A^t - \ln A^0)}} = \frac{A^t}{A^0} \frac{1}{\frac{A^t}{A^0}} = 1$$

在以上的表达式中，ΔA_F、D_F 为能源排放强度因素，ΔA_S、D_S 为能源结构因素，ΔA_I、D_I 为能源强度因素，ΔA_H、D_H 为产业结构因素，ΔA_R、D_R 为经济发展因素，ΔA_{rsd}、D_{rsd} 为分解余量。

式（11.8）中的 ΔA_F、ΔA_S、ΔA_I、ΔA_H、ΔA_R、ΔA_{rsd} 分别为各影响因素变化对人均碳排放变化的贡献值，它们是有单位的实值。而公式（11.10）中 D_F、D_S、D_I、D_H、D_R 分别为各影响因素变化对人均碳排放的贡献率。

11.3.4　数据来源

本研究中所需的三次产业的产值数据来自《浙江统计年鉴》，同样为了剔除价格因素的影响，运用实际产值来加以运算，并设定 1995 年为基础年份。

11.4　研究结果分析

11.4.1　碳排放的测算结果

本章基于能源消费采用《2006 年 IPCC 国家温室气体清单指南》中提及的碳排量测算的参考方法，对浙江省 1995～2008 年的碳排量进行了测算，并结合浙江省 1995～2008 年人口变化因素，得出浙江省 1995～2008 年的人均碳排放量的数据，数据整合如表 11.1 所示。

表 11.1　浙江省 1995～2008 年基础能源的消费、人口和 GDP 的数据

年份	能源消费/万吨	煤类能源/万吨	比例/%	油类能源/万吨	比例/%	气类能源/万吨	比例/%	热、电及其他/万吨	比例/%	碳排放总量/万吨	人口/万人	人均碳排放/(吨/人)
1995	5 090.97	4 283.25	84.13	670.43	13.17	0.00	0.00	137.29	2.70	3 041.11	4 389.00	0.69
1996	5 489.72	4 641.68	84.55	731.20	13.32	0.00	0.00	116.84	2.13	3 268.35	4 413.00	0.74
1997	5 740.92	4 801.88	83.64	821.33	14.31	0.00	0.00	117.71	2.05	3 418.87	4 434.80	0.77
1998	5 753.85	4 682.10	81.37	824.59	14.33	0.00	0.00	247.16	4.30	3 464.50	4 456.20	0.78
1999	5 941.91	4 788.78	80.59	925.18	15.57	0.00	0.00	227.95	3.84	3 594.27	4 475.40	0.80

续表

年份	能源消费/万吨	煤类能源/万吨	比例/%	油类能源/万吨	比例/%	气类能源/万吨	比例/%	热、电及其他/万吨	比例/%	碳排放总量/万吨	人口/万人	人均碳排放/(吨/人)
2000	6 365.88	5 053.19	79.38	1 119.59	17.59	0.00	0.00	193.10	3.03	3 880.68	4 679.91	0.83
2001	5 754.40	5 448.10	94.68	98.33	1.71	0.00	0.00	207.97	3.61	3 240.74	4 679.27	0.69
2002	7 725.94	6 083.35	78.74	1 288.12	16.67	0.00	0.00	354.47	4.59	4 747.48	4 730.76	1.00
2003	8 596.24	6 693.81	77.87	1 484.96	17.27	0.00	0.00	417.47	4.86	5 307.93	4 763.46	1.11
2004	10 638.28	8 455.26	79.48	1 684.58	15.84	0.32		498.12	4.68	6 537.62	4 803.48	1.36
2005	12 319.08	9 794.64	79.51	1 931.94	15.68	2.27	0.02	590.23	4.79	7 621.08	4 898.00	1.56
2006	14 003.45	11 469.96	81.91	1 931.31	13.79	13.45	0.10	588.73	4.20	8 573.89	4 980.00	1.72
2007	16 862.16	13 161.32	78.05	1 976.52	11.72	18.09	0.11	1 706.24	10.12	9 596.24	5 060.00	1.90
2008	17 679.44	13 261.55	75.01	2 067.13	11.69	17.70	0.10	2 333.06	13.20	9 882.68	5 120.00	1.93

由于 1995~2003 年气类能源的数据缺失,故设为 0 值。由上表可知,浙江省的基础能源消费中煤类能源占据了绝大部分的比例。

11.4.2 碳排放的基本特征

11.4.2.1 碳排放的静态特征

第一,从时间特征上看,浙江省 1995~2008 年的碳排放呈现出逐年递增的趋势,如图 11.1 所示。浙江省的碳排放总量除 2001 年下降之外,其他年份的碳排放基本都保持了增长的趋势。同时浙江省的碳排放量增长还具有明显的阶段性特征,1995~2000 年是浙江省碳排放量的平稳增长阶段,这个阶段内碳排放量的增幅较小,基本都维持在个位数以内;2001 年浙江省的碳排放量因为基础能源消费特别是油类能源的消费锐减而降低;而 2002~2008 年则是浙江省碳排放量的高速增长阶段,这个阶段内碳排放量的增幅较大,基本都在 10% 以上,2008 年浙江省的碳排放总量在 1995 年的基础上翻了三番。

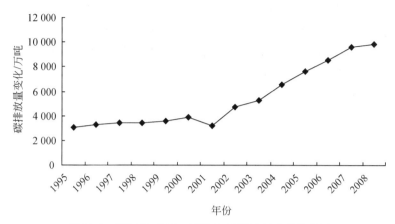

图 11.1　浙江省 1995~2008 年碳排放量变化趋势图

　　第二，从行业特征上看，浙江省分行业的碳排放量具有很大的差异，如图 11.2 所示。在分行业的碳排放量中，农林牧副渔、工业、建筑业、交通运输、批发零售、生活消费和其他各行业所占比例差异较大，它们的平均值分别为 4.54%、74.43%、0.92%、7.20%、2.88%、7.41%、2.63%，其中工业的碳排放量占据了绝大部分的比重，且呈现出快速增长的趋势，2008 年的工业碳排放量在 1995 年的基础上增长了两倍多，也正是工业碳排放的迅速增加使得浙江省的碳排放总量增长加速。

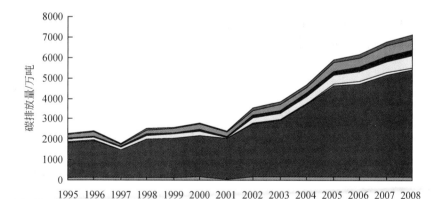

图 11.2　浙江省 1995~2008 年分行业的碳排放量变化趋势图

　　第三，从能源结构上来看，浙江省的碳排放量变化还具有明显的能源结构效应，如图 11.3 所示。浙江省因消费煤类能源而产生的碳排放在碳排放总量上占据了 80% 左右的比例，而消耗油类能源、气类能源和热电及其他能源所产生的碳排放占据的比例的平均值则分别为 13.76%、0.02% 和 4.86%。同时因消耗煤类能源而产生的碳排放的增速较快，这也是浙江省碳排放总量增长加速的主要原因。

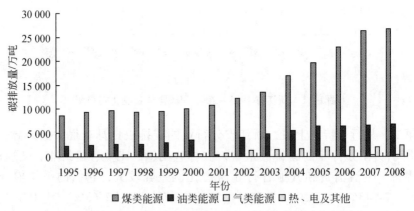

图 11.3　浙江省 1995~2008 年消费各类基础能源产生的碳排放量变化趋势图

11.4.2.2　碳排放与经济增长的关系

　　本章基于 EKC 曲线，选取人均碳排放量和人均 GDP 分别作为碳排放和经济增长的指标来对二者的关系进行衡量。模型的设定如下：

$$C = \beta_0 + \beta_1 Y + \varepsilon \tag{11.11}$$

$$C = \beta_0 + \beta_1 Y + \beta_2 Y^2 + \varepsilon \tag{11.12}$$

$$C = \beta_0 + \beta_1 Y + \beta_2 Y^2 + \beta_3 Y^3 + \varepsilon \tag{11.13}$$

$$C = \alpha e^{\beta Y} + \varepsilon \tag{11.14}$$

$$\mathrm{Ln}C = \beta_0 + \beta_1 \ln Y + \varepsilon \tag{11.15}$$

式中，Y 表示人均 GDP，C 表示人均碳排放，Y 和 C 分别为经济增长和环境质量的指标。

　　本章将浙江省 1995~2008 年的相关数据依次按照以上的形式进行回归分析，所得的结果表 11.2 所示。

表 11.2 EKC 曲线中各参数数据

参数	一次函数	二次函数	三次函数	指数函数	对数函数
β_0	0.2925	0.3212	1.0418	0.8565	0.5855
	(5.3830)	(2.3822)	(5.4116)	(10.7663)	(8.2970)
β_1	0.3723	0.3448	−0.7169	0.0134	0.8070
	(17.4873)	(2.8840)	(−2.7027)	(6.0058)	(9.8241)
β_2		0.0052	0.4500		
		(0.2344)	(4.1889)		
β_3			−0.0548		
			(−4.1761)		
R^2	0.9622	0.9624	0.9863	0.7504	0.8894
F 统计	305.8057	140.8885	240.1150	36.0690	96.5128
Prob	0.0000	0.0000	0.0000	0.0001	0.0000

注：括号中报告的是 t 统计量。

明显的，在 EKC 所有的形式中，三次曲线的拟合度要明显高于其他形式，如图 11.4 所示。

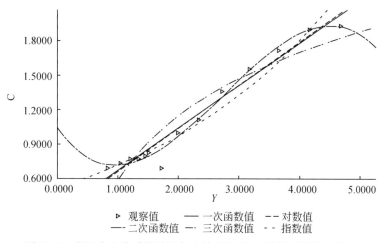

图 11.4 浙江省人均碳排放量与人均 GDP 的五种模型的拟合结果

因此适合浙江省的环境库兹涅茨曲线为

$$C = 1.0418 - 0.7169Y + 0.45Y^2 - 0.0548Y^3$$

同时从上图可以看出，浙江省的环境库兹涅茨曲线并不符合传统的倒 U 形的假设，而是呈现出倒 N 形的趋势，并且当人均 GDP 达到 43 000 元左右时，浙江省经济的增长将有助于碳排放量的降低。数据显示浙江省 2008 年的人均 GDP 已经超出这个标准，但是实际中碳排放的情况却并没有呈现出好转的趋势。当然，EKC 的假设只是环境污染随经济发展变化的一种经验模型，并不能反映环境状况变化的必然趋势，对浙江省碳排放量变化的影响因素还需要进行进一步的研究。

11.4.3　碳排放的影响因素分析

基于扩展的 KAYA 可知，浙江省人均碳排放的影响因素主要有能源排放强度、能源结构、能源强度、产业结构和经济增长。由于本章碳排放的测算只是基于基础能源的消费而来，因此能源排放强度 F_{ij} 是固定的，因此影响浙江省人均碳排放的因素分别为能源结构、能源强度、产业结构和经济增长四个方面，它们对浙江省人均碳排放的贡献率，如表 11.3 所示。

表 11.3　1995～2008 年四因素对浙江省人均碳排放量的影响效果

年份	人均排放		能源结构		能源强度		产业结构		经济增长	
	ΔA	D	ΔA_s	D_s	ΔA_i	D_i	ΔA_h	D_h	ΔA_r	D_r
1995～1996	0.033	1.057	−0.024	0.956	−0.075	0.869	0.006	1.006	0.126	1.265
1996～1997	−0.050	0.896	0.294	1.889	−0.535	0.314	0.010	1.020	0.181	1.479
1997～1998	−0.804	0.223	−0.254	0.626	−0.038	0.932	0.014	1.009	−0.526	0.379
1998～1999	0.122	1.229	−0.154	0.755	−0.053	0.909	0.014	1.011	0.314	1.771
1999～2000	0.148	1.292	−0.186	0.717	−0.019	0.967	0.009	1.006	0.344	1.852
2000～2001	0.079	1.157	−0.205	0.674	−0.112	0.805	0.005	1.003	0.391	2.125
2001～2002	0.323	1.675	−0.240	0.682	0.001	1.001	−0.003	0.998	0.565	2.456
2002～2003	0.391	1.809	−0.275	0.656	−0.030	0.954	0.006	1.004	0.690	2.876
2003～2004	0.567	2.163	−0.271	0.688	−0.056	0.926	0.016	1.011	0.877	3.358
2004～2005	0.816	2.692	−0.368	0.637	0.057	1.072	0.018	1.012	1.108	3.896
2005～2006	0.920	2.990	−0.425	0.599	0.074	1.094	0.025	1.015	1.246	4.498
2006～2007	1.047	3.299	−0.471	0.581	0.076	1.092	0.026	1.015	1.416	5.124
2007～2008	1.111	3.448	−0.495	0.572	0.027	1.031	0.027	1.016	1.551	5.749

由表 11.3 可知，在影响浙江省人均碳排放量的四个因素中，能源结构和能源强度对浙江省人均碳排放量的影响是反向的，即为抑制碳排放量增长的因素；而产业结构和经济增长则对浙江省人均碳排放量的影响是正向的，即为拉动碳排

放量增长的因素。而从这四个影响因素的绝对值来看，经济增长对浙江省人均碳排放量的影响最大，其他影响因素按影响大小的降序排列依次为能源结构、能源强度和产业结构（图 11.5）。

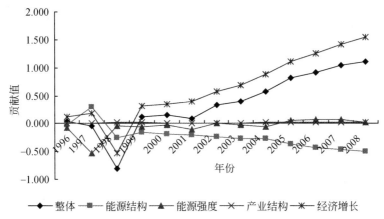

图 11.5　1995～2008 年四因素对浙江省人均碳排放的贡献值趋势变化图

为了进一步分析各影响因素的贡献，我们将对四因素的贡献率进行分析。同时，为了增强各影响因素的可比性，我们将抑制碳排放增长的因素的贡献率（小于 1）取倒数，成为对碳排放降低的贡献率，然后比较拉动浙江省人均碳排放增长的因素与抑制浙江省人均碳排放增长的因素贡献率的变化趋势（图 11.6）。

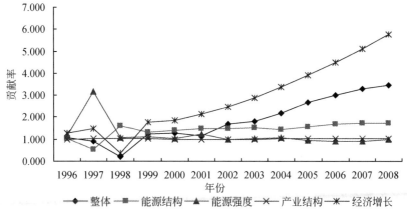

图 11.6　1995～2008 年四因素对浙江省人均碳排放贡献率的趋势变化图

由图 11.6 可知，影响浙江省人均碳排放的四个因素中，经济增长对人均碳排放量的贡献率呈现出增长趋势，而其他三个因素的贡献率则比较平稳。同时我们可以发现，在各个阶段，拉动因素对浙江省人均碳排放量的贡献率都要大于抑制因素，而且二者之间的差距在逐渐扩大，这也是导致浙江省人均碳排放量呈现增长趋势的根本原因。

11.5 本章小结

基于以上的研究，本章得出以下几个结论。

（1）1995~2008年浙江省的碳排放总量呈现出逐年递增的趋势。在这个时间段内，浙江省的碳排放总量又有较为明显的阶段特征，即1995~2000年为浙江省碳排放的平稳阶段，碳排放总量增幅较小；而2001~2008年则是浙江省碳排放高速增长的阶段，碳排放总量增幅较大，基本都维持在两位数以上。其中以工业部门的碳排放总量占据的比例最大，约为浙江省碳排放总量的75%，而且工业部门的碳排放增长速度也很快，成为浙江省碳排放总量高速增长的直接原因。因此减少工业部门的碳排放将成为浙江省碳排放总量控制的关键。同时，通过对浙江省人均碳排放的因素分析可以看出，浙江省产业结构的变动对人均碳排放的增长具有轻微的拉动作用，这主要与浙江省第二产业在三产中占据的比例较大有关。因此，加大对浙江省产业结构调整的力度，大力发展第三产业，对实现浙江省碳排放的减少和产业的转型升级都具有重大的现实意义。

（2）1995~2008年浙江省因消费煤类能源而导致的碳排放在浙江省碳排放总量中占据了70%~90%的比例，这与浙江省以煤炭为主的资源禀赋有莫大的关联，而且浙江省单位GDP的能源消耗较多，能源强度远远高于发达国家的一般水平。同时，在对浙江省人均碳排放的因素分析中可以看出，能源结构以及能源强度的变动对人均碳排放的增长具有抑制作用，并且对碳排放的抑制作用随着煤类能源消耗比例的降低和单位GDP能耗的降低而增大。因此，调整能源消费结构，改变以煤炭为主的能源消费模式，加大技术投入，提高能源效率，降低单位GDP的能源消耗对浙江省碳排放的减少，实现国家节能减排的分解目标以及保障能源安全等方面都具有重大的作用。

（3）通过环境的库兹涅茨曲线的模拟结果显示，浙江省的碳排放与经济增长之间并不符合倒U形的假设，而是呈现出倒N形的趋势。同时，当人均GDP达到极值点时浙江省的人均碳排放并没有出现递减的趋势。这说明EKC的假设并不符合浙江省碳排放的实际情况，浙江省经济的增长并不一定会导致碳排放的自动减少。因此，减少浙江省的碳排放量并不能依靠经济的快速发展来实现，在发展经济的同时必须考虑对环境所造成的影响，同时政府必须有所作为，制定和实施治理环境的有效机制和政策，协调经济发展与环境保护二者的关系。

（4）总体来看，1995~2008年，对浙江省人均碳排放的增长有抑制作用的因素为能源结构和能源强度，而经济增长和产业结构则对浙江省的人均碳排放具有的拉动作用。同时对浙江省人均碳排放的增加有正向作用的因素远远大于有负向作用的因素，这也是浙江省1995~2008年人均碳排放持续增加的主要原因。在影响浙江省人均碳排放的相关因素中，以经济增长对碳排放的影响最为显著，这说明对浙江省而言，如果要大幅度地减少碳排放势必会对经济造成较大的冲击。因此，浙江省在减少碳排放、发展低碳经济的过程中，必须权衡减排与发展的关系，在确保经济持续发展的同时实现碳减排，达到经济发展与环境保护双赢的格局。

三、实践篇

12

印染纺织产业的节能减排[*]

12.1 引言

2009 年 2 月 4 日，国务院常务会议审议并原则通过了《纺织工业调整振兴规划》。纺织工业之所以毫无悬念地被列入国家的"十大产业振兴规划"，是因为它不仅是我国国民经济传统的支柱产业和重要的民生产业，也是国际竞争优势明显的产业。据统计，纺织业是国内制造业中吸纳劳动力最多的一个部门，就业人数在 2000 万人左右，其中 80% 左右是农民工，每年可获取 2500 亿元现金收入；农业每年为纺织工业提供棉、毛、麻、丝等天然纤维近 1000 万吨，涉及 1 亿农民生计；2007 年纺织工业增加值占我国全部工业增加值的 6.9%。可以说，调整振兴纺织工业对我国繁荣市场、扩大出口、吸纳就业、增加农民收入、促进城镇化发展等，都将具有重要的现实意义和战略意义。

不过，纺织工业也是一个水耗能耗大、环境污染严重的产业。尤其是纺织品生产链中的印染业，其用水量约占纺织行业的 80%，污水排放量分别占纺织工业和全国废水排放总量的 60% 和 10% 左右，是在造纸业、化学品业、能源业之后的第四大污染产业。同时，印染业又是一个不可或缺的行业，在纺织产业链中它上托织造业、下承服装业，对纺织工业具有重要的支撑作用，并且还是纺织工业中仅次于服装业能创造高附加值的领域。因此，如何采取切实有效的措施，重点加强对印染业实施节能减排，改变原有的"高消耗、高污染、低产出"的工业发展模式，促进经济与生态的互动发展，是当前贯彻落实国家《纺织工业调整振兴规划》中一个迫切需要解决的问题。

---

* 本章内容由胡剑锋撰写。

12.2 印染业的水耗能耗及污染情况分析

印染业是为人类生活带来美与便捷的产业，也是纺织品深加工、精加工和提高附加值的关键行业。随着时代的发展，人们对服装的面料组成、花色品种、染整质量等要求越来越高，人均拥有的服装数量也逐年增多，这就使得印染工业不断地扩大原料来源、增加花色品种，这在一定程度上加快了印染企业的水耗能耗速度，进而成为了我国工业经济中的用水、用汽、用电、用煤大户，以及废水的排放大户。

12.2.1 印染业的用水量及用水特点

印染产品生产主要是通过各种机械设备并采用化学方法，对纺织物进行处理的过程。在实际生产过程中，印染企业可能会考虑不同因素（如产品质量标准和技术要求、染化料供应的可能性、加工成本等），对生产工艺流程进行局部的调整。但是，染整加工的基本内容并未改变，主要包括预处理、染色、印花和整理四个过程（图12.1）。

预处理 ➡ 染色 ➡ 印花 ➡ 整理

图 12.1 印染一般工艺流程

传统的印染生产工艺都是以水作为介质的反应（烧毛和机械整理除外）。由于水相反应的不完全性，会造成很多的负面效果。无论是练漂染色还是印花整理，反应后染化料都会残留在织物上，而这些染化料只能通过反复洗涤才能除净。例如涤纶混纺织物的热熔染色，染后水洗 1 小时就需要耗水 30 吨左右。根据调查，每生产万米织布的耗水量大约为 250～400 吨。据此推算，一个年产 5000 万米布的中型印染厂，年用水量就达 200 万吨左右，这相当于一个数十万人口的城市居民的生活用水。由于这些水只是反应中的介质，并不进入产品结构，所以应用后基本以等量的废水排放。

调查得知，印染企业用水主要为生产用水、锅炉用水、生活用水和消防用水等。由于水质的优劣会直接影响印染产品的质量和染料、表面活性剂的消耗（如水的透明度、色度、硬度及铁盐含量较高时，会影响加工品种的质量和染化料的耗氧量），所以水质要求高是印染生产用水的特点。也就是说，生产用水的水质必须符合一定的要求，如表 12.1 所示。而锅炉用水对水质要求则更为严格，不仅要求清洁、透明、无臭，而且 pH 必须在 7~8.3，硬度也要小于或等于 0.1 毫克/升（以 CaO 计）。如果水的硬度过大，锅炉不仅会产生大量锅垢而影响传热，导致多耗燃料，而且还可能引起锅炉的安全事故。因此，锅炉用水必须按其类型进行软化处理。

表 12.1 印染生产用水的水质要求

项目	标准	项目	标准
透明度/厘米	≥30	悬浮物/(毫克/升)	<10
色度（铂钴度）	≤10	硬度/(毫克/升)（以 CaO 计）	原水硬度<3，可全部用于生产；原水硬度>3~6.5，可用于大部分用水工序。溶解染料应使用硬度≤0.35 的软水，皂洗、碱液用水硬度最高为 3
pH	6.5~8.5		
耗氧量/(毫克/升)	<10		
铁（毫克/升）	≤0.1		
锰(毫克/升)	≤0.1	异味	无

12.2.2 印染业的能耗及热能损耗状况

印染生产加工过程中，烧毛、热定型、红外线预烘、热溶染色、烘焙、常压高温蒸化、树脂整理等设备均需高温热源。印染热源主要是蒸汽，其用量以每小时耗用蒸汽量（千克/小时）表示。蒸汽性质一般为饱和蒸汽，进汽设备有直接蒸汽和间接蒸汽两种。蒸汽压力按照机台的要求有所差别，如热风烘燥、不锈钢筒约为 39.2 万帕（4kgf/cm²），喷射染色、高温蒸化为 58.8 万帕（6kgf/cm²），其他多数为 19.6 万帕（2kgf/cm²）。

生产过程中有大量的能源损耗。如退浆、煮练等所排放的废水温度通常高达 80℃以上，直接排放将导致两种不良后果：一是造成能源的巨大浪费，进而增加生产成本；二是排入废水池后将使池水温度达到 46℃以上，从而会严重影响好氧生化处理效果。此外，目前印染企业多以燃煤锅炉为主作为蒸汽供应设备，燃煤锅炉在产生蒸汽的同时，也产生大量的废气。废气中含有大量的 SO_2 和烟尘，SO_2 是形成"酸雨"的重要原因，而烟尘的温度高达 220℃以上，不仅会带走大量的热能，而且也会使大气环境恶化。

12.2.3 印染废水来源及其危害性

印染加工的四道工序都要排出废水。其中，预处理阶段（包括烧毛、退浆、煮炼、漂白、丝光等工序）要排出退浆废水、煮炼废水、漂白废水和丝光废水，染色工序排出染色废水，印花工序排出印花废水和皂液废水，而整理工序则排出整理废水。印染废水是以上各类废水的混合废水，或除漂白废水以外的综合废水。

印染企业排放的废水成分复杂、色度大、浓度高且生物难降解物质多，是较难处理的工业废水。由于染料以水为介质染色，但水相反应具有不完全性，染料与纤维的结合能力也有局限性，因此每次染色后残液中有很多染料流失，尤以水溶性染料最为显著。以活性染料为例，固色率最低仅40%，一般固色率也只为50%~60%，最高的也只有80%左右（据了解，个别企业已达到95%）。根据调查估算，各种染料的流失率如表12.2所示。这些染料随排放的废水流失，既造成浪费，又对环境产生污染。由于加工原料、产品品种、加工工艺和加工方式的不同，废水的组成和性质变化也很大。但印染废水中通常既有亲水性的直接染料、酸性染料、活性染料，又有疏水性的还原染料、硫化染料、分散染料，还有各种助剂等，这些染料品种繁多、结构复杂，加之各种物质间的协调增强作用，使印染废水处理难度较大，因此印染废水的存在给人类的生存带来了很大的安全隐患。

表12.2 各种染料染后流失率

染料类别	活性	硫化	直接	还原	分散	阳离子	酸性	金属络合
流失率/%	20~50	30~40	5~20	5~20	1~20	2~3	7~20	2~5

首先，印染废水中染料的危害。造成印染废水色度的主要因素是染料。据估计，全世界纺织用染料产量为40多万吨，印染加工过程中约有10%~20%染料作为废水排出，进入江湖、大海和地面水中。废水中的染料能吸收光线，降低水体透明度，进而影响水生生物和微生物的生长，不利于水体的自净。同时，废水也易造成视觉上的污染，严重污染的水体会影响到人类的健康。因此，对染料的排出必须严格控制，尤其是对那些毒害严重的染料，如酞青铜盐类染料和一些偶氮类染料等。

其次，印染废水中重金属的危害。对铬、铅、汞等重金属盐类，用一般生化方法难以降解，所以它们在自然环境中能长期存在，并且会通过食物链等危及人类健康。在日本就曾发生过重金属汞和镉污染而造成的水俣病、痛痛病等公害事件。重金属铬在印染加工中用量相对较多，染色工艺中常用重铬酸钾作氧化剂和媒染剂，印花辊筒的制备耗铬量也很大，也被确认能致癌，应特别注意排放和综合利用。

此外，还有其他物质的危害。对那些易产生甲醛的树脂整理剂、有机金属阻燃剂、含铬防水剂、部分阳离子型柔软剂等危害程度较大，又不能用传统方法处理的污染物必须严格控制排放。一般的酸、碱、盐等物和肥皂等洗涤剂虽然相对无害，但它们对环境仍有一定的影响。近些年，许多含氮磷的化合物大量用于净洗剂，尿素也常用于印染的各道工序，使废水中总磷氮含量增高，排放后使水体富营养化。中国池塘大面积死鱼和近海水域发生赤潮就是明显的水体富营养化的例子。因此，对这类物质的使用量也应有所控制，不能不加限制地大量使用。

12.3 节水案例：浙江美欣达印染集团股份有限公司

浙江美欣达印染集团股份有限公司是一家主营印染产品的上市企业，主导产品有灯芯绒、沙卡、亚麻等天然纤维类面料，以及后整理功能性面料等，具有1800万米印染灯芯绒的生产能力，是中国印染行业十佳企业。近几年，随着生产规模的迅速扩张，企业每天产生大量的废水，不仅污染了周围环境，而且企业还要为此承担巨额的排污费和水资源费。面对这个问题，公司清醒地认识到节水工作对企业生存发展和社会进步的重要意义。为此，公司利用高科技，大力开发和引进节水技术和装备，并结合"美欣达"纺织工业城的建设，加强了水资源的有效利用和废水的综合治理。

12.3.1 开发节水新技术

在印染业生产过程中，前处理是水耗能耗最大的一个环节。前处理的退浆、煮炼、漂白三道工序，平均生产用水量为46.5吨/小时，消耗蒸汽量为3.77吨/小时。通过大量的试验，公司将传统的三步法改为冷堆一步法，使这个环节的平均生产用水量降为24吨/小时，蒸汽的消耗量也减少到2.25吨/小时。

活性染料通常采用轧蒸法染色，这种工艺连续化，生产效率高，但流程长，水耗能耗都较大。经过多方对比，公司采用了短程湿蒸染色技术，在配备了一台门富士湿蒸染色机后，大大地提高了染料的得色率，使染料用量降低了10%~15%。与此同时，也使水洗过程中的用水量减少了20%，每年可节省用水1.6万吨。

12.3.2 引进节水新设备

为了进一步降低前处理生产中的水耗能耗，公司投资350万欧元引进了瑞士退煮漂丝光高效节能联合机。该设备对生产用水、汽、液进行全自动控制，蒸洗箱采用逐格蛇行回流，均匀轧液、轧水，煮炼、漂白、丝光各段废水均利用换热器回收利用。与传统工艺比较，该设备可节水 40%，每年节水量达 14.1 万吨。

传统连续轧染的染色生产中，放大货样都是在 LMH641 型连续轧染机上进行的。一般放一次样需要 20 分钟，放样过程中所有蒸洗箱和平洗槽中均要灌满水，每次用水量大约为 16 吨。公司引进国外连续染色中样机后，每天可节约打样用水 128 吨。仅此一项，公司每年可节水 4.3 万吨。

12.3.3 积极探索中水回用

"美欣达"纺织工业园中共有烘筒 898 只，在生产过程中烘筒的热媒体蒸汽将变成冷凝水，再通过疏水器排掉。该冷凝水是高温高压蒸汽冷凝而成，硬度低杂质少，适用于染整生产的很多环节，但收集起来全部利用难度较大。为此，公司采用就近回用和集中回用相结合的办法，利用新型疏水器和烘筒中的蒸汽压力，将水洗的烘筒冷凝水直接回用到水洗中；而无水洗部分的机台烘筒冷凝水集中后，则利用恒压供水系统，供应给水质要求较高的机台。这样，即使管道得到了简化，又节省了冷凝水收集的能耗。实际测算表明，每年可节水 13.6 万吨，这相当于一套 20 吨的软水反应装置，同时每小时还可节约蒸汽 2.8 吨。

染整生产中，很多设备都需要用水进行冷却，但各单元用水量都不是很大；同时，染整设备较为庞大，冷却设备单元又较为分散，所以这一部分的节水经常被忽略。根据这一特点，公司在建设工业园区时专门设计了一套冷却水回用装置，对各个机台的冷却水进行统一收集和集中回用。采用该装置后，每天烧毛机冷却水用量减少到 100 吨，并且其中的 90 吨还可以变成温水回用，因此实际用水量只有 10 吨。这一措施每天可节省用水 120 吨，再加上空压系统的冷却水平均每天可节约 184 吨，以及各机台的冷水混用水还可以回收，所以整套系统每年能节水 11.8 万吨。

12.4 节能案例：华纺股份有限公司

华纺股份有限公司是一家资产总额 15 亿元、销售收入超过 20 亿元的大型印染企业。公司拥有 20 条漂染印整全功能生产线，年生产能力 2 亿米，其中服装面料 1.2 亿米、印花面料 7000 万米、家纺面料 5000 万米、床品 500 万套、服装 200 万件，连续九年被中国印染行业协会评为印染行业"十佳企业"。但与大多数印染企业一样，该公司也具有高消耗、低利用、高排放的特点。随着市场原料及能源、水价的大幅度上涨，公司的产品成本不断上升，原有的生产模式已严重地影响到企业的可持续发展。为了改变这种状况，近几年公司从设备改造、工艺调整等多个方面，积极开展废水废气余热的综合开发与利用，取得了可喜的效果。

12.4.1　废水余热的再利用

正如之前所述，退浆、煮练等生产过程所排放的废水温度高达 80℃ 以上，直接排入下水道后会浪费大量的能源。为此，公司在退浆机、水洗机等机台的排水口安装了 40 台新型多级串联换热器，这样 20℃ 的自来水经过热交换后就可以上升到 70℃。如果再对这些水适当加温，就能满足生产的需要，由此大大降低了蒸汽的用量。与此同时，污水经过换热器后温度就会下降到 40℃ 以下，从而又能避免废水温度过高对好氧生化处理的影响。仅此一项，公司每年可节约 3393.7 吨标准煤。

针对每年有 26.5 万吨蒸汽冷凝水白白流走的状况，公司又购进了 PPR 管道 2800 米，在面三车间内铺设地下回收管网，并在车间内合理设置了蒸汽闪蒸回收器，将蒸汽冷凝水集中到地下回收站，再利用自控水泵将其输送到生产机台。这样，面三车间的冷凝水就可全部回收利用了。此后，公司把这个经验推广到面一、面二、家纺、花布四个车间，从而使公司的所有冷凝水都得到了回用。这一举措每年可为公司节约标准煤 3462 吨。

12.4.2　废气热能的回收

为了更加有效地利用燃料燃烧产生的热能，公司引进了热管式废热锅炉。具体做法：将单根热管组成管束，并将冷却段插入水中，每根套管上下部与上下联箱相连。烟气横向冲刷热管受热侧，热管通过相变传热至上联箱的饱和水，饱和水经过吸热变成汽水混合物；然后，由上联箱通过总上升管进入汽包，使汽水分离；接着，饱和水通过下降管回到下联箱，再次受热蒸发。如此反复循环，将烟气热量传入水侧，就可产生蒸汽。从实际情况来看，中温热管蒸汽发生器可直接利用 220℃ 的烟气热能，产生 1.2 千克的压力蒸汽，由此每年可节约 2555 吨标准煤。

12.4.3　综合效益分析

除了以上措施外，公司还采用了优化供汽结构实行高、低汽分供，水洗设备的智能化温控，打底机预烘室的温控改造，调整工艺巧用水源，安装节电器照明等大量手段，不仅产生了可观的经济效益和社会效益，而且对改善环境质量，提高人民的生活水平都具有重要的意义，综合效益分析见表 12.3。

表 12.3 综合效益分析表

序号	项目	社会效益	经济效益
1	余热利用	年节约标准煤 8000 吨	年节资 456 万元
2	冷凝水回收	年节约用水 31.5 万吨	年节资 180 万元
3	工艺节水	年节约用水 108 万吨	年节资 329 万元
4	废气热能回收利用	年节约标准碳 5700 吨	年节资 324 万元
5	技改节电	年节电 816 万度	年节资 456 万元
合计			年节资 1745 万元

12.5 科技革命案例：杭州宏华数码科技股份有限公司

杭州宏华数码科技股份有限公司是专业从事数码喷印技术与设备的研发、生产、销售与服务支持的高新技术企业。目前，公司围绕数码喷射印花核心技术，拥有 5 大产品系列，20 项发明专利和 49 项实用新型专利。

该公司针对传统印花工艺"高消耗、高污染、低效率"的缺陷，发明了 VEGA 数码印花技术。其主要技术特点包括：第一，由于无需制网和调浆，因此反应快、成本低、污染少；第二，无套色和花回限制，能打造高附加值精品；第三，能按需喷印，生产灵活；第四，通过数字化管理，质量稳定，绿色环保。

正是因为具备以上技术特点，VEGA 技术能够解决目前纺织业传统工艺的"二高一低"的困境。与传统印花技术相比，VEGA 技术具有明显的节能减排优势，如耗电量下降 50%，耗水量减少 30%，染料用量减低 60%，污染程度仅为传统的 1/25，并且污水容易处理，相同产值和相同收益的能耗分别只有传统印花的 1/10 和 1/30，等等，详见表 12.4。

表 12.4 VEGA 数码印花与传统印花节能效率比较

项目	单位	数码印花	平网印花
耗电/百米	吨标准煤	0.97	1.82
耗水/百米	吨	2.4	4
万元产值耗电	吨标准煤	0.06	0.73

续表

项目	单位	数码印花	平网印花
万元产值耗水	吨	16	160
万元收益耗电	吨标准煤	0.11	3.64
万元收益耗水	吨	27	800
排污/万元	吨	处理后可循环利用	230
染料消耗/万米	千克	12	80

12.6 本章小结

通过以上调查分析，我们至少可以得出几点结论和启示：第一，经济发展与资源环境并不完全是一个矛盾体，如果处理得当是可以做到相得益彰的；第二，印染业虽然是一个"高消耗、高污染"的老大难行业，但是其节能减排的空间是很大的，关键是要按序排查生产过程中各种因素，抓住一些重要环节和问题，并有针对性地开发与引进节能和清洁生产技术、设备，甚至有些环节还能做到真正的"零排放"；第三，实行产业集聚化、工业园区化对节能减排意义重大，因为园区产业集中，便于开展产业结构调整，推广节能和清洁生产技术，也有利于实施能源集成和"三废"的综合治理（如美欣达）；第四，应引导企业向规模化方向发展，以上有些经验和做法（如华纺股份）只适用于大型企业，由于投资实力或生产规模的限制，一些小型企业是难以实施节能减排的；第五，科技革命是印染业升级换代的根本方向（如宏华数码）。

通过调查研究，更有理由相信：只要以科学发展观为指引，以"资源节约、环境友好、经济快速"为目标，依靠科技创新、制度创新和管理创新，印染业必将能走上一条"科技与产业互动发展、生态与经济相互促进"的可持续发展道路，那么我国纺织工业的调整振兴也就指日可待了。

13

机械五金产业的节能减排[*]

13.1 浙江永康经济开发区经济发展现状

  永康经济开发区位于永康市中心城区东侧，为"一城两翼"的东翼，所处地段为永康经济最发达的黄金走廊和金华发展工业"金腰带"，境内有金温铁路、金丽温高速公路贯穿，是人流、物流、车流的必经地和集中地。园区前身是 1999 年10 月成立的五金科技工业园，后经区划调整，2002 年 8 月批准成立浙江省永康经济开发区，面积为 24 平方千米，已完成工业区开发建设面积约 10 平方千米，成为永康五金支柱产业的主要集聚地和永康对外开放的重要窗口。开发区自成立以来，发展迅速，已成为浙江省 20 个重点示范工业园中规模最大的特色工业园，浙江中部上规模、上档次的示范性工业区、科技区和有特色的新市区，形成了以电动工具、不锈钢制品、电动车、汽摩配、防盗门、小家电及厨具、有色金属压延、其他五金等八大产业为主的产业体系（2006 年分行业规模以上企业产值见表 13.1）。

表 13.1   2006 年规模以上企业分行业总产值

行业类别	企业数	工业总产值/万元	比重/%	代表性企业
电动工具	21	197 922	16.91	嘉禾、中坚、正阳
防盗门	7	98 334	8.4	王力、金大
汽摩配件	9	168 775	14.42	铁牛、泰龙
不锈钢保温器皿	12	182 388	15.58	先行、南龙、哈尔斯
电动滑板车	16	225 226	19.24	群升、飞神
五金材料	24	61 403	5.25	万泰
其他	14	236 327	20.20	
合计	103	1 170 375	100	

---

 * 本章内容由胡剑锋、李植斌撰写。

园区现有企业 1461 家，其中全国行业龙头企业 9 家，规模以上工业企业 103 家，2006 年规模以上企业工业总产值 117.04 亿元，占园区工业总产值的 87.81%。永康经济开发区是永康市经济增长最具潜力的区域之一，区内聚集了一大批在全国、全省五金行业具有举足轻重地位的龙头企业。2006 年规模以上工业企业实现总产值 117.04 亿元，占全市的 30%；工业增加值为 30.66 亿元，占全市的 27.3%。通过实施生态化建设与改造，培育较为完善的生态工业链，降低产品原料消耗量和资源消耗量，降低产品成本，提高产品环保性能和绿色性能，增强产品市场竞争优势，可发挥示范带动作用，提升永康市五金产业的国际竞争力。行业内部以及行业之间有利于形成设计—加工—营销—消费者—废旧产品回收资源化利用的生态产品链；外部资源、能源、技术—设计—加工—包装—物流配送—用户—废旧产品回收资源化利用的生态工业链。

13.2　经济开发区节能减排状况

根据监测，开发区内 SO_2 和 NO_2 的地面小时浓度以及 TSP 地面日均浓度均较低，低于《环境空气质量标准》（GB 3095—1996）中二级标准限值。苏溪黄塘下至华溪交界汇入口上游河段水中的 pH、COD_{Cr}、COD_{Mn}、BOD、氨氮、挥发酚六项污染指标均能达到Ⅲ类水质标准；磷酸盐、石油类指标没有达到Ⅲ类水质标准。永康江水中石油类、氨氮超标较为严重，在所有断面丰平枯三期均超标；高锰酸钾指数略有超标。其他监测指标在所有断面均能达到Ⅲ类水质的标准要求。开发区声环境质量良好。

13.2.1　经济发展指标

2006 年园区完成工业总产值 133.29 亿元，同比增长了 24.65%，工业增加值增长率达 46.35%，人均 8.9 万元。根据《永康经济开发区经济和社会发展"十一五"规划》，到 2010 年，工业总产值达到 240.7 亿元左右，年平均增长速度达到 20% 以上；培育和加快第三产业发展，到 2010 年第三产业比重显著提高，年均增长速度 30% 以上；财政收入力争达到 6.41 亿元，年均增长速度 20% 以上。

13.2.2　物质减量与循环经济指标

（1）单位工业增加值综合能耗。永康经济开发区能源消耗主要是电力、燃油，2006 年单位工业增加值万元综合能耗为 0.37 吨标准煤。"十一五"期间开发区积极推行清洁生产和综合节能措施，鼓励企业淘汰落后生产工艺，引入先进节能设备，积极进行技术改造，加强生产环节中的能耗控制，单位工业增加值综合能耗还有望进一步降低。

（2）单位工业增加值新鲜水耗、单位工业增加值废水产生量、工业水重复使用率。2006 年单位工业增加值新鲜水耗为 9.8 立方米/万元，新鲜水主要用于生产过程中的清洗和冷却。园区产生的工业废水主要是清洗废水和机械加工废水，单位工业增加值废水产生量为 0.74 立方米/万元，经过企业内部的污水处理后达到再利用标准的，直接运用到生产中，工业复用水率为 58.5%。"十一五"期间将加强对工业废水污染的控制，通过排污申报、排污许可证等制度，对污染物实行排放浓度和总量双重控制，2010 年，重点污染源工业废水排放达标率达到 100%，工业用水重复利用率达到 70%，单位工业增加值新鲜水耗控制在 9 立方米/万元以下，单位工业增加值废水产生量为 0.7 立方米/万元以下。

（3）单位工业增加值固体废物产生量、工业固体废物综合利用率。园区主要以家用五金行业为主，工业固体废物的产生主要是生产加工过程中产生的边角料、炉渣、金属熔化过程中产生的冶炼废渣以及喷涂产生的废漆渣和漆泥；通过企业自身回收及材料梯级利用、制作小配件，或者售给上游厂家，资源化利用情况比较良好，单位工业增加值固废产生量很少，工业固体废物综合利用率为 82.31%。

13.2.3 环境保护指标

（1）单位工业增加值 COD 排放量、单位工业增加值 SO_2 排放量。园区企业的工业废水排放量相对较少，现阶段的指标已经达到要求。园区将进一步加大清洁生产审核力度，通过生产工艺改造、加强污水处理等措施，减少 COD 的排放。而园区现阶段燃料主要以柴油为主，SO_2 排放量较大；园区于 2006 年引入天然气，目前已有八家企业使用了天然气；通过积极大力推广天然气等清洁能源，减少 SO_2 的排放。

（2）危险废物处理处置率。园区企业生产中磷化处理及喷涂中会产生磷化残渣及漆泥、漆桶等危险性固废，部分由厂家收集交回原危险物生产企业处理，部分由企业统一收集送交金华市危险固废处置中心。园区管理部门将严格管理危险固废，建立危险废物交换网络，实行严格的申报登记制度。

（3）生活污水集中处理率。开发区有完善的污水管网收集系统，生活污水已基本纳入污水管网，进入城市污水处理厂统一处理。

（4）生活垃圾无害化处理率、废物收集系统、废物集中处理处置设施。园区内现建有四个垃圾中转站，各企业产生的生活垃圾由环卫工人收集到中转站，然后统一转运到永康市垃圾处置中心集中处理。"十一五"期间开发区将在西北侧建设一座占地约 1000 平方米的中型垃圾中转站，完善垃圾收集系统，预计2010 年前完工。同时在工业区和生活区分别建设垃圾处理厂，进一步提高城镇工业和生活垃圾无害化处理水平，逐步推行生活垃圾分类收集。

（5）环境管理制度。园区将成立领导机构和实施机构，编制园区环境风险应急响应预案，使园区预案更加科学化、规范化，通过设立环保机构，配备各项设施和设备，加强对园区环境监测、监管的力度，提高园区环境管理能力。

13.2.4 绿色管理指标

（1）信息平台完善度。园区已建成网站和园区内部的局域网，但没有对相关污染排放情况、固体废物信息以及相关主导行业清洁生产技术信息进行发布，信息平台并不完善。在生态化改造过程中园区将加快信息平台建设，大力发展信息化基础设施，"十一五"期间，争取 50% 以上的企业实现信息化管理和生产，使企业在生产和流通的各个环节达到节能降耗、提高产品质量和经济效益、加速产品开发等基本目标，形成信息化带动工业化和工业化促进信息化的良性互动。

（2）园区编写环境报告书情况。目前开发区每年都编制了一份环境报告书，加强了对园区环境监测、监管的力度。

（3）公众对环境满意度。根据我们对公众的环境满意度调查，目前公众对环境的满意度为 47%，离指标要求差距较大。

（4）公众对生态工业认知度。根据我们对公众对生态工业的认知度调查，目前公众对生态工业的认知度为 70%，离指标要求也有一定距离。

（5）规模以上企业通过 ISO 14001 认证的百分比、规模以上企业开展清洁生产审核的百分比。2006 年开发区规模以上企业通过 ISO 14001 认证的比例为 25%，通过清洁生产审核的比例为 30%。两者离目标要求都有较大的差距。

13.3 园区工业代谢分析

工业代谢分析涉及物质代谢分析和能源代谢分析，其中物质代谢分析涵盖物质集成和水系统集成。物质集成主要是根据园区目前发展现状和将来发展规划，确定成员间的上下游关系，并根据物质供需方的要求，运用过程集成技术，调整物流的方向、数量和质量，完成工业生态网的构建。永康经济开发区的生态改造和建设是一项复杂的系统工程，应遵循生态工业规律，对园区企业间的物质、能量进行系统集成，实现物质循环、能量梯级利用，提高园区的生态效益。

13.3.1　固废代谢分析

13.3.1.1　固废产生环节及源强分析

园区内的固废包括生产性固废和生活垃圾。园区内企业主要是五金类生产企业，生产性固废主要包括原材料边角料、燃料灰渣、废模具、废活性炭纤维、乳化废液、废包装材料等。园区内各行业的固废产生和处置的大体情况如下。

电动车、汽车整车及汽摩配行业：主要是落料、压铸工艺环节中产生的边角料以及铝熔化过程中产生的铝灰和喷涂环节中产生的废漆渣和废漆桶。边角料厂家回收熔化再利用或出售给废品回收公司，铝灰回收出售给净水剂厂家或水泥生产厂家，资源化利用情况良好。

电动工具行业：主要是废塑料，厂家的处理措施一般是回熔再利用或出售给废品公司。

不锈钢制品、防盗门业：主要是落料加工过程中产生的边角料，由厂家收集回收做小配件或出售给下游生产厂家，资源化利用情况良好。

小家电及厨具行业：主要是落料冲压中产生的边角料，同时磷化处理及喷涂中会产生磷化残渣及漆泥、漆桶等危险性固废。边角料资源化利用良好，基本都回收出售，危险性固废由厂家收集交回原危险物生产企业处理。

各行业共性固废：主要有废包装材料以及企业污水预处理产生的污泥等。废包装材料由企业收集出售给废品回收站，污泥干化后出售给制砖厂或者送填埋中心填埋。

以上四大重点行业固废产生的具体情况及现状处置方式详见表13.2。

表 13.2　重点行业固废产生及利用情况表

序号	行业	固废来源	固废种类	现状处置方式
1	汽摩配及汽车整车、电动车行业	铝熔化过程	铝灰	回收出售给净水剂厂家生产铝盐泥或作水泥厂生产原料

序号	行业	固废来源	固废种类	现状处置方式
1	汽摩配及汽车整车、电动车行业	压铸过程	边角料	主要是铝边角料，回收回炉熔化再利用，其他边角料分类收集卖给废品公司
		金加工过程	废料、废模具及废乳化液	废料废模具回收，出售给废品公司；废乳化液由生产厂家回收处理
		喷涂过程	废漆渣废油漆桶	自行焚烧处理或送金华危险固废处置中心生产厂家回收处理
		包装过程	废包装材料	回收出售
		煤气发生炉	煤渣	出售给制砖厂家
		除尘过程	除尘粉尘	委托环卫部门统一清运
		烘干废气处理过程	废活性炭	属于危险固废，委托有相应危险固废处理资质单位统一回收处理
		污水处理、喷淋吸收	污泥	收集、干化后定期送砖瓦厂制砖或送填埋场填埋
2	不锈钢制品行业	落料加工过程	边角料	回收做小配件或出售给宁波等地生产小配件厂家
		金加工过程	废乳化液	原生产厂家回收处理
		抛光除尘	氧化铁	回收利用
		包装过程	废包装材料	回收出售
3	小家电及厨具行业	下料冲压	边角料	回收出售
		磷化处理	磷化残渣	收集后交磷化液生产企业处理
		喷雾处理	漆泥	统一收集后与生活垃圾一起处理
		锅炉燃煤	煤渣	送砖瓦厂制砖
		喷涂	废油漆桶	厂家收集后出售给回收企业
		污水处理	污泥	送砖瓦厂制砖
4	电动工具行业	落料过程	废塑料边角料	回熔再利用或出售给废品公司
		加工过程	废弃零件	由零件配套生产厂家收回
		包装过程	废包装材料	回收出售

13.3.1.2 固废控制管理规划与实施方案

1) 总体规划

按照固废的减量化、资源化、无害化原则：一是通过建立企业环境管理体系，全面推行清洁生产，达到固废的减量化；二是通过实施固废分类收集，建设固废资源化工程，组建一系列生态产业链，提高固废的资源化利用程度，达到固废的资源化利用；三是通过建设综合性固废无害化处理场，将不可利用的固废进行安全填埋，实现固废的无害化处理。通过企业—产业—园区三层推进，输入—过程—输出三环防治以及市场—政府—企业三方联动，推动固废管理生态系统的三个层次的循环，即企业内部的小循环、企业之间的中循环以及园区层面的大循环，如图 13.1 所示。

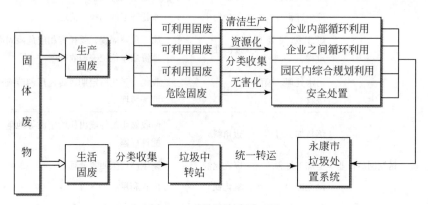

图 13.1　固废处置循环图

2) 实施方案

减量化：主要是实施源头控制。通过在企业全面推行清洁生产和生态设计来实现。主要的减量化的实施方案与举措：一是调整产业结构，淘汰高资源消耗企业，减少固废的产生；二是积极推进企业清洁生产，通过改进工艺、提高原料利用效率、加强生产环节的环境质量管理，减少废弃物的产生，促进各类废物在企业内部的循环使用和综合利用；三是加强企业工艺技术改造，改变末端固废产生状态，为固废的资源化利用创造积极有利条件。

资源化：主要是实施固废的过程控制。通过建立企业间的副产品交换系统，建立工业固废资源化链网，构建一系列生态产业链，使固废在企业间梯级利用，实现副产品或物料的再利用和再循环，从而最大限度地回收资源，减少废物的最终排放量，充分发挥资源的利用价值，形成较为完善的工业废物代谢体系，如图 13.2 所示。

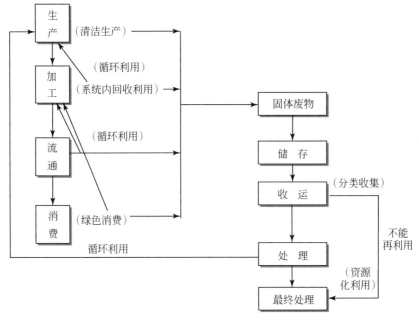

图 13.2　固废资源化利用图

无害化：主要是实施固废的末端控制。将固废采用安全填埋等方式达到无害化的要求。建立健全的管理机构；建立危险废物排放申报登记管理体系；实施危险废物经营许可证和转移联单制度；坚持源头控制管理，以减少危险固废产生量；资源化利用与安全处置。建立园区一体化资源回收中心促进危险固废的资源化利用；对不能资源化利用的危险固废由园区监督企业委托金华危险固废处置中心处置。

培育固废源头减量和资源化利用能力：从建立区域固废管理模式、开展企业的生态管理、推行生活垃圾的有序管理、培育资源化回收企业四个层面，建立符合园区现状的一体化固废资源管理系统，从而实现固废的减量化、资源化、无害化的目的。

13.3.2　水系统代谢分析

13.3.2.1　水系统设施现状

给水设施：由开发区水厂统一供水，供水管布置为环状与枝状相结合，供水的安全可靠性较高。区内水压较低，部分地势较高区块需自行加压。

排水设施：开发区为城市新区，排水体系雨污分流。雨水经单独的雨水干管和支干管收集后就近排入苏溪和区内小溪，区内工业和生活污水经预处理后经污水管道系统排入永康城市污水处理厂进一步处理。

污水处理设施：园区排放工业废水经预处理后与经化粪池处理后的生活粪便污水，经隔油池处理后的食堂废水以及其余生活废水，一并经区内污水管网收集排至区内的截污管，最终纳入永康市城市污水处理厂集中处理。

13.3.2.2　水资源来源、利用、污水排放和回用潜力

永康经济开发区主要由开发区水厂供水，目前开发区供水系统的供水能力完全能满足工业和生活用水要求。2006 年开发区新鲜水用水量为 446.1 万吨。据预测，开发区远期最大日用水量为 10.5 万吨/日。区内废水主要是工业污水，废水排放量为 312.3 万吨/年，COD_{Cr} 568.0 吨/年，石油类 20.26 吨/年。经过现场调查、资料收集与处理，目前开发区的主要产业所产生的废水种类、综合利用状况及回用潜力见表 13.3。

表 13.3　主要产业的废水种类、综合用状况和回用潜力

产业	说明	主要废水	目前综合处理状况	回用潜力
防盗门	—	磷化废水，车间废水，水转印冲洗废水等	经化学混凝，斜管沉淀后进管	水转印冲洗水水质较清，可建循环池循环利用
不锈钢制品	不锈钢保温器皿等	清洗废水，乳化废水等	废水进入永康污水处理厂时设置沉淀+隔油池处理清洗废水和地埋式处理器处理生活污水	乳化废水可送生产厂家回收处理
防盗门	—	磷化废水，车间废水，水转印冲洗废水等	经化学混凝，斜管沉淀后进管	水转印冲洗水水质较清，可建循环池循环利用
不锈钢制品	不锈钢保温器皿等	清洗废水，乳化废水等	废水进入永康污水处理厂时设置沉淀+隔油池处理清洗废水和地埋式处理器处理生活污水	乳化废水可送生产厂家回收处理

续表

产业	说明	主要废水	目前综合处理状况	回用潜力
汽摩配	车用仪表, 汽车铝合金轮毂等	清洗废水, 喷漆废水, 酸碱废水, 皂化废水, 生活污水等	喷漆废水, 清洗废水经隔油, 混凝沉淀预处理, 生活污水经沼气净化池预处理	可采用干切削技术, 避免使用皂化液, 部分废水冷却过滤后循环使用
电动车	—	表面处理废水, 喷漆废水, 总装废水等	清污分流, 污水经处理后纳入开发区管网	冷却后回用
电动工具	电磨, 电钻, 电刨等	生活废水, 清洗废水, 乳化废液等	清污分流, 污水经处理后纳入开发区管网	乳化废水可送生产厂家回收处理, 生活废水沉淀, 冷却后循环使用
小家电及厨具	—	注塑废水, 喷漆废水, 除漆雾废水, 磷化废水, 生活废水等	工艺废水经隔油, 沉淀, 脱磷达标排放, 生活污水经厌氧+好氧生化处理达标后排放	工艺废水沉淀过滤后部分回用
其他	有色金属行业等	酸碱废水, 含金属离子废水等	预处理后进管	酸碱废水, 含金属离子废水等经处理后可回用, 有较大的回用潜力

13.3.2.3 水系统集成

水系统集成是物质循环的一部分, 主要考虑减少新鲜水用水量, 废水的产生量, 已用水的回收再利用和有效的废水处理等方面问题。

1) 企业层面

开发区的水系统集成是一项系统工程, 它涉及开发区管理的各个层面, 在企业层面的应用主要在于需求管理和效率管理, 也就是要求企业采用必要的工艺对废水进行有效的处理, 在水资源减量的基础上, 根据自身情况对生产工序或过程中排放的水资源尽可能地再利用和再循环, 从而提高水资源的使用效率。各企业可建立循环冷却水系统对废水进行循环利用, 工艺流程见图 13.3。

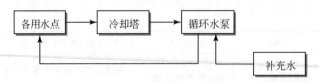

图 13.3　循环冷却水系统

2）园区层面

目前开发区的水集成应用主要体现在企业层面，园区层面涉及略少。园区层面的应用则要求从整体角度关注，建立相应的政策和协调机制，以及健全管理体制，并提供足够的能力建设支持。同时，必须从供给管理，需求管理，排放管理，效率管理四个方面来全面推动整个园区的水资源管理工作。

开发区的中水回用系统可由用户单元、水务企业单元、保障支持单元三个部分组成，用户单元既是废水的产生者，也是中水的使用者，水务企业单元扮演的是园区分解者的角色，通过不同企业的组合处理，将用户排放的废水变为可供用户使用的符合标准的再生水，保障支持单元指的是为适应市场机制的要求，从政策法规、基础设施、中水价格、水质标准等各个方面进行的相关配套服务机构（图 13.4）。

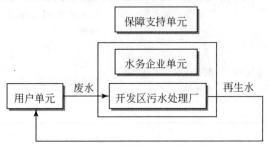

图 13.4　开发区中水回用模式示意图

此外，还可在园区层面进行水资源的梯度利用以及分质供水。水资源梯度利用是指开发区各企业结合自身的生产工艺要求和地理位置，利用市场机制，通过政策引导，在企业之间自愿开展水资源的梯级利用，企业间通过有偿交换利用水资源而分别实现取水量和排水量的削减。同时应发展分质供水系统，分析各行业用水水质的要求、水源和水量等，对雨水、淡水和微污染水等进行分级综合利用。

13.3.2.4　水污染控制管理实施方案

1）减量化

源头控制：在符合生产要求的基础上，尽可能地选用经济技术合理可行的绿色原材料，减少污水的排放量和危害。

绿色招商：尽可能引进耗水量少、污染低的节水项目。

减少废水排放：引进先进的生产工艺和设备，减少废水排放总量。

2）再循环、再利用

提高水的循环利用率（包括冷却水、冷凝水等）。

重视雨水利用。

3）强化管理

雨污分流：雨水经园区雨水排水系统适当汇总后，分若干排出口排入附近自然河流。确保废水全部接入污水管网，避免污水管网中污水外溢事件。

集中处理：园区经预处理后，排放的工业废水经化粪池处理后的生活粪便污水，经隔油池处理后的食堂废水以及其余生活污水，一并经园区污水管网收集排至园区的截污管，最终纳入永康市城市污水处理厂集中处理；若管网建设未完成，企业不得投产。

强化用水管理：要求园区企业加强节约用水，逐步提高生产技术水平，减少生产废水的排放量，提高工业用水的循环使用率；园区管委会应加强监督管理，加强节水宣传，提高开发区内的整体节水意识，实行用水指标和排水指标统一管理。

13.3.3 能源代谢分析

13.3.3.1 能源利用现状

永康经济开发区能源消耗主要是电力、燃油（主要是柴油，并有少部分煤油及其他燃料油）和天然气。

电力：2006 年园区的电力消耗总量有 1.6 亿度[①]，其中，汽摩配件行业 2737.18 万度，占 16.74%；不锈钢制品行业 2502.84 万度，占 15.3%；电动工具行业 2914.74 万度，占 17.82%；防盗门行业 3025.99 万度，占 18.5%；有色金属行业 1913.23 万度，占 11.69%；电动车、滑板车行业 1281.54 万度，占 7.84%；其他 1963.37 万度，占 12.1%。

燃油：2006 年园区的柴油消耗量是 15 488.4 吨，其中防盗门行业消耗 9940.4 吨，占 64.18%；汽摩配件行业 2379 吨，占 15.36%；电动车与滑板车行业 2001

---

① 1 度=1 千瓦·时

吨，占 12.92%；主要用于加热熔炉、熔炼原料、浇铸成型；涉及五金加工切割的环节都要用柴油作为锅炉动力。另消耗煤油 232.58 吨，主要用于制成品的再加工和机器设备的清洗和防护等；消耗汽油 847.03 吨，主要用于试车和货运；消耗其他燃料油 1828.01 吨，主要用于锅炉加温及其他。

　　天然气：天然气作为清洁环保的绿色能源，2006 年年底引入园区，当年总用气量为 43 万立方米。目前园区共有八家企业使用了天然气，其中汽摩配件行业消耗 34.46 万立方米，占 80.1%；不锈钢行业消耗 8.12 万立方米，占 19%；电动工具行业消耗 0.42 万立方米，占 0.9%。主要用于锅炉熔铝、产品涂装和食堂用气等方面。

13.3.3.2　园区能源消耗预测

　　通过生态化建设与改造，园区将大力推动企业清洁生产，推广清洁能源，争取降低并淘汰落后能源。根据园区近三年能源消耗情况和未来工业总产值增长态势，按国家环保局生态园区综合类标准的预测方法预测，永康经济开发区能源消耗结果，如表 13.4 所示。

表 13.4　主要行业和企业的电能消耗情况

行业	电能消耗/万千瓦·时	占总电能的消耗比例/%
汽车及汽摩配件	2 737.18	16.74
不锈钢加工	2 502.84	15.3
电动工具	2 914.74	17.82
防盗门	3 025.99	18.5
有色金属	1 913.23	11.69
电动车、滑板车	1 281.54	7.84
其他	1 963.37	12.1
合计	16 354.57	100

　　电力和燃油作为主要的能源呈增长趋势。天然气由于具备了清洁环保，燃烧率高，气源充足和价格稳定等特点，将被园区推广使用，消耗增长速度将十分迅速，天然气将有望成为主要能源。

13.3.3.3　能源集成与实施方案

　　永康经济开发区的能源集成包涵两个层面：一是企业层面，要求园区内各企业寻求各自的能源使用实现效率最大化；一是园区层面，要求整个园区实现总能源的优化利用，最大限度地使用可再生资源（包括太阳能、风能、生物质能等）。

永康经济开发区能源集成链网，如图 13.5 所示。

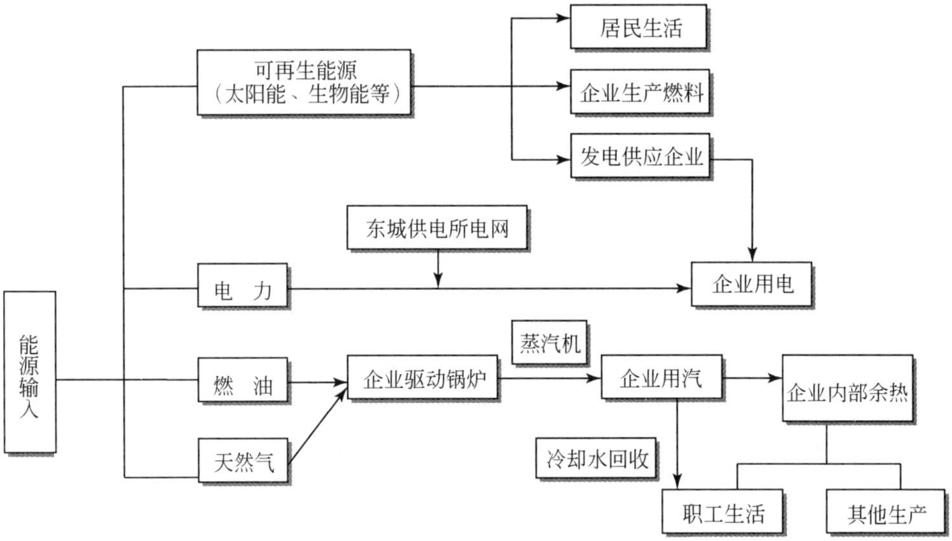

图 13.5　能源集成链网

1）园区能源集成

能源的梯级利用，提高能源利用效率。根据不同行业、产品、工艺的用能质量需求，规划和设计能源梯级利用流程，根据能量品位逐级利用，可提高产业链中的能源利用效率。

集中供气。在园区内建设天然气联网输送管道，与永康新澳燃气供应公司合作，大力推广天然气的使用，从而达到改善环境，提高能源利用率，节能能源和成本的目标。

2）企业内部节能

完善清洁生产制度。产品的工艺设计和改造充分地考虑环保和清洁生产要求，从源头控制污染。企业要专人专项负责环保管理工作，制定各种原料领用审核制度，降低物耗，减少污染物排放。

材料控制。把好原料质量的关口以提高产品质量，减少废品。

选用环保能源。目前仍使用原煤的企业，应进行设备改造，自制混合煤气，实现工业炉燃气化，这一项目节煤率可达 20%以上，排放废气达国家规定的一类地区大气污染物排放标准。企业还应大力引进天然气等清洁能源，在园区形成联网供气，可降低企业成本。

淘汰使用原煤和重油的落后设备和工艺。引入先进节能设备，积极进行技术改造，提高原料利用率，加强生产过程控制，合理使用设施，使每一个环节更加科学有效，最大化地减少能耗和污染物。

减少电热能损耗。在变压器低压侧采用电能无功率补偿，提高功率因数。选用节能型热工设备，带有节能保温材料，控制设备表面温度不超过50℃。

锅炉蒸汽余热利用。蒸汽烧水用于食堂或职工生活。冷却系统产出热水进行产品清洗。为节能压缩空气和热水，供能系统采用优质管件，防止跑、冒、滴、漏。

13.3.4 信息集成系统分析

园区信息交流系统的主要功能是提供园区信息管理系统，便于物质和能量在园区、周围社区和区域内进行流动和交换；通过示范、宣传等手段，扮演教育和营销角色，以宣传生态工业原理，帮助企业特别是中小企业理解环境问题和环境法规，克服生态工业运行的障碍；提供有关提高能源效率、节约资源、废物最小化、清洁生产技术和应急反应等指南和建议。

应以建设网站和发行期刊等为基础，以电视、电话、访谈、会议、信函和成立区内企业"废物最小化俱乐部"与加强开发区的信息化的功能服务平台建设等为手段，完善信息交流系统。

信息集成指的是利用先进的信息技术对生态工业园的各种各样的信息进行系统整理，建立完善的信息数据库、计算机网络和电子商务系统，并进行有效地集成，充分发挥信息在永康经济开发区运行、管理和发展中的多种重要作用，以促进开发区物质循环、能量有效利用，向成熟的工业生态系统迈进。

13.4 园区主导产业的节能减排方案

13.4.1 电动工具产业

13.4.1.1 产业发展现状

目前开发区内电动工具及相关配件企业有100多家，以嘉禾、正大、中坚为园区的龙头企业。行业内企业大致有两种类型：一类是综合型企业，即从最原始的原材料（钢片、铝件及铜件）加工锻造至零配件，再到最终产成品的形成、包装、入库，都由企业内部完成，这类企业除了将产品或部分零部件的喷漆环节外包给外协企业来完成外，自身负责产品生产的全过程，并自主研发零部件生产模具；

另一类是组装型企业，即从半成品原料（机械零配件毛坯）加工改造开始至最终产成品，企业主要负责产品的组装和精加工，注重产品性能的提高和改进。

13.4.1.2 污染产生环节及源强分析

电动工具生产过程中由于注塑件加工大多数由外协加工完成，而铸铝件加工及装配过程中除有噪声外，基本无废气、废水排放，因此生产工艺过程中废气、废水主要来自电枢和定子的加工过程。废气污染因子为滴漆、浸漆、防锈处理中挥发的二甲苯以及热处理挥发的非甲烷总烃，废水的污染因子为车接合面工段中的皂化液及外圆工序中排放的乳化废液（稀释后）。此外，电动工具生产过程中还产生机械噪声、固体废弃物及少量的焊接烟气、干燥废气。

废气：主要是二甲苯、（热处理）非甲烷总烃。电动工具生产过程产生的废气主要来自绝缘漆组分二甲苯的挥发，产生于滴漆、防锈处理、浸漆处理三道工序。滴漆、绝缘浸漆两道工序中绝缘漆乙以 1∶1 和 5∶4 配比，并与一定稀释剂混合后二甲苯组分约为42.8%，在其操作条件下，全部挥发排入大气；稀释剂几乎全部为二甲苯，也全部挥发进入空气。目前，开发区电动工具年生产规模800万只，二甲苯排放量为85.32 吨/年。热处理过程中产生的非甲烷总烃主要由于淬火油受热气化产生的，淬火油的消耗主要由注塑件带入清洁工段废水中，非甲烷总烃年产量为 0.2 吨/年，属无组织排放。

废水：主要是乳化废液、皂化液。电工工具生产过程中产生的废水主要为外圆磨及车接合面工序中排放的少量稀释后的乳化废液。开发区现有电动工具年产量为 800 万只，乳化废液（稀释后）发生量为 71.4 吨/年，COD、石油类的发生量分别为 0.21 吨/年和 0.07 吨/年。

固体废物：主要是金属碎末、废塑料。电工工具生产过程中产生的固废较少，主要为金属碎末和极少量废塑料。金属废料主要来自电枢加工过程，电动工具年产量为 800 万件，固废年发生量为 360 吨/年。其中的不锈钢边角料产生率为不锈钢板利用量的 10%～20%，平均以15%计，则年产生不锈钢边角料172.4吨/年。企业在边角料的利用上做得较好，基本能在产业链内回收循环利用。

机械噪声：电工工具生产过程中产生的噪声主要来自机械加工环节，产生于卷管、成型、压涨、翻边等加工工序中，噪声源强在 60～103 分贝（A）。

13.4.1.3 节能减排实施方案

1）完善产品链

在产品链构建方面，开发区电动工具行业要重点引进电子调速、电子控速的电钻，φ125 以上电子控速角向磨光机，φ26 以下电子调速电锤等产品生产；扩大电子控制电动工具和电池式电动工具的研发生产；提高电动工具 EMC 技术水平（无线电干扰），满足客户需要；采用新材料、新技术、降低产品噪声，如采用稀土永磁材料开发，永磁电动工具既能提高效率，又能降低噪声，保护环境，而且还能使产品性能得到改善。

2）建立报废产品回收机制

企业产生的各种报废产品或消费终端产生的废旧产品可以委托第三方逆向物流企业负责分类、拆解、资源化等工作，可被重新利用的零部件或原材料通过物流企业返还到企业进行再生产，无法被利用的零部件通过塑料、金属再生企业重新生成原材料，通过市场等渠道重新返回到企业进行再生产。

3）固体废弃物利用

电动工具行业产生的固体废弃物主要是废金属和极少量废塑料。对废金属的处理，综合型企业可以内部回用，通过熔缩重新作为原材料回用到车间；装配型企业则可以出售给零配件毛坯生产商等上游企业，在产业链内部实现回用。对废塑料的处理，综合型企业可以内部压缩，用来制造产品外包装的塑料箱等；装配型企业则可以将其作为副产品出售给建筑工地等塑料用品（塑料桶）制造企业。对企业没有能力回收再利用的废金属、废塑料，则可以由收购商统一收购，出售给金属塑料再生企业重新生成原材料，通过市场等渠道重新返回到企业进行再生产。

4）废水处理

电动工具行业产生的废水成分较为简单，污染因子主要为乳化废液、皂化液及少量有机洗涤剂，还有一部分冷却水（注塑过程中产生）。对乳化废液、皂化液等污水，可由园区污水管道网收集后输送到污水处理厂处理；对少量有机洗涤剂，通过 pH 调节、沉淀、过滤等工序处理后，基本可以返回到企业生产车间再利用；对部分冷却水，由于受污染程度较轻，可由企业废水处理设施处理后直接在车间循环使用。

5）废气处理

电动工具行业产生的废气主要为二甲苯和非甲烷总烃，虽然非甲烷总烃产生于注塑件加工中热处理工序，而注塑一般为外协解决，但实际上只是在开发区内从这家企业转移到了另一些企业（一般为小企业）生产，反而带来了生产现场管理水平差、环保监管困难的问题。对废气的处理，一直没有受到相关企业的重视，大多数企业也都没有相应的处理装置和设备，都是无组织地直接排入大气。对二甲苯的处理，可以通过捕集，再进入催化燃烧装置处理。若捕集率按 90%

计，去除效率可达 98%，而目前开发区电动工具年生产规模 800 万只，则类比计算得二甲苯有组织排放量为 8.53 吨/年，是无组织排放量的 1/10。

其中，催化燃烧装置的设计是建立在催化燃烧法原理基础上的，即有机废气先经电加热器预热至催化反应所需的温度（苯系物催化燃烧温度为 302℃，比直接燃烧低 200℃左右），然后流经催化剂床层，在床层中有机物发生氧化反应生成无害的二氧化碳和水，并放出大量热量。催化燃烧装置可利用热风回用技术，即利用燃烧反应热以预热进催化床前的废气，它的节电效率可达 25% ~ 40%。

6）机械噪声处理

针对电动工具产品在线试验时易产生较大噪声，产品试验中心对电动工具进行耐久试验时也会产生较大噪声和振动的情况，企业在设计时应考虑到在试验线设置单独的铝合金封闭隔间，并敷设吸声材料，降低噪声；同时，在耐久试验室采取吸声、隔振措施，以减少噪声对周围环境及操作人员的影响。要求企业选用低噪声设备，车间内通风除尘用风机，并且安装减振器。对噪声强度超过 80 分贝（A）的设备设风机隔声罩，并在进风口设消声器，从而达到对噪声控制的要求。

通过产品链和废物链的生态化建设，在开发区形成类似于自然界"生产者—消费者—分解者"循环，以产业横向耦合和纵向闭合为特征的完善的生态产业链。其行业生态工业链网络示意图，如图 13.6 所示。

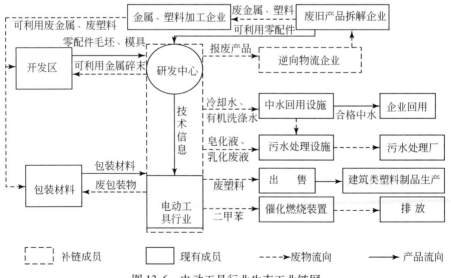

图 13.6 电动工具行业生态工业链网

13.4.2　汽摩配产业

13.4.2.1　污染产生环节及源头分析

铝合金轮毂的生产工艺过程中可能产生的污染源及污染物主要有煤气发生炉、熔炼炉、浇铸过程中可能排出有害气体，喷涂线形成的废气和废水，铸件清理时的粉尘，清洗机的清洗废水，煤气净化时喷淋废水，煤渣和废屑等固体废弃物。

13.4.2.2　生态化建设与改造规划及实施方案

1）废气治理

煤气发生炉废气含有烟尘、二氧化硫等，可选用的先进煤气发生炉和煤气净化冷却加压线具有很好的污染治理功能，其中的电除尘和水喷装置将废气中的有害物的影响降低到最小，使废气达到国家规定的一类大气污染物排放标准。

熔炼炉产生的废气也将集中收集，并通过水幕喷淋装置，降低有害物质含量。

浇铸过程中由于脱模剂含有石蜡和有机硅，在高温下会分解产生有机碳氢化合物烟气，建议选用含较少挥发成分的环保型脱模剂，同时在铸造机上方设置集气罩，收集后高空排放。

2）粉尘处理

现代的抛丸机一般都自备布袋除尘器，其除尘率大于99%，能有效地避免粉尘对环境的有害影响。

3）废水处理

汽摩配行业生产废水主要是涂装表面处理废水、喷漆废水、总装废水，废水中主要污染物是 COD_{Cr} 和浮油，废水排放量约为3439.2吨/年。

清洗机的清洗水和浇铸机模具冷却水都是循环使用，定期排出废水的量都不大，基本属于含油废水，应先通过隔油池隔油处理后再通向公司的生化池，集中处理后排放。

水幕喷淋水也分别是循环使用并定期排放的，所含的有害物质也比较复杂，煤气和熔炼喷淋水应经碱性中和池和沉淀池处理后通向公司的生化池，而喷涂线的水幕淋浴水应经过絮凝、沉淀处理后通向公司的生化池，与其他污水一起集中处理后排放。

数控车间机床产生废乳化液（约 79.4 m³/年）可由罐车运至污水处理站统一处理。

4）固体废弃物的处理

煤气发生炉产生的煤渣，是市场紧俏的制砖好材料，可以定期供给相关企业综合利用。

铸造浇冒口、切屑、铝轮废品经由公司的铝屑回收处理设备制成铝块，供熔炼炉配料使用。

熔炼铝工程中产生的废铝渣可以做净水剂由有关厂家收购。

污水处理池产生的污泥干化后送砖瓦厂制砖。

13.4.3 不锈钢制品产业

不锈钢制品产业占据永康经济开发区总产值的 15.3%，园区内规模以上不锈钢制品企业有 20 家，2006 年度不锈钢产业的总产值达 20.4 亿元。主要产品有保温杯、不锈钢水壶、汽车杯、不粘锅、不锈钢刀具、保温杯配件等。

13.4.3.1 污染产生环节及源强分析

不锈钢制品的生产过程基本无废气排放，其主要的污染因子为抛光工序中的抛光粉尘和清洗工序中的清洗废水。此外，不锈钢制品生产过程中还产生机械噪声、固体废弃物及少量的焊接烟气。

抛光粉尘：抛光粉尘主要产生于初抛光和精抛光生产工序。在抛光生产工序中使用的抛光膏、麻轮、布轮等，在操作过程中有消耗而产生抛光粉尘。由于抛光膏的主要成分为石蜡油、动物油和 Al_2O_3，抛光粉尘将有一定量的石蜡油、动物油和 Al_2O_3，因此具有易燃的特点。目前，开发区不锈钢制品企业年抛光加工板材约为 3900 吨，类比计算则抛光粉尘年发生量为 124.8 吨/年。

工艺废水：工艺废水主要为电解废水和抛光后的清洗废水，由于开发区内企业电解由外协加工完成，故主要工艺废水为清洗废水。类比调查得清洗废水平均 COD_{Cr}、石油类浓度为 332.5 毫克/升、60.7 毫克/升，则其清洗废水量、COD_{Cr}、石油类发生量系数分别为 10.0 吨/吨钢材、0.0033 吨/吨钢材、0.0006 吨/吨钢材。开发区目前年加工板材 3900 吨，类比计算得清洗废水量、COD_{Cr}、石油类年发生量分别为 39 000 吨/年、12.97 吨/年、2.37 吨/年；废水经隔油处理后石油类<20毫克/升，则清洗废水量、COD_{Cr}、石油类年排放量分别为 39 000 吨/年、12.97 吨/年、0.78 吨/年。

固体废弃物：不锈钢边角的产生率为不锈钢板利用量的 10%～20%，平均以 15% 计算，则年产生不锈钢边角料 600 吨。

噪声：不锈钢制品生产过程中产生的噪声主要是由剪板机、拉伸液压机、压力机、铣床等发出的，产生于下料、拉深、涨压、翻边、冲孔、成型等加工工序中，噪声源强在 70～90 分贝（A）。

13.4.3.2 节能减排实施方案

1）粉尘治理

不锈钢制品生产专用抛光机数量很多，抛光工序中产生的抛光粉尘便成为主要的大气污染源。目前大多数企业采用带抛光剂的自动抛光机，产生粉尘量较多，因此设备应配置吸尘效果较好的过滤吸尘装置，并连成系统，通过风机风管和高效抽风装置，使抛光粉尘由无序排放变为有组织排放，并配备技术、经济上可行的除尘装置进行处理，达标后排至室外，粉尘定期收集。

在抛光粉尘治理工艺方面应用较广的有布袋除尘、水喷淋吸收工艺。其中布袋除尘技术比较成熟，但容易出现布袋堵塞、破裂而产生事故性排放；水喷淋除尘效率不稳定，含尘水因含有油脂等难以分离而不能回用，从而增加了后续的水处理规模及运转费用。综合比较两工艺的优缺点，建议开发区内不锈钢制品企业在每个抛光机中都设置下抽风的风洞，抛光粉尘经风洞抽吸后，通过布袋除尘装置处理后经排气筒排放，同时必须加强除尘系统的管理，即使清灰、换袋，尽可能避免粉尘事故性排放。

2）废水治理

不锈钢制品行业的废水主要是清洗废水。清洗机的清洗水可以循环利用，定期排出的废水量都不大，基本属于含油废水，先将含油废水从其他废水中分离出来，之后采用隔油-混凝处理，减少石油类的排放量。去除率达到 64% 以上之后便可同生活废水等其他废水一并经园区污水管网收集排至园区的截污管，最终纳入永康市城市污水处理厂集中处理。

同时要大力实施清洁生产措施，在满足生产工艺要求的前提下，尽量不用或少用含油类原辅材料、乳化液，或采用含油量小的原辅材料；改进生产工艺或采用新技术、新的操作方式，如干削切技术，以减少含油原辅材料的消耗。

3）固废治理

不锈钢制品行业产生的固体废弃物主要是不锈钢边角料。对可再利用的不锈钢边角料，综合型企业可以内部回用，通过熔缩重新作为原材料回用到车间；装配型企业则可以出售给毛坯生产商等上游企业，在产业链内部实现回用。对体积过小不可再利用的不锈钢边角料，则采取集中堆放，定期送物资回收部门统一处理。

4）噪声治理

不锈钢制品生产的下料、成型设备等是主要的噪声源，各企业除选用高效、低噪声冲压设备外，在设备安装时也应采取减震降噪措施；同时，冲压设备应尽量集中布置，并用隔墙与其他场地相隔离，冲压场地的墙面或顶棚应设吸声材料，以衰减反射噪声，减少噪声影响。

13.4.4 防盗门产业

永康经济开发区的防盗门业拥有规模以上企业7家，工业总产值达到98 334万元，占开发区工业总产值的比重为8.4%。汇集了"群升"、"王力"和"金大"等众多知名品牌。

13.4.4.1 污染产生环节及源强分析

防盗门生产工艺中主要污染因子为工艺粉尘、磷化废水、清洗废水、固体废弃物及机械噪声。

工艺粉尘：工艺粉尘来自防盗门表面喷塑过程，经同类企业的实地调查，每扇防盗门喷塑量为1.0千克，喷塑产生的粉尘量占塑粉耗量12%，则喷塑粉尘排污系数为1.2吨/万扇。目前开发区内防盗门系列生产规模为200万扇/年，根据类比计算得塑粉年耗量为2000吨/年，喷塑粉尘年发生量为240吨/年。此外，防盗门在表面抛光过程中抛光粉尘产污系数为0.1吨/万扇，则目前开发区内防盗门系列抛光粉尘发生量为20吨/年。

工艺废水：防盗门生产过程中产生的工艺废水主要为表面预处理生产线中门体表面酸洗、磷化处理产生的磷化废水及清洗废水。根据王力集团的类比调查，防盗门系列产品废水产物系数为62.75吨/万扇，磷化废水平均COD浓度为19.8毫克/升、SS为35.0毫克/升、石油类为19.7毫克/升、总磷为795.0毫克/升、总铬浓度为73.15毫克/升、总镍为48.0毫克/升，清洗废水平均COD浓度为347.5毫克/升、石油类为67.0毫克/升、总磷为24.85毫克/升；类比计算得，防盗门工艺废水各污染物年产生量为COD_{Cr}3.54吨/年、石油类0.72吨/年、总磷2.24吨/年、总铬183.6千克/年、总镍120.5千克/年。

固体废弃物：防盗门生产过程中产生最多的固体废弃物是金属边角料和废钢材等。根据类比调查，防盗门系列废钢材等固体废弃物年产生量为1250吨/年，均可回收利用。

噪声：防盗门生产过程中主要的噪声源为数控剪板机、数控步冲压力机、折边机、折弯机、砂轮切断机等，噪声源强为 75～105 分贝（A）。

13.4.4.2　节能减排实施方案

防盗门生产过程中产生的污染物主要是工艺粉尘、工艺废水和废渣，同时还伴有少量的烘干废气及机械噪声。

1）粉尘治理

防盗门生产过程中产生的工艺粉尘主要包括防盗门进行表面喷塑时产生的喷塑粉尘和进行表面抛光时产生的抛光粉尘。

控制喷塑粉尘可选用静电喷涂设备，并采用多旋风分离器和滤芯两级回收过滤，粉尘回收率较高，排放口浓度可低于 5 毫克/立方米；控制抛光粉尘则应在设备上配置吸尘效果较好的过滤吸尘装置，并连成系统，通过风机风管和高效抽风装置，使抛光粉尘由无序排放变为有组织排放，并配备技术、经济上可行的除尘装置进行处理，达标后排至室外，粉尘定期收集。

2）废水治理

磷化废水：防盗门生产过程中的工艺废水主要来自涂装前的表面处理即磷化工序中的磷化清洗废水，脱脂、酸洗、表调、磷化过程都基本排放废水。废水呈酸性，针对废水中 pH、P 浓度较高的特点，可采用铝盐为混凝剂化学沉淀——过滤处理磷化废水，通过隔油池除去油污。由于除磷和除锌的 pH 条件不同，故采取两级沉淀，分段控制除磷除锌，为保证出水水质，最后过滤进一步除磷除锌。

车间废水：车间废水包括设备冷却水及废乳化液等，废水排放量较小，但石油类浓度偏高，可与磷化废水混合处理，达标后（<10 毫克/升）进行排放。

水转印冲洗水：防盗门生产过程中的水转印冲洗水水质较清，可建循环池循环利用，定期排放，排放废水可排入沼气净化池，与生活污水一并处理达标后排放。

3）废渣治理

防盗门生产过程中产生最多的固体废弃物是金属边角料，体积较大的可自行回收用于加工零配件，也可回收集中出售给小企业，对体积过小的金属边角料，可用废料专用箱集中收集堆放，定期送金属废品回收站回收。

防盗门生产的罩光喷漆工序中会产生漆泥，由于漆泥产生量小，回收利用没有好的经济效益，可集中存放，定期送往固废中心进行焚烧处理。

磷化工艺中酸洗去除工件铁锈，在水槽底沉积，企业应定期清除。

水转印工序产生的废纸，具有回收价值，生产过程中应派专人收集保管，晒干后定期送废品回收站回收。

4）烘干废气治理

喷漆后的防盗门烘干固化，产生大量有机挥发性气体，主要成分为苯、甲苯和二甲苯等。可采用固定床式活性炭吸附净化装置处理后高空排放。活性炭吸附净化法在正常情况下，有机废气去除率达 95% 以上，有机废气中的苯、甲苯等经过活性炭吸附后能实现达标排放，且通过脱附还可以回收利用苯等有用物质。

5）噪声治理

防盗门在下料、折边、成型、冲孔、压平等工序中会产生较大分贝的噪声。主要噪声来自板材的金属材料的剪板机、折弯机、成型机、冲床、切割机及喷塑、喷漆时采用的空压机、风机等机械运行设备。因此应该选用优质、高效、低噪声的设备，对一些大型设备的安装，设备基础要打牢；对空压机、风机等高噪声的设备应尽量设置单独机房，防止与其他物体相连而通过固体传播将影响扩大，并在内墙贴吸音材料以降低噪声。对振动较大的设备，应采取减振措施，减振器可由软木、玻璃纤维、海绵橡胶、金属弹簧等材料制成，局部封闭，做好噪声在传播途径上的防噪工作，以减少噪声对周围环境的影响。

14

电子信息产业的节能减排[*]

电子信息产业是从事电子信息技术设备制造以及信息的生产、加工、传播与服务的产业，是信息设备制造业、软件业、通信业与信息服务业等相关产业的总称。电子信息产业已成为中国新的经济增长点，其在经济和社会发展中的地位越来越重要。其中，信息设备制造业近年来发展迅速，尤其是其中用于个人消费的产品增长速度已经高于电子信息产业的总体增速，拉动了整个信息产业的增长。信息技术在财政、金融、工商、税务、海关、外贸等政府管理部门加强监管和提高工作效率方面发挥了越来越重要的作用，同时在提升传统产业、调整产品结构、降低能耗、提高效率方面的作用也日益突出。

电子信息产业从整体上看是能耗相对较低的产业，但节能减排问题依然突出。电子信息产业节能减排主要分为内外两个方面的内容：内即电子信息产业里，在生产服务过程中的自身能源消耗，要节约能源减少排放；外是生产出来的产品在社会上，它的能耗如何，能否做到节约能源减少排放，即对外要进行信息化和工业化融合的问题，采用信息化手段改造传统企业以达到节能减排的目的。总之，电子信息产业的节能减排是国家节能减排的重要组成部分，是在全行业工作中落实科学发展观的具体体现。

14.1 浙江东阳横店电子产业园区发展现状

浙江东阳横店电子产业园区是国家发展和改革委员会于 2006 年 8 月通过审核公告的省级开发区，是东阳市仅有的两个省级开发区之一，产业为电子、机械。园区规划用地 6 平方公里，建成区 3 平方公里，有规模以上企业 50 家，就业人数 2 万余人。电子产业园区由两部分组成，南江南区块为东磁股份有限公司，南江北区

---

* 本章内容由胡剑锋、韦晓倩撰写。

块为其他企业及电子产业区块。

电子产业园区以横店集团东磁股份有限公司为龙头，集结了英洛华磁业、英洛华电子、英洛华电气、英洛华电声、得邦电子等一批磁性材料及下游电子产品生产企业。

目前园区生产的主要产品有铁氧体永磁系列产品，稀土永磁系列产品，软磁系列产品，氧化铝陶瓷基板，控制微电机系列产品，汽车扬声器、电视机扬声器等电子产品，电容器系列产品，碱性锌锰电池系列产品，高效节能荧光灯、汽车灯具等产品，硬质合金系列产品等。

园区龙头企业东磁股份有限公司是全球最大的永磁铁氧体生产企业，我国最大的软磁铁氧体生产企业。英洛华磁业有限公司是目前我国同行业中品种最齐全、生产规模最大、产品性能最好的稀土永磁生产企业。横店得邦电子有限公司是国家级重点高新技术企业，集研发、制造、销售和照明工程设计为一体，公司各类产品陆续通过了国内外节能认证，并获美国南加利福尼亚州爱迪生奖。英洛华电子有限公司是国内最大的电子陶瓷生产厂家之一，英洛华电气是我国最大的微电机生产和出口企业之一。

14.1.1　产业结构现状

电子产业园区是以横店集团的磁性材料及下游产品生产企业为基础，同时吸引了一些民营企业入园，目前园中有规模企业 50 家，年总产值 60.7 亿元，工业增加值 18.2 亿元。园区的主要产品系列有磁性材料产品、电子产品、陶瓷基板产品、碱性锌锰电池、硬质合金材料产品。其中，磁性材料产业在电子产业园中占了园区总产值的 66%，电子产业占了园区总产值的 15%，电气机械产业占了园区总产值 12%，其他产业占园区总产值 7%。

电子产业园区的产业形成了以磁性材料为主的生产加工业，其生产规模及产品质量、知名度均在国内领先，同时在国际市场上具有较高的知名度。电子产业在园区中已成为第二大产业，其电子产业基本上以园区中的磁性材料产品为主要原料，进行深度加工，形成了产业链的延伸。电气机械产业为园区第三大产业，其生产的控制微电机及减速设备已远销国际市场，具有很好市场知名度，形成了产业规模，同时和磁性材料产业形成了产业链的延伸。合金材料、碱性锌锰电池等其他产业也初具规模。在产业链上，目前园区已形成了以磁性材料为龙头，以磁性材料深加工为延伸的电子产业链、电气机械产业链。

磁性材料产业的生产是对不同金属材料的配料、烧结、加工的过程，因此，在此生产过程中能源的消耗量较大。其典型的加工工艺流程见图 14.1。

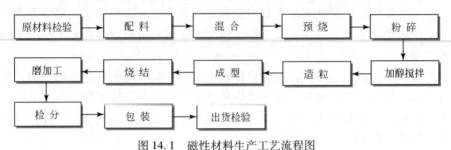

图 14.1　磁性材料生产工艺流程图

14.1.2　环境管理现状

目前，园区的空气质量达到《环境空气质量标准》中的二级标准，水环境达到《地表水环境质量标准》中Ⅲ类标准，噪声达到《城市区域环境噪声标准》3、4类标准。

园区以发展技术含量高、低污染的一类工业及部分限制性质的二类工业为主，严禁对环境有严重干扰和污染的三类工业企业进入园区。园区排水采用雨污分流制，雨水由暗管收集后最终排入南江，污水排入横店污水处理厂。该污水厂由横店集团投资建设，于 2001 年投入营运，2005 年平均处理量 1.8 万吨/天。区域内还有一个 10 万吨固体废弃物填埋场。淘汰了 20 多台小锅炉后，园区于 2005年建成一座集中供热的电站，装机容量 3.6 万千瓦·时。

电子园区排放的污染物主要有废水和废气。废水主要是园区的生产废水和园区企业的生活污水。废气主要是煤窑炉产生的废气排放。园区 SO_2 的排放强度较高，主要原因为园区绝大部分磁性材料生产企业使用煤窑炉生产，而绝大部分煤窑炉的废气排放没有脱硫设施，因此造成 SO_2 的排放强度较高。

作为园区内主要固废煤渣，年产生量约 21 000 吨，由于属于资源性废物，目前均得到了充分的综合利用。电气机械产业的主要固废为废金属，外售正规厂家再利用。工业共性固废主要有废纸类包装物、废塑料等，目前基本上出售再利用（浙江省富阳市是废纸造纸基地，而东阳市是废塑料再利用基地）。

该园区 2006 年主要污染物排放情况见表 14.1 所示。

表 14.1　园区 2006 年主要污染物排放情况表

污染物名称	2006 年排放量/吨	万元增加值排放量/(千克/万元)
COD	219	1.205 9
SO_2	1 280	7.032 9
固废	36 000	20

14.1.3 资源利用现状

园区中能源的消耗主要以电、煤、油为主，其中电力的消耗占了园区能源总耗的54.75%，煤的消耗占园区能源总耗的27.38%，油的消耗占园区能源总耗的17.87%。其中，磁性材料下游产业产品、电子基板、物流的能源消耗较低，其万元增加值能耗仅0.1726吨标准煤/万元。磁性材料加工企业的能源消耗较高，万元增加值能耗达到了1.3114吨标准煤/万元。

园区内的企业均为水资源消耗较少的企业，园区平均万元增加值水资源使用量相对较低，但离生态化园区的标准还有一定的差距。2006年，园区总用水量274.5万吨，其中工业用水238.5万吨，生活用水36万吨。园区内约有50%的工业用水重复利用，同时，60%的生活污水得到有效处理。其中，电子企业及电气机械企业用水大部分为生活用水，用水较多的企业为磁性材料加工企业。磁性材料加工企业的工业用水主要用于产品磨加工用水，大部分废水经沉淀回收原料后外排，部分回用，还有部分为表面处理废水。

磁性材料的生产过程中，由于企业重视对废料的回收，特别是磨加工废料的回收，形成了原材料的循环使用，使得原料的输入和输出基本相符，原材料利用率达到99.39%。而电子基板原材料的利用率较低，主要原因是生产过程中所用的溶剂没有得到回收利用，造成了原材料消耗居高不下。

14.2 园区存在的主要节能减排问题

（1）横店电子产业园区内的能源利用状况和生态工业园区相比还存在很大的差距，在能源节约上改造的任务较重，同时高能耗也对园区的发展形成了制约。例如，在园区内用水较多的企业中，其工业用水的循环利用率还有待进一步提高，通过提高工业用水的循环利用率，可以有效降低园区水资源的消耗量。大部分企业的生活污水均集中到镇污水处理站处理，但仍有少量生活污水尚未纳入管网系统。另外，由于磁性材料生产工艺过程主要是通过对金属原材料的烧结完成的，因此其能源的消耗要比一般产业要高。如何运用新技术、新工艺降低企业对能源的消耗水平，提高能源利用率是改造的重点。

（2）园区中磁性材料产品生产装备水平不等。在电子产业园区除东磁股份有限公司的生产装备水平较好，其余生产磁性材料的民营企业工艺装备水平较落后，绝大部分企业采用较落后的燃煤窑炉生产，热利用效率差，尾气没有进行治理，园区内烟囱林立，能源利用效率不高。以窑炉为例，园区中磁性材料生产企业除东磁股份有限公司、英洛华磁业采用了较先进的电窑炉、油窑炉外，其他企业绝大部分均采用煤窑炉，煤窑炉虽然有着一次性投资少的优点，但其能源消耗高，尾气中 SO_2 排放量大，生产效率低，产品质量差。这就造成了园区万元增加值综合能耗水平及 SO_2 排放强度高的问题。因此，需要尽快对工业窑炉进行改造，以改变能源结构。

（3）产业园区的产业链配置深度不够。目前园区已形成了以磁性材料为龙头，以磁性材料深加工为延伸的电子产业链、电气机械产业链。但是，磁性材料产业在电子产业园中占了园区总产值的 66％，电子产业和电气机械产业合计才占园区总产值27％，产业链的深度不够。另外，产业园区内磁性材料产品同质化现象严重，特别是园区内的民营磁材料生产企业比比皆是，对一些小的民营企业而言，产业的低档化、同质化现象严重。

（4）产业园区中的信息集成系统尚未完善，园区中民营企业的生产状况、废弃物的情况很难准确统计，信息化系统需进一步健全。生态工业园的建设与完善是复杂的系统工程，建立生态工业信息交流系统，是保持园区活力和不断发展的重要条件。园区内各企业之间有效的物质循环和能量集成，必须以了解彼此供求信息为前提，同时生态工业园的建设是一个逐步发展和完善的过程，其中需要大量的信息支持。目前，园区核心企业横店集团内部企业有信息交流系统，但横店集团外企业间尚未建立信息集成系统，信息集成系统尚需完善。

14.3　园区节能减排的对策措施

生态化工业园区是依据清洁生产的要求，循环经济理念和工业生态学原理而设计建立的一种新型工业园区。它通过园区内的物质流、能量流传递等方式把不同的工厂和企业连接起来，形成共享资源和互换副产品的产业共生组合，使能源资源得到充分的利用，将对环境的危害性降低到最小，有利于建设资源节约型、环境友好型社会。将东阳横店电子产业园区建设成为生态工业园区，主要是通过对园区的建设和改造，产业链的建设以及对园区现有企业的改造。

14.3.1　加强园区的生态化建设与改造

园区规划用地 6 平方公里，目前建成区 3 平方公里，尚有 3 平方公里的土地未完成建设。按照工业生态学的理论对未建成区进行规划和建设，在园区内形成基础设施和信息服务共享的格局，通过管理系统的建设，保障园区生态建设，并借助未建成区的建设，改造建成区。

完善基础设施。合理规划未建成区和改造建成区的上下水系统和雨水管网，设立雨水沉井，并将雨水利用于园区绿化，鼓励企业内部提高工业用水重复利用率。合理规划园区的供电系统，保障电力供应，鼓励采用清洁能源。通过镇热电站给园区预留集中供热管道，并根据企业的要求，集中供热。以浙江广深物流有限公司为基础，加强物流业的招商，促进园区的物流集中。

搭建信息平台。在现有横店集团内部网的基础上，建立电子产业园信息平台，使电子产业园工业企业间多余生产资料、能源资源和可资源化利用废物的信息公开，为废弃物的资源化利用的交换提供有力支持。信息包括园区物质的种类、数量和流向等信息，相关生态链上产业的生产信息、市场发展信息、技术信息、法律法规信息、人才信息及其他相关生态工业领域的信息等。

实施生态化管理。成立园区生态建设领导小组，统一园区生态化建设领导工作。根据生态工业园区建设的要求，有选择地进行主题招商和绿色招商，重点引进补链企业和具有高技术含量的企业，严把项目引进关。定期发布园区生态公告，从两个层次，即整个园区的生态管理公告和园区企业的生态行为公告，对园区和企业的环境状况和环境行为进行公告。制定园区清洁生产审核、ISO 14001 环境管理体系认证推广计划。

14.3.2 加强园区的生态产业链建设

通过产业链的建设，改变目前园区中的产业结构，提升园区产业的水平，提高园区的市场竞争能力，降低园区能耗水平，形成优势产业的集聚效应。

磁性材料产业。以生产高新技术的磁性产品及下游产品为发展方向，将目前园区中预烧料的生产进行空间转移；以东磁股份有限公司博士后工作站为技术依托，发展新型材料，提高产品附加值，延长产业链；重点建设数字平板 LCD 显示用 NiZn 铁氧体、数字平板 LCD 显示用锰锌铁氧体、汽车电机用永磁铁氧体磁瓦等项目，同时做好园区中小型磁性材料生产企业的产品升级换代工作。

电子产业。以磁性材料产业为基础，发展家电领域电子元件、新型电子元器件等产品；以现有的电子产品为基础，着力发展节能灯系列产品，打造节能灯自由品牌；重点做好激光打印机导电辊和导电显影辊、可变成微型高效电子镇流器等项目的建设工作，保障电子产业的增长。

电气机械产业。延长现有产业链，开发新产品，重点发展可控制微电机产品及其配件、家用微电机产品、智能化控制机械产品等；针对微电机产业的快速发展，配套电机机壳和电机定子等补链项目；重点做好柴油机电喷系统、大型核电装置核级阀门等项目的建设工作，保障电气机械产业的增长。

新材料产业。目前新材料产业在园区的产业结构中仅占 1%，还不能独立为产业。但由于该产业重要的行业地位和强大的技术需求，必须引起高度重视。因此，以科研院所为技术依托，大力发展特种纤维材料、特种金属材料等新材料；重点做好高性能防火芳纶 1313 纤维、高性能防弹芳纶 1414 纤维、T300 碳纤维等项目的建设工作，保障新材料产业的迅速发展。

目前园区的产业结构仍然是磁性材料一枝独秀的局面，通过产业链的建设，发展成为四大产业协调发展的局面，使产业结构更加合理。同时由于产业结构的改变，园区将从目前以高耗能的磁性材料产业为主发展成为以高科技、低能耗的电子产业、电气机械产业、新材料产业为主的产业结构，万元增加值能耗水平将大幅降低，并达到生态工业园区的标准。未来产业园区产业结构发展趋势如表14.2 所示。

表 14.2　产业结构发展趋势表

产业名称	2006 年		2012 年			2015 年		
	产值/万元	比例/%	产值/万元	比例/%	增长率/%	产值/万元	比例/%	增长率/%
磁性材料产业	400 933	66	832 500	45	16	1 083 000	31	10
电子产业	91 121	15	370 000	20	33	902 500	25	34
电气机械产业	72 897	12	370 000	20	38	902 500	25	34
新材料产业	6 000	1	185 000	10	—	541 500	15	44
其他	36 524	6	92 500	5	20	148 000	4	17
合计	607 475	100	1 850 000	100	25	3 610 000	100	25

14.3.3　加强企业的技术改造

通过对园区现有企业生产设备、工艺设计的更新改造，引进先进适用技术，减少污染物的排放，降低园区万元工业增加值的能源消耗水平，提高企业的市场竞争力。

管理措施改进。健全企业资源节约管理制度和工作责任制，健全资源消耗计量统计分析报告制度，定期召开能源、水、原材料利用情况分析会议；设立专项基金，用于资源节约型技术研发、改造和资源节约培训教育，重点耗能设备操作人员必须接受节能系统培训；开展经常性的节能、节水和节约原材料的宣传，提高全体职工节约意识。

工艺设备改造。淘汰园区内预烧料生产线，并利用产业链空间布局将预烧料转移到资源地生产或外购。通过以窑炉尾气达标排放、SO_2 总量控制等手段，淘汰落后的煤窑炉生产线，普及先进的电或油窑炉。推广磁性材料生产工艺电脑监控技术，对球磨机、砂磨机、炉窑温度、物料进出炉时间、压机、磨床进行实时监控。积极推广新的制造装备，如全自动循环称料电子秤、智能化压力喷雾造粒干燥设备、氮气保护双推板窑、高导磁小型软磁体全自动超声清洗烘干机等。研究陶瓷基板水基料浆流延法的生产工艺，并在此基础上完成设备的改造。

14.3.4 加强园区保障体系的建立

通过园区、企业和产品不同层次的管理制度框架体系的设计和实施，强化园区的管理，为园区生态化改造提供制度保障。采取以市场引导、企业为主、公众参与的原则，鼓励多方投资，多渠道融资，吸引社会力量及资金的积极参与。大力引进各类优秀人才，加强龙头企业纵向科技合作关系，引进先进适用技术，发挥东磁股份有限公司及英洛华电气博士后流动站的技术优势，研发相关技术。

15

综合工业园区的节能减排*

15.1 湖州经济开发区经济发展和环境质量

湖州经济开发区于 1992 年 8 月经省政府批准设立，是浙江省首批重点省级开发区之一，1997 年被国务院原特区办确定为全国重点省级开发区。2005 年经国务院重新审核通过。湖州经济开发区内设浙江省湖州高新技术产业园区、浙江省湖州台商投资区、浙江省留学人员湖州创业园区和筹建中的国家级出口加工区等省级专业园区。开发区位于湖州市区西北部，地处中心城市的核心区域。行政管辖面积 144 平方公里，下辖 40 个行政村，17 个社区。园区总体规划面积 66 平方公里，由凤凰分区、西南分区、西塞山分区三个主要区块构成。开发区与上海、杭州、宁波、南京、苏州等长江三角洲大中城市的距离都在 200 公里之内，区位条件得天独厚。

15.1.1 开发区经济总体状况

2007 年湖州经济开发区地区生产总值为 246.69 亿万元。其中，第一产业产值 2.18 亿元，第二产业产值 196.40 亿元，第三产业产值 48.11 亿元，三次产业比重为 0.9：79.6：19.5。企业发展充满活力，产业结构不断优化。

开发区在招商引资方面实行内资与外资并重。截至 2007 年年底，区内累计批准外资项目 385 个，合同利用外资 18.35 亿美元，实际到位外资 8.04 亿美元。2007 年合同利用外资 3.43 亿美元，同比增长 16.3%，实际利用外资 1.66 亿美元，同比增长 8.0%。

---

* 本章内容由胡剑锋、李植斌撰写。

15.1.2 开发区工业发展现状

2007 年开发区完成工业总产值 257.9 亿元，同比增长 35%；实现工业增加值 84.5 亿元，产品销售收入 248 亿元，同比增长 32.4%；利润总额 20.4 亿元，同比增长 59%；2007 年体制内财政收入 7.02 亿元，完成利税 23.1 亿元，同比增长 37.2%。经过 15 年的发展，开发区财政、经济、科技快速发展，各项经济指标大幅度增长，开发区已经成为湖州经济发展的强力引擎。

目前开发区已形成了以纺织、建材、现代轻工、机电制造、新材料、电子信息、生物医药化工、环保节能等为主的产业体系。2007 年规模以上工业总产值为 166.1 亿元，占园区工业总产值的 64.4%。其中列入高新技术产业的工业企业，完成工业总产值 114.6 亿元，占全区全部工业企业 69%；销售收入超亿元、利税超千万元企业 18 家。

15.1.3 环境质量现状

1）大气环境质量

根据监测，开发区空气质量总体良好，达到国家二级标准，全年空气质量优良率为 91%，空气质量综合污染指数为 2.02，常规空气污染物 SO_2、NO_2 和可吸入颗粒物的年日均值分为 0.036 毫克/立方米、0.044 毫克/立方米和 0.09 毫克/立方米，超标率分别为 0.1%、0.2% 和 16.6%。与 2006 年相比，三项指标均有所升高，这表明开发区空气质量有所下降，但能够达到功能区要求。

2）水环境质量

开发区几条主要河流的水质基本为 III 类水，没有受到较大的污染源的影响，能满足水功能区的要求。地下水符合地下水 III 类水质标准，无明显污染。区内生活污水集中处理率达到 100%，重点工业污染源污水排放达标率达到 95% 以上，污水管网覆盖率达 85%。

3）声环境质量

区内噪声源主要来自交通噪声、建筑工地噪声、工业噪声和社会噪声。按噪声功能区可划分为混合区、工业区、交通干线道路两侧三类。对开发区环境噪声的实测结果：一类区昼间 52.3 分贝，夜间 43.1 分贝；二类区昼间 56.1 分贝，夜间 45.3 分贝，表明基本能达到 I 类环境功能区标准。

15.2 湖州经济开发区能源资源利用和排污情况分析

15.2.1 水资源利用和废水排放情况

湖州经济技术开发区水源主要来自湖州自来水厂。2007 年工业总用水量为 2075 万立方米，新鲜水总用水量为 764 万立方米。在工业企业中，热电联产等行业的重复用水的消耗比例比较大，占开发区工业耗水的 89.8%。其中机电制造、新材料、纺织服装、食品加工、生物医药等水循环使用率较低，总共只有 4.6%。

根据水资源使用情况以及废水产生及 COD 排放状况，经过现场调查、资料收集，目前开发区主要产业废水相关数据如表 15.1 所示。

表 15.1　废水种类、回用状况及回用潜力分析

产业	说明	主要废水	目前综合利用状况	回用潜力分析
环保设备产业	主要产生于凝胶水浴、一次漂洗水浴、二次漂洗水浴和干膜液制备四个工段	废水中主要含有含溶剂 DMF（二甲基甲酰胺）	经"厌氧—好氧膜生物反应器—反渗透设备"废水处理装置，处理后可达到二级排放标准	经处理后纳入市政管网
热电联产产业	冷却及沉淀池等产生	冷却系统排水、锅炉排污水、沉淀池排泥水、酸碱废水	冷却系统排水、锅炉排污水、沉淀池排泥水经处理后全部循环利用，不排放；酸碱废水经处理后部分排放	技改项目实施后，废水，排放量大大降低 COD_{Cr} 排放量大大降低
机电制造产业	切屑、磨屑加工中产生	少量乳化废液		选用寿命较长的乳化废液，可以长期循环使用。对于不能再使用的乳化废液，收集后送专门机构处置

产业	说明	主要废水	目前综合利用状况	回用潜力分析
新材料产业	产生于不锈钢生产过程中的连铸环节、热轧环节、酸洗环节等	浊循环水、净循环水、酸洗废水	酸洗废水有外协企业承包处理。净循环水可循环使用。浊循环水，根据该废水特点分别采用沉淀法和上浮物理吸附法进行处理	提高利用率，减少废水排放量
纺织服装产业	废水主要产生于后整理阶段	污染物浓度高、种类多，有些含有毒害成分及色度高	企业采用生物结合物化处理的方法，即采用气浮处理设备或多次沉淀的方法处理污水，达到排放标准排放	废水种类多，毒性大，废水回用相对较难
食品副食品加工产业	产生于杀青及清洗，冲洗过程	各种洗涤水	废水全部收集后，统一排入污水处理厂进行处理后与生活污水一起排入市政管网	由于食品安全需要，几乎不可能在食品企业内部循环使用，但可以在产业间回用
生物医药化工产业	废水主要是洗涤过程产生的废水、设备和场地的冲刷用水，生产过程中的间接冷却水等，还有生活污水	洗涤废水，冲刷用水，间接冷却水	由凤凰污水处理厂统一处理排放	

由表 15.1 可知，机电制造、新材料产业产生废水较少，污染较小，各个行业废水基本实现达标排放。但纺织服装业废水种类多、毒性大，较难回收，且食品行业中水无法回用，只能在行业间利用。

15.2.2 能源利用情况

2007 年湖州经济技术开发区能源消耗主要是煤、电力、热力和油，其中原煤的消耗量约为 34 亿吨/年（主要用于热电厂）电力消耗量约为 7 亿千瓦·时，热力约为 86 万吉焦耳，油消耗量约为 1.7 万吉焦耳。

15.2.2.1 煤炭消耗

煤的总消耗量约为 34 亿吨/年，主要集中在热电厂，如表 15.2 所示。

表 15.2 煤炭消耗行业分布情况

行业	行业煤消耗量/(万吨/年)	占总煤炭消耗量的比例/%	耗煤量最多企业
热电联产产业	204 932	59.5	统一能源
机电制造产业	0	0	
新材料产业	23 364	6.8	黑色金属冶炼及压延加
纺织服装产业	11 790	3.4	
食品副食品加工产业	4 699	1.4	
生物医药化工产业	435	0.1	
其他	99 283	28.8	
合计	344 503	100	

开发区基本实现集中供热，电力、热力全部由统一能源（湖州）热电有限公司提供，因此开发区企业基本没有自备锅炉。热电厂担负全区供电、供热，因此原煤消耗量很大。

15.2.2.2 电力消耗

电力的消耗总量约为 7 亿千瓦·时，其中统一能源行业消耗较大，见表 15.3。

表 15.3 电力消耗行业分布情况和代表性企业

行业	主要企业	电能消耗/万千瓦·时	占总电能消耗的比例/%
热电联产产业	统一能源	29 278	41.2
机电制造产业	中机南方，久盛电器	1 936	2.7
新材料产业	金属材料企业，塑胶企业	14 106	19.9
纺织服装产业	纺织类企业	2 723	3.8
食品副食品加工产业	香飘飘、五丰冷食	1 595	2.2
生物医药化工产业	医药制造	2 798	3.9
其他		18 589	26.3
合计		71 025	100

由表可知，电力资源消耗主要集中在统一能源和新材料产业。

15.2.2.3 热力消耗

开发区热力的消耗总量约为 86 万吉焦耳，主要用于纺织服装、生物医药等企业，具体情况见表 15.4。

表 15.4　开发区热力消耗行业分布情况

行业	企业	消耗蒸汽量/吉焦耳	占总量的比例/%
热电联产产业	统一能源	3 267	0.4
机电制造产业	中机南方，久盛电器	17 819	2.1
新材料产业	金属材料企业，塑胶企业	67 811	7.9
纺织服装产业	纺织类企业	335 341	39.0
食品副食品加工产业	香飘飘、五丰冷食	114 920	13.4
生物医药化工产业	医药制造	258 437	30.1
其他		61 630	7.1
合计		859 225	100

由表 15.4 可以看出，纺织服装和生物医药是热力的主要消耗者，因此在这两者之中搞好能源利用是开发区生态化改造的关键。

15.2.2.4　油消耗

主要包括汽油、柴油和燃料油，开发区油的消耗量约为 1.7 万吉焦耳，主要用于新材料产业，具体数据见表 15.5。

表 15.5　开发区主要油消耗行业分布情况

行业	各种油消耗总量/吉焦耳	占总量的比例/%
热电联产产业	520	3.1
机电制造产业	655	3.9
新材料产业	8 734	52.2
纺织服装产业	588	3.5
食品副食品加工产业	407	2.5
生物医药产业	394	2.4
其他	5 420	32.4
合计	16 718	100

由表 15.5 可知，新材料产业是各种油的主要消耗者。

15.2.3　固体废物产生情况

2007 年开发区工业固废产生总量达 87.1 万吨，其中危险固废产生量为 0.8

万吨，产生固废较多的为热电企业、新材料、机械及电子行业。各行业固废的产生量和综合利用情况见表 15.6 所示。通过现场调研与分析，开发区固废总体综合利用状况良好，工业固体废物综合利用率达到 92%，危险固废无害化处置率达 100%。

表 15.6 2007 年开发区各产业固废生产及综合利用情况

产业类别	产品	固废来源	主要固废	类别	数量 /（万吨/年）	处理处置情况
环保设备	水处理设备	机架、管道生产	边角料	一般固废	5	出售综合利用
		膜组件生产	环氧封头切割废料	危险固废	0.25	送往湖州市工业医疗废物处置中心
热电	热电	静电除尘及锅炉水力出渣	燃煤灰渣	一般固废	15.1	出售给湖州刚强水泥厂和兴宝龙建材
机电制造	农机、汽车零部件、液压机	压铸	边角料	一般固废	9.3	回收再利用或出售
		精加工	废料、废模具、废品		3.5	回收出售给废品公司
			废乳液等	危险	0.1	集中处理
新材料	不锈钢管材、微晶玻璃	冶炼过程	固废炉煤渣、废旧耐火砖	一般固废	15.5	回收利用或直接出售制砖水泥厂家
		冶炼除尘过程	灰渣		3.5	专业公司回收
		酸洗过程	废水沉淀	危险固废	0.35	送往湖州市工业医疗废物处置中心
纺织服装	印染及服装	剪裁过程	废丝废布	一般	6.5	回收综合利用
		印染过程	废聚合物	危险固废	0.1	送往湖州市工业医疗废物处置中心
食品加工	食品副食品	生产加工	废原料及存货	一般固废	5.5	送填埋场填埋
生物医药化工	医药及化学原料	原材料提取	药渣	一般固废	6.7	送填埋场填埋
		锅炉燃煤	煤渣		4.1	出售制砖厂
各产业共性固废	—	水处理	水处理污泥	一般固废	6.9	送填埋场填埋
		产品包装	废塑料包装		4.5	收购商统一收购
合计					87.1	

由上表可知：开发区最主要的工业固废为炉渣和灰渣，共 38.2 吨，占整个固废产生量的 43.8%。这些炉渣和灰渣全部出售给水泥厂、制砖厂、建材厂作为原材料，其他废金属、废塑料、废纸等大部分固废也都得到有效利用，危险固废主要运送至湖州市工业和医疗废物处置中心进行统一处理。存在的问题主要有，一是工业固废及生活垃圾未实行分拣制度，导致一些可被利用的资源流失；二是部分工业废物资源化方式和程度有待进一步提升和提高，如水处理的生化污泥全部填埋，未考虑焚烧发电或制砖等综合利用途径；三是危险固废分类不彻底。

15.2.4　废气和粉尘产生情况

目前开发区内产生废气及粉尘的主要是热电联产企业和其他一般企业的锅炉和小发电机组，其中主要为新材料（不锈钢）行业和医药化工行业。产生的污染物主要包括 SO_2、烟尘、NO_x、工业粉尘、氮氧化物等。通过现场调研与分析，开发区内各产业废气产生及处理情况如表 15.7 所示。

表 15.7　2007 年开发区各产业废气产生及处理情况

产业类别	产品	主要污染物	数量/(吨/年)	处置情况	现状评价
热电联产	热电	SO_2	918.1	采用石灰石炉内脱硫系统，厂内预留深度脱硫设施场地	一般
		烟尘	73	采用布袋除尘器，除尘率 99.85%	较好
		NO_x	811.4	厂内预留脱硝设施场地	良好
		粉尘	4.5	进行洒水、收尘器抑尘	良好
新材料	不锈钢	SO_2	505.4	酸洗废气	一般
		氮氧化物	45.4	酸洗废气	一般
		烟尘	28.7	布袋除尘	良好
		工业粉尘	364.3	收尘器抑尘	一般
生物医药化工	化工原材料	SO_2	583.9	炉内脱硫系统	一般
		烟尘	213.1	布袋除尘	良好
		NO_x	173.4	脱硝设施	一般
其他	—	SO_2	782.6	炉内脱硫系统	一般
		烟尘	15.4	布袋除尘	良好

目前对开发区空气质量影响较大的是 SO_2 的排放量，由表 15.7 可知 SO_2 共排放 2790 吨/年，其中最主要的为热电联产、新材料（不锈钢）和医药化工企业产生，共 2007.4 吨，占整个开发区产生总量的 72%。

通过以上分析我们不难发现湖州经济开发区主要存在以下问题：①产业结构不合理，纺织印染和机电制造等高消耗、重污染产业比重过大，造成区域内生态和资源环境的日趋恶化；②开发区建设过程中循环经济和生态工业理念欠缺，在鼓励和推动企业引入绿色管理手段和清洁生产技术方面力度不够，大多数企业仍属于简单的、粗放的生产运营，存在着资源利用效率低，废弃物排放量大等问题；③企业之间、开发区与周边区域之间都缺乏物质流、能流、信息流的链接，能源资源利用率不高；④环境基础设施建设仍需完善，"三废"排放和处理处置不稳定等。

15.3 湖州经济开发区节能减排的思路与对策

从总体来看，湖州经济开发区节能减排的基本思路应该是：根据发展循环经济和建设生态工业的基本要求，结合开发区拥有的区位、产业、资本和人文优势，通过开发区的物质集成、水系统集成、能源集成、技术集成、信息集成以及设施共享等方式，完善和提升行业内部与行业之间的产业链和产品代谢链，优化开发区产业及产品结构，合理构建产品链，使产品生命周期中资源消耗最小、废物排放量最低；对开发区的产业发展、产业的功能分区和功能定位进行合理规划，形成"纵向闭合、横向耦合"富有经济活力的工业共生系统；还可依托周边现有产业以"虚拟企业"的方式，构建"虚拟生态链网"，增加开发区生态工业链的柔度与稳定性；大力发展现代服务业，为开发区企业发展提供优质便利的服务，同步实施科学环境管理和政府鼓励政策，提升开发区的竞争力；通过生态景观和人文社区建设，创建"和谐园区"，进而实现区域可持续发展。具体来说，应抓好以下几个关键问题和环节。

15.3.1 源头控制：调整产业结构

根据湖州经济开发区的现状和未来的发展要求，其产业结构调整应从几个方面进行考虑。

一是明确产业发展重点。转变经济增长方式，探索生态工业新模式，以"循环、减降、再利用"绿色技术为核心，以信息化带动工业化，加快绿色技术创新与高新技术产业发展，形成以生物医药、食品饮料、机电制造及电子信息、新材料等特色优势产业为支撑的生态工业体系。

二是加快改造和提升传统产业。一方面通过技术改造，提升传统产业；另一方面通过淘汰能耗和物耗高的企业，实现"腾笼换鸟"。

三是提高入区企业环保门槛。严格限制低端产品为主、低水平重复建设、生产能力过剩的项目，工艺落后、水电消耗高、能源和资源利用率低的项目，如印染、制革、造纸、水泥制造、铅酸蓄电池产品等污染型产业；而高能耗、高水耗、重污染的项目，如水泥机立窑、限额以下的纺织印染和建筑石子矿物开采业等则要完全禁止。

15.3.2 减量化：推行清洁生产

推行清洁生产是实现减量化，从源头控制能源资源和废弃物的一个重要手段。它可以把污染物消灭在生产过程中，从而既能实现区域内生产过程的清洁化，又能实现污染物产生的最小化和资源利用的最大化，有利于缓解资源约束压力，促进经济增长方式的根本转变；有利于促进开发区产业结构的优化，提升区域块状经济的竞争力。

例如，在能源利用方面，目前使用原煤的企业应进行设备改造，自制混合煤气，实现工业炉燃气化，这一项目节煤率可达20%以上，排放废气也能达到国家规定的一类地区大气污染物排放标准；有关企业应大力引进天然气等清洁能源，在开发区形成联网供气，可降低企业成本；电炉炼钢企业应采取交流变频技术来代替目前通用的液力耦合器调速，平均节能可达30%以上。

又如，油漆废气中包含二甲苯、甲苯等有毒气体，可采用相对密闭的喷漆房，并通过吸风集气进行收集，安装漆雾净化——有机废气处理装置对其进行处理，预计其漆雾净化效率达到98%以上，苯系物去除效率达到95%以上，处理达标后经15米高的排气筒排放。

15.3.3 资源化：能源资源集成和综合利用

所谓"三废"其实是放错地方的资源，因此只要合理利用完全可以变废为宝。

一方面要加强企业对生产废弃物的综合利用。例如，热电企业的汽机及发电机冷却水就可采用闭式水循环系统处理，冷却塔底排水可用于干煤棚增湿；排泥水和锅炉排污水沉淀后可用于冷却系统补充水；生活用水处理后可回用于绿化；化学废水经预处理后也可部分回用于厂区地面冲洗，除灰增湿等。

另一方面可以在企业之间建立一个工业共生和物质循环体系，使一个企业的工业废弃物成为另一个企业的生产原材料，通过这些充当"分解者"角色企业，形成开发区废弃物资源化利用的"食物链"，实现企业间物质资源梯级利用，从而减少开发区的"三废"排放量，并提高企业的经济效益。开发区可以通过招商引资的优惠政策吸引与开发区企业配套的上下游企业入驻，形成生态工业链，真正实现能源和物质在产业链内转化和代谢。

需要强调的是，在设计生态工业链时，既要通过核心企业带动，拉长产业链条，提高能源资源利用率，增加产业价值链；又要从各个产品链每个环节废弃物的减量化入手，设计废弃物的代谢链，使开发区的主导产业工业链真正成为"环环增值、环环清洁"的生态工业链。

16

节能减排的国际经验及启示[*]

16.1　美国节能减排的经验及启示

长期以来，我国节能减排工作的推进主要依靠各级行政力量，而忽视了市场机制的作用，依靠行政手段虽有快速、强制、无偿等优点，但手法单一，而且节能成本较高、节能效果不尽如人意。从美国的节能减排实践可以明显看出，美国在节能减排工作中，政府的主导作用与市场的激励作用是相辅相成，相互促进的。所以，我国要借鉴美国节能工作的成功经验，努力改变长期以来在节能工作中积累起来的各种行政手段的缺陷，积极发挥市场在节能减排工作中的重要作用。

16.1.1　按照"政监分离"的原则，进一步完善能源管理机构

从美国的节能经验看来，建立宏观统一的能源管理体制有利于能源发展战略和政策的有效贯彻，促进能源结构的优化。我国的能源管理机构虽经历了多次改革，但始终没有形成一个统一的、长期稳定的能源管理部门，存在许多诸如机构重叠、多头管理、职责不清等问题。在这一点上，本研究认为可以借鉴美国的能源管理体制，即采用集中式能源管理体制，实行"政监分离"。一方面建立独立的能源管理机构，主要负责国家能源战略、能源规划和能源政策的制定，并协调各能源部门之间的关系；另一方面建立专业性的能源监管机构，主要负责市场监管，双管齐下保证能源行业健康发展、有序竞争。

---

* 本章内容由彭熠、胡剑锋撰写。

16.1.2 提高相关法律的可操作性和可执行性

节能法律法规是最基本的节能政策，也是其他相关政策得以实施的保障和支撑。纵观美国有关节的能法律法规，既有宏观性规范，又有具体政策规定，政策内容明确具体、界限清楚、要求严格，可操作性强。而我国的《节能法》只是给出了大致方向，对具体怎么做，违反怎么处置并没有很明确具体的规定，企业节能活动得不到规范，政府节能管理部门缺乏行之有效的管理手段。故本研究认为我国还需制定并完善相关配套法律法规、节能减排标准及政策，制订具有可操作性的经济激励政策，构建适应市场经济的节能管理体系，例如在排污权交易问题，要从法律上进行确认，使其具有法律地位。

16.1.3 加大节能减排政策和能源政策的基础研究工作

鉴于美国在节能减排工作中的成功经验，我国在制定及实施能源战略及能源政策时可以审时度势，加大基础研究力度，充分利用相关经济系统、能源系统、环境系统分析模型，评价分析将要制定的能源战略和能源政策对社会、经济、能源、环境等诸多方面产生影响。只有这样才能够为相关能源政策的出台提供更加充分的理论和实践依据，以及详尽的数据支持；同时，通过加大基础研究力度能够使能源政策制定具有比较强的可操作性和可执行性，从而能够收到更好的实施效果。

16.1.4 建立最低能效标准及自愿能效标准，完善能效标识体系及监督机制

鉴于美国能效标准和标识制度的经验，本研究认为，首先，以立法的形式制定相关能耗产品、设备、建筑物的强制性最低能耗标准，同时建立鼓励高效节能的自愿性能效标准。提高能效标准和标识制度的可操作性和可执行性，为此我国在制定最低能效标准上也应每 3～5 年更新一次，以保持能效标准的先进性和可操作性，修订和完善主要耗能行业的节能设计规范，并由政府部门强制实施，尽快淘汰高耗能的产品设备。其次在能效标识制度的监督管理方面，可以将能效标准指标列入国家产品质量监督抽查范围，对违反的相关责任人或单位，明确处罚规定并从重处罚。最后，我国可以建立一个产品的能效信息系统。该信息系统定期或不定期公布政策制定信息、标准的制定情况等，从而为能效标准的制定和实

施监督提供一个信息交流的平台。

16.1.5 建立适合我国国情、基于市场作用基础的节能减排机制

16.1.5.1 注重相关参与方的市场定位，充分调动各方参与市场的积极性

借鉴美国的经验，政府主要负责制定节能减排工作的市场环境规则，把握好在国家的资源优化配置、能源安全及环境保护的前提下良好的、公平的、有序的市场竞争环境，使国家、企业、设备生产商及个人用户都能够从节能减排中真正获益，总之政府在政策的实施中主要要起到监督、协调和宏观调控的作用。作为第三方中介机构，包括节能领域相关的科研事业单位、大学、实验室、设备生产商、房地产开发商、节能咨询服务公司等，是节能领域的一支不可忽视的主力军。它们应该发挥政府和市场之间的桥梁纽带作用，尤其是科研事业单位、大学和节能咨询服务公司。

16.1.5.2 灵活运用财税激励措施促进节能减排

长久以来，我国节能减排政策仍然是以行政手段为主，就我国目前的财税激励措施来看，存在节能投入不足、激励手段较为单一、实施力度不强等问题。有鉴于美国的节能减排财税措施经验，本研究认为，一方面，政府可以通过把节能减排列入公共财政预算，以增加政府拨款金额，同时还可以建立节能专项基金，加大对节能改造、节能设备研究和开发、节能激励等方面的支持力度。通过税收减免或者资金补助鼓励高能效产品的研发、生产及推广。另一方面，在一些重大节能工程项目和重大节能技术开发，污染防治等项目上应给予投资和资金补助或贷款贴息支持。

16.1.5.3 设计适合我国国情的市场化节能减排项目

鉴于美国市场化节能减排项目的成功经验，我国应根据国情组织实施相关的节能减排项目，明确实施目标及目标群，在项目设计及组织实施之前可以设定一个具有可操作性的合格措施清单，以鼓励供应商和参与者积极参与。在政策上，对这些项目有所倾斜，如制定相关法律法规、提供多样化的融资渠道、优惠政策等，鼓励第三方中介机构参与。

16.1.6 调整节能战略重点、发挥政府在节能减排工作中的带头作用

长久以来，我国政府对能源管理偏重工业节能，而忽视了建筑和交通领域的

节能，导致建筑和交通节能成为我国节能减排工作最薄弱的一个环节，造成巨大的能源浪费和严重的环境污染。这一点，美国做得比较成功，其节能减排工作重点已转移到建筑和交通领域。鉴于我国的国情，一方面，可以对节能减排工作重点进行重大调整，从过分偏重工业部门适当转向关注建筑和交通领域，对建筑进行节能改造，鼓励使用节能型公共交通工具，制订相应建筑和交通节能法律法规及规章条例，建立完善的建筑和交通能效标准和标识，并健全建筑和交通节能减排管理监督机制。另一方面，政府应在机构建筑、交通出行、办公设备采购等方面加大节能减排的实施力度，通过节能建筑，采购节能设备为全社会节能减排工作树立榜样。

16.1.7　加强节能宣传教育，提高公民节能意识

我国可以借鉴美国节能宣传经验，借助各种媒介和手段，加强节能宣传教育，提高公民节能意识。同时应该充分发挥相关中介机构的作用，对用户及生产商进行宣传、培训和节能咨询，让全社会每个人都来关心节能减排工作。将节能纳入教育体系中，在各个阶段和各个层次的教育中，设置相关课程，并定期出版节能减排杂志和科普读物，开展"节能宣传周"活动，并利用媒体广泛宣传节能行为，引导消费者购买节能产品和设备，形成全社会共同节能的良好氛围。

16.2　日本节能减排的经验及启示

纵观我国制定的有关节能减排的系列政策措施，虽已覆盖了生产、生活等众多方面多个领域，然而总体政策效果仍不尽理想。迫于能源价格长期的上升压力以及经济对能源的高依赖性，我们应该结合自身的实际情况，使制度体系的设计更加合理完善，提高政策措施的有效性。参考日本与节能提效有关的整个体制设计，我国在节能提效措施推广方面存在着许多不足。

16.2.1　建立完备的法律制度建设，为节能减排的成功实施提供根本保障

日本关于节能减排的法律体系完备，权责关系明确，具有较强的可操作性，确保再生企业能够盈利，使绿色购买为产业发展提供市场需求，而且强制性收费制度使得产业回收、处理企业得以网络化、规模化发展。目前，我国节能减排的

法律制度建设还较落后。1979 年以来我国出台的环保法律法规多达 1000 多件但大都缺乏有效执行的机制。《清洁生产促进法》离循环经济的立法要求还有很大差距。废弃物回收、循环利用和安全处置的专项法和行业标准还很缺乏。《电子信息产品污染控制管理办法》也没有在细节上规范企业的废旧电子产品回收义务。《中华人民共和国循环经济促进法》还需要有关部门制定配套的法规、规章和标准。出台的环境保护方面法律法规缺乏有效执行机制，还需要有关部门制定配套行政法规、规章和标准。

16.2.2 高度重视政府与市场力量有机结合

日本的经验表明，节能减排在起始阶段离不开政府推动，在关键时期也需政府发挥重要作用。政府相关部门的统筹协调是节能减排的组织保证。在培育环保产业方面，日本政府发挥了弥补市场失灵、增进市场力量的作用。并且，一旦市场机制建立起来，政府就会退出。在尊重市场规律下，为了避免抑制中小企业发展，只有达到一定规模的企业才受法律约束。同时，日本政府用法律和政令规定出各政府机构、高耗能单位和大中型企业降低能耗时限，为节能服务业发展创造了市场需求。在日本的节能体系中，为了刺激企业在节能提效领域的投资，日本发展银行以及一些私人金融服务机构可为这些企业提供多种低息贷款。除此之外，对进行节能提效改革的企业，法律规定可以享受一定的税收优惠待遇。

我国在帮助企业实施节能提效设备系统的升级换代方面缺乏有力的财政支持，在占据我国能源消耗总量 70% 的工业领域，生产流程以及工艺方法的优化升级需要有力的资金支持。提高能效设备及系统的一次性投入令许多中小企业望而却步。再者，我国在培育环保产业、引导企业自主发展方面比较薄弱。当前财税体制使中小企业在节能减排技术更新换代中的经济压力较大，推进财税体制改革，为企业提高灵活的融资渠道，刺激企业在节能方面的投资是我国需要迫切解决的问题。

内生增长理论认为大部分技术进步都是市场激励带来的结果，这种市场激励包括来自成本的节约，也包括技术创新和扩散带来品质、生产效率以及竞争力的提高。因此，市场激励的环境状况往往对技术进步起决定作用，能源产品为一种重要的生产要素，其价格水平无疑也是技术进步的市场激励因素。合理的能源定价可以调配市场投资方向，促进技术的定向增长，为新能源的开发，能源的使用效率提高提供决定性的推动力。因此，在我国提高能源利用效率，实现可持续发展的改革中，首先必须正确处理能源市场机制与宏观调控的关系，在更大程度上发挥市场配置资源的基础性作用，减少政府对资源配置和价格形成的干预，逐步建立以市场定价为主的能源价格机制。

16.2.3 提供必要的经济支持和鼓励政策，发挥企业在节能减排中的重大作用

企业是社会和经济发展的重要动力，也是环境的最大污染源。从长远来看节能减排会使企业和社会达到双赢，但在初始实施时，企业的暂时利益似乎是受到了损害。这就需要政府配套政策也要跟上，特别是环保节能技术研发及融资政策。日本注重采取预算补贴、融资、税收支持政策将企业外部成本内部化。扶持和鼓励企业加大环保设备投资和技术开发，对中标的技术革新项目提供直接补助，帮助企业真正建立起资源回收利用产业发展的利益驱动机制。

目前，我国产业激励政策比较薄弱，是节能减排成效不显著的重要原因。"十二五"时期，是我国新兴产业技术设备投资和产业研发投资大发展的阶段，要注重研究制定能够覆盖生产和消费多环节的环保产业技术政策。企业在节能减排中起着重大作用，从 1998 年起，日本开始实行"产品领先计划"，即将当前市场上能效最高的产品作为能效标准，以此引导厂商主动按照行业标准制定和实施各自节能环保和资源再利用计划，并积极增加这方面的技术和设备投资。这种在循环技术和产品上的竞争叫绿色竞争，尤其在节能和节约资源方面成效显著。日本经验表明，单靠法律约束和国家补助直接推动，并不能完全解决企业发展动力不足的问题，我国的各级政府要灵活运用类似于日本"你好我更好"的产品领先计划，采取多种市场化手段，引导更多的企业选择超前于政府法规，把"绿色制造"当成企业降低生产成本、提高竞争力最重要的目标。

总之，日本企业之所以具有较强的国际竞争力，与它们能够适时把握经济和社会发展的方向、变不利因素为有利因素有关。我国企业应该抓住这个消费潮流变革的有利时机，急起直追，不应把环境治理和保护看成企业发展的障碍和负担，应该把它变为企业发展的战略目标，提高企业的技术水平和国际竞争力。

16.2.4 与时俱进，建立生态环保城，发展创新型产业集群

日本以振兴地区产业为目标，以产业环保化为手段，以构建废弃物再生利用产业链为切入点，来推进环保城建设和区域经济转型。在园区管理建设方面，日本采取了中央与地方共建的模式。地方政府在加强循环经济执法、协调企业和居

民冲突并制定地方防治公害协议、推动地方环境城建设方面起到主导性作用。目前，我国生态产业园区配套建设还很不完善，处理好中央和地方在生态园区建设方面的关系，对推进原有产业生态化发展，建立"零排放"循环生产体系，发展创新型产业集群具有重要意义。

16.2.5　加大宣传教育力度，动员全社会参与

公众参与不仅仅是取得能源节约环境清洁的直接效果，更重要的是形成一种节能减排的氛围，进而使节能减排成为公众自觉行为。相比较日本全面而细致的宣传教育，我国缺乏有效的公共活动进行节能提效的宣传。需求决定了供给，消费者的消费观念决定了企业所生产的产品这一逻辑关系决定了公众意识的重要。而我国虽然已经实施了家用电器能效标识的统一规定，然而在消费者节能知识的普及教育以及节能观念的推广仍然不足。另外，除了增强国民节能意识外，还需推广节能方法，配合终端能源价格的调整，提高民众节约能源的积极性，通过合理的制度设计，化被动为主动，才能够起到治本的效果。

我国从 20 世纪 80 年代中后期开始，各级统计部门和环保部门都编制关于企业环境基本情况的统计报表并送达各政府机关。然而，这些信息的使用对象只有国家，其他人接触不到这些资料，而且这些信息只是为宏观环境管理服务的。这就限制公众的知情权和选择权。我国政府为了经济的可持续发展以及人们的生命安全，必须制定制度要求企业公开环境信息，发布企业环境报告（孙振清和张晓群，2004）。企业环境信息公开、透明，就维护了公众的知情权和选择权，也有利于政府、公众和投资人对企业的监督，也有利于企业获得消费者的信任，提高企业声誉和品牌知名度，使节能减排真正做到全民参与。

16.3　德国节能减排的经验及启示

在工业化道路上，与德国相似，我国正遭遇经济发展、资源利用和环境保护之间的失衡；另外，在能源结构上，中、德两国的煤炭资源都比较丰富，但石油、天然气都较为贫乏，同时两国又都是世界上的经济大国，能源资源的消耗较大，因而德国在节能减排方面有许多经验对我国具有借鉴与启示意义。

德国所建立的一套相对复杂且旨在确保能源供应安全的法律法规，涉及能源供应安全、能源可得性和能源供应体系的技术持续性等各个方面，具有较强的灵活性和可操作性；在不同发展阶段，制定相应的法律法规，重视根据情况变化并

进行及时调整、更新和完善。德国能源安全立法有如下特点：一，根据能源来源制定不同法律政策；二，注重平衡和协调各种不同的法律价值；三，将能源安全与可持续发展统一起来，促进节能，同时发展新能源和可再生能源，促进能源供应的多元化（龚向前，2006）。

我国近年来对能源安全问题的工作重点集中在外交战略和政府应急层面，而相对延误了能源安全的立法工作进程。德国能源安全立法表明，在市场经济下，应保证能源企事业和个人能自由做出决策，国家应避免不必要的干预。政府虽负有确保经济运行条件和能源安全的基本责任，但只有当私人手段不能够确保供应安全时方可进行干预。但是，由于存在市场失灵的问题，政府应该通过制定行动规则对国家经济生活施加影响和进行必要的干预，这是十分重要的。

我国是社会主义市场经济国家，在宏观调控上有明显的优势，通过立法将使政府在能源安全上发挥更加积极的作用。我国应在未来加快建立健全保障能源安全的法律法规，推出综合性的能源基本法，并制定相应的能源专门法和能源配套法规；另外，根据形势的变化，及时修改相关不合时宜的能源法律规章。

德国政府在制定节能减排政策时，注重宏观政策与市场机制相协调，注重综合利用财政税收等多种调控手段。我国在进行节能减排工作时，可借鉴德国经验做法，充分发挥市场和价格机制的调控作用，实现政府政策引导与市场机制相互协调衔接，以提高政策实施的实际效果。

德国通过各种税费的征收，促成能源价格机制将外部成本内部化，确保价格能较正确地反映社会成本，从而通过价格信号影响能源供应与需求，促进生产者和消费者节约能源并进行能源结构调整。通过节能减排专项财政补贴、税收优惠政策，鼓励企业节能减排，鼓励节能减排产品的研发和应用。德国通过经济制约、激励措施，发挥财税政策的作用，利用价格信号引导市场，较好地达到了节能减排的目标。当前，我国积极采用各种财税政策以促进节能减排，但从德国经验中可以看到，我国还应该继续调整现行资源税，扩大征收范围；对企业增值税和所得税等税种进行绿色改造。对研发新技术以控制污染的企业、环境污染小和资源利用率高的企业，实施财政补贴和税收优惠政策，扶持其能健康发展。对从事清洁生产研究、示范和培训，实施国家清洁生产重点技术改造项目和自愿削减污染物排放协议中载明的技术改造项目的不同规模企业建立环境财政投入与信贷鼓励制度，并给予适当数额的财政专项资金支持。对那些资源投入少、科技含量高、环境污染轻的出口企业，应实施财政补贴和信贷优惠政策。另外，设立节能减排奖励基金，以鼓励进行节能减排的企业。

德国对自愿协议的利用，值得中国借鉴和学习。目前，自愿协议在中国有很大的发展潜力，可以被引入到中国节能减排政策体系中来。

排污权交易制度在国际范围内得到越来越多应用。当前，尽管我国在制定排污交易管理制度、运行机制等方面取得一些经验，但仍存在下面五个突出的问题：一是支持排污交易的法规不足，二是排污权初始分配方法不完善，三是排放监测和监管能力不足，四是排污交易市场规模潜力不大，五是排污交易制度与现有的政策关系难以理清（王金南等，2009）。结合我国的具体国情，我国必须分步、分期、有序和重点突破，在个别地区试点实施排污权交易，再在总结经验的基础上进行大范围推广。针对我国现在面临的主要问题，应着重做好下面的工作：一是构建排污交易法律法规体系，在地方试点试行过程中做到有法可依。加快出台推进排污权有偿使用和交易的政策性意见，明确排污权有偿取得和排污交易的法律地位，进一步明确参考主体的权利、其法律地位及相关违法责任。二是建立公平公正的排污权初始分配体系，保证初始排污权分配结果在公平公正的基础上，更能对企业提供一种节能减排的内在激励机制。三是加大投入排污权交易所需关键技术研发的财政支持。排污权交易的有效实施，面临着许多技术性难题，而这些技术难题在短期内更多需要政府投入。有技术支撑才能更好地加强排污监管能力。四是激活排污权交易二级市场。排污权只有在二级市场进行再分配才能发挥出市场在配置环境资源中的作用。应明确市场的参与主体，制定交易规则，对违约者进行严厉处罚，区别对待新老企业，等等。五是加强各种环境政策的理论研究，在操作层面上理清各种政策间关系。

德国政府非常重视节能减排相关知识和信息的宣传普及，通过各种行动倡议、网络宣传、媒体宣传、评奖活动、巡回展出等形式发动全社会参与到节能减排行动中。我国政府也高度重视节能减排科普宣传，可借鉴德国的经验做法，在加强节能减排科普宣传的知识性和实用性上下工夫，在调动社会公众自下而上参与行动的积极性上着力，政府可以加强引导鼓励民间组织和社会团体参与到节能减排宣传培训工作中来，为社会公众提供技术咨询和服务，提高公众节能减排能力，促进节能减排良好社会风气的形成。

16.4　英国节能减排的经验及启示

在工业化道路上，与英国相似，我国正遭遇经济发展、资源利用和环境保护之间的失衡，且英国在节能减排的政策或措施等许多方面走在世界的前列，所以，英国在节能减排方面有许多值得我国学习和借鉴的地方。

完善节能减排法律法规体系，加强节能减排的"硬约束"。从英国节能减排的经验看，建立完善的法律法规体系是促进节能减排的根本。英国的《气候变化法案》是世界上第一部同类法案。英国也是第一个用法规形式引入"碳预算"为 CO_2 总量排放量封顶的国家。英国关于节能减排的法律法规极大地提高了国家、企业和个人在节能减排方面的义务门槛，建立了对节能减排的法律"硬约束"。我国虽有一些环境保护的法律文件，但在许多领域仍需完善，在立法理念、立法内容以及相关法律法规的衔接上还存在一些问题，应当尽快建立健全以节能减排为主要内容的法律法规体系。因此，可借鉴英国经验采取如下措施：一是尽快出台有利于节能减排的法规和政策，完善环境监察、环境统计等方面的法律法规体系，加强监督管理，增加强制措施，增强处罚的力度，解决"违法成本低、守法成本高"的问题；二是根据节能减排的迫切需要，不断完善现有的法律法规体系，积极完善《节约能源法》、《循环经济法》、《水污染防治法》、《大气污染防治法》等法律文件；三是在推动地方性政策试点的同时，积极推进地方性法规规章的制定工作，如污染物排放许可、强制清洁生产审核等，为全面推广政策的立法和实行积累充分的经验（马丽，2008）。

英国政府综合利用财税、自愿协商和排污权交易等经济手段，建立促进节能减排的激励约束机制和政策体系。为促进节能减排，在财政、税收和金融服务等方面出台了一系列有利于节能减排的优惠措施，逐渐形成了一套推动全民节能减排的政策体系。另外，英国在排污权交易方面也取得良好的效果。我国应当按照"政府引导，企业负责"的原则，逐步建立和完善鼓励企业、组织、个人节能减排的激励约束机制，积极推行排污权交易试点运行，真正实现节能减排者得实惠，高耗能者高成本。

完善节能减排的财税政策。英国利用财政税收政策加大对节能减排的支持力度，其支持形式包括直接的财政补贴、税收优惠，间接的增加能源使用成本、惩罚性的税收等。在企业方面，英国通过财税政策向企业提供明确的价格信号，引导企业自主节能减排；在节能产品研究推广方面，利用财税政策发挥扶持的作用，消除潜在的市场风险；在建筑节能方面，通过财税政策支持，引导节能型的生活方式。另外，由于财税政策涉及面广，可能对社会公平和行业竞争产生负面影响，英国政府充分考虑了这些方面的细节，并实施相应措施以消除这种影响，如专门列支取暖费用补贴项目和对企业节能技术进行补贴（田智宇，2008）。我国经济和社会发展水平与英国这样的发达国家相比有较大差距，市场机制还不够完善，特别是在能源价格改革滞后的背景下，应该充分发挥财税政策作用。具体建议如下：一是应该在采用各种财税政策中，充分体现节能减排的要求，发挥财税政策的积极引导作用。研究开征环境税、碳税等，研究促进新能源发展的税收政策。加快制定节能、节水、资源综合利用和环保产品目录及相应税收优惠政策。二是充分发挥财税政策调节市场机制的作用，矫正市场失灵现象，用合理的市场价格引导生产和消费。我国能源、资源价格改革滞后，价格信号在一定程度上不能合理反映供需关系，不能正确反映环境污染的外部成本，而改革涉及问题多，实施难度大，在现阶段充分利用财税政策引导生产消费具有重要的现实意义。三是从各地区实情出发，区别对待，制定合理的财税政策。如我国区域经济发展不平衡，财税政策应有所不同，对落后区域应该给予一定的财政补贴或税收优惠。四是在重视工业领域节能减排的同时，应加快出台交通、建筑等领域的财税支持政策，加大对节能减排技术研发和示范的支持力度。五是应该采用财政补助、奖励和设立节能专项资金等方式，支持环境技术的开发创新，支持高效节能产品和节能新机制推广、节能管理能力建设及污染减排监管体系建设等。六是加强节能减排的金融服务。鼓励和引导金融机构加大对节能减排技术改造项目的信贷支持；优先为符合条件的节能减排项目或循环经济项目提供直接融资服务。

完善政府绿色采购制度，促进政府机构节能并引领公众消费。从英国的经验看出，公共采购是引导节能减排的一种非常有效的措施。进一步完善政府采购节能和环境标志产品清单制度，扩大节能和环境标志产品政府采购范围。对空调机、计算机、打印机、显示器、复印机等办公设备和照明产品、用水器具，由同等优先采购改为强制采购高效节能、节水、环境标志产品。建立节能和环境标志产品政府采购评审体系与监督制度。

排污权交易制度在国际范围内得到越来越多的应用。英国在这方面也取得了很好的经验。英国在欧盟实行排污权交易之前，就已经于 2002 开始在其国内实行了排污权交易制度，这既是迫于环境形势，也是一种政治战略需要（王文军，2009）。不论是目前中国的环境形势还是战略需求，中国都急需推行排污权交易制度，并积累经验以应对国际政治的博弈。

提高公众节能减排意识，促进公众参与节能减排。在英国，公众可以根据具体法律参与环境管理，政府公共部门、企业、团体和个人都积极参与到节能环保行动中。当前我国的《环境保护法》只是确立了定期发布环境状况公报的义务，并未直接赋予公众环境知情权。所以，应当尽快通过立法直接确立公众的知情权，并应具体规定知情权的行使方式、相关程序，包括权利受到侵害后的救济程序。进一步具体化公众参与环境事务决策和环境行政执法参与权的立法。消除公民起诉权的障碍，给公民参与环境事务以更广阔的空间。

环境领域的非政府组织在环境保护当中发挥着越来越重要的作用。最近十几年来，中国的环保团体相继出现并获得了较快的发展。但是，中国环保团体有如下的局限：一是活动地区主要局限于北京，并没有遍及全国；二是在环境决策中发挥的作用仍然有限，其主要原因之一是环保团体的资金有限。三是，整个民族的环境保护意识还处于较低水平。当存在政府和市场均失灵的情况时，环保NGO 的作用就会显得相当重要。我国政府接下来应该注重以下的工作：一是应该鼓励和支持民间环保组织的发展，吸收更多的公众参与进来。二是建立专项资金，帮助环境 NGO 可以有效地运转。三是应当积极利用各种媒体，广泛宣传节能减排的重要性、紧迫性，提高全社会的节约环保意识。把节能减排的观念渗透在各级各类学校的教育教学中，从小培养儿童的节约和环保意识。

公众参与环评是公共决策过程中的一个体现民主的合理行为，它可以确保将要实施的项目满足公民（特别是受该项目影响的公众）的需要。我国在《水污染防治法》和《噪声污染防治法》的修改过程中，增加了"环境影响报告书中，应该有该建设项目所在地单位和居民的意见"的规定，但没有具体规定公众参与的程序，这使得公众参与并不能得到实际的应用效果。另外，公众不能通过一个公共的渠道得到项目的环评报告。2003 年 9 月实行的《中华人民共和国环评法》规定了需要征求有关单位、专家和公众的意见；建设单位报批的环境影响报告书应当附具对有关单位、专家和公众的意见采纳或者不采纳的说明。这使得公众参与环评的机制得到了加强。但是，新的环评法要求项目开发者必须做出努力来与所有潜在受影响者和感兴趣的公众共同协商，如果公众意见没被接纳或是对决策没有产生影响，公众很可能会把公众参与视为一个程序上的操作，而不是一个实质的民主过程。所以，政府还需要继续完善有关公众参与具体操作程序、法律救济制度及明确公众的权利与义务等。

16.5 丹麦节能减排举措的经验启示

我国目前尚未开征污染税，而是采取征收排污费的方式对环境污染行为进行约束。我国的排污费征收制度始于 1979 年《中华人民共和国环境保护法（试行）》中对超标排污收费所做的原则性规定。2003 年颁布《排污费征收使用管理条例》、《排污费征收标准管理办法》，对排污收费制度进行改革（王萌，2009）。至今已形成了涵盖废水、废气、废渣、噪声、放射等五大类环境污染物的排污费制度。我国主要污染物排放量、排污费收入情况见表 16.1。

从表 16.1 中的数据来看，主要污染物排放量大体上呈递增或持平趋势，说明我国排污费征收制度对环境污染的约束有限。对比丹麦的排污税，不难得到排

表 16.1　全国主要污染物排放量、排污费收入及其增长率

项目	2001 年	2002 年	2003 年	2004 年	2005 年	2006 年	2007 年	2008 年
SO_2 排放量/万吨	1948	1927	2158.7	2254.9	2549.3	2588.8	2468.1	2321.2
增长率/%	-2.4	-1.1	12	4.5	13.1	1.5	-4.7	-5.9
烟尘排放量/万吨	1059	1013	1048.7	1095.0	1182.5	1088.8	986.6	901.6
增长率/%	-9.1	-5.4	3.6	4.4	8.0	-7.9	-9.4	8.6
废水排放量/亿吨	428	439.5	460	482.4	524.5	536.8	556.8	571.7
增长率/%	3.2	1.5	4.7	4.9	8.7	2.3	3.7	2.7
COD 排放量/万吨	1407	1367	1333.6	1339.2	1414.2	1428.2	1381.8	1320.7
增长率/%	-2.7	-2.7	-2.4	0.4	5.6	1.0	-3.2	4.4
排污费收入/亿元	62.2	67.4	73.1	94.2	123.2	144.1	173.6	185.24
增长率/%	7.2	8.3	8.5	28.9	30.8	17.0	20.5	6.7

资料来源：国家环境保护总局《全国环境统计公报》（2001～2008 年）。

污费征收制度失效的原因：① 排污费征收制度本身存在设计缺陷。目前排污费征收标准偏低，难以发挥其纠正负外部性的目标；征收范围狭窄，对行为主体的调控不全面；超标收费的制度规定根本不能起到激励企业进一步减排的作用。② 排污费的管理和使用存在问题。按照现行的排污收费制度，排污费上交中央、省、市和县各 10%，返还企业 60%，用于环保项目。然而，不管是企业还是政府，都没有完全将这部分资金用于环境污染的专项治理，或是投入生产性发展，或是用于维持自身的经费支出（周雅琼，2007；司言武，2007；王萌，2009）。

鉴于以上分析，参照丹麦的经验，结合我国国情，对我国排污收费制度改革提出如下建议。首先，我国的排污收费制度应当从以费为主逐步转变为以税为主，税费结合。利用征税来减少我国目前收费过程中出现的"寻租"行为和地方保护现象。其次，应提高征收标准，扩大征税范围。只有当企业的污染削减成本低于因污染环境而承担的纳税负担时，企业才会积极治理污染，才能实现污染税费的开征目的。最后，加强排污税费资金的管理和使用，实现资金的专款专用。加大处罚力度，增强排污费征收的执行力。

16.6　荷兰节能减排的经验及启示

我国的节能减排政策一直以"命令-控制"型手段为主，自愿协议尚处于起步和引进阶段。2003 年 4 月 22 日山东省政府和济南钢铁集团总公司、莱芜钢铁集团有限公司签订自愿协议，标志着我国第一个自愿协议试点正式成立。随后几

年，我国又进行了一系列大大小小节能自愿协议试点项目。这些试点的成功证明自愿协议在我国是可行的，但试点中也暴露出一些问题：与荷兰比较，我国的工业企业和社会对自愿协议并不了解，积极主动的环保意识也不强烈；政府缺乏真正有效的经济刺激和优惠，导致企业参与积极性大打折扣；尚未制定专门规范和调节自愿行为的法规，缺乏法律保障；自愿协议效果的测定方法有待改进，评价指标仍需完善等。我国在运用经济刺激手段保护环境的实践中，既面临着因经济刺激手段功能缺失而产生的普遍问题，也存在着基于特殊国情而出现的具体问题。

16.7 澳大利亚节能减排的经验及启示

1）完善节能减排法律法规体系

从澳大利亚节能减排经验看，建立完善的法律法规体系是促进节能减排的根本。我国虽有一些环境保护的法律文件，但在许多领域仍需完善，应当尽快建立健全以节能减排为主要内容的法律法规体系，积极推动节约能源法、循环经济法和水污染防治法等法律的制定及修订工作。

节能法律法规是最基本的节能政策，也是其他相关政策得以实施的保障和支撑。我国的《节能法》只提到了概括性的内容，对具体的企业违规行为并没有做详细的处理说明。我国还需制定并完善相关配套法律法规、节能减排标准及政策，制定可操作性更强的经济激励政策，构建适应市场经济的节能管理体系，比如在对排污权交易上，要从法律上进行确认，使其具有法律地位。同时还应加大对节能减排政策和能源政策的基础研究工作。

2）政府和市场相结合

综合利用政府行政命令的强制性和市场交易的自由性。可借鉴澳大利亚在某些领域中先制定一定量的节能减排标准，达到总量控制目的，再通过排污认可证等形式，允许组合和个人自由交换。这样既可以达到国家宏观层面的减排目标，又可以融入市场灵活性，刺激企业发展节能减排新技术。但应注意指标要与实际情况相结合，不可盲目下达。我国应以政府引导为基础，以企业行为为主体，逐步建立和完善节能减排的激励约束机制，积极推行排污权交易试点运行，真正实现"污染者付费"原则。

3）完善财税支持政策

积极推进环境税及其相关税种的改革。重新界定环境税、资源税及各种污染税费条目，避免重复征收。研究开征碳税等促进新能源发展的税种，向国际靠拢。对节能环保产品、可再生能源实施税收优惠，减免企业所得税，促进企业发展。建立专项资金，对节能灯等环保产品进行补助，可用半买半送甚至完全赠送的方式，在消费者建房、装修等合适机会下推广应用。加大环境技术的资金投入，重点研究清洁煤、石油、温室气体存储等技术，提高能源的利用率。支持高效节能产品和节能新机制推广，建设污染减排监管体系。

4）完善绿色采购制度

促进政府机构节能并引领公众消费。普及并提高中国能效标识等节能标志的作用，使之与政府采购相结合，优先或强制采购能耗低、污染少的产品，强制要求相关主体购买一些可再生能源及其产品，可颁发相关绿色证书并与其他政策如财税、借贷相挂钩。建立节能减排和环境标志产品政府采购评审体系与监督制度。

5）提高公众节能减排意识

在澳大利亚有许多人文观念值得我们借鉴，为了减少排放，号召家庭式的共同生活，甚至"站着安息"，都是从根本观念上来重视，从实际行动上来落实。我国目前在大力倡导的低碳生活，便是很好的观念革新。应当积极利用各种媒体，广泛宣传节能减排的重要性、紧迫性，提高全社会的节约环保意识。向澳大利亚的绿色教育学习，从娃娃抓起，以实践为根本，把节能减排的观念渗透在各级各类学校的教育教学中，从小培养儿童的节约和环保意识，组织开展经常性的节能环保宣传、节能环保科普宣传活动。

16.8 印度节能减排的经验及启示

1）加强政府统一管理

印度十分重视中央政府对能源部门的统一领导和管理。我国目前还基本上处于低级别分散管理的局面，不能从宏观上进行强有力的规划和指导，难以很好地协调各个相关部门的利益和关系。

2）建立和健全行业法律法规

印度特别重视国家的能源安全，在油气资源领域的法律制度建设比较完善，将油气勘探开发、加工、运输、储备等各个环节纳入规范的法制化管理轨道，加强执法监管。而我国在制定能源行业法律法规领域还有待进一步加强和完善，应尽早制定相关具体的法律法规。

3）增强节约意识

印度高度重视节约使用油气，把节约能源和提高能源使用效率作为保障印度能源安全的一项基本国策。节约用油是确保国家能源独立安全的重要因素。我国作为能源需求大国，急需减少能源浪费，转变经济发展方式，强化管理，建立节能管理制度，建立有利于节约能源的体制机制和政策体系，培养公众的能源忧患意识和节约意识。

4）加强对外合作

印度在能源外交方面非常有建树。不仅通过各种协议和合作确保能源供给，还获得了急需的能源利用技术，提高了对旧能源的利用率和对新能源的开发能力。我国应当继续加强与世界各能源大国的合作，积极开发和利用国外矿产资源，实现技术上的交流与互补，共同应对能源紧缺的全球性难题。

四、政策篇

17

中国节能减排目标可行性分析及政策评价[*]

17.1 引言

中国政府在"十一五"规划纲要中明确提出要建立"资源节约型、环境友好型社会",并设置了相应的约束性指标,即在未来五年时间内,单位国内生产总值能源消耗强度在 2005 年基础上减少 20%,主要污染物排放量在 2005 年基础上下降 10%。节能减排工作不仅是调整经济结构、转变增长方式的突破口和重要抓手,更是贯彻科学发展观和构建和谐社会的重要举措(温家宝,2007)。但根据国家统计局的统计显示,在 2006 年和 2007 年,单位 GDP 能耗强度同比下降 1.79% 和 3.66%,2008 年尽管能耗强度同比下降 4.21%,前三季度的 SO_2 排放量下降了 4.2%[①],但与预期目标仍有很大距离。尤其是进入 2008 年以来,受全球金融危机影响,世界各国节能减排实施减缓策略,在波兹南会议上,全球政治决策圈内开始出现诸如"经济不景气情况下讨论气候环境问题太过奢侈",以及"节能减排应为经济发展让路"等声音[②]。而在国内,各地区也出现了"为保增长而暂缓节能减排"的举措,如山西省十一届人大常委会上,山西省政府建议将"十一五"初确定的单位 GDP 综合能耗下降指标由最初的 25% 调整到 22%[③]。在

---

* 本章内容是在魏楚、杜立民、沈满洪合作发表的论文"中国能否实现节能减排目标:基于 DEA 方法的评价与模拟"(《世界经济》,2010 年第 3 期)基础上修改而成的,该文相关内容还被收录于魏楚所著《中国能源效率问题研究》(中国环境科学出版社,2011 年)。

① 见"我国万元 GDP 能耗年度降幅首次突破 4%",新华网,2009 年 1 月 22 日,http://news. xin-huanet. com/ fortune/2009-01/22/content_10703556. htm。

② 见"节能减排:约束性指标如何实现",《第一财经日报》,2009 年 1 月 14 日。

③ 见"山西省以科学发展观审视自身、积极调整发展方向",http://www. sxgov. cn/xwzx/sxxw/sxyw/616600. shtml),2008 年 11 月 27 日。

经济下滑的特殊时期，节能减排工作是否同快速拉动经济增长相悖，还是会成为中国经济转型升级的契机？这无疑是亟待回答的现实问题。

此前对节能减排工作存在的几个主要疑惑在于：

第一，对当前能效水平、节能空间和减排潜力判断的疑惑。尽管从直觉上判断，中国能源效率在全球处于落后水平，但也有一些与经验相悖的数字证据[①]，加上在过去几年中，大多省份都未能完成相应的年度节能减排目标，从而引发了对当前能源效率所处水平以及是否具备 20% 的节能空间、是否具备 10% 的减排潜力的诸多讨论。

第二，对节能减排与经济增长目标之间关系的疑惑。在过去经济高速增长情况下，可以通过降低经济增速来缓解能源压力，但在国际金融危机背景下，各地区为了保增长、促稳定，是否会忽略长期改革的目标，包括节能、环保、改善民生、可持续发展等（张晓晶和常欣，2008）。中短期内，如何协调科学发展与经济较快增长成为目前促进节能工作的另一个困惑。

第三，对节能减排目标分解的疑惑。从本质上来讲，节能减排是中国贯彻落实科学发展观、坚定不移地推进改革的重要环节[②]，但由于中国地区经济发展不平衡，不同地区、不同部门之间在改革的承载和接受能力上存在很大的差异（刘树成，2008），其自身的产业发展水平、节能空间也不一致，因此在节能目标的地区与进度分解问题上，是采用"一刀切"、"齐步走"政策，还是采取"有差别的"、"分而治之"的梯次推进方法？同时，目标分解的依据和原则等问题，都值得深入切磋（常兴华等，2007）。

第四，对促进节能减排的政策手段的疑惑。目前政府和学术界一致认为，促进节能降耗需要通过政府推动产业结构调整、促进技术进步等方式，但考虑到不同地区的经济发展水平与资源要素禀赋存在较大差异，其推进节能降耗的政策是否应因地制宜？此外是否还有其他有效促进节能降耗的政策手段？

本章即是基于当前这一特殊背景，对节能减排工作所存在的困境以及可行性进行的初步探讨。本章的主旨在于回答以下几个迫切而基本的问题：

首先，中国是否存在如"十一五"规划中制定的 20% 的节能空间和 10% 的减排潜力？这是破除各方困惑、讨论节能降耗的前提与基础。

---

① 最明显的证据即是在国家发展和改革委员会、统计局于 2007 年发布的《千家企业能源利用状况公报》中，中国的大部分工业产品单位能耗已经接近甚至低于世界先进水平。

② 新华社. 深化改革的重要一步，科学发展的坚定决心——各界热议成品油价和税费改革. 2009 年 1 月 7 日，http://www.gov.cn/jrzg/2009-01/07/content_1198605.htm。

其次，如果存在上述设定的节能减排空间，其实施所需的经济增长代价有多大？经济增长能否保持在可承受范围内？

再次，如果节能减排目标与经济增长目标不存在冲突，应重点关注哪些重点地区？

最后，在现有政策手段下，是否需要补充其他政策来更好地实现节能减排目标？

本章的结构安排如下：第一部分介绍基本方法和数据；第二部分是对中国地区全要素能源相对效率、节能潜力与减排潜力的基本评价；第三部分是对中国节能减排目标的可行性考察，以及对节能减排潜在的产出损失的测算；第四部分是对当前节能减排政策的相关讨论；最后是结论。

17.2　基本方法与数据

面对我国能源效率在国际上所处的水平，由于比较指标众多，且缺乏统一标准，因此迄今未有权威的结论，这里仅考虑国内各地区的能源效率及节能潜力评价问题[①]。对能源效率进行评价涉及能源效率指标的选择，目前在《中国统计年鉴》中采用的是能耗强度指标，考虑到单要素生产率指标存在着诸多缺陷[②]，本章除继续沿用能耗强度指标外，还将参考 Hu 和 Wang（2006）的思路，采用DEA方法评价全要素能源相对效率和节能潜力，并在此基础上考虑污染物排放，从而构建减排潜力模型。

17.2.1　基于投入角度的节能模型

考虑如图 17.1 所示的一个基本生产模型。单位化的等产量曲线为 SS′，投入要素为能源以及其他要素（包括资本和人力），生产前沿上的点 C、D 表示有效率，而点 A 则在生产前沿曲线上方，意味着同样的产出需要耗用更多的资源，也就是存在效率损失。按照 Farrel（1957）的定义，A 点的效率在几何上可表述为OA′/OA，但点 C 才是 Pareto 最优点，因为在 A′点可以继续减少能源投入 CA′从

[①]　一般来说，如果采用热效率指标，中国落后先进水平 10%～20%，如果采用汇率法计算的能耗强度指标，则仅为先进水平的 1/8 左右，如果采用 PPP 法计算的能耗强度指标，则同先进水平相差不大，相关的比较结果的讨论可参见何祚庥和王亦楠（2004）、王庆一（2005）、戴彦德和朱跃中（2005）等。

[②]　对单要素能源生产率、多要素能源生产率指标的讨论及比较，可参见魏楚和沈满洪（2007b）。

而到达生产前沿。A 点的要素无效损失包括两部分：一部分是由于技术无效率而导致的所有投入资源过量 AA′，其中能源要素过度投入量为 AA″；另一部分是由于配置不恰当而导致的松弛量 A′C，因此（AA″+A′C）即为无效点 A 参照目标点 C 所需要调整的能源数量。如果该值越大，也就意味着在生产中"浪费"的能源越多，也就表明该点的能源效率越低，如果能源投入不需要调整，则意味着该经济体的能源投入已经处于"最优生产边界"上，此时能源效率为 1。

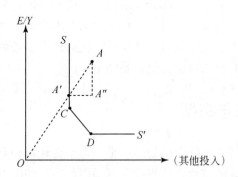

图 17.1　全要素能源相对效率模型

根据对效率的定义以及上述分析，可以定义全要素能源相对效率为

$$EE_{i,t} = TEI_{i,t}/AEI_{i,t} = (AEI_{i,t} - LEI_{i,t})/AEI_{i,t} \tag{17.1}$$

式中，$EE_{i,t}$（energy efficiency）为第 i 个地区在时间 t 的全要素能源相对效率，$TEI_{i,t}$（target energy input）为生产前沿上的目标点的能源投入，$AEI_{i,t}$（actual energy input）为样本点的实际能源投入，$LEI_{i,t}$（loss energy input）为该地区相对前沿过度投入的能源量，也可看做其可实现的节能量。根据方程（17.1）还可计算出各地区每年的节能潜力 $SPE_{i,t}$（saving potential of energy），即：

$$SPE_{i,t} = LEI_{i,t}/AEI_{i,t} \tag{17.2}$$

该值越高，说明当前能源投入的无效率损耗越大，也表明该地区的节能潜力越大。显然，节能潜力值同全要素能源相对效率值互为镜像，即 SPE+EE=1。

利用 DEA 方法[①]，可以计算出式（17.1）中的目标能源投入 TEI，结合实际能源投入 AEI 即可得到各地区的能源效率值 EE、节能量 LEI 和节能潜力 SPE。

---

① 关于 DEA 方法的介绍可参见若干教材，如 Cooper 等（2000）、Coelli 等（1998）等。

17.2.2　基于产出角度的减排模型

经典的生产模型不考虑污染物，但在实际生产中，往往伴随着污染物这一非合意性产出①，如果把污染物也当做产出物，显然此时的生产前沿所代表的应是正常产出的最大化，同时污染物的最小化。由于污染治理往往需要成本，这部分污染物应该从产出中扣除以反映真实的 GDP，但污染物价格无法确定，因此传统的核算手段和生产理论无法对其进行直接处理。一般可采取间接法，通过单调递减函数形式，将非合意性产出进行转换，从而使转换后的数据可以在技术不变的条件下融入正常的产出函数中（Scheel，2001），其具体手段包括：转换为投入要素的 INP 法（Liu and Sharp，1999）；加法逆转换的 ADD 法（Berg et al.，1992）和 TRβ 法（Ali and Seliford，1990）；乘法逆转换的 MLT 法（Golany and Roll，1989；Lovell et al.，1995）。此外，由 Färe 等（1989）、Chung 等（1997）发展起来的方向距离函数（directional distance function）则是使用原始产出数据通过构建环境生产技术来适应非合意性产出的直接求解。此处限于主题不在此进行展开②，仅介绍本章的基本思路。

本章采取间接法考虑污染物处置问题③，具体来说将分别利用 INP 法和 MLT 法对污染物进行转换④。按照 Banker 等（1984）的定义，生产技术集可表示为 $T = \{(x, y) \mid \lambda^T X \leqslant x, \lambda^T Y \geqslant y, \lambda \geqslant 0, \lambda^T e = 1\}$⑤，INP 法的思路是将非合意性产出 B 当做投入要素，其技术集可定义为 $T^{[\text{INP}]}$：T with $X = (X, B)$；MLT 法的思路则是选取函数 $f_i^k(B) = 1/b_i^k$，对非合意性产出 B 进行乘法逆转换，其包含污染物的技术集可定义为 $T^{[\text{MLT}]}$：T with $Y = [f(B), v]$，无论是 INP 法还是 MLT 法，均可以实现在合意性产出增加的同时，非合意性产出减少。

一旦确定了生产技术集，则可以定义第 i 个地区在时间 t 的减排潜力 $\text{APP}_{i,t}$

（abatement potential of pollution） 为

$$APP_{i,t} = (AP_{i,t} - TP_{i,t})/AP_{i,t} \qquad (17.3)$$

式中，$AP_{i,t}$（actual pollution）表示样本点的实际污染排放量，$TP_{i,t}$（target pollution）表示生产前沿上的目标点的污染排放量。该值越高，说明当前污染排放越过度，同时也表明该地区的减排潜力越大。利用基于产出的 DEA 方法，可以计算出式（17.3）中的目标污染排放量（TP），结合实际污染排放量 AP 即可得到各地区的减排量（AP-TP）以及节能潜力（APP）。

17.2.3　基于产出角度的潜在产出成本模型

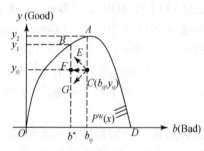

图 17.2　包含污染物的生产技术集

在图 17.2 中，OBAD 所形成的包络线即为包含了污染物的产出集，C 点为观测到的样本点，其中 y 和 b 分别代表合意性产出和非合意性产出。可以观测到现实样本点 C 的污染排放量为 b_0，此时合意性产出水平为 y_0，如果要使样本点的污染排放量符合更为严格的标准 b^*，那么样本点有以下移动方式。一是选择左上方的 CE 方向，此时即是方向距离函数的思路；其次是 CG 方向，此时即是 Shephard 距离函数的一般化形式，即产出和污染排放同比例、同方向变动。但是无论向 CE 方向还是 CG 方向移动，均无法得知移动后的产出水平。本章的思路是采用间接测度方法，即尽管无法计算出样本点移动后的产出水平，但是却可以确定其相应前沿上的目标产出水平。在投入要素集 X 和污染排放量 b_0 不变的条件下，对应的前沿上的参照点 A 的产出水平为 y_2，它也是样本点 C 在环境标准 b_0 条件下，通过效率改善可以实现的潜在产出水平。选择让 C 点水平移动到 F 点，保持现有产出不变的同时满足了污染排放约束①，此时对应的前沿上的参照点 B 的产出水平为 y_1，也即是样本点在环境标准 b^* 的条件下，通过效率改善可以实现的潜在产出水平。那么 C 点由于环境标准的变化，尽管真实产出未发生变化，但潜在产出却有损失，其机会成本大小为 $|y_2 - y_1|$。

---

① 作出这样的假设的最大原因是对于真实产出数据的变化无法有效获取。环境排放量发生了变化，因此生产前沿也会发生变化，为此让原先处在前沿上的参考省份其污染排放不变（此时他们仍满足减排要求），从而使得其最优前沿不发生变化。

在图 17.2 的生产技术下，当环境标准为 b_0 时，地区 i 在时期 t 的相对前沿的目标产出为 $\text{TPO}_{i,t}$（target potential output），当环境标准变化至 b^* 时，在投入要素和合意性产出不变的条件下，相对前沿的目标产出为 $\text{TPO}_{i,t}^*$，那么由于环境标准的变化导致的潜在产出损失 $\text{LPO}_{i,t}$（loss of potential output）可定义为

$$\text{LPO}_{i,t} = \text{TPO}_{i,t}^* - \text{TPO}_{i,t} \tag{17.4}$$

通过这样的间接转换方法，可以测度出各地区在保持投入要素和实际产出不变的条件下，为满足环境约束而发生的潜在最大产出的变化。对于各地区相对前沿上的潜在产出目标产出 TPO，同样可以利用产出角度的 DEA 方法求解。

17.2.4 变量与数据

本章以 2005~2007 年中国 29 个省（自治区、直辖市）的资本、劳动力和能源作为投入要素，以各省 GDP 作为产出要素进行能源效率分析。其中：

GDP 产出：数据来自历年《中国统计年鉴》，为了保持口径的统一，将重庆市的数据合并到四川省，以 2000 年不变价格计算，单位为亿元。

污染物：数据来自历年《中国统计年鉴》，为了同国家统计局公报口径一致，选择了工业二氧化硫排放量作为污染物变量①，单位为万吨。

资本存量：一般用"永续盘存法"估计每年的实际资本存量，此处主要参考了张军等（2004）的研究成果，并按照其公布的方法将序列扩展到 2007 年，以 2000 年不变价格计算，单位为亿元。

劳动力：国外一般采用工作小时数作为劳动力投入变量，但受限于数据可得性，这里采用历年《中国统计年鉴》中公布的当年就业人数作为劳动力投入变量，单位为万人。

能源：数据来自历年《中国统计年鉴》，从 2005 年开始仅公布各省能耗强度指标，因此 2005~2007 年的能源消耗数据根据各年的真实 GDP 进行转换得来，其中西藏由于缺少能源数据，因此没有包括在样本内，单位为万吨标准煤。

上述各变量的统计性描述可见表 17.1。

---

① 此处要说明的是，国家统计局公布的是当年全国二氧化硫排放总量，其值等于工业排放量加上生活排放量，本章基于生产理论进行分析，因此只以工业排放量作为整个经济的副产品（by-product）。

表 17.1　GDP 产出、污染物排放与投入要素的统计性描述（2005～2007 年）

	GDP 产出 /亿元	工业 SO_2 排放 /万吨	劳动力 /万人	资本存量 /万元	能源投入 /万吨标准煤
均　值	6 799.2	75.2	2 421.5	14 258.7	9 991.4
标准差	5 514.2	47.8	1 700.6	10 257.9	6 346.0
最小值	468.0	2.2	267.6	1 575.1	819.1
最大值	25 923.4	183.3	6 568.2	43 250.9	28 552.0

17.3　地区节能减排潜力分析

17.3.1　地区能源效率评价与比较

根据上述模型可以计算得到 TEI 值①，除以各地区的真实能源投入 AEI 即可得到全要素能源相对效率值，见表 17.2 第（Ⅰ）列数据，此外，根据 2001～2008 年《中国统计年鉴》中公布的能耗强度指标，将能耗强度转换为能源生产率②，并进行单位化处理及排名，见表 17.2 第（Ⅱ）列数据。

通过表 17.2 可以发现，如果以全要素能源相对效率为考察对象，在 2005～2007 年间，上海、广东的能效为 1，即一直处在最优前沿上，北京、福建和海南距离前沿较近；如果以能耗强度为考察对象，则该时期内北京能效最高，广东、浙江、上海、江苏能效较高。对能效较低的地区两种指标评价相同，均是内蒙古、青海、山西、贵州、宁夏等经济欠发达地区。可以看出，两种指标的地区排名基本接近，但考虑到全要素能源相对效率指标考虑了其他投入要素的影响，因此现有的能耗强度指标对部分省份（如辽宁、上海和浙江等地）的评价可能存在一定偏误。

表 17.2　中国各地区全要素能源相对效率及排名（2005～2007 年）

地区	（Ⅰ）全要素能源相对效率指标				（Ⅱ）单要素能源生产率指标			
	2005 年	2006 年	2007 年	平均排名	2005 年	2006 年	2007 年	平均排名
北京	0.939	0.972	0.978	3	0.991	1.000	1.000	1
天津	0.765	0.790	0.796	8	0.714	0.711	0.703	9

---

①　主要采用 DEAP 2.1 软件进行计算。
②　能耗强度与能源生产率互为倒数。

地区	（Ⅰ）全要素能源相对效率指标				（Ⅱ）单要素能源生产率指标			
	2005 年	2006 年	2007 年	平均排名	2005 年	2006 年	2007 年	平均排名
河北	0.391	0.392	0.391	22	0.405	0.401	0.388	22
山西	0.244	0.241	0.245	27	0.270	0.263	0.259	26
内蒙古	0.312	0.318	0.324	25	0.321	0.315	0.310	25
辽宁	0.506	0.516	0.516	18	0.433	0.428	0.419	21
吉林	0.490	0.501	0.510	20	0.483	0.478	0.470	19
黑龙江	0.586	0.586	0.593	13	0.546	0.538	0.528	15
上海	1.000	1.000	1.000	1	0.901	0.871	0.858	4
江苏	0.852	0.857	0.869	6	0.861	0.853	0.838	5
浙江	0.847	0.852	0.861	7	0.887	0.880	0.863	3
安徽	0.656	0.660	0.665	10	0.655	0.649	0.635	10
福建	0.920	0.926	0.929	4	0.845	0.838	0.816	7
江西	0.730	0.732	0.739	9	0.752	0.743	0.728	8
山东	0.589	0.597	0.605	12	0.623	0.617	0.608	12
河南	0.535	0.535	0.540	16	0.575	0.567	0.556	13
湖北	0.528	0.529	0.535	17	0.526	0.520	0.509	18
湖南	0.572	0.575	0.573	14	0.568	0.562	0.544	14
广东	1.000	1.000	1.000	1	1.000	0.986	0.956	2
广西	0.627	0.625	0.626	11	0.650	0.638	0.620	11
海南	0.931	0.914	0.893	5	0.868	0.840	0.796	6
四川	0.540	0.538	0.543	15	0.530	0.520	0.509	17
贵州	0.235	0.232	0.234	28	0.245	0.238	0.233	28
云南	0.458	0.451	0.455	21	0.458	0.445	0.435	20
陕西	0.497	0.499	0.506	19	0.538	0.533	0.525	16
甘肃	0.359	0.358	0.361	24	0.352	0.346	0.339	24
青海	0.252	0.242	0.238	26	0.258	0.244	0.233	27
宁夏	0.179	0.175	0.176	29	0.192	0.185	0.181	29
新疆	0.366	0.364	0.361	23	0.376	0.363	0.353	23

注：第（Ⅱ）列中数据来自《中国统计年鉴》中公布的单位地区生产总值能耗（等价值）指标，为便于比较，将重庆和四川数据合并，西藏舍去，并进行单位化处理，即各地区能源生产率的相对效率值＝当年的最低能耗强度/各地区能耗强度，从而使其转化为 0～1 的无量纲效率值。

17.3.2 地区节能潜力与重点区域评价

同样根据前述模型可以计算出各地区的"节能量"、节能潜力以及该地区当年可节约能源量占全国相应值的比重（表 17.3）。某一地区的"节能量"的真实含义是指：如果该地区经济按照最优前沿上的模式运行，在相同条件下，可以实现的能源减少量，实际上也是指该地区在生产过程中可节约但没有节约而导致的过度能源投入量，或者说能源浪费量。与之相应的，节能潜力是指该地区的"节能量"占真实能源消费量的比重。该值越高，表明当前无效率利用、低效配置导致的能源浪费越严重，同时也表明该地区通过改进，可获得的节能空间和潜力也越大。处于前沿曲线上的地区（如上海和广东）的可节约能源量为零，并不意味着该地区不存在能源效率损失，而是指该地区同其他地区相比，在当前技术条件和产出水平下，无法实现能源投入的进一步节约，也即该地区目前处于 Pareto 最优状态，无法在产出不变情况下进一步减少能源投入了①。

从表 17.3 可以看出，不同地区的节能潜力有很大差异。年节能潜力均超过 50% 的地区包括：河北、山西、内蒙古、贵州、云南、陕西、甘肃、青海、宁夏和新疆等地，这意味着上述地区同上海、广东相比，由于要素配置、技术水平和管理等因素的差异，导致经济生产中有超过一半的能源资源被"浪费"，其能源综合利用和配置的效率急需进行改善与提升，属于节能降耗的重点区域。

从节能量的大小和规模来看，河北、山西、内蒙古、辽宁、山东、河南和四川等地是"节能大户"地区，因为上述地区的可节省能源量占全国的比重均超过了 5%，仅以 2007 年来看，这 7 个省的可节能量占全国可节省能源总量的 56.3%。

从国家公布的各地区分解目标来看②，山西、内蒙古、吉林和山东 4 个地区的节能目标在 20% 以上，属于重点节能地区。但通过表 17.3 的分析可以看出，除了上述四省外，河北的节能潜力与规模也很高，应引起关注；辽宁、河南和四川等省的节能规模较大，可以较大拉动全国的节能力度；此外，西部欠发达省份均有较大的效率改善空间。

---

① 一旦出现较前沿更"优秀"的样本点，譬如将上海同其他发达国家的城市相比较，则其相对效率和节能潜力也会发生变化。

② 见"国务院关于'十一五'期间各地区单位生产总值能源消耗降低指标计划的批复"，http://www. gov. cn/xxgk/pub/govpublic/mrlm/200803/t20080328_32000. html。

表 17.3　中国各地区节能潜力及占全国节能量比重

地区	可节约能源数量 /万吨标准煤		节能潜力 /%		该地区占全国可节省能源量的比例/%	
	2006 年	2007 年	2006 年	2007 年	2006 年	2007 年
北京	164.53	135.66	2.79	2.16	0.14	0.11
天津	952.44	1012.7	21.04	20.43	0.82	0.80
河北	13 182	14 494	60.76	60.90	11.38	11.52
山西	10 239	11 130	75.87	75.51	8.84	8.85
内蒙古	7 629	8 603.9	68.20	67.61	6.59	6.84
辽宁	7 687.2	8 438.3	48.41	48.36	6.64	6.71
吉林	3 306.4	3 600.7	49.92	49.01	2.85	2.86
黑龙江	3 608.2	3 818.2	41.36	40.75	3.12	3.03
上海	0	0	0	0	0	0
江苏	2 672.7	2 689	14.26	13.05	2.31	2.14
浙江	1 960.9	2 013.1	14.83	13.85	1.69	1.60
安徽	2 417.2	2 607.2	34.05	33.53	2.09	2.07
福建	507.96	537.25	7.43	7.06	0.44	0.43
江西	1 248.5	1 319.5	26.79	26.10	1.08	1.05
山东	10 545	11 275	40.30	39.49	9.10	8.96
河南	7 550.6	8 198.2	46.52	45.96	6.52	6.52
湖北	5 078.7	5 515.9	47.07	46.53	4.39	4.38
湖南	4 201.3	4 684.4	42.53	42.66	3.63	3.72
广东	0	0	0	0	0	0
广西	2 069.2	2 297.1	37.52	37.41	1.79	1.83
海南	78.534	111.33	8.62	10.73	0.07	0.09
四川	7 975.9	8 685.9	46.23	45.75	6.89	6.90
贵州	5 408.2	5 890.3	76.81	76.60	4.67	4.68
云南	3 644.5	3 911.6	54.91	54.52	3.15	3.11
陕西	3 041.8	3 277.9	50.12	49.37	2.63	2.61
甘肃	3 046.5	3 262	64.25	63.87	2.63	2.59
青海	1 442.9	1 599.9	75.84	76.17	1.25	1.27
宁夏	2 310.4	2 509.6	82.49	82.42	1.99	1.99
新疆	3 846.8	4 203.2	63.61	63.94	3.32	3.34

17.3.3　地区减排潜力与重点区域评价

此外，还可以分别利用 INP 方法和 MLT 方法，计算出各地区可减少的 SO_2 排放量、减排潜力以及该地区当年可减排量占全国的比重，如表 17.4 所示。

表 17.4　中国各地区减排潜力及占全国减排量的比重

地区	可减少 SO_2 排放量/万吨				减排潜力/%				占全国可减排总量的比例/%			
	2006 年		2007 年		2006 年		2007 年		2006 年		2007 年	
	INP	MLT	INP	MLT	INP	MLT	INP	MLT	INP	MLT	INP	MLT
北京	0	0.21	0	0.10	0	2.21	0	1.25	0.00	0.03	0	0.02
天津	6.22	1.68	5.6	2.22	26.82	7.26	24.9	9.89	0.65	0.26	0.61	0.34
河北	60.26	33.55	60.5	35.56	45.44	25.30	46.7	27.47	6.31	5.21	6.58	5.42
山西	88.92	33.57	83.5	35.03	75.55	28.53	74.7	31.32	9.30	5.21	9.09	5.34
内蒙古	110.60	37.04	100.3	39.27	79.91	26.76	78.2	30.60	11.57	5.75	10.91	5.99
辽宁	49.45	35.14	53.2	39.17	47.69	33.88	49.9	36.70	5.17	5.45	5.79	5.97
吉林	7.41	8.43	6.5	10.77	22.04	25.08	19.4	31.99	0.77	1.31	0.71	1.64
黑龙江	8.36	3.97	10.6	4.82	19.00	9.03	24.0	10.95	0.87	0.62	1.15	0.74
上海	0	−0.05	0	−0.05	0	−0.14	0.1	−0.15	0	0	0	0
江苏	13.60	65.05	14.0	66.82	10.96	52.42	12.1	57.58	1.42	10.09	1.53	10.19
浙江	0.00	12.50	0.0	10.67	0.00	15.08	0.0	13.78	0.00	1.94	0.00	1.63
安徽	13.55	11.86	15.2	12.48	26.10	22.86	29.4	24.15	1.42	1.84	1.65	1.90
福建	1.44	3.25	2.0	2.94	3.23	7.28	4.6	6.89	0.15	0.50	0.21	0.45
江西	27.59	15.13	28.3	14.46	48.41	26.54	51.1	26.13	2.89	2.35	3.08	2.21
山东	43.00	90.15	38.2	83.29	25.49	53.44	24.1	52.62	4.50	13.99	4.15	12.70
河南	75.59	32.62	69.5	39.39	51.63	22.28	49.3	27.94	7.91	5.06	7.56	6.01
湖北	17.97	15.64	14.5	15.65	27.48	23.92	24.1	25.93	1.88	2.43	1.58	2.39
湖南	33.92	12.45	33.2	12.62	44.28	16.25	44.8	17.07	3.55	1.93	3.61	1.92
广东	0	−0.30	0	−0.03	0	−0.24	0	−0.03	0	−0.05	0	0
广西	66.49	20.76	64.8	24.07	70.44	21.99	69.9	25.99	6.96	3.22	7.05	3.67
海南	0	0	0	0	0	0	0	0	0	0	0	0
四川	100.64	54.53	91.8	52.06	54.91	29.75	53.8	30.52	10.53	8.46	9.98	7.94
贵州	85.85	44.61	75.2	39.48	82.55	42.90	81.7	42.89	8.98	6.92	8.18	6.02
云南	5.48	23.99	8.7	22.76	12.02	52.61	19.5	51.10	0.57	3.72	0.95	3.47
陕西	51.17	36.06	52.4	36.94	60.48	42.62	62.0	43.69	5.35	5.60	5.71	5.63

续表

地区	可减少SO$_2$排放量/万吨				减排潜力/%				占全国可减排总量的比例/%			
	2006 年		2007 年		2006 年		2007 年		2006 年		2007 年	
	INP	MLT	INP	MLT	INP	MLT	INP	MLT	INP	MLT	INP	MLT
甘肃	32.57	9.90	30.5	10.39	70.33	21.37	69.9	23.83	3.41	1.54	3.31	1.58
青海	5.82	5.54	6.7	5.78	48.12	45.75	53.2	46.18	0.61	0.86	0.72	0.88
宁夏	27.79	19.33	27.1	18.87	79.39	55.23	79.8	55.50	2.91	3.00	2.95	2.88
新疆	21.97	17.80	27.1	20.27	51.21	41.50	57.3	42.89	2.30	2.76	2.95	3.09

一般处在前沿上的地区的可减排量为0[1]，在利用 MLT 方法计算的结果中，部分地区如上海和广东，其可减排量为负数，表明这两个地区相对前沿地区而言，还可以适度增加排放。

从表 17.4 可以看出，利用 INT 方法和 MLT 方法计算出来的结果有一定差异。利用这两种方法计算的减排潜力均超过 30% 的地区是辽宁、贵州、陕西、青海、宁夏和新疆。如果选择更为严格的 MLT 方法计算的结果，那么减排潜力超过 30% 的地区还包括江苏、山东和云南，说明上述地区的污染排放有较大的改善空间。

从可减排量的大小和规模看，河北、山西、内蒙古、辽宁、河南、四川、贵州和陕西属于"减排大户"地区，其地区可减排量占全国可减排总量的比例均超过了 5%。如果以 MLT 方法计算的结果考察，还包括了江苏、山东两省，其各自可减排量所占比重甚至超过了 10%。以 2007 年来看，上述 10 个省的可减排量占全国总量的 71.2%。

从国家公布的各地区 SO$_2$ 减排分解目标来看[2]，北京、河北、山西、辽宁、上海、江苏、浙江、山东、河南、广东、重庆、四川、贵州和陕西等地的 SO$_2$ 减排目标均在 10% 以上，属于污染物减排的重点地区，也基本上囊括了本章所列举的需重点关注的地区。不过，鉴于内蒙古的节能潜力与可减排规模较大，也应给予关注。此外，西部的云南、青海、宁夏和新疆等地区仍有较高的减排潜力与空间。

---

[1] 可减排量为 0，并不意味着该地区已经没有污染或者不需要污染治理，而是指该地区同其他地区相比，在当前技术条件和产出水平下，无法再实现污染物的进一步削减，也即该地区目前处于 Pareto 最优状态，如果要削减污染物，其产出也会发生下降。

[2] 见"国务院关于'十一五'期间全国主要污染物排放总量控制计划的批复"，http://www.gov.cn/zwgk/2001-08/23/content_368354.htm。

17.4　节能减排目标及潜在成本分析

17.4.1　节能减排预定目标的可行性分析

利用表 17.3、表 17.4 的地区数据，可以加总得到全国的可节能量与可减排量，见表 17.5。

表 17.5　我国 2006 年、2007 年的节能与减排潜力

年份	可节约能源数量 /万吨标准煤	节能潜力/%	可减少 SO$_2$ 排放量 /万吨	减排潜力/%
2006	115 816.4	40.03	955.6（INP）	42.8（INP）
			644.4（MLT）	28.8（MLT）
2007	125 821.8	39.60	919.2（INP）	42.9（INP）
			655.8（MLT）	30.6（MLT）

从表 17.5 可以看出，我国 2006 年、2007 年的平均可节约能源为 10 亿吨标准煤以上，节能潜力在 40% 左右，这意味着：如果各地区都以处于前沿的上海和广东为参照和学习目标，按照其效率进行生产，则在保持已有产出不变的情况下可节省 40% 的能源投入。对减排量和减排潜力，以 INP 方法计算出来的值要高于以 MLT 方法计算的值，即便以后者所估计数值来看，2006 年、2007 年每年由于效率损失而导致的过度污染物排放达到 650 万吨左右，减排潜力高达近 30%，这意味着：如果各地区通过效率改善、追赶前沿来进行生产，则在保持已有投入和经济产出不变的条件下可减少 30% 的污染物排放。

利用表 17.5 中全国可节能总量、可减排总量可以相应地进行情景预测，从而考察是否能够满足"十一五"规划中的两个节能减排约束性目标，见表 17.6。

按照统计局公布的经济产出、能源消耗和污染物排放数据，可以计算得出：2006 年、2007 年能耗强度相对 2005 年分别下降了 1.83%、5.39%，均未完成年度阶段目标；并且 2006 年污染物总量不降反升，比 2005 年上升了 1.54%，2007 年才开始出现总量下降，在 2005 年基础上下降了 3.19%，同样未能完成阶段目标①。

---

① 如果按照每年固定不变的速度，为了使得 2010 年的能耗强度和污染物排放总量在 2005 年基础上下降 20% 和 10%，则每年相对上一年的平均降幅为 4.36% 和 2.08%。

按照"实际节能量"、"实际减排量"分别等于"全国可节能总量"和"全国可减排总量"的10%和20%进行情景假设。以2007年为例,在情景1下,预测2007年能耗强度为1.105吨标准煤/万元,在2005年基础上下降了9.87%,而污染物排放下降5.76%;在情景2下,全国的能耗强度则相对2005年下降了14.35%,污染物排放下降8.33%,均能够达到甚至超过阶段目标。从这个角度来讲,"十一五"规划制定的到2010年能耗强度下降20%、污染物排放总量下降10%的目标在理论上是完全可以实现的。

表17.6 不同情景假设下的能耗强度及下降幅度对比

情景	指标	2005年	2006年	2007年
实际情况	GDP总量(亿元,2005年不变价)	183 217.4	204 556.1	228 898.3
	实际能源消费总量(万吨标准煤)	224 682	246 270	265 583
	实际SO₂排放总量*(万吨)	2 549.4	2 588.7	2 468.1
	实际能耗强度(吨标准煤/万元)	1.226	1.204	1.160
	节能约束目标:相对2005年下降幅度(%)		1.83	5.39
	减排约束目标:相对2005年下降幅度(%)		−1.54	3.19
本章测算的	全国可节约能源量(万吨标准煤)		115 816.4	125 821.8
	全国工业SO₂可减排量**(万吨)		644.4	655.8
情景1:当年完成可节能、可减排总量的10%	能耗强度1(吨标准煤/万元)	1.226	1.147	1.105
	节能约束目标:相对2005年下降(%)		6.44	9.87
	减排约束目标:相对2005年下降幅度(%)		0.99	5.76
情景2:当年完成可节能、可减排总量的20%	能耗强度2(吨标准煤/万元)	1.226	1.091	1.050
	节能约束目标:相对2005年下降(%)		11.06	14.35
	减排约束目标:相对2005年下降幅度(%)		3.51	8.33

* SO₂数据是统计局公布的全国当年排放量,其等于工业和生活SO₂排放量之和;** SO₂数据系表17.4中各地区"可实现的减排量"加总(基于MLT法)。GDP和能源消费量数据来源于《中国统计年鉴》(2008年),同各省加总值之间有偏差,全国可节约能源量是根据表17.3中各省可节能量加总得到,能耗强度及相对2005年下降幅度为笔者自行计算所得。

17.4.2 节能减排的潜在成本分析

根据式（17.4），可以分别在不同排放标准下计算出各地区的目标产出，对其进行加总即可得到全国的目标产出水平，如表 17.7 所示。

表 17.7　我国 2006 年、2007 年节能减排的潜在产出损失

指标		2005 年	2006 年	2007 年
实际产出/亿元*		172 040.3	195 672.8	223 820.3
#增长率/%			13.74	14.38
目标产出/亿元		212 935.08	244 118.2	283 329.7
#增长率/%			14.64	16.06
实际产出增长潜力/%		19.21	19.85	21.00
满足减排约束时的目标产出/亿元	INP		243 801.4	283 037.9
	MLT		243 415.5	282 500.8
潜在产出损失/亿元	INP		316.8	291.8
	MLT		702.7	828.9
潜在产出损失占实际产出比例/%	INP		0.162	0.130
	MLT		0.359	0.370

*各地区实际产出加总所得（2000 年不变价格）。

从表 17.7 可以看出，2006 年、2007 年，同前沿上的目标产出相比，我国实际产出水平仍有近 20%的增长空间，这部分是可以在保持要素投入、污染排放不变的条件下，通过效率改善、优化配置获取的产出改进。利用 INP 方法计算出来的 2006 年、2007 年的潜在产出损失分别为 316.8 亿元、291.8 亿元，分别占当年实际产出的 0.16%和 0.13%；利用 MLT 方法计算的潜在产出损失更高，分别为 702.7 亿元、828.9 亿元，分别占当年实际产出的 0.36%和 0.37%。

从以上分析可以看出，以最严格的 MLT 方法计算结果来看，在 2006 年、2007 年，由节能减排带来的潜在目标产出损失为 702.7 亿元和 828.9 亿元，仅占当年实际产出的 0.36%和 0.37%，对经济增长速度影响并不大，同时考虑到实际产出同前沿上的目标产出之间仍有近 20%的增长潜力，这一部分额外的增长空间是可以通过调整经济增长方式、改善效率获取的，因此，实施节能减排对经济增速的影响完全在可承受范围内。

17.5　节能减排的政策评价分析

通过上述分析可以发现，中国"十一五"规划中的节能减排目标，通过进一步的努力是可以实现的。之所以在过去三年时间内未完成阶段目标，可能有以下几个原因。

首先，是政策的出台、执行和落实有一定时滞性。表现在：①责任主体和目标落实的滞后。从 2005 年年底中央编制的"十一五"规划出台，到 2006 年将节能减排约束性指标分解到各省，再进一步分解到县市及行业，经历了较长时间。②配套政策出台的滞后。尽管 2006 年、2007 年先后发布了《民用建筑节能管理规定》、《国务院关于加强节能工作的决定》、《"十一五"资源综合利用指导意见》、《能源发展"十一五"规划》、《国务院关于印发节能减排综合性工作方案的通知》，但直到 2007 年 10 月通过的《中华人民共和国节约能源法》于 2008 年 4 月 1 日开始执行，才标志着节约能源成为我国基本国策。一些重要制度，如节能目标责任制、节能考核评价制度，才真正具备了法律效力，同时也明确了执法主体。③政策执行的效力与监督。尽管规定各级人民政府需要向本级人大汇报节能工作，但是对节能减排政策的具体实施、执行中的监督主体并不明确，往往是政府充当运动员和裁判员的双重角色，从而使其执行效力有折扣。④政策效果显现的滞后。一般来说，地方政府在推进节能减排工作时，主要依靠结构调整和技术进步两种手段来实施，但是在尚未建立完善的经济激励机制和相关配套政策的条件下，短期内，通过行政、法律等手段对现有产业结构调整收效甚微，而技术也无法短期内有较大提升，加上节能减排的重大工程项目建设周期较长，从而使总体政策的效果显有一定时滞性。

其次，是政策的可适用性和可操作性。主要表现在：①现有政策手段的单一性。我国目前推进节能减排主要依靠行政手段，虽然能够实现节能减排的目标，但往往"节能不经济"、"减排不经济"：为实现节能减排目标，耗费大量财政资源和社会交易成本。从长期来看，还需要依靠遵循市场经济规律的长效机制，因此在现有的政策工具箱中，需要增加更多可行的经济手段，从而将节能减排的短期目标同可持续发展的长期目标相结合。②现有政策手段的激励相容性。由于短期内大量依靠行政、法律等强制性手段，这类强制性政策执行者可能存在着中央政府与地方政府目标的冲突、决策者与执行者目标的冲突、政府与企业和个人目标的冲突，如果原有的政策手段缺乏激励相容，同时缺少新的有效的机制设计与配套措施，其最终实施效果往往与设定目标背道而驰。③不同地区政策适用的差异性。由于我国不同地区经济发展存在着显著的差距，因此同样的政策在不同地区可能其适用性也有差异，譬如同样的产业结构调整，经济发达地区可能是"退二进三"政策，但对欠发达地区而言，限于产业发展所处阶段及水平，强化、优化其地方工业，适度发展、促进服务业可能更有利于其地区发展和效率提升。同样的，对产业结构调整政策，还可能会出现高能耗、高污染产业的地区间转移和时间上转移，使得当期某些地区约束性指标达标但总量超标等规避行为。

由于前几年的遗留任务，接下来 2009 年、2010 年两年的节能减排工作压力可能会非常巨大，综合此前的相关研究，建议抓好以下几个重点：

首先，找准结构调整和技术进步的突破口。对结构调整而言，不仅意味着二、三产业比重的变化，还包括了轻/重工业比重调整，国有/非国有经济比重调整，资本密集/劳动密集部门比重调整，以及煤炭/非煤炭能源产品比重调整等内容；不仅要对新的增量实施更加严格的准入政策，还要对落后的产能关停并转实施淘汰机制，并对存量进行节能减排评估，促进其升级转型。对技术进步而言，短期内关注对有效、适用的节能减排技术的大规模推广应用，长期则应考虑转变目前的研发模式，将由政府主导的研发行为转变为企业自主的按需的研发行为。

其次，要优化规模效率。我国部分企业的工业产品能效已接近甚至超过了国际先进水平，但宏观上的能源效率要远低于其他国家，究其原因主要在于工业产业缺乏规模效率（魏楚和沈满洪，2009），而规模效率低下的更深层次的原因在于市场分割所导致的各地区重复建设与国内市场壁垒（郑毓盛和李崇高，2003；师博和沈坤荣，2008）。因此，从这个角度来讲，要促进行业内的跨地区兼并重组，优化资源配置，提高产业集中度，形成规模效应。要注意的是，在"扶大"的同时还要"压小"，要推进产能过剩行业的结构调整，淘汰小型、落后的产能，避免地方政府以各种名义规避淘汰落后产能政策（齐建国，2007）。

最后，要建立节能减排的内在动力机制。节能减排不仅需要中央自上而下的推动，更需要企业和个人的内在行为动机与之相容，这就需要对地方政府和企业行为进行有效激励，从而使其行为路径同中央决策者思路相一致，或者说，至少不背道而驰。对地方政府而言，由于存在着 GDP 锦标赛机制（周黎安，2007），其有很强的增长和赶超动机需求。因此，一方面，对于地区政府，尤其是欠发达的中西部而言，需要中央政府设计有效的机制，将经济增长方式转变的内在要求转化为地区经济增长行为的变化以及政府职能的变化；另一方面，要完善转移支付的配套制度，缓解欠发达地区的 GDP 冲动（蔡昉等，2008），从而有效地实施节能减排。对企业而言，理顺能源价格是引导企业有效利用、配置能源，使现行经济向低碳经济结构转变的激励机制中的关键经济手段（赵旭，2009）。

17.6 本章小结

本章试图回答以下突出而紧迫的问题：节能减排约束性目标是否科学？是否可以实现？是否同经济增长目标相冲突？为此，将污染物纳入全要素生产率框架下，利用 DEA 方法构建出可以考察地区节能潜力、减排潜力与经济成本的模型，结合 2005～2007 年中国 29 个省（自治区、直辖市）的资本、劳动力、能源投入要素和 GDP 产出、工业 SO_2 排放两个产出要素数据，对地区的能源效率、节能潜力、减排潜力进行评价，在此基础上对全国的节能减排潜力、节能减排目标的可行性以及潜在的产出损失进行分析。本章的主要结论包括：

（1）从能源利用效率上看，上海、广东处于生产前沿上，河北、山西、内蒙古、贵州、云南、陕西、甘肃、青海、宁夏和新疆等地的能源效率较低，其节能潜力超过 50%，属于节能降耗的重点区域。同时，从可节省能源的规模来看，河北、山西、内蒙古、辽宁、山东、河南和四川等地是"节能大户"地区，其可节省能源占全国的比例超过 5%，以 2007 年的数据来看，这 7 个省的可节能量占全国可节省能总量的 56.3%。

（2）考虑了污染物排放后，处于生产前沿的地区包括北京、上海、广东和海南。工业 SO_2 减排潜力超过 30% 的地区包括辽宁、江苏、山东、贵州、陕西、云南、青海、宁夏和新疆，这些地区的污染排放有较大的改善空间。此外，从可减少的工业 SO_2 排放量的规模来看，河北、山西、内蒙古、辽宁、江苏、山东、河南、四川、贵州和陕西属于"减排大户"地区，其地区可减排量占全国可减排总量的比重均超过了 5%。以 2007 年来看，上述 10 个省的可减排量占全国总量的 71.2%。

（3）"十一五"规划制定的到 2010 年能耗强度下降 20%、污染物排放总量下降 10% 的目标在理论上是完全可以实现的。我国 2006 年、2007 年的平均可节约能源为 10 亿吨标准煤以上，节能潜力在 40% 左右，每年由效率损失所导致的过度污染物排放达到 650 万吨左右，减排潜力高达近 30%，如果按照"实际节能量"、"实际减排量"分别等于"全国可节能总量"和"全国可减排总量"的 10% 和 20% 进行情景假设，以 2007 年为例，在情景 1 下，预测 2007 年能耗强度和污染物排放指标在 2005 年基础上分别下降 9.87%、5.76%；在情景 2 下，全国的能耗强度和污染物排放指标则相对 2005 年下降 14.35%、8.33%，均超过了阶段目标。

（4）实施节能减排对经济增速的影响完全在可承受范围内。在 2006 年、

2007 年，由节能减排所带来的潜在目标产出损失为 702.7 亿元和 828.9 亿元，仅占当年实际产出的 0.36% 和 0.37%，对经济增长速度影响并不大，同时考虑到实际产出同前沿上的目标产出之间仍有近 20% 的增长潜力，这一部分额外的增长空间是可以通过调整经济增长方式、改善效率获取的。

（5）政策的时滞性、可适用性及可操作性问题，导致过去几年均未能完成阶段性目标，未来两年的任务十分紧迫，当前的重点应着眼于：各地区要找准调整经济结构、推动技术进步的突破口，根据本地区特点和发展阶段，采取旨在提高经济效率的政策举措。对中央政府而言，还需要进一步打破国内地区间市场壁垒，优化要素的流动配置，提升、整合产业的规模效率，更重要的是，要建立节能减排的内在动力机制，设计出有利于激励相容的机制以协调地区间经济发展，同时建立相应的配套制度。

18

我国能源消耗强度地区分解目标评价[*]

18.1 引言

改革开放以来，我国经济呈现持续高速增长的态势。与此同时，能源消费量也持续上升，从 1978 年的 57 144 万吨标准煤增加到 2005 年的 222 000 万吨标准煤，年均增长速度为 5.26%（刘宏杰和李维哲，2006）。但是另一方面，我国是全球人均能源保有量最低的国家之一（蒋金荷，2004）。随着工业化与城镇化进程的加快，经济的持续发展和人民生活水平的日益提高对一次能源的需求将进一步扩大，能源供需矛盾将更趋尖锐。

虽然改革开放以来我国单位产值能耗呈现不断下降的趋势。但是与日本、美国等发达国家相比，我国的能耗强度还处于比较高的水平。根据世界银行的统计数据，2006 年中国的能耗强度是日本的 6.69 倍，是世界平均水平的 2.94 倍。要实现经济的持续快速发展，节能降耗显得尤为重要。《中华人民共和国国民经济和社会发展第十一个五年规划纲要》中指出"十一五"期间全国单位国内生产总值能源消耗降低 20% 左右，用量化指标来衡量经济质量，体现了我国努力实现经济增长方式从粗放型向集约型转变的决心。

改革开放以来，已有不少学者对我国能耗强度下降的原因进行了研究，也取得了一些重要的研究成果。其中绝大多数是按行业将国民经济进行分类，研究行业的结构效应和技术进步效应，由此得出相应的该加强节能降耗的部门或行业，具有较强的政策意义。然而此类研究方法也存在不足的地方，把国民经济分为几个行业进行因素分解，虽然可以得出各行业对能耗强度下降的贡献，并由此确定

---

　　* 本章内容是在魏楚、苏小龙合作发表的论文"我国能源消耗强度变动趋势及因素分解——基于区域的角度"（《环境经济与政策》，2010 年第 2 期）基础上修改而成的。

需要加强节能的行业部门，但是无法获取各地区的相对贡献，导致在节能目标的地区目标分解问题上，往往趋向于"一刀切"、"齐步走"政策。由于中国地区经济发展不平衡，各个省市的能源利用效率以及地区占全国的经济比例存在着巨大差别，而且不同地区之间在改革的承载和接受能力上也存在很大的差异（刘树成，2008），这些都将导致不同地区对全国能耗强度下降的贡献的不同，因此在节能目标的地区分解问题上采取"有差别的"、"分而治之"的梯次推进方法将更加合理（常兴华等，2007）。

本章即是一个基于地区视角的研究，通过研究将确定东、中、西部地区对我国能耗强度下降的贡献，以及各个地区内需要重点加强节能降耗的省份；此外，还将不同地区进行排序，并同国家设定的地区分解目标进行比较，在此基础上提出需要额外关注的重点节能省份。

本章结构安排如下：第二部分简要回顾相关文献；第三部分介绍研究方法和数据；第四部分讨论分解结果；第五部分结合国家已有的分解目标进行讨论；最后是结论。

18.2　文献回顾

对能耗强度变动的分析一般依两种思路展开。

第一种思路是因素分解法。目前大量文献中使用的分解法包括迪氏（Divisia）、拉氏（Laspery）和完全因素分解法。他们一般都基于产业部门进行分解。Liao等（2007）采用了算术平均迪氏指数法的加法形式和乘法形式研究 1997~2002 年中国工业能耗强度变化的部门结构因素和效率因素。结果显示部门内的能源效率因素是促使能耗强度下降的主要因素，贡献率为 106%，而部门的结构因素起到了反向作用。王俊松和贺灿飞（2009）则采用对数平均的 LMDI 方法将中国 1994~2005 年的能耗强度变化分解。研究结果表明，1997~2005 年，能耗强度降低主要得益于技术进步。周勇和李廉水（2006）也得出了产业能耗强度变动是导致我国能耗强度变动的主要解释因素。齐志新和陈文颖（2006）采用拉氏因素分解法，结果显示 1980~2003 年我国能耗强度下降中，技术进步起到了决定作用。而余甫功（2007）采用完全因素分解法显示广东能耗强度变化中产业能源利用效率提高是能耗强度下降的主要动力。谭忠富和蔡丞恺（2008）对北京市的研究也有类似的结论。

第二种思路是采用计量模型进行估计。路正南（1999）分析了我国 1978~1997 年能源消费总量和国民经济生产总值及第一、第二、第三产业国内生产总值的关系。结果显示第二产业的变化对消费总量影响最大，第三产业最小。史丹（1999）研究显示结构变动对我国的能源消费有着非常重要的影响。徐博和刘芳（2004）研究了能源消费结构对能源消费的影响，结果显示经济结构的变动降低了单位 GDP 的能源消耗。史丹和张金隆（2003）的研究结果也同样表明产业结构变动是能源消费的重要影响因素。

计量分析的方法因解释变量的设定受到人为主观判断的影响以及数据的可得性致使不同的解释变量的影响程度有差异。另外，该方法往往只能得出各种因素对能耗强度量的影响程度，而对能耗强度变化的影响说服力较弱。故因素分解法更为直观简洁，它可以直接对能耗强度变化分解，从而能够对影响能耗强度变化的因素进行定量分析，并且数据的收集和处理也更为容易。但此前的研究大多数是基于行业的角度，缺少对区域视角的考察，本章即是从另一个角度对此问题的研究和补充，即基于区域分解的视角对我国能耗强度的下降进行因素分解。

18.3 研究方法与数据

18.3.1 研究方法

因素分解法主要有迪氏方法和拉氏方法。其中拉氏因素分解法计算过程简单，所以得到了广泛的应用。迪氏分解法源于 1924 年法国数学家 Divisia 提出的一种新的指数形式，之后根据 Theil 于 1967 年提出的近似计算公式，在研究货币量增长与生产率增长中得到了广泛的应用。

不管是拉氏因素分解法还是迪氏因素分解法，由于是近似计算，都存在余值，但是两种方法相比较而言，拉氏余值问题更为突出。迪氏分解法根据近似不同又产生多种具体的分解结果。本章采用了适应性迪氏分解法（Adaptive Weighting Divisia），其基本推导过程如下。

假设经济中有 m 个省份，在时间 t 的能源消耗及产出定义如下：E_t 为能源总消耗；$E_{i,t}$ 为省份 i 的能源消耗；ES_i 为省份 i 能源消耗占总消耗的比重（ES_i/E_t）；Y_t 为总产出；$Y_{i,t}$ 为省份 i 的产出；$S_{i,t}$ 为省份 i 的产出份额（$Y_{i,t}/Y_t$）；I_t 为总能耗强度（E_t/Y_t）；$I_{i,t}$ 为省份 i 的能耗强度（$E_{i,t}/Y_{i,t}$）。

总能耗强度可以用地区产出份额和地区能耗强度表示，即可以用地区经济比重和地区能源效率表示：

$$I_t = \sum_t I_{it} S_{it} \tag{18.1}$$

适应性加权迪氏指数法的推导得出公式如下：

$$(1 + D_{str}) = \exp\left\{ \sum_i (ES_i + \beta_i \Delta ES_i)(LnS_{it} - LnS_{i0}) \right\} \qquad (18.2)$$

$$(1 + D_{int}) = \exp\left\{ \sum_i (ES_i + \gamma_i \Delta ES_i)(LnI_{it} - LnI_{i0}) \right\} \qquad (18.3)$$

$$(1 + RD) = (1 + D_{tot})/(1 + D_{str})(1 + D_{int}) \qquad (18.4)$$

其中，

$$\beta_i = \frac{I_{i0}/I_0(Y_{it} - Y_{i0}) - ES_{i0}(LnY_{it} - LnY_{i0})}{(ES_{it} - ES_{i0})(LnS_{it} - LnS_{i0}) - (I_{it}/I_t - I_{i0}/I_0)(S_{it} - S_{i0})} \qquad (18.5)$$

$$\gamma_i = \frac{S_{i0}/I_0(I_{it} - I_{i0}) - ES_{i0}(LnI_{it} - LnI_{i0})}{(ES_{it} - ES_{i0})(lnI_{it} - lnI_{i0}) - (S_{it}/I_t - S_{i0}/I_0)(I_{it} - I_{i0})} \qquad (18.6)$$

D_{str} 表示各地区 GDP 比重变化效应；D_{int} 表示各地区的能耗强度变动效应，RD 为误差项，反映结构变化因素和能耗强度变化因素的估计误差，RD 为正表示两个因素对能耗强度变化的贡献被低估，RD 为负则表示高估。

以上是按因素分解展开的研究，还可以把宏观量的变化分解到各个省份进行研究。和按因素分解的逻辑一样，假设其他省份不变，求第 i 个省份变化时的增量，以能耗强度为例，计算公式如下：

$$\Delta I = I_t - I_0 = \sum_i (I_{it}S_{it}) - \sum_i I_{i0}S_{i0} = [(I_{1t}S_{1t} - I_{10}S_{10}) + 0]$$
$$+ [(I_{2t}S_{2t} - I_{20}S_{20}) + 0] + \cdots \qquad (18.7)$$

按照式（18.7）分解出的各项依次是各个省份对整体能耗强度的贡献。

18.3.2 变量与数据

本章以 1997～2007 年为时间区段，按照国家统计局的划分标准，把全国划分为东、中、西部三个地区，以各个省（自治区、直辖市）的能源消费量和GDP 为初始数据，采用适应性加权迪氏分解法分析中国能耗强度下降的原因及各个地区的贡献和各个地区内部省份的贡献。其中各变量及数据来源说明如下：

GDP 以及 GDP 指数：来自《中国统计年鉴 2008》、《中国统计年鉴 2004》、《中国统计年鉴 1997～1999》，以 1997 年不变价格计算，全国的 GDP 由各个省份当年真实 GDP 的加总得到，单位为亿元。

能源消费量：数据来自《中国能源统计年鉴 2008》、《中国能源统计年鉴2004》、《中国能源统计年鉴 1997～1999》，全国的能源消费量由各个省份当年能源消费量的加总得到，单位为万吨标准煤。

地区划分：东、中、西部地区的划分依据中国统计局的划分标准，其中东部地区包括北京、天津、河北、辽宁、上海、江苏、浙江、福建、山东、广东、广西、海南12个省（自治区、直辖市）；中部地区包括山西、内蒙古、吉林、黑龙江、安徽、江西、河南、湖北、湖南9个省（自治区）；西部地区包括重庆、四川、贵州、云南、西藏、陕西、甘肃、宁夏、青海、新疆10个省（自治区、直辖市）。由于西藏的能源消费数据缺失较多，因此本章不考虑西藏。

全国及东、中、西部地区的各变量的描述性统计见表18.1所示。

表18.1　各地区能源消费及 GDP 变量的描述性统计（1997～2007年）

项目	能源消费量/万吨标准煤				真实 GDP/亿元			
	全国	东部	中部	西部	全国	东部	中部	西部
平均	198 277	99 109.1	61 775.7	37 392.4	134 087	80 189.9	36 396.3	17 501.2
中位数	166 708	82 303	52 532	31 873	121 385	72 216.3	33 095.5	16 073.5
方差	4.4E+09	1.3E+09	3.9E+08	1.2E+08	2.4E+09	9.5E+08	1.6E+08	3.4E+07
最小值	137 653	65 256	44 189	27 107	76 681.7	44 366.1	21 637.7	10 677.9
最大值	316 788	162 196	97 368	57 224	227 238	137 960	60 784.3	28 493.8

18.4　对全国及地区能耗强度的分解

本章用 AWD 方法对1997～2007年中国东、中、西部的经济产出和能源消费进行了分析。表18.2是因素分解结果。残差效果的数值大小反映的是因素分解的精确程度，从残差效果及贡献来看，基本都接近于零，表明本章 AWD 方法对能耗强度进行分解的结果误差较小，其结论比较可靠。

表18.2　我国能耗强度变化因素分解及因素贡献率

年份	总变动效应	各地区能耗强度变动		各地区经济比重变化		残差	
		效应	贡献/%	效应	贡献/%	效应	贡献/%
1998	-0.085	-0.001	1.695	-0.084	98.450	0.000 00	-0.000 03
1999	-0.069	-0.002	3.212	-0.067	97.000	0.000 00	0.000 03
2000	-0.047	-0.001	3.141	-0.046	97.003	0.000 00	0.000 01
2001	-0.037	-0.001	2.457	-0.036	97.632	0.000 00	0.000 00
2002	-0.021	-0.001	6.427	-0.019	93.696	0.000 00	0.000 00
2003	0.066	-0.002	-2.974	0.068	103.174	0.000 00	0.000 03

续表

年份	总变动效应	各地区能耗强度变动		各地区经济比重变化		残差	
		效应	贡献/%	效应	贡献/%	效应	贡献/%
2004	0.021	−0.001	−6.640	0.022	106.786	0.000 00	0.000 00
2005	0.006	−0.001	−17.268	0.007	117.387	0.000 00	−0.000 02
2006	−0.032	−0.001	3.395	−0.031	96.709	0.000 00	0.000 00
2007	−0.042	0.000	0.834	−0.042	99.201	0.000 00	0.000 00

从总能耗强度变化情况来看，1997~2002 年我国能耗强度持续下降，降幅从 1998 年的 4.733% 到 2002 年的 1.464%。2003 年开始到 2005 年能耗强度有所上升，表明这几年的能源利用效率出现下降。但 2006~2007 年能耗强度又有下降的趋势，这主要是由从 2005 年开始的节能减排政策导致的。

从因素分解结果来看，1997~2007 年，我国能耗强度下降的最主要决定因素是各个地区的能耗强度的下降，而各地区的产出比重变动对能耗强度的贡献很小，即地区能耗强度下降是全国能耗强度下降的主要原因，而地区间经济差距的变化对宏观能耗强度变动的影响较小。

由于区域能耗强度变动是全国能耗强度变动的主要因素，为此对东、中、西部地区历年来对全国能耗强度的绝对效应和相对贡献进行了计算，见表 18.3。

表 18.3　东、中、西部地区对全国能耗强度变动的效应和贡献

年份	能耗强度变化量	东部		中部		西部	
		效应	贡献/%	效应	贡献/%	效应	贡献/%
1998	−0.153	−0.07	45.82	−0.065	42.74	−0.018	11.45
1999	−0.114	−0.042	37.11	−0.041	36.03	−0.031	26.86
2000	−0.072	−0.026	36.27	−0.032	43.77	−0.014	19.97
2001	−0.054	−0.02	37.52	−0.013	23.38	−0.021	39.1
2002	−0.029	−0.014	49.49	−0.007	25.31	−0.007	25.2
2003	0.091	0.061	66.53	0.019	21.18	0.011	12.29
2004	0.03	0.015	49.58	0.011	37.56	0.004	12.86
2005	0.009	0.018	199.99	−0.004	−40.33	−0.005	−59.66
2006	−0.048	−0.025	52.86	−0.014	28.33	−0.009	18.81
2007	−0.061	−0.032	51.86	−0.018	29.12	−0.012	19.01
1997~2002	−0.422	−0.173	41.03	−0.158	37.43	−0.091	21.55
2003~2005	0.039	0.033	84.29	0.008	19.59	−0.002	−3.87
2006~2007	−0.061	−0.032	51.86	−0.018	29.12	−0.012	19.01

由表18.3可以看出，在1997~2002年，各区域的能耗强度下降均对全国能耗强度的下降有所贡献，其中东部地区的贡献为41.0%，要显著高于中部（37.4%）和西部地区（21.6%）；2003~2005年全国能耗强度出现了逆转，是地区能耗强度上升所致，但是在2005年呈现地区分化态势，尽管当年中、西部地区能耗强度相比2004年出现了下降，但是由于东部地区能耗强度仍然在上升，而且其影响程度较大，因此带动了全国能耗强度的继续攀升，这一时期全国宏观能耗强度的上升主要受东部地区影响，其贡献为84.3%，而中、西部地区的贡献率分别为19.6%和-3.9%；直到2006年，由于节能减排约束性目标的实施，各地区能耗强度均出现了下降，使得全国能耗强度再次出现拐点下降，这一时期东部贡献率为51.9%，中部为29.1%，西部能耗强度变动对全国能耗强度变动的贡献仍然最小，为19.0%。因此，从1997年以来中国能耗强度变动的三个阶段来看，全国能耗强度主要是受东部地区能耗强度变动的影响，其次为中、西部。

接下来将进一步探究东、中、西部三个区域内对本区域的能耗强度下降的贡献比较大的省份。同样地，可以分别计算出各省对本地区能耗强度的贡献。

东部地区能耗强度在1997~2002年一直下降，但在2003~2005年出现了上升，直到2006年才重新下降。图18.1给出了东部地区各省份对本地区能耗强度变动的贡献累积图，可以看出，对东部地区能耗强度下降贡献最大的是山东，其次是江苏、辽宁和河北，海南对区域能耗强度的贡献最小，此外福建和天津的相对贡献也不大。

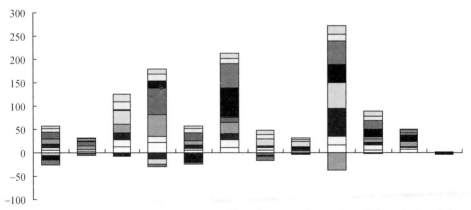

图18.1　东部12省对东部地区能耗强度变动的贡献累积图（1997~2007年）

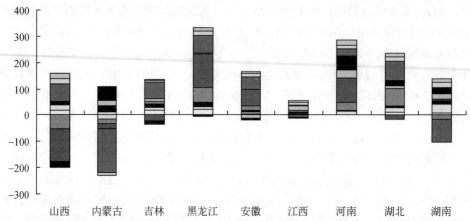

□ 1998年 □ 1999年 ■ 2000年 ■ 2001年 ■ 2002年 □ 2003年 ■ 2004年 ■ 2005年 □ 2006年 □ 2007年

图 18.2　中部 9 省对中部地区能耗强度变动的贡献累积图（1997～2007 年）

　　中部地区能耗强度在 1997～2002 年一直下降，但在 2003～2004 年出现了反弹，直到 2005 年才重新下降。图 18.2 给出了中部地区各省份对本地区能耗强度变动的贡献累积图，总体来看，山西、内蒙古、黑龙江、河南的能耗强度对中部地区能耗强度下降的贡献最大，而江西对中部能耗强度变动的影响最小。在 2002年之前，中部地区能耗强度变动主要受山西和黑龙江影响，河南、内蒙古在 2003年之后对中部能耗强度影响力加大。此外，山西、内蒙古两地在 2001～2006 年多次出现与区域能耗强度变动方向背道而驰的现象，这表明地区经济发展目标与宏观调控之间仍存在一定矛盾。

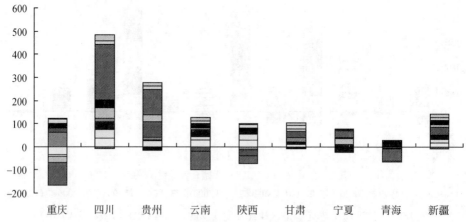

□ 1998年 □ 1999年 ■ 2000年 ■ 2001年 ■ 2002年 □ 2003年 ■ 2004年 ■ 2005年 □ 2006年 □ 2007年

图 18.3　西部 9 省对西部地区能耗强度变动的贡献累积图（1997～2007 年）

　　西部地区能耗强度变动与中部地区一样，在 1997～2002 年一直下降，2003～
2004 年出现了上升，直到 2005 年才重新下降。图 18.3 给出了西部地区各省份对
本地区能耗强度变动的贡献累积图。可以看出，四川对整个西部地区能耗强度变
动影响最大，如 2003 年区域能耗强度上升、2005 年区域能耗强度下降，均是由
于四川能耗强度的较大变动所致。其次为贵州和重庆，青海、宁夏对区域能耗强
度的影响程度则较小。值得关注的是，重庆对西部能耗强度贡献的负值较多且较
大，表明重庆与区域能耗强度的宏观变动趋势存在一定差距。

18.5　对节能重点省份的讨论

　　根据 2006 年国家发展和改革委员会《关于报请审批下达〈"十一五"期间
各地区单位生产总值能源消耗降低指标计划〉的请示》，各省在"十一五"期间
的地区节能目标一般设定为 20%。而部分省份的节能目标则超过 20%，这些省
份理应视作节能的重点地区，包括山东、山西、内蒙古和吉林。根据本章此前的
分析，全国能耗强度变动主要是由区域能耗强度变动所致，因此那些对区域能耗
强度变动影响最大的省份，也会对全国能耗强度影响较大，这些省份均应是值得
关注的重点节能地区。参照上述分析结论，本章将相关节能重点省份与国家发展
和改革委员会划定的重点省份进行了比较，见表 18.4 所示。

表 18.4　本章计算得出的节能重点省份与"十一五"计划的节能重点省份对比

区域	省份	下降幅度/%	"十一五"划定的重点省份	本章计算的重点省份
东部	北京	20	—	—
	天津	20	—	—
	河北	20	—	—
	辽宁	20	—	重点
	上海	20	—	—
	江苏	20	—	重点
	浙江	20	—	—
	福建	16	—	—
	山东	22	重点	重点
	广东	16	—	—
	广西	15	—	—
	海南	12	—	—

续表

区域	省份	下降幅度/%	"十一五"划定的重点省份	本章计算的重点省份
	山西	25	重点	重点
	内蒙古	25	重点	重点
	吉林	30	重点	—
	黑龙江	20	—	重点
中部	安徽	20	—	—
	江西	20	—	—
	河南	20	—	—
	湖北	20	—	—
	湖南	20	—	—
	重庆	20	—	重点
	四川	20	—	重点
	贵州	20	—	重点
	云南	17	—	—
西部	陕西	20	—	—
	甘肃	20	—	—
	宁夏	20	—	—
	青海	17	—	—
	新疆	20	—	—

注:"十一五"计划中重点和非重点省份的划分标准是:节能减排下降幅度大于20%的省份为重点省份。小于或者等于20%的不是本章研究重点,故用"—"表示。本章计算得出的需要重点关注的省份不仅限于上表所列,为简便起见,每个地区选择影响最大的三个省为重点省份。其余不是本章研究重点,用"—"表示。

从表 18.4 的比较结果来看,与国家发展和改革委员会划定的重点节能地区相比,本章建议需要重点关注的节能降耗的省份中,东部除了山东外,还应该包括江苏和辽宁;中部除了山西、吉林外,还应该包括黑龙江,而设定给吉林的 30% 的地区节能目标即便能够完成,其对区域和全国的能耗强度下降影响也不大;西部则需要关注四川、贵州和重庆等地。当然,在制定地区节能分解目标时,可能还需要考虑不同地区经济发展水平、能源技术水平、节能潜力等诸多差异,但是如果从每个省份对区域能耗强度的相对贡献角度来讲,根据本章计算的结论来分配地区节能目标可能会更加具有针对性和更好的实施效果。

18.6 结论

本章采用了适应性迪氏分解法，通过分析 1997~2007 年各省数据，对全国能耗强度进行了区域分解，并进一步分析了各省份对本区域能耗强度下降的贡献，主要结论如下：

（1）从区域角度来看，东、中、西部三个地区的能耗强度下降是我国能耗强度下降的主要原因，而地区间经济产出比重的变动对全国能耗强度下降的贡献较小。

（2）东部地区能耗强度变动对我国能耗强度变动的影响最大，其次为中部和西部地区。在 1997~2002 年，东部贡献为 41.0%，显著高于中部（37.4%）和西部地区（21.6%）；2003~2005 年出现逆转，其中东部的影响最大，贡献为 84.3%，而中、西部地区的贡献率分别为 19.6% 和 -3.9%；直到 2006 年全国能耗强度再次出现拐点下降，这一时期东部贡献率为 51.9%，中部为 29.1%，西部的贡献率为 19.0%。

（3）对东部地区能耗强度下降贡献较大的省份包括山东、江苏、辽宁和河北；中部贡献较大的包括山西、内蒙古、黑龙江和河南；对西部能耗强度影响较大的地区包括四川、贵州和重庆。

本章具有较强的政策含义，对区域和全国能耗强度贡献较大的省份，理应成为需要关注的重点节能地区，也因此需要承担更为严格的节能目标，与国家发展和改革委员会设定的地区节能计划相比较，除了需要关注已经确定的山东、山西、吉林等节能重点省份以外，还需要重点关注江苏、辽宁、黑龙江、四川、贵州、重庆等省份的节能工作；此外，山西、内蒙古和重庆等地能耗强度与区域能耗变动趋势相背，需要进一步加强宏观调控。

19

碳税对区域经济和环境质量影响评价[*]

19.1 引言

由于人类的生产和消费活动，导致地球大气层中温室气体（其中主要为 CO_2）大量集聚，进一步引发的全球气候变暖，不仅致使气候模式发生变化，引起地球生态系统巨变，还给经济、社会、环境带来巨大损失。如今，气候变暖问题已成为国际社会最为关注的环境问题之一。为应对气候变化，世界各国展开了广泛的讨论与合作，以寻求最优解决方案。

作为世界上最大的发展中国家，快速的经济发展和以煤炭为主的能源消费结构特点使得中国的能源消费和 CO_2 排放量迅速增长。据统计，2007 年我国化石能源的 CO_2 排放量超过美国，成为世界第一大 CO_2 排放国（国际能源署，2010）。尽管基于"共同但有区别的责任"原则，《京都议定书》没有对中国规定强制的减排义务，但随着全球气候变暖趋势的加剧、"后京都时代"的来临，作为温室气体排放大国，中国必将面临越来越大的国际压力。中国政府开始高度重视节能减排。2007 年 6 月，中国政府发布了第一部应对气候变化的综合政策性文件《中国应对气候变化国际方案》。次年 10 月，又发布了《中国应对气候变化的政策与行动》白皮书，介绍减缓和适应气候变化的具体政策和行动。在 2009 年召开的哥本哈根会议上，中国政府更是公布了中国控制温室气体排放的具体目标，决定到 2020 年单位国内生产总值 CO_2 排放量比 2005 年下降 40%~45%。

为此，国家发展和改革委员会和财政部课题组针对碳税制度的设立进行专题研究，表示我国有望在 2012 年前后推出碳税政策。国际经验表明，碳税作为削

---

* 本章内容由胡剑锋、韦晓倩撰写。

减 CO_2 排放量的一项政策工具，可以通过价格机制，有效减少碳排放、降低能源消耗，对节能减排技术的开发和应用也能起到积极的作用。与此同时，碳税也会在一定程度上影响能源的价格、能源的供应与需求，进而对国民经济、产业和企业竞争力、社会公平等产生影响。国内现有研究主要集中于碳税对全国层面的影响，并基此探讨了碳税具体方案的设计，包括税率、税基、税收优惠等。但是由于各地区的经济发展与产业结构不同，课征碳税的影响势必会因地区性的差异而有所不同。特别是对浙江这样的经济大省、耗能大省，碳税的实施又会产生什么样的环境和经济影响？其影响程度又是如何？地方政府和产业部门应采取怎样的战略来适应有关的税制改革？目前国内针对这些问题的研究尚十分缺乏，因此，有必要对碳税政策的区域环境影响、区域经济影响进行细致的研究。

本章以浙江省为例，就征收碳税对我国区域经济和环境质量的影响进行实证研究。之所以作出这样的选择，一方面是因为目前理论界缺乏对区域层面的碳税影响分析。就以往的文献看，学者们主要是集中在碳税对我国经济增长的影响等国家层面上的研究，忽略了区域性的差异。对中国而言，国内各区域之间的无论是资源要素还是经济发展状况都存在着很大差异。因此，基于国家层面的 CGE（可计算的一般均衡模型）模拟结果并不能对各区域的影响作出准确的判断，为避免决策的片面性，有必要对区域层面的碳税影响进行分析，以便于为碳税的制定提供理论依据。

另一方面，浙江是我国经济发展大省，同时也是能源消费大省。改革开放 30 余年来，浙江凭借其领先的体制优势和特色区域经济，使全省经济总量和发展水平有了显著的提高，经济实力不断增强。数据显示，从 1978 年到 2009 年，浙江省的生产总值从 123.72 亿元增加到 22 990.35 亿元，由全国第 12 位上升到第 4 位（未包括港澳台，下同）；人均生产总值从 331 元增加到 44 641 元，由第 16 位上升到第 4 位。但由于浙江企业多为劳动密集型、资源消耗型中小企业，经济快速增长的同时也带动了浙江能源消费的增长和温室气体的大量排放（图 19.1）。2009 年全省能源消费总量为 15 567 万吨标准煤，较 1995 年增长 2.68 倍，能源品种消费结构仍以煤炭为主，占总能源消费的 61.1%，第二产业的能源消耗占全社会能耗的 73.5%。此外，有研究表明，2005 年我国终端能源消费的 CO_2 排放主要来自江苏、浙江、广东等工业大省，其中浙江省位于全国第 5 位。因此，研究碳税对浙江的影响具有典型性和代表性。

因此，通过本研究不仅可以使国家在未来开征碳税时将这种区域性差异考虑进去，为碳税制定者制定税率提供理论依据；同时也可以为浙江在"后京都时代"如何规划和调整区域经济发展以应对碳税政策实施带来的影响提供具体指导。

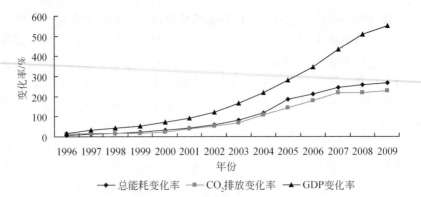

图 19.1　1996～2009 年浙江省 GDP、总能耗和 CO_2 排放量（1995 年为基年）

本章结构安排如下：第二部分首先对碳税的相关研究进行综述；第三部分构建一个基于区域层面的 CGE 模型；第四部分介绍相应核算矩阵的构建、模型参数估计结果及情景模拟讨论；最后是结论部分。

19.2　碳税研究的理论综述

国内外关于碳税研究的文献很多，涉及面很广，但归结起来主要有两点，即碳税的环境效应和经济效应。因为碳税政策能否被各国广泛接受并开征，主要取决于其对 CO_2 排放、宏观经济、行业竞争力等产生的影响。因此，本章在简要分析碳税的作用机理的基础上，从国内和国外两个方面就碳税的环境效应和经济效应的相关研究文献进行综述，最后概述我国学者对碳税具体方案的有关讨论。

开征碳税的目的是希望通过削减 CO_2 排放量减缓全球变暖，因此碳税对 CO_2 减排的影响是评价该政策的首要指标。大量实证研究证明，开征碳税能显著降低 CO_2 的排放量。例如，Florosa 和 Vlachou（2005）的研究结果表明征收 50 美元/吨的碳税将直接或间接导致希腊 CO_2 排放量较 1998 年的水平减少 17.6%，尽管减排成本高，但对缓解全球变暖而言是个有效的环境政策；Wissema 和 Dellink（2007）利用可计算一般均衡模型分析碳税对爱尔兰经济的影响，发现碳税会显著改变生产消费模式，使其向新能源和低碳能源转变，并估计得到征收 10～15 欧元/吨的碳税可实现 CO_2 排放量在 1998 年的水平上减少 25.8%。

对碳税所带来的 CO_2 减排作用，Baranzini（2000）给出了这样的解释：一方面碳税通过价格上升来刺激经济中的节约行为、能源使用效率的提高、能源产品的替代以及生产与消费结构的变化，进而有效地调节经济行为体的 CO_2 排放量；

另一方面通过将碳税收入合理地投放回经济中，引起投资与消费模式的转变，进而增强前一方面的效应。

不过，也有少数学者提出了相反的意见，认为碳税不是较好的温室气体减排政策。例如，Klimenko 等（1999）通过对过去 25 年全球气温变化的研究，认为碳税的实施是毫无必要的，碳税导致燃料和电力价格上涨，将显著地影响国民的生活质量。与之相比，依靠增加森林面积来控制大气中的 CO_2 含量将更加有效。

碳税对环境的影响，除上述讨论的 CO_2 减排之外，还能产生额外的环境改善。例如，对其他温室气体的减排，由于化石能源在使用过程中除了排放 CO_2 之外，还会产生大量的其他污染物（SO_2、NO_2、CO 等），而随着碳税的征收，化石能源消费量减少，由化石能源燃烧所产生的其他污染物的排放量也随之减少。学界将类似这种由碳税征收所产生的额外收益称为"二次收益"（secondary benefits）。然而由于获得二次收益并非主要目的，现有研究中对二次收益的研究也较少，仅少数学者对其进行了定量的研究。Pearce（1992）研究了挪威和英国进行 CO_2 减排所带来的环境二次收益情况，认为到 2000 年，二次收益的经济价值将是直接收益的 8 ~ 30 倍。Burtraw 和 Toman（1997）的研究认为，二次收益将抵消掉 30% 的 CO_2 减排成本。

实施碳税对经济发展所带来的影响是各国在研究碳税制度过程中考虑的关键问题。早在 20 世纪 90 年代初期，北欧就率先实行了全国范围的碳税制度。但在其后 20 年的时间里，全世界仅有十几个国家引入碳税，更多的国家采取保守的态度正是基于碳税对国家经济发展和竞争力角度影响的考虑。

从研究工具来看，对该领域的研究，大多数学者采用多部门构架的可计算一般或局部均衡模型进行模拟分析，比较有代表性的模型包括 GREEN（Burniaux et al.，1982）、DICE（Nordhaus，1993）、GEM-E3（Kouvaritakis et al.，2002）等；也有部分学者运用数理规划模型或计量经济模型进行研究，如 Hoeller 和 Wallin（1991）、Peck 和 Teisberg（1992）的研究。

从研究结果来看，学界普遍认为在没有规划适当配套措施的前提下，课征碳税将大幅增加能源消费的使用成本，在促进 CO_2 排放量以及能源消费减少的同时，对消费需求、投资需求、经济增长、行业产出等产生一定的负面影响，影响程度随碳税税率的提高而增加，且短期影响程度总是比长期影响程度大。其中，对 GDP 的负面影响并不是很大，例如，Barker（1993）利用能源–环境–经济模型评估碳税对英国经济的影响，发现对宏观经济的影响较小，GDP 甚至有可能以高于基准 0.2% 的水平增长。对行业的影响则比较复杂，依据能源密集程度而定，煤炭业等能源密集程度高的行业受碳税影响程度会更大些（Godal and Holtsmark，

2001）。由于碳税政策目前还不是一个全球性政策，碳税对行业的影响还会涉及一个国际竞争力的问题，碳税的开征会严重削弱本国行业在国际环境中的竞争力（Elkins and Baker，2001）。出于这方面的考虑，已开征碳税的部分国家（如瑞典、挪威、丹麦等）对能源密集型部门实行税收优惠或给予补贴，以缓和碳税带来的负面影响。不过也有学者认为因成本增加而导致国际竞争力的下降是个短期现象，从长远来看，环境政策可以激发企业进行创新行为，相对于在环境政策宽松国家的企业，这些企业的竞争力将会得到提高（Porter and Van Der Linde，1995）。

在国内，对碳税的研究从 20 世纪 90 年代初就已经起步，最早的研究来自赵忠民（1992）和徐华清（1996）等。当时的研究只是大致介绍了碳税的基本思想，并对中国实施碳税的可行性作了简单论述。然而，在之后几年时间里，由于政府推动环保主要是依靠行政管制手段，而且重点放在减少传统污染上，对温室气体排放的关注并不是很多，故有关环境与能源类税制的研究多数只关注资源税改进、环境税开征以及能源费改税等方面，专门针对碳税问题的理论与实证研究非常少。在中国减排问题的研究方面，必须提及的是 ZhongXiang Zhang（张中祥），他在环境与气候政策方面的研究成果非常丰硕。他的博士论文（1996 年）是第一份对中国 CO_2 减排经济效应进行系统研究的文章，文章中利用 CGE 模型对中国实行 CO_2 排放限制的宏观经济影响进行了较为详细的分析。此后，他继续在减排政策以及碳税理论方面做了大量研究工作，并针对部分发达国家对中国温室气体排放问题的指责，多次利用理论探讨与实证结论，从不同方面对这些言论进行了有力的反驳。

进入 21 世纪之后，关注碳税制度的中国机构和学者逐渐增多，他们建立了多种模型对碳税的作用效果以及对经济的影响进行分析。中国气候变化国别研究组（2000）采用一种可计算的一般均衡 ERI-SGM 模型，结合我国实际情况试算了两种碳税税率方案，即 100 元/吨碳和 200 元/吨碳。其结果显示，征收碳税可显著地降低能源消费的增长，改善能源的消费结构，并能有效地削减温室气体的排放，而采用较低的碳税制度对我国的未来经济没有明显的负面影响。高鹏飞和陈文颖（2002）应用 MARKAL-MACRO 建模工具，建立了一个用来评价中国能源系统碳减排政策的模型，并用模型研究了征收碳税对中国碳排放和宏观经济的影响。该研究得出两个结论：征收较高碳税（如 50 美元/吨碳或 100 美元/吨碳）将会导致较大的 GDP 损失以及存在减排效果最佳的税率。贺菊煌等（2002）建立了一个静态 CGE 模型分析在中国征收碳税对 CO_2 减排的效果以及对国民经济各方面的影响，得出的结论也是碳税对 GDP 影响很小，但是会引起煤炭行业劳动力需求大量减少。其后，王灿等（2005）采用一套综合描述中国经济、能源、环境系统的递推动态 CGE 模型（TEDCGE）分析了在中国实施碳减排政策的经济影响，得出的结论基本类似。

从 2009 年开始，中国进一步加快了对碳税政策的研究，以苏明等（2009）为代表的专家较为深入地从多个方面进行了探讨，涉及碳税的可行性、框架设计、效果预测与影响评价等，并在其《我国开征碳税问题研究》（2009 年）一文中较为具体地对碳税的税制要素作了初步设定，结合中国的国情，制定了未来几年内的碳税路线图，给出了几种可供选择的碳税实施方式作为参考。姜克隽（2009）通过对欧洲多个国家碳税政策的经验研究，指出征收碳税对我国未来 CO_2 排放的抑制作用明显，但是对 GDP 的影响并不明显，最高也仅为 0.45% 左右，同时有利于经济结构调整到低碳排放的经济体系下。在张明喜（2010）的研究中，利用一个五部门的 CGE 模型，得出碳税对长期的 GDP 影响要比短期的影响还要小很多，在他的结论中，与不征税相比，到 2027 年 GDP 仅减少 0.08%。

从我国的现有研究来看，学者们主要关注的问题是碳税对 GDP 将带来多大程度的影响，其中所采用的分析模型和计量方法多为国际学术界的前沿方法，可谓与国际基本接轨，这是十分可喜的。或许是受数据可得性的限制，目前的研究多数都是基于全国层面的分析，而分行业视角的政策效应研究则较少。同时，由于碳税政策尚未在我国真正实施，所以对碳税的环境效应、分配效应和福利效应的专题研究文献并不多见，个别研究即使涉及这方面的内容，分析也不够深入。此外，碳税应如何与现有税收政策和其他政策协调配合，也有待于进一步的探讨。以上这些可能是我国理论界需要关注并深入研究的方向。

19.3 基于区域层面分析的 CGE 模型构建

本章拟利用区域 CGE 模型就征收碳税对浙江省经济发展和环境质量的影响作出实证分析，因为与其他政策分析模型相比较，CGE 模型具有更为坚实、缜密的传导机制，对政策的宏观波及效应能刻画得更为深刻，其模拟结论也更有说服力。不过，在分析不同层面的环境效应和经济效应时，CGE 模型的方程组是不同的，而目前有关研究采用的都是基于国家层面的模型。因此，在开展实证研究前，首先需要构建一个适合省级层面分析的 CGE 模型方程体系。

19.3.1 碳税政策影响的理论分析

碳税作为温室气体减排的市场手段之一，主要通过价格机制，引起消费者和生产者行为的转变，从而改变相关需求因素和供给因素，最终影响环境质量和经济发展。因此，碳税政策对经济和环境的影响主要从需求和供给两方面传导实现（图 19.2）。

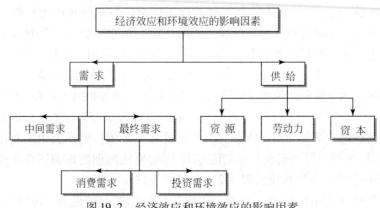

图 19.2　经济效应和环境效应的影响因素

　　需求方面主要包括消费需求、中间需求、投资需求等。由于价格机制的作用，政府对化石燃料征收碳税，将导致化石燃料和以其为中间投入的最终产品的价格上涨。由于替代效应的存在，消费者在购买商品时，将会减少对高碳排放产品的购买量，增加对低碳排放产品的需求量。随着污染产品需求的下降，污染物排放减少，对生态环境起到了保护作用。对企业而言，一方面，出于自身生产成本的考虑，偏好选择低碳排放产品，以替代高碳排放产品的中间需求；另一方面，消费者消费偏好观念的转变，也将反过来促进企业增加低碳排放产品的生产，减少企业在生产过程中高碳排放能源的中间投入，激励企业进行节能减排技术的创新。为应对碳税增加带来的生产升本的增加，企业除了改变能源消费结构外，还会增加购买环保设备的偏好，以提高能源使用效率，减少碳排放。

　　供给方面主要包括资本供给、资源供给、劳动力供给等。碳税的实施将增加高能耗高污染产业的成本，企业收益因而减少，投资收益率也随之下降。因此，理性投资者出于自身利益的考虑，会减少对高污染产业的投入，将资金转而投向低碳产业。另外，政府也将依据专款专用原则，将碳税收入合理投入到环保产业建设中，优化产业结构。碳税的实施提高了化石燃料的价格，为低碳能源创造了价格竞争优势，有利于引导企业加大对低碳能源的开发和利用，促进低碳产业的发展，从而使得低碳能源供给量增大，进一步促使企业降低对高碳化石能源的依赖性，优化能源结构。如前所述，碳税的实施使得高污染高能耗型产业（如煤炭业）竞争力削弱，从而引导劳动力向低污染低能耗的产业（如天然气业）转移。

此外，新兴环保产业的兴起将提供许多新的就业岗位。

综上，对碳税的影响分析需要构建一个包含总需求和总供给的分析框架。而 CGE 模型正是基于瓦尔拉斯均衡理论，通过构建一组方程式来描绘供给、需求以及市场之间的关系。运用 CGE 模型可以有效模拟政府的政策变化对经济整体的全局性影响。因此，下文将在碳税政策影响的理论分析的基础上，构建适用于区域研究的 CGE 模型。

19.3.2 区域 CGE 模型的方程体系

为了综合分析碳税对浙江经济发展和环境保护所带来的影响，本章构建了一个将环境行为纳入一般均衡框架的静态区域 CGE 模型。与以往主要以单国（中国）为主要研究对象的 CGE 模型不同，本章构建的 CGE 模型主要以我国省级区域为研究对象。国家层面的模型与区域层面的模型的最重要的区别在于考虑了省级地区与国内其他地区之间存在的广泛而又密切的地区间贸易。

模型假定经济体中有 9 个生产部门（煤炭开采和加工、石油天然气开采和加工、农业、电力、轻工业、重工业、建筑业、交通运输业和服务业）和 1 类代表性的居民户，每个生产部门只生产 1 种有代表性的商品或服务。模型假设市场完全竞争，所有部门均在规模收益不变的生产技术约束下按成本最小化原则进行要素投入和产品产出决策。生产者以利润最大化为决策目标，消费者以效用最大化为决策目标。模型包括如下 6 个模块：生产模块、贸易模块、收入支出模块、投资储蓄模块、环境模块和均衡模块。

1）生产模块

生产模块主要是对商品要素的生产者行为以及优化条件进行的描述，具体包括生产方程、约束方程、要素供给方程和优化方程等。一般生产函数形式采用 Cobb-Douglas 生产函数、常替代弹性函数等；中间投入关系可利用 Leontief 投入产出矩阵描述；生产要素的选择通常考虑传统的资本和劳动力。

$$QX_i = alphav_i \times L_i^{deltav_i} \times K_i^{(1-deltav_i)} \tag{19.1}$$

$$L_i = alphav_i^{-1} \times QX_i \times \left(\frac{deltav_i \times r_i}{(1 - deltav_i) \times w_i} \right)^{1-deltav_i} \tag{19.2}$$

$$K_i = alphav_i^{-1} \times QX_i \times \left(\frac{(1 - deltav_i) \times w_i}{deltav_i \times r_i} \right)^{deltav_i} \tag{19.3}$$

$$QINT_{i,j} = ina_{i,j} \times QX_j \tag{19.4}$$

$$PX_i = (1 + ti_i) \times \left(PVA_i + \sum_{j}^{n} PQ_j \times (1 + tc \times EM_j) \times ina_{ji} \right) \tag{19.5}$$

式（19.1）~式（19.4）定义了 CGE 模型中的部门生产。式（19.1）定义了各部门总产出 QX_i 是要素 L 和 K 的 Cobb-Douglas 函数，$alphva_i$ 代表 C-D 生产方程的规模参数，$deltav_i$ 和（$1-deltav_i$）代表 Cobb-Douglas 生产方程中 L 和 K 的份额参数。由企业生产的最优条件，即企业所需劳动力的边际增加值等于劳动力的工资率 w_i，资本的边际增加值等于资本的租金率 r_i，推导可得式（19.2）和式（19.3）：劳动力需求 L 和资本需求 K。式（19.4）定义了中间投入 $QINT_{i,j}$，表示 j 部门中 i 产品的中间投入量，$ina_{i,j}$ 是直接消耗系数。式（19.5）定义了增加值价格，是由总产出价格 PX_i 扣除间接税和中间投入成本。

2）贸易模块

本节描述模型中省内、国内其他地区和国外地区三者之间的贸易情况。与国家层面的 CGE 模型不同，本模型在描述国内外商品进出口的同时，也考虑了省级区域与国内其他地区之间的商品调入调出。采用嵌套的常转换弹性（constant elasticity transformation，CET）函数描述省内产出商品在不同地区间的销售替代关系，采用常替代弹性（constant elasticity substitution，CES）函数描述不同地区生产的商品在省内的消费组合关系。贸易结构见图 19.3。

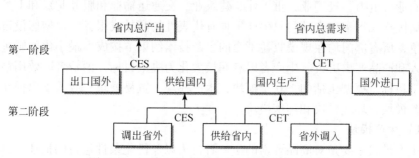

图 19.3　区域 CGE 模型中分阶段的贸易结构图

在贸易过程中，本模型采取"小国假设"，即认为中国在世界范围内是价格接受者，进口商品和出口商品的价格由国际市场决定。模型满足阿明顿（Armington）假设，即进口品和国产品是不完全替代的，调入品和域内品也是不完全替代的。

$$PM_i = (1 + tm_i) \times \overline{PWM_i} \times \overline{ER} \qquad i \in CM \qquad (19.6)$$

$$PM_i = 0 \qquad i \in CMN \qquad (19.6')$$

$$PE_i = \overline{PWE_i} \times \overline{ER} \qquad i \in CE \qquad (19.7)$$

$$PE_i = 0 \qquad\qquad i \in CEN \qquad (19.7')$$

$$PQ_i = (PM_i \times QM_i + PND_i \times QND_i)/QQ_i \qquad\qquad (19.8)$$

$$PND_i = (PNM_i \times QNM_i + PD_i \times QD_i)/QND_i \qquad\qquad (19.9)$$

$$PX_i = (PE_i \times QE_i + PNS_i \times QNS_i)/QX_i \qquad\qquad (19.10)$$

$$PNS_i = (PNE_i \times QNE_i + PD_i \times QD_i)/QNS_i \qquad\qquad (19.11)$$

$$PNE_i = (1 + pned_i) \times PD_i \qquad\qquad i \in CNE \qquad (19.12)$$

$$PNE_i = 0 \qquad\qquad c \in CNEN \qquad (19.12')$$

$$PNM_i = (1 + pnmd_i) \times PD_i \qquad\qquad i \in CNM \qquad (19.13)$$

$$PNM_i = 0 \qquad\qquad i \in CNMN \qquad (19.13')$$

$$QQ_i = acm_i \left[\delta cm_i \times QM_i^{-\rho cm} + (1 - \delta cm_i) \times QND_i^{-\rho cm} \right]^{-1/\rho cm} \quad i \in CM \qquad (19.14)$$

$$QM_i = QND_i \left[\frac{\delta cm_i}{(1 - \delta cm_i)} \times \frac{PND_i}{PM_i} \right]^{1/(1+\rho cm)} \qquad i \in CM \qquad (19.15)$$

$$QQ_i = QND_i \qquad\qquad i \in CMN \qquad (19.14')$$

$$QM_i = 0 \qquad\qquad i \in CMN \qquad (19.15')$$

$$QND_i = acn_i \left[\delta cn_i \times QNM_i^{-\rho cn} + (1 - \delta cn_i) \times QD_i^{-\rho cn} \right]^{-1/\rho cn} \quad i \in CNM \qquad (19.16)$$

$$QNM_i = QD_i \left[\frac{\delta cn_i}{(1 - \delta cn_i)} \times \frac{PD_i}{PNM_i} \right]^{1/(1+\rho cn)} \qquad i \in CNM \qquad (19.17)$$

$$QND_i = QD_i \qquad\qquad i \in CNMN \qquad (19.16')$$

$$QNM_i = 0 \qquad\qquad i \in CNMN \qquad (19.17')$$

$$QX_i = atm_i \left[\delta tm_i \times QE_i^{\rho tm} + (1 - \delta tm_i) \times QNS_i^{\rho tm} \right]^{1/\rho tm} \quad i \in CE \qquad (19.18)$$

$$QE_i = QNS_i \left[\frac{(1 - \delta tm_i)}{\delta tm_i} \times \frac{PE_i}{PNS_i} \right]^{1/(\rho tm - 1)} \qquad i \in CE \qquad (19.19)$$

$$QX_i = QNS_i \qquad\qquad i \in CEN \qquad (19.18')$$

$$QE_i = 0 \qquad\qquad i \in CEN \qquad (19.19')$$

$$QNS_i = atn_i \left[\delta tn_i \times QNE_i^{\rho tn} + (1 - \delta tn_i) \times QD_i^{\rho tn} \right]^{1/\rho tn} \quad c \in CNE \qquad (19.20)$$

$$QNE_i = QD_i \left[\frac{(1 - \delta tn_i)}{\delta tn_i} \times \frac{PNE_i}{PD_i} \right]^{1/(\rho tn - 1)} \qquad c \in CNE \qquad (19.21)$$

$$QNS_i = QD_i \qquad\qquad c \in CNEN \qquad (19.20')$$

$$QNE_i = 0 \qquad\qquad c \in CNEN \qquad (19.21')$$

式（19.6）~式（19.21）描述了 CGE 模型中的国内外和域内外贸易。其中：

式（19.6）表示进口商品的国内价格 PM_i 是包含进口关税 tm_i 在内的国际价格 $\overline{PWM_i}$ 与汇率 $\overline{ER}$ 的乘积。

式（19.7）表示出口商品的国内价格 PE_i 是国际价格 $\overline{\mathrm{PWE}_i}$ 与汇率 $\overline{\mathrm{ER}}$ 的乘积。

式（19.8）~式（19.11）采用双重嵌套的价格体系，分别定义了复合商品的价格 PQ_i、国内商品的价格 PND_i、总产出价格 PX_i 和供给国内市场的价格 PNS_i。

式（19.12）、式（19.13）分别表示调出价格、调入价格与域内价格的比值为定值。

式（19.14）~式（19.17）定义了进口和调入，复合商品需求量 QQ_i 是国内生产商品需求量 QND_i 和进口商品需求量 QM_i 的 CES 加总，而国内生产商品需求量 QND_i 是省外调入商品需求量 QNM_i 和省内生产商品需求量 QD_i 的 CES 加总。

式（19.18）~式（19.21）定义了出口和调出，部门总产出 QX_i 是对国内市场供应量 QNS_i 和对国外出口量 QE_i 的 CET 加总，而国内市场供应量 QNS_i 是对省外调出量 QNE_i 和对省内市场供给量 QD_i 的 CET 加总。

以上描述的是与省外或国外有贸易往来的部门商品，对于与省外或国外没有贸易往来的部门商品，则由式（19.6′）、式（19.7′）、式（19.12′）~式（19.21′）等方程表示。

3) 收入支出模块

本节描述模型中各经济主体（居民、企业和政府）的收入分配和消费支出情况。其中，收入分配包括初次收入分配和收入再分配。生产部门对劳动和资本支付的报酬形成要素收入，此要素收入分配给居民和企业，形成要素收入的初次分配；居民和企业向政府交纳的各种税费形成政府收入，政府将收入的一部分用于居民和企业的转移支付，形成收入的再分配。而消费支出是对居民消费、政府经常项目支出的描述。本模型的消费需求函数采用 LES 描述，即消费者在各种商品的支出占总消费支出的比例为一组固定值，在价格一定的约束下，由 Cobb-Douglas 效用函数推导得出。

$$\mathrm{YL}_i = w_i \times L_i \tag{19.22}$$

$$\mathrm{YK}_i = \mathrm{PVA}_i \times \mathrm{QX}_i - w_i \times L_i \tag{19.23}$$

$$\mathrm{YH} = \sum_i \mathrm{YL}_i + \overline{\mathrm{ETH}} + \overline{\mathrm{GTH}} \tag{19.24}$$

$$\mathrm{YE} = \sum_i \mathrm{YK}_i + \overline{\mathrm{GTE}} \tag{19.25}$$

$$\mathrm{YD} = (1 - \mathrm{th}) \times \mathrm{YH} \tag{19.26}$$

$$\mathrm{HTAX} = \mathrm{th} \times \mathrm{YH} \tag{19.27}$$

$$\mathrm{ETAX} = \mathrm{te} \times (\mathrm{YE} - \overline{\mathrm{ETH}}) \tag{19.28}$$

$$\text{INDTAX} = \sum_i \text{ti}_i \times \text{PX}_i \times \text{QX}_i \tag{19.29}$$

$$\text{TARIFF} = \sum_i \text{tm}_i \times \overline{\text{PWM}_i} \times \text{QM}_i \times \overline{\text{ER}} \tag{19.30}$$

$$\text{YG} = \text{HTAX} + \text{ETAX} + \text{INDTAX} + \text{TARIFF} + \text{CTAX} \tag{19.31}$$

$$H_i = \text{betah}_i \times (1 - s) \times \text{YD}/\text{PQ}_i \tag{19.32}$$

$$G_i = \text{betag}_i \times \text{gcr} \times \text{YG}/\text{PQ}_i \tag{19.33}$$

$$\text{RY} = \sum_i (C_i + G_i + \text{IK}_i) \times \text{PQ}_i - \text{FS} - \text{RS} \tag{19.34}$$

式（19.22）~式（19.34）定义了 CGE 模型中的收入支出。其中：

式（19.22）、式（19.23）定义了要素收入，分别表示部门劳动力报酬 YL_i 和资本收益 YK_i，前者等于增值额减去后者。

式（19.24）~式（19.26）分别定义了企业收入 YE、居民收入 YH、居民可支配收入 YD，表示劳动报酬全部为居民所得，资本收益则由企业获得。

式（19.27）~式（19.30）分别定义了政府的居民个人所得税收入 HTAX、企业所得税收入 ETAX、间接税收入 INDTAX、关税收入 TARIFF 和碳税收入 CTAX，这五者相加即得到政府收入 YG。

式（19.32）描述了居民消费 H_i，它等于居民总支出乘以居民消费支出份额 betah_i（$\sum_i \text{betah}_i = 1$）。

式（19.33）描述了政府消费 G_i，它等于政府总支出乘以政府消费支出份额 betag_i（$\sum_i \text{betag}_i = 1$）。

式（19.34）定义了实际 GDP，即 RY，包括居民消费、政府消费、投资需求、净出口和净调出。

4）投资储蓄模块

本节描述模型中各经济主体（居民、企业和政府）的投资和储蓄情况。投资需求函数采用 LES 描述，即消费者在各种商品的支出占总消费支出的比例为一组固定值，在价格一定的约束下，由 Cobb-Douglas 效用函数推导得出。储蓄需求等各经济主体的可支配收入扣除消费需求。

$$\text{IK}_i = \text{betai}_i \times \text{IN}/\text{PQ}_i \tag{19.35}$$

$$\text{HS} = s\text{YD} \tag{19.36}$$

$$\text{ES} = (1 - \text{te}) \times (\text{YE} - \overline{\text{ETH}}) \tag{19.37}$$

$$\text{GS} = (1 - \text{gcr}) \times \text{YG} \tag{19.38}$$

$$FS = \sum_i \left(\overline{PWM_i} \times QM_i - \overline{PWE_i} \times QE_i \right) \times \overline{ER} \qquad (19.39)$$

$$RS = \sum_i \left(PNM_i \times QNM_i - PNE_i \times QNE_i \right) \qquad (19.40)$$

$$TS = HS + ES + GS + FS + RS \qquad (19.41)$$

式（19.35）~ 式（19.41）定义了 CGE 模型中投资储蓄方程。其中：

式（19.35）定义了投资需求 IK_i，它等于名义投资乘以投资份额 $betai_i$（$\sum_i betai_i = 1$）。

式（19.36）~ 式（19.41）分别表示居民储蓄 HS、企业储蓄 ES、政府储蓄 GS、国外储蓄 FS、省外储蓄 RS 和总储蓄 TS，前五者相加即得总储蓄值。居民储蓄等于可支配收入乘以储蓄率，企业储蓄等于扣除对居民转移支付以及企业所得税后的值，政府储蓄等于政府收入减去政府消费，国外储蓄等于净进口，省外储蓄等于净调出。

5）环境模块

本节描述模型中碳排放和碳税收入的情况，属于新增模块。由于 CO_2 主要产生于能源消费过程，而且对 CO_2 排放的监控与核算较为困难，因此本模型将碳税的征收对象由 CO_2 转换为相应的能源产品，根据不同能源品种的含碳量进行征收。所以此处碳排放量是关于消费环节中化石能源（煤炭、油气）使用量的函数，碳税是关于生产过程中能源投入的函数。

$$CPF_i = cx_i \times \left(\sum_j QINT_{j,i} + H_i \right) \qquad (19.42)$$

$$CTAX = tc \times \sum_i \sum_j PQ_j \times EM_j \times QINT_{j,i} \qquad (19.43)$$

式（19.42）~ 式（19.43）定义了 CGE 模型中环境方程。其中：

式（19.42）定义了部门碳排放量，cx_1 表示单位石油天然气的 CO_2 排放系数，cx_2 表示单位煤炭的 CO_2 排放系数，$cx_3 \sim cx_9 = 0$。

式（19.43）定义了政府开征碳税的税收所得。EM_j 表示从量碳税率转化为从价碳税率的转换系数。

6）均衡模块

均衡模块包括各种要素市场、商品市场的供需均衡。模型通过劳动力平均工资外生，劳动力需求数量内生，对各类劳动力供给和需求进行出清；通过资本回报率外生，资本需求数量内生，对各类资本供给和需求进行出清；采用"新古典封闭原则"的储蓄驱动，对投资–储蓄加以平衡。

$$QQ_i = \sum_j QINT_{i,j} + H_i + G_i + IK_i \qquad (19.44)$$

$$\sum_i L_i = \overline{LS} \qquad (19.45)$$

$$\sum_i K_i = \overline{KS} \qquad (19.46)$$

$$IN = TS \qquad (19.47)$$

式（19.44）~式（19.47）描述了 CGE 模型中的均衡方程。其中：

式（19.44）定义了产品市场出清条件，即在本国市场上产品的供给（QQ_i）等于对其的需求。

式（19.45）和式（19.46）定义了要素市场均衡条件。

式（19.47）定义了投资-储蓄均衡。

表 19.1 列出了此 CGE 模型的所有参数：各种生产和贸易函数的规模参数、份额参数、替代弹性、转换弹性，最终需求参数，以及各种税率等。

表 19.1　模型参数

参数名	参数定义	参数名	参数定义
$alphav_i$	生产函数的规模参数	$deltav_i$	生产函数的份额参数
acm_i	国内外 CES 函数的规模参数	δcm_i	国内外 CES 函数的份额参数
acn_i	域内外 CES 函数的规模参数	δcn_i	域内外 CES 函数的份额参数
atm_i	国内外 CET 函数的规模参数	δtm_i	国内外 CET 函数的份额参数
atn_i	域内外 CET 函数的规模参数	δtn_i	域内外 CET 函数的份额参数
ρcm	国内外 CES 函数的替代弹性系数	ρtm	国内外 CET 函数的转移弹性系数
ρcn	域内外 CES 函数的替代弹性系数	ρtn	域内外 CET 函数的转移弹性系数
$pned_i$	调出价格与省内价格的差别率	$pnmd_i$	调入价格与省内价格的差别率
w_i	工资率	r_i	利率
ti_i	间接税率	tc	碳税率
th	个人所得税率	te	企业所得税率
tm_i	进口品的关税率	s	居民储蓄率
$betah_i$	居民消费支出份额	$betai_i$	投资份额
gcr	政府支出占政府收入的比例	$betag_i$	政府消费支出份额
$ina_{i,j}$	直接消耗系数	cx_i	CO_2 排放系数
EM_j	碳税率的转换系数		

表 19.2 列出了模型中各种内生和外生变量。模型中的内生变量主要包括各种商品价格、数量和各主体之间的收入分配（包括税收、消费、投资等）总额。模型中外生变量主要包括各类要素的供给总量，国际市场价格，转移支付，以及汇率。

表 19.2 模型变量

模型外生变量			
$\overline{PWM}_i$	进口品的国际价格	$\overline{PWE}_i$	出口品的国际价格
$\overline{ETH}$	企业对居民的转移支付	$\overline{GTH}$	政府对居民的转移支付
$\overline{GTE}$	政府对企业的补贴	$\overline{KS}$	资本总供给
$\overline{ER}$	汇率	$\overline{LS}$	劳动力总供给
模型内生变量			
P	价格指数	$QINT_{i,j}$	部门中间投入
L_i	部门劳动投入	K_i	部门资本投入
QX_i	部门总产出	PX_i	产出价格
QE_i	出口商品的供给量	PE_i	出口商品的国内价格
QNS_i	国内商品的供给量	PNS_i	供给国内市场的价格
QNE_i	调出商品的供给量	PNE_i	调出品的价格
QNM_i	调入商品的需求量	PNM_i	调入品的价格
QQ_i	复合商品的需求量	PQ_i	复合商品的价格
QM_i	进口商品的需求量	PM_i	进口商品的国内价格
QND_i	国内商品的需求量	PND_i	国内商品的价格
QD_i	域内商品的需求量	PD_i	域内商品的价格
PVA_i	增加值价格	EV	居民福利
Y	名义 GDP	RY	实际 GDP
YL_i	部门劳动收入	YK_i	部门资本收入
YH	居民收入	YE	企业收入
YD	居民可支配收入	H_i	居民消费
YG	政府收入	G_i	政府消费
$HTAX$	居民所得税	IK_i	投资需求
$ETAX$	企业所得税	HS	居民储蓄
$INDTAX$	间接税	ES	企业储蓄
$TARIFF$	关税	GS	政府储蓄

CTAX	碳税	FS	国外储蓄
TS	总储蓄	RS	外省储蓄
CPF$_i$	部门碳排放量	IN	总投资

19.4　区域 CGE 模型的数据基础与结果分析

上一节确定了模型的基本结构，并构建了一个适合省级层面分析的 CGE 模型方程体系。不过，要使一般均衡模型成为可计算的模型，必须对模型中的外生变量和参数进行赋值。因此，本章需要在数据采集的基础上，编制浙江省社会核算矩阵（2007 年），并以浙江省 SAM（2007 年）为基准数据，进一步估算模型中的参数，然后才能通过 GAMS 软件进行计算。最后，对模拟结果进行合理分析和理论解释。

19.4.1　区域社会核算矩阵的构建

编制 SAM 有两种方法，即"自上而下"（Top-Down）和"自下而上"（Bottom-Up），两种方法各有优劣。前者是一种从宏观到微观、从整体到局部的演绎方法，强调数据的一致性；后者则反其道而行之，是一种从微观到宏观、从局部到整体的归纳方法，强调数据的准确性。根据现有统计资料的实际情况——宏观 SAM 表中的总量数据较易获取且相对准确，采取"自上而下"的方法，从国民账户统计数据和投入产出表出发，编制宏观 SAM，然后在此基础上编制微观 SAM。

19.4.1.1　浙江省宏观 SAM（2007 年）的编制

根据 SAM 基本原理构造与区域 CGE 模型相协调的浙江省宏观 SAM（2007 年）。构造浙江省宏观 SAM 的数据主要来自浙江 2007 年投入产出表、《2008 年浙江统计年鉴》、《中国税务年鉴 2008》等。在编制该 SAM 的过程中需要把上述数据整合到一张表中，由于各种数据来源的定义口径不尽相同，因此必要时对数据做相应的调整。由于部分数据较难获得，因此利用 SAM 收支平衡原则，选择一些较有把握的数据作为控制数据，通过行或列余量的方法求得难以直接获得或确定的数据。

表 19.3 详细列出了浙江省宏观 SAM（2007 年）中每项数据的来源，表 19.4 即为编制好的与区域 CGE 模型协调一致的浙江省宏观 SAM（2007 年）。

表 19.3　浙江省宏观 SAM（2007 年）的数据来源

数据项	含义	数值/万元	数据来源
$t_{1,2}$	总产出	622 388 838	2007 年浙江投入产出表：总产出
$t_{2,1}$	中间投入	433 999 918	2007 年浙江投入产出表：中间投入
$t_{2,7}$	居民对商品的消费	61 013 844	2007 年浙江投入产出表：居民消费
$t_{2,8}$	政府对商品的消费	21 748 933	2007 年浙江投入产出表：政府消费
$t_{2,9}$	用于资本形成的商品	84 300 174	2007 年浙江投入产出表：资本形成
$t_{2,10}$	调出省外	104 338 829	2007 年浙江投入产出表：调出外省
$t_{2,11}$	出口国外	95 901 545	2007 年浙江投入产出表：出口
$t_{3,1}$	劳动者报酬	77 897 183	2007 年浙江投入产出表：劳动者报酬
$t_{4,1}$	资本收益	90 943 961	2007 年浙江投入产出表：营业盈余+固定资产折旧
$t_{5,4}$	资本收入	90 943 961	同 $t_{4,1}$，表明资本收入完全为企业所得
$t_{6,3}$	劳动收入	77 897 183	同 $t_{3,1}$，表明劳动收入完全为居民所得
$t_{6,5}$	企业对居民的转移支付	21 570 879	列余量
$t_{7,1}$	间接税	19 547 776	2007 年浙江投入产出表：生产税净额
$t_{7,2}$	关税	728 093	地方关税值=全国关税总额×地方进口商品总额/全国进口商品总额
$t_{7,5}$	企业直接税	6 898 543	《中国税务年鉴2008》：2007 年全国税务部门组织收入分地区分税种情况
$t_{7,6}$	居民直接税	2 562 488	《中国税务年鉴2008》：2007 年全国税务部门组织收入分地区分税种情况
$t_{8,5}$	企业储蓄	62 474 539	列余量
$t_{8,6}$	居民储蓄	35 891 730	地区居民储蓄值=全国居民储蓄值×地区城乡储蓄存款余额年增加值/全国城乡储蓄存款余额年增加值
$t_{8,7}$	政府储蓄	7 987 967	列余量
$t_{8,9}$	外省储蓄	36 955 195	列余量
$t_{8,10}$	国外储蓄	−59 009 257	列余量
$t_{9,2}$	调入省内	141 294 024	2007 年浙江投入产出表：调入省内
$t_{10,2}$	进口	36 892 288	2007 年浙江投入产出表中进口值项为 37 620 381万元，由于 IO 表中进口商品值是采用到按价格加关税得到的，故 SAM 表中的进口值=IO 表中进口值−关税值 = 37 620 381−728 093=36 892 288（万元）

（单位：万元）

表19.4 浙江省宏观SAM（2007年）

		活动	商品	要素		经济主体			资本账户	省外	国外	汇总
				劳动	资本	企业	居民	政府				
		1	2	3	4	5	6	7	8	9	10	11
活动	1		622 388 838									622 388 838
商品	2	433 999 918					61 013 844	21 748 933	84 300 174	104 338 829	95 901 545	801 303 243
要素 劳动	3	77 897 183										77 897 183
资本	4	90 943 961										90 943 961
经济主体 企业	5				90 943 961							90 943 961
居民	6			77 897 183		21 570 879						99 468 062
政府	7	19 547 776	728 093			6 898 543	2 562 488					29 736 900
资本账户	8					62 474 539	35 891 730	7 987 967		36 955 195	−59 009 257	84 300 174
省外	9		141 294 024									141 294 024
国外	10		36 892 288									36 892 288
汇总	11	622 388 838	801 303 243	77 897 183	90 943 961	90 943 961	99 468 062	29 736 900	84 300 174	141 294 024	36 892 288	

19.4.1.2 浙江省分解 SAM（2007 年）的编制

浙江省 SAM（2007 年）是在宏观 SAM 的基础上对部门进行细分（分为 9 个部门），数据来源与宏观 SAM 基本一致，此处对前面已经说明过的数据不再赘述，只就部门分解后的数据来源进行说明。

1）模型中部门与投入产出表中部门的对应关系

模型中部门与 42 个部门投入产出表中部门的对应关系如表 19.5 所示。

表 19.5　区域 CGE 模型各部门在 2007 年浙江 42 个部门投入产出表中的编号

序号	代码	部门	在 2007 年浙江 42 部门投入产出表中对应部门的序号
1	OG	油气	03，11，24
2	CO	煤炭	02，11
3	AG	农业	01
4	EL	电力	23
5	LI	轻工业	06～10
6	HI	重工业	04，05，12～22
7	CS	建筑业	26
8	TR	交通运输业	27
9	SE	服务业	25，28～42

2）活动账户和商品账户

对投入产出表进行相应部门合并与分解，并据此对相应的进出口相关账户进行分解。分解时假设各部门的进口关税率相等。从宏观 SAM 中可得到总关税为728 093 万元，总进口值（包括关税）为 37 620 381 万元，因而可以得到关税率为 0.019 735 642，并据此对部门的进口额和关税额进行分解得到表 19.6。

表 19.6　CGE 模型中各部门的实际关税额和进口额

序号	部门	IO 表中的进口值/万元	关税税率/%	实际征收关税/万元	实际进口值/万元
1	油气	1 419 662	0.019 735 642	27 475.690 6	1 392 186.31
2	煤炭	20 535	0.019 735 642	397.427 913	20 137.572 1
3	农业	654 140	0.019 735 642	12 660.019 3	641 479.981
4	电力	0	0.019 735 642	0	0
5	轻工业	3 671 477	0.019 735 642	71 056.607 9	3 600 420.39

续表

序号	部门	IO 表中的进口值 /万元	关税税率 /%	实际征收关税 /万元	实际进口值 /万元
6	重工业	28 461 044	0. 019 735 642	550 826. 069	27 910 217. 9
7	建筑业	0	0. 019 735 642	0	0
8	交通运输业	740 622	0. 019 735 642	14 333. 764 6	726 288. 235
9	服务业	2 652 901	0. 019 735 642	51 343. 409 3	2 601 557. 59

至此，2007 年浙江省社会核算矩阵（包括宏观 SAM 以及分解 SAM）的编制工作全部完成，具体参见本章附录。需要指出的是部分数据是在一系列刚性假设条件下才得以编制完成的，如果能够有条件进行更深入细致的数据调查，则该社会核算矩阵的数据质量将得到进一步改善，也更适合作为区域 CGE 模型的数据基础，从而提高其模拟分析的可靠度。

19. 4. 2　模型的参数估计

在 CGE 模型的结构和模型中方程的具体形式确定以后，下一步就是模型的参数估计，参数值的准确性将直接影响模型的准确性。在国内外有关中国经济的 CGE 模型中，相当多的文献没有给出参数是如何估计的，这反映出模型的参数估计是模型应用中的一个难点。

CGE 模型的参数估计方法一般有两种：计量经济学方法和校准方法。这两种方法相互区别，各有优缺点。计量经济学方法是以经济部门多年的历史统计数据为基础，用计量经济学的方法进行回归分析，估计各种参数。这种估计得到的数据可靠性程度高，但需要多年的时间序列数据，数据收集比较困难。与之相比，校准方法仅仅需要基准年的数据即可，数据收集相对容易。校准法是由 Johenson 于 1960 年提出的，是在 CGE 模型中使用基准均衡的数据集并满足模型的均衡条件以确定模型参数的一种方法。在许多 CGE 模型应用中，除少部分参数是用计量经济学方法或参考现有研究成果确定外，绝大多数的参数是用校准法得到的。但是不可以忽略校准法的缺点：由于校准法对基准数据的可靠性依赖大，校准得到的数据可靠性程度较低。

本模型主要通过三种途径估计模型中的所有参数：一部分参数使用计量经济学方法得出，一部分参数利用前面构建的社会核算矩阵校准得到，另外还有一小部分参考了既有的研究成果。

1）生产模块中的参数估计

对于生产函数，本章采用的是 Cobb-Douglas 形式：

$$QX_i = alphav_i \times L_i^{deltav_i} \times K_i^{(1-deltav_i)} \tag{19.48}$$

需要估计的参数有劳动力份额参数 $deltav_i$ 和规模参数 $alphav_i$，本章采用了 Zhang（1996）的方法，即 $deltav_i = \dfrac{YL_i}{YL_i + YK_i}$，其中 YL 为劳动的增加值，即投入产出表中的劳动报酬，是 YK 资本的增加值，即投入产出表中的资本收益。

对规模参数 $alphav_i$，本章采用的方法是校准法，即获得了总产出 QX_i，资本存量 K_i，劳动力 L_i，劳动力份额参数 $deltav_i$ 后，就可以通过计算得出规模参数 $alphav_i$，如表 19.7 所示。

表 19.7　生产函数中各部门份额参数和规模参数值

项目	OG	CO	AG	EL	LI	HI	CS	TR	SE
$alphav_i$	4 676.51	249.91	13 409.97	15.57	675.48	310.82	29 491.98	68.14	216.42
$deltav_i$	0.439	0.446	0.936	0.119	0.455	0.386	0.819	0.318	0.441

2）贸易模块中的参数估计

在贸易模块中，需要外生确定的替代弹性系数包括 ρcm_i、ρcn_i、ρtm_i、ρtn_i。由于 $\rho cm_i = (1 - \sigma cm_i)/\sigma cm_i$，$\rho cn_i = (1 - \sigma cn_i)/\sigma cn_i$，$\rho tm_i = (1 + \sigma tm_i)/\sigma tm_i$，$\rho tn_i = (1 + \sigma tn_i)/\sigma tn_i$，即只需要确定 σcm_i、σcn_i、σtm_i、σtn_i 的值就可以得到。参考庞军（2008）的博士论文，具体数值如表 19.8 所示。

表 19.8　贸易模块中各弹性参数值

σcm_i	σcn_i	σtm_i	σtn_i	ρcm_i	ρcn_i	ρtm_i	ρtn_i
2	8	2	5	-0.5	-0.875	1.5	1.2

在贸易模块中，需要通过校准方法得到的参数有份额参数 δcm_i、δcn_i、δtm_i、δtn_i 和转移参数 acm_i、acn_i、atm_i、atn_i。

利用基准年数据，在外生给定弹性参数的条件下，上述份额参数和转移参数能够通过下列方程式计算得出。

$$\delta cm_i = \frac{(PM_i/PND_i)(QM_i/QND_i)^{1/\sigma cm_i}}{1 + (PM_i/PND_i)(QM_i/QND_i)^{1/\sigma cm_i}} \tag{19.49}$$

$$\delta cn_i = \frac{(PNM_i/PD_i)(QNM_i/QD_i)^{1/\sigma cn_i}}{1 + (PNM_i/PD_i)(QNM_i/QD_i)^{1/\sigma cn_i}} \tag{19.50}$$

$$\delta tm_i = \frac{1}{1 + (PNS_i/PE_i)(QE_i/QNS_i)^{1/\sigma tm_i}} \quad (19.51)$$

$$\delta tn_i = \frac{1}{1 + (PD_i/PNE_i)(QNE_i/QD_i)^{1/\sigma tn_i}} \quad (19.52)$$

$$acm_i = QQ_i / [\delta cm_i \times QM_i^{-\rho cm_i} + (1 - \delta cm_i) \times QND_i^{-\rho cm_i}]^{-1/\rho cm_i} \quad (19.53)$$

$$acn_i = QND_i / [\delta cn_i \times QNM_i^{-\rho cn_i} + (1 - \delta cn_i) \times QD_i^{-\rho cn_i}]^{-1/\rho cn_i} \quad (19.54)$$

$$atm_i = QX_i / [\delta tm_i \times QE_i^{\rho tm_i} + (1 - \delta tm_i) \times QNS_i^{\rho tm_i}]^{1/\rho tm_i} \quad (19.55)$$

$$atn_i = QNS_i / [\delta tn_i \times QNE_i^{\rho tn_i} + (1 - \delta tn_i) \times QD_i^{\rho tn_i}]^{1/\rho tn_i} \quad (19.56)$$

计算结果如表 19.9 所示。

表 19.9　贸易模块中各部门份额参数和转移参数值

项目	δcm_i	δcn_i	δtm_i	δtn_i	acm_i	acn_i	atm_i	atn_i
OG	0.204 6	0.000 0	0.827 2	0.000 0	1.482 6	0.000 0	3.269 4	0.000 0
CO	0.045 2	0.000 0	0.635 4	0.000 0	1.094 5	0.000 0	2.154 5	0.000 0
AG	0.163 9	0.435 4	0.889 7	0.655 6	1.377 7	1.889 8	4.370 6	2.446 8
EL	0.000 0	0.446 3	0.000 0	0.660 4	0.000 0	1.919 7	0.000 0	2.473 9
LI	0.172 9	0.459 9	0.612 7	0.553 2	1.400 5	1.952 6	2.105 1	2.055 7
HI	0.258 4	0.477 1	0.667 1	0.551 0	1.621 4	1.983 7	2.242 0	2.051 1
CS	0.000 0	0.000 0	0.000 0	0.000 0	0.000 0	0.000 0	0.000 0	0.000 0
TR	0.181 0	0.455 5	0.735 9	0.578 4	1.421 5	1.942 6	2.529 7	2.119 1
SE	0.132 9	0.422 2	0.838 0	0.618 3	1.299 6	1.851 1	3.407 1	2.263 4

3）收入支出模块中的参数估计

首先，利用基准分解 SAM 表中的居民向政府交纳的所得税除以居民基年的劳动收入可得 th= 0.025 76；其次，利用基准分解 SAM 表中的居民储蓄额除以居民的可支配收入可得 s = 0.370 38；最后，利用基准年分解 SAM 表中居民对商品 i 的消费额除以居民总的商品消费额可得 $betah_i$。计算结果如表 19.10 所示。

表 19.10　居民消费支出份额和政府消费支出份额

项目	OG	CO	AG	EL	LI	HI	CS	TR	SE
$betah_i$	0.024	0.001	0.068	0.032	0.218	0.152	0.006	0.026	0.473
$betag_i$	0.000	0.000	0.003	0.000	0.000	0.000	0.000	0.028	0.969

4）环境模块中的参数估计

参考 IPCC 2006 年公布的排放数据可得 $cx_1 = 2.43$，$cx_2 = 2.91$。

根据 2007 年投入产出表、2008 年能源统计年鉴和 IPCC 提供的数据，可计算出 EM_i 的值，如表 19.11 所示。

表 19.11　2007 年我国主要能源部门的单位产值碳排放量

部门名称	碳排放/万吨	复合品价值/亿元	单位产值排放/（吨/万元）
煤炭	197 174.492 1	12 531.919 1	15.733 782 71
石油天然气	55 438.748 4	35 066.301 6	1.580 969 36

19.4.3　程序表达和模型求解

同大多数 CGE 模型的求解过程相似，本区域 CGE 模型采用 GAMS 软件实现其程序表达和模型求解。

程序的第一部分是集合定义，即定义各个生产部门、进出口部门、调入调出部门等，相当于定义方程中参数和变量的下标。第二部分是参数定义，包括用于校准的基准年参数的定义和外生参数的定义。第三部分是利用已知的参数值和各参数之间的关系求得未知的参数值，即参数的校准。第四部分是变量的定义及初始化，通过给变量赋初始值能够使求解程序较快地找到均衡解。第五部分是利用已有的变量初始值和参数值生成基准年的 SAM 表，以检验模型参数和变量初始值是否正确。第六部分是方程定义及输入，即输入方程的具体形式。第七部分是对模型定义，选用适合的方法求均衡解。第八部分是计算结果的输出。

在模型求解所需的全部参数值按照前面所描述的参数校准和外生确定的方法得到以后，再将全部参数以及外生变量的值代入到模型中并利用上述 GAMS 程序求解，所得结果非常好地再现了基准年的 SAM，而且对模型的其他检验也证明了区域 CGE 模型的有效性。

19.4.4　模拟方案设计及结果分析

计税依据：由于 CO_2 主要产生于能源消费过程，而且对 CO_2 排放的监控与核算较为困难，因此本模型将碳税的征收对象由 CO_2 转换为相应的能源产品，根据不同能源品种的含碳量进行征收。

征税环节：碳税只对煤炭和石油天然气的消费环节征税。

纳税人：因消耗化石燃料向自然环境直接排放 CO_2 的生产部门。根据我国现阶段的情况，从促进民生的角度出发，对个人生活中消耗的化石能源排放的 CO_2

暂不征税。

税率：为了比较不同程度的税负水平对减排效果和浙江经济的影响，本章分5种情景进行模拟，即以碳消费税形式征收 10 元/吨、50 元/吨、100 元/吨、200元/吨、500 元/吨的碳税。

其他：模型假设对生产部门征收碳消费税，采用独立碳税方式，即碳税以独立方式进入计算过程，原有的间接税（除碳税以外的间接税）保持不变。

模拟影响结果通过主要状态量的变化表示，具体结果如下。

1）环境影响分析

碳税政策的减排效果如表 19.12 所示，随着碳税税率的提高，总减排量不断增加，且碳税对煤炭的减排效果明显高于对石油天然气的减排效果。碳税的征收会通过市场的价格机制使能源价格上升，而且含碳量越高的能源价格上升幅度越大。因此生产部门会选择低碳能源替代原高碳能源，倾向于清洁生产，而消费者也倾向于消费绿色低碳的产品，从而降低整个社会的能源消费以及碳排放。尽管碳税政策可以有效地减少大量的 CO_2 排放，但是减排的比重还较小，在高税率的碳税下，减排量也只占总排放量的 1.44% 左右。

表 19.12　碳税情景下 CO_2 排放量变化率　　　　（单位:%）

项目	10 元/吨	50 元/吨	100 元/吨	200 元/吨	500 元/吨
油气	−0.021 71	−0.108 35	−0.216 25	−0.430 69	−1.063 47
煤炭	−0.046 29	−0.231 05	−0.461 14	−0.918 44	−2.267 80
全省	−0.029 32	−0.146 36	−0.292 12	−0.581 81	−1.436 59

2）宏观影响分析

碳税政策作为一项减排政策，其可行性不仅应考虑减排效果的有效性，还应从经济可行性方面进行评价。首先来看征收碳税对整体宏观经济的影响。

表 19.13 列出了征收碳税时主要宏观经济变量的变化情况。由该表可看出：在充分调整条件下，征收碳税对整体经济造成了负面影响，包括 GDP、总投资、总产出、总进口和总出口在内的大多数宏观经济变量都有不同程度的下降，且变化幅度随着征收碳税税率的增加而递增。

表 19.13　碳税情景下主要宏观经济变量的变化率　　　　（单位:%）

项目	10 元/吨	50 元/吨	100 元/吨	200 元/吨	500 元/吨
GDP	−0.004 69	−0.023 42	−0.046 79	−0.093 36	−0.231 69
总投资	−0.133 80	−0.667 86	−1.332 93	−2.654 78	−6.555 16

项目	10 元/吨	50 元/吨	100 元/吨	200 元/吨	500 元/吨
总消费	0.129 26	0.645 25	1.287 92	2.565 54	6.337 86
总产出	−0.029 75	−0.148 50	−0.296 38	−0.590 30	−1.457 57
总进口	−0.054 02	−0.269 56	−0.537 78	−1.070 21	−2.636 45
总出口	−0.041 32	−0.206 22	−0.411 55	−0.819 52	−2.022 47
总调入	−0.042 36	−0.211 45	−0.422 03	−0.840 56	−2.075 65
总调出	−0.038 09	−0.190 12	−0.379 44	−0.755 73	−1.866 11
居民可支配收入	−0.001 33	−0.006 63	−0.013 23	−0.026 36	−0.065 08
政府收入	0.473 16	2.361 83	4.713 80	9.388 39	23.181 75
企业收入	−0.181 04	−0.903 72	−1.803 77	−3.592 93	−8.874 32
居民储蓄	−0.001 33	−0.006 63	−0.013 23	−0.026 36	−0.065 08
复合产品需求	−0.030 92	−0.154 34	−0.308 04	−0.613 53	−1.515 04

对消费的影响。由表 19.13 可知，总消费受碳税的影响而上升，且上升幅度随税率的增加而递增。这是由于政府收入因碳税的开征而明显增加，在政府储蓄率固定不变的假设条件下，政府消费和储蓄增加。与此同时，由于居民的可支配收入受碳税的影响而下降，在所得税率和储蓄率固定不变的假设条件下，居民消费和储蓄下降；但由于模型中政府消费增幅大于居民消费减幅，所以社会总消费呈现上升趋势。

对贸易的影响。由表 19.13 可知，进口出口总额、调入调出总额均下降，其中进口下降幅度大于出口下降幅度，调入下降幅度大于调出下降幅度。这是由于浙江省对复合产品需求量受碳税的影响而下降，导致进口总额和调入总额下降。另一方面，总产出因碳税的影响而下降，导致出口总额和调出总额下降。但前者较后者下降幅度更大，所以净出口额和净调出额为正值。

对投资的影响。由表 19.13 可知，受碳税的影响，总投资显著下降。由于本模型使用新古典假设，所以投资额由储蓄决定。社会总储蓄的变化取决于居民储蓄、企业储蓄、政府储蓄、省外储蓄和国外储蓄。除政府储蓄外，其他储蓄均因碳税的影响而下降。因此，社会总储蓄下降导致总投资出现明显下降。

对 GDP 的影响。浙江省的 GDP 变化取决于消费、投资、净出口和净调出的变化。由上述分析可得，投资的下降对 GDP 造成了实质性的负面影响，而净出口、净调出和消费的上升只是使 GDP 的下降幅度有所减少。

3）行业影响分析

本部分在行业层次上分析征收碳税造成的影响。

A. 对各行业产出水平的影响

表19.14给出了实施不同碳税对行业产量的影响。由该表可以看出除了2个行业（农业、服务业）的产出有所上升，其余7个行业的产出水平均出现不同程度的下降，且随着碳税税率的增加行业产出下降或上升的幅度递增。其中下降幅度较大的行业是建筑业、重工业和煤炭行业，原因是这些行业皆属于高能耗行业，碳税的开征直接导致生产成本的大幅提升。下降幅度较小的行业是交通运输业、轻工业、石油和天然气行业。

表19.14　碳税情景下各行业的产出水平的变化率　　　　（单位:%）

项目	10元/吨	50元/吨	100元/吨	200元/吨	500元/吨
油气	−0.022 34	−0.111 51	−0.222 55	−0.443 25	−1.094 47
煤炭	−0.045 62	−0.227 74	−0.454 53	−0.905 28	−2.235 32
农业	0.040 45	0.201 91	0.402 98	0.802 61	1.981 80
电力	−0.037 26	−0.185 97	−0.371 16	−0.739 23	−1.825 31
轻工业	−0.015 63	−0.078 02	−0.155 71	−0.310 12	−0.765 73
重工业	−0.070 38	−0.351 29	−0.701 12	−1.396 41	−3.448 01
建筑业	−0.126 70	−0.632 45	−1.262 26	−2.514 02	−6.207 62
交通运输业	−0.002 56	−0.012 78	−0.025 51	−0.050 80	−0.125 44
服务业	0.074 78	0.373 25	0.744 95	1.483 69	3.663 53

各生产部门的产出水平受碳税的影响呈现不同变化趋势的原因可由微观经济学中关于均衡价格决定的原理得到解释：生产部门的均衡产出是由供给和需求之间的相互作用决定的，即供给曲线和需求曲线移动幅度的相对大小决定了生产部门的均衡产出水平的变化程度以及变化方向。碳税一方面将提高生产部门的能源成本，从而使这些部门的供给曲线内移；另一方面又会使得生产部门对含碳量大的能源的需求减少，对清洁能源的需求上升。而能源需求的变化又进一步影响了能源部门的均衡产量和均衡价格，从而影响到了其他部门的生产成本。考虑到这种价格机制产生的联动效应，各生产部门的供给和需求曲线都出现了不同的移动情况，从而出现了表19.14所示的变化。

B. 对各行业贸易的影响

由表19.15可知，受征收碳税的影响，除服务业的进口量增加，其余部门的进口量均出现不同程度的减少。减少幅度最大的3个部门是：重工业、农业、煤炭业。

表 19.15　碳税情景下各行业的进出口的变化率　　　（单位:%）

		进口量变化率		
项目	10 元/吨	50 元/吨	100 元/吨	200 元/吨	500 元/吨
油气	-0.122 34	-0.211 42	-0.322 36	-0.542 84	-1.193 41
煤炭	-0,054 53	-0.236 63	-0.463 40	-0.914 11	-2.244 03
农业	-0.264 43	-1.064 42	-2.049 14	-3.969 16	-9.358 60
电力	—	—	—	—	—
轻工业	-0.015 38	-0.077 77	-0.155 46	-0.309 87	-0.765 49
重工业	-0.113 35	-0.394 14	-0.743 82	-1.438 81	-3.489 53
建筑业	—	—	—	—	—
交通运输业	-0.041 26	-0.051 48	-0.064 20	-0.089 48	-0.164 09
服务业	0.048 40	0.346 79	0.718 39	1.456 94	3.636 20
		出口量变化率		
项目	10 元/吨	50 元/吨	100 元/吨	200 元/吨	500 元/吨
油气	-0.276 84	-0.365 78	-0.476 54	-0.696 68	-1.346 24
煤炭	-0.040 26	-0.222 39	-0.449 19	-0.899 97	-2.230 08
农业	0.402 98	1.512 24	2.906 87	5.722 68	14.378 19
电力	—	—	—	—	—
轻工业	-0.001 26	-0.063 65	-0.141 35	-0.295 79	-0.751 47
重工业	-0.069 45	-0.350 37	-0.700 20	-1.395 50	-3.447 12
建筑业	—	—	—	—	—
交通运输业	-0.002 56	-0.012 78	-0.025 51	-0.050 80	-0.125 44
服务业	0.099 24	0.397 79	0.769 58	1.508 51	3.688 87

　　各生产部门进口量受碳税影响而呈现不同变化趋势的现象可以由进口量的计算公式得到解释，即各生产部门商品进口量的变化取决于两个因素：一是对国内生产商品需求量的变化；二是国内价格与进口价格比值的变化。由于模型采用小国假设，所以进口价格不变。故进口量与国内价格正相关，与国内生产商品需求量也正相关。同理可得，出口量与国内价格负相关，与国内生产商品需求量正相关。

　　由表 19.16 可知，受征收碳税的影响，除服务业、农业的出口量增加，其余部门的出口量均出现不同程度的减少。减少幅度最大的 3 个部门是：重工业、石油和天然气业、轻工业。

表 19.16　碳税情景下各行业的调入、调出的变化率　　　（单位:%）

调入量变化率				
项目	10 元/吨	50 元/吨	100 元/吨	200 元/吨	500 元/吨
油气	−0.119 98	−0.209 06	−0.319 99	−0.540 48	−1.191 06
煤炭	−0.054 54	−0.236 64	−0.463 41	−0.914 12	−2.244 04
农业	−0.242 54	−0.096 08	0.086 01	0.446 90	1.503 68
电力	−0.056 78	−0.205 46	−0.390 62	−0.758 62	−1.844 49
轻工业	−0.026 32	−0.088 70	−0.166 38	−0.320 77	−0.776 34
重工业	−0.139 73	−0.420 45	−0.770 04	−1.464 85	−3.515 02
建筑业	—	—	—	—	—
交通运输业	−0.134 33	−0.144 54	−0.157 25	−0.182 51	−0.257 05
服务业	−0.011 62	0.286 60	0.657 97	1.396 08	3.574 04

调出量变化率				
项目	10 元/吨	50 元/吨	100 元/吨	200 元/吨	500 元/吨
油气	−0.279 34	−0.368 28	−0.479 04	−0.699 17	−1.348 72
煤炭	−0.037 55	−0.219 68	−0.446 49	−0.897 28	−2.227 42
农业	0.281 90	0.429 13	0.612 17	0.974 96	2.037 30
电力	−0.042 19	−0.190 89	−0.376 08	−0.744 13	−1.830 16
轻工业	0.003 94	−0.058 46	−0.136 16	−0.290 60	−0.746 31
重工业	−0.055 08	−0.336 04	−0.685 92	−1.381 32	−3.433 23
建筑业	—	—	—	—	—
交通运输业	−0.002 56	−0.012 78	−0.025 51	−0.050 80	−0.125 44
服务业	0.129 05	0.427 69	0.799 58	1.538 73	3.719 75

　　各生产部门调入量受碳税影响而呈现不同变化趋势的现象可以从调入量的计算公式得到解释，即各生产部门商品调入量的变化取决于两个因素：一是省内生产商品的销售量的变化；二是省内价格与省外调入价格比值的变化。由于模型假设省外调入价格与省内价格的比值固定，故调入量仅与省内生产商品的销售量正

相关。同理可得，调出量与省内生产商品的销售量正相关。

19.5　本章小结

如何在保证中国经济稳定的前提下，制定有效的政策机制来提高能源利用效率，减少 CO_2 排放，是当前"后京都时代"中国气候政策研究的重要课题。本章以 2007 年浙江省投入产出表为基准数据集，构建了一个包含生产模块、贸易模块、收入支出模块、投资储蓄模块、环境模块和均衡模块六部分的区域性 CGE 模型，并针对征收碳税这项气候保护政策的减排效果以及其对浙江省经济发展的影响进行了模拟分析，得到以下结论：

（1）在环境质量影响方面，征收碳税将导致 CO_2 排放总量降低，并且随着税率的提高减排量也相应增加，对减排具有一定的积极作用，但作用相对有限。譬如，即便是采用 500 元/吨的较高碳税税率，碳排放量也仅下降 1.44%。由此表明，碳税不应该是我国 CO_2 减排的唯一手段，开征碳税的同时还需引进其他 CO_2 减排手段，例如，碳排放交易、清洁发展机制、联合履约、自愿协议等。这些政策措施互有长短，只有相互协调配合才能有效发挥 CO_2 减排的调节作用。但由于我国 CO_2 减排技术水平较低，且部分政策工具还未实行或正处于初级试点阶段，所以需要加大研发力度，并在实践中不断探索。

（2）在宏观经济影响方面，征收碳税会在一定程度上对浙江省的宏观经济增长带来负面影响，并且此负面影响会随着税率提高逐渐加剧。这个结论与现有的基于全国层面的研究结果基本一致，只是在影响程度上浙江省要小得多。一种可能的解释是浙江省的科技水平、生产效率、能源效率高于全国平均水平。不过，反过来思考，那就一定有一些省份的经济影响会大大高于全国层面的平均水平。因此，国家在制定碳税税率时，还是要遵守循序渐进原则和谨慎性原则。在碳税开征之初，不宜采用过高的税率。从本研究的数据来看，实行较低税率（例如 10 元/吨）相对较为可行。未来随着企业承受能力的不断提高，经济发展相对稳定后，可以考虑适当上调碳税税率。这样做既有利于避免碳税对某些区域经济的过大冲击，又有利于促进企业改进生产工艺、提高能源效率的长期行为。另一方面，国家在开征碳税时，也可根据地区经济发展、科技水平、能源效率等因素实行差异税率，对发达地区实行正常税率，对欠发达地区实行较低税率，以帮助欠发达地区顺利实现向低碳经济的平稳过渡。

（3）在行业部门影响方面，碳税对浙江省各行业的产出水平、进出口贸易、省际贸易都产生了不同程度的影响，但都高于整个宏观经济的受影响程度。其中受影响较大的是建筑业、重工业、电力行业等能源密集型行业，受影响最小的是农业和服务业。需要特别说明的是，由于煤炭开采和加工业在浙江产业结构中所占比重较低（仅占 0.003%），浙江省大量的煤炭消费依靠进口和省外调入，所以浙江煤炭行业受碳税影响程度低于全国水平，但受其价格成本的增加的影响，仍然位于受影响最大的前三个行业。与此相反，轻工业在浙江产业结构中所占比重较高（约占 19.9%），能源消耗量大，因而受影响程度高于全国水平。因此，考虑到碳税的引入将对能源密集型行业产生较大的影响，建议对这些行业建立合理的税收减免与返还机制，具体行业的选择可以结合该地区产业结构的需要。但是享受优惠的前提是需与国家签订 CO_2 减排或采取节能技术改进的相关协议，明确节能减排方面的目标和进度。另一方面，对于在减排方面有积极表现的其他行业，也可给予一定的税收优惠以资鼓励。

（4）在税收收入方面，尽管征收碳税会使经济主体的收入下降，进而减少政府的所得税收入，同时产量下降也会减少政府的间接税收入，但是碳税收入的增加足以弥补上述税收收入的下降，因而征收碳税后政府的财政收入将会增加。这就引出了一个税负的合理性的问题。鉴于碳税收入中的国际经验，我国有必要在开征碳税时适当调低扭曲型税收的税率，使整体税负保持相对稳定，以避免企业承受过大的税收负担。目前，我国税收对社会资源配置的扭曲程度以间接税为主，如我国实施的生产型增值税就具有明显的扭曲要素供给效应。因此，碳税实施可辅以增值税转型，以取得双重红利之效。

附　录

附表一　浙江省分解 SAM(2007 年,单位:万元)

部门		活动								
		油气	煤炭	农业	电力	轻工业	重工业	建筑业	交通运输业	服务业
活动	油气									
	煤炭									
	农业									
	电力									
	轻工业									
	重工业									
	建筑业									
	交通运输业									
	服务业									
商品	油气	8 788 907	892	563 534	445 104	426 891	4 748 418	316 017	3 009 507	1 577 602
	煤炭	1 887	0	3 310	4 769 360	727 977	3 234 978	138 602	721	4 290
	农业	6	158	1 089 739	53	7 344 203	734 343	238 971	69 632	2 182 395
	电力	39 513	564	241 978	7 826 357	2 681 594	7 863 087	1 309 456	184 622	1 992 001
	轻工业	75 829	772	1 436 605	110 838	55 118 848	8 847 752	1 899 495	377 729	5 766 660
	重工业	5 503	3 472	1 021 724	753 115	17 610 494	161 486 158	29 107 199	2 184 878	11 352 167
	建筑业		38	0	21 273	137 800	328 619	123 172	206 169	1 074 572
	交通运输业	36 089	376	165 375	201 599	1 922 667	5 530 747	964 284	746 129	3 700 937
	服务业	405 328	1 993	1 583 998	1 548 896	9 489 492	20 927 087	3 334 561	2 579 581	20 154 621
要素	劳动	127 004	3 926	9 451 894	640 406	11 269 011	19 686 759	7 481 040	2 124 648	27 112 495
	资本	162 191	4 878	646 579	4 720 096	13 482 294	31 354 160	1 652 338	4 546 835	34 374 590
经济主体	企业									
	居民									
政府		239 243	824	-238 230	158 164	3 608 749	5 188 018	1 288 296	600 629	8 702 083
资本账户										
外省										
国外										
汇总		9 890 108	17 893	15 966 506	21 195 261	123 820 020	269 020 126	47 853 431	16 631 080	117 994 413

续表

部门		商品								
		油气	煤炭	农业	电力	轻工业	重工业	建筑业	交通运输业	服务业
活动	油气	9 890 108								
	煤炭		17 893							
	农业			15 966 506						
	电力				21 195 261					
	轻工业					123 820 020				
	重工业						269 020 126			
	建筑业							47 853 431		
	交通运输业								16 631 080	
	服务业									117 994 413
商品	油气									
	煤炭									
	农业									
	电力									
	轻工业									
	重工业									
	建筑业									
	交通运输业									
	服务业									
要素	劳动									
	资本									
经济主体	企业									
	居民									
政府		25 238	290	12 660	0	71 057	550 826	0	14 334	51 343
资本账户										
外省		19 486 541	7 904 345	1 891 005	3 645 460	18 210 062	76 065 164	0	2 932 124	8 492 776
国外		1 278 780	14 687	641 480	0	3 600 420	27 910 218	0	726 288	2 601 558
汇总		30 680 667	7 937 215	18 511 651	24 840 721	145 701 559	373 546 334	47 853 431	20 303 826	129 140 090

续表

部门		要素		经济主体			资本账户	外省	国外	汇总
		劳动	资本	企业	居民	政府				
活动	油气									9 890 108
	煤炭									17 893
	农业									15 966 506
	电力									21 195 261
	轻工业									123 820 020
	重工业									269 020 126
	建筑业									47 853 431
	交通运输业									16 631 080
	服务业									117 994 413
商品	油气				1 439 881	0	121 027	8 856 353	386 534	30 680 667
	煤炭				19 498	0	-60 068	5 011	1 649	7 937 215
	农业				4 167 982	73 370	1 764 137	605 077	241 585	18 511 651
	电力				1 965 166	0	0	736 383		24 850 721
	轻工业				13 306 190	0	840 045	22 628 138	35 359 879	145 701 559
	重工业				9 303 494	0	30 035 171	56 966 640	53 645 993	373 546 334
	建筑业				359 420	0	45 596 865	0		47 853 431
	交通运输业				1 583 969	608 192	434 096	2 512 502	1 896 864	20 303 826
	服务业				28 868 244	21 067 371	5 568 901	9 362 178	4 247 839	129 140 090
要素	劳动									77 897 183
	资本									90 943 961
经济主体	企业			21 570 879						99 468 062
	居民			6 898 543	2 562 488					29 734 554
	政府							36 955 195		84 300 174
资本账户				62 474 539	35 891 730	7 985 621				138 627 477
外省									-59 006 911	36 773 432
国外										
汇总		77 897 183	90 943 961	90 943 961	99 468 062	29 734 554	84 300 174	138 627 477	36 773 432	

附表二　中国各省及三大区域全要素能源相对效率值（1995～2007 年）

地区	1995 年	1996 年	1997 年	1998 年	1999 年	2000 年	2001 年	2002 年	2003 年	2004 年	2005 年	2006 年	2007 年	时期平均
北京	1.000	0.827	0.774	0.776	0.815	0.836	0.867	0.881	0.921	0.904	0.939	0.972	0.978	0.884
天津	0.645	0.607	0.619	0.649	0.661	0.647	0.674	0.722	0.763	0.747	0.765	0.790	0.796	0.699
河北	0.656	0.705	0.686	0.680	0.671	0.679	0.456	0.448	0.380	0.383	0.391	0.392	0.391	0.532
山西	0.327	0.447	0.438	0.443	0.440	0.445	0.217	0.207	0.215	0.231	0.244	0.241	0.245	0.318
内蒙古	0.607	0.661	0.572	0.652	0.554	0.657	0.358	0.358	0.334	0.310	0.312	0.318	0.324	0.463
辽宁	0.511	0.442	0.440	0.471	0.472	0.435	0.455	0.490	0.507	0.488	0.506	0.516	0.516	0.481
吉林	0.443	0.495	0.491	0.564	0.591	0.609	0.477	0.445	0.432	0.452	0.490	0.501	0.510	0.500
黑龙江	0.414	0.416	0.412	0.499	0.513	0.533	0.493	0.546	0.541	0.550	0.586	0.586	0.593	0.514
上海	1.000	1.000	1.000	1.000	1.000	1.000	1.000	1.000	1.000	1.000	1.000	1.000	1.000	1.000
江苏	0.752	0.797	0.808	0.818	0.847	0.871	0.906	0.940	0.938	0.889	0.852	0.857	0.869	0.857
浙江	0.916	0.902	0.882	0.882	0.887	0.851	0.872	0.796	0.800	0.813	0.847	0.852	0.861	0.858
安徽	0.675	0.718	0.741	0.752	0.779	0.796	0.532	0.558	0.597	0.621	0.656	0.660	0.665	0.673
福建	1.000	1.000	1.000	1.000	1.000	1.000	1.000	1.000	0.912	0.910	0.920	0.926	0.929	0.969
江西	0.843	0.901	0.905	0.908	0.916	0.908	0.809	0.709	0.689	0.709	0.730	0.732	0.739	0.808
山东	0.853	0.873	0.864	0.865	0.868	0.844	0.797	0.606	0.606	0.600	0.589	0.597	0.605	0.736
河南	0.845	0.884	0.873	0.859	0.865	0.866	0.578	0.576	0.547	0.510	0.535	0.535	0.540	0.693
湖北	1.000	1.000	1.000	1.000	1.000	1.000	0.553	0.543	0.521	0.495	0.528	0.529	0.535	0.746
湖南	0.811	0.853	0.880	0.894	0.922	0.925	0.724	0.722	0.637	0.599	0.572	0.575	0.573	0.745
广东	1.000	1.000	1.000	1.000	1.000	1.000	1.000	1.000	1.000	1.000	1.000	1.000	1.000	1.000
广西	0.987	0.976	0.944	0.942	0.929	0.907	0.729	0.688	0.675	0.640	0.627	0.625	0.626	0.792

续表

地区	1995年	1996年	1997年	1998年	1999年	2000年	2001年	2002年	2003年	2004年	2005年	2006年	2007年	时期平均
海南	1.000	1.000	0.954	0.904	0.906	0.902	0.850	0.864	0.880	0.908	0.931	0.914	0.893	0.916
四川	0.770	0.800	0.808	0.794	0.789	0.799	0.531	0.566	0.525	0.511	0.540	0.538	0.543	0.655
贵州	0.569	0.500	0.458	0.409	0.435	0.426	0.218	0.236	0.211	0.219	0.235	0.232	0.234	0.337
云南	0.478	0.507	0.428	0.430	0.461	0.477	0.473	0.465	0.492	0.473	0.458	0.451	0.455	0.465
陕西	0.519	0.559	0.587	0.610	0.634	0.635	0.523	0.502	0.502	0.501	0.497	0.499	0.506	0.544
甘肃	0.659	0.672	0.714	0.672	0.613	0.618	0.343	0.343	0.343	0.349	0.359	0.358	0.361	0.493
青海	0.367	0.402	0.398	0.387	0.323	0.358	0.275	0.290	0.287	0.268	0.252	0.242	0.238	0.314
宁夏	0.275	0.329	0.353	0.371	0.394	0.307	0.220	0.224	0.174	0.170	0.179	0.175	0.176	0.257
新疆	0.480	0.372	0.370	0.366	0.382	0.387	0.388	0.389	0.384	0.363	0.366	0.364	0.361	0.382
全国	0.704	0.712	0.703	0.710	0.713	0.714	0.597	0.590	0.580	0.573	0.583	0.585	0.588	0.643
东部	0.848	0.832	0.821	0.822	0.830	0.824	0.807	0.795	0.792	0.786	0.795	0.801	0.804	0.812
中部	0.670	0.714	0.718	0.740	0.753	0.760	0.548	0.538	0.522	0.521	0.543	0.545	0.550	0.625
西部	0.571	0.578	0.563	0.563	0.552	0.557	0.406	0.406	0.393	0.380	0.382	0.380	0.382	0.470

附表三 省际、区域间变异系数（1995～2007年）

项目	1995年	1996年	1997年	1998年	1999年	2000年	2001年	2002年	2003年	2004年	2005年	2006年	2007年
省际间	0.332	0.317	0.321	0.306	0.308	0.308	0.415	0.408	0.421	0.426	0.420	0.423	0.421
#东部	0.211	0.222	0.220	0.205	0.202	0.212	0.247	0.256	0.263	0.265	0.262	0.259	0.258
#中部	0.367	0.324	0.329	0.285	0.280	0.269	0.322	0.301	0.281	0.273	0.264	0.264	0.263
#西部	0.355	0.351	0.359	0.358	0.351	0.357	0.396	0.367	0.395	0.389	0.380	0.384	0.385
区域间	0.202	0.180	0.185	0.187	0.202	0.195	0.347	0.341	0.358	0.366	0.362	0.369	0.367

20

长江三角洲地区低碳经济发展目标
及实施方案[*]

20.1 问题的提出

全球气候变暖向人类提出了巨大的挑战，它已超出了单纯的科学范畴成为一个全球性的政治问题（国务院发展研究中心课题组，2009）。作为《联合国气候变化框架公约》和《京都议定书》的缔约方，中国政府已郑重向全世界宣布：到 2020 年，单位 GDP CO_2 排放比 2005 年下降 40% ~ 45%。由此说明，低碳经济不仅是一个理论问题，也是一个实践问题（庄贵阳等，2011）。

2010 年 8 月，国家发展和改革委员会启动了我国 5 省 8 市的低碳经济试点工作。为此，发展区域低碳经济成为当前理论研究和实践探索的一个热点。譬如，刘薇（2010）、赵涛和刘朝（2011）、王好和赵艾凤（2010）分别探讨了北京市、天津市、重庆市发展低碳经济的重点方向或基本路径；刘传江（2010）、郭志达（2010）分析了区域低碳经济的制约因素与应对策略；黄伟和沈跃栋（2010）提出了长江三角洲低碳经济发展思路；李金良等（2010）则研究了珠江三角洲（广东）外向型低碳经济发展模式。这些研究大多基于低碳经济的理解，或对区域现实问题的判断得出相应的结论。遗憾的是，有关的结论和政策建议基本大同小异，不外乎发展第三产业、调整能源结构、开发节能技术、提高低碳意识等。出现这种现象，说明研究者对区域碳排放特征的了解不够深入，与研究者缺乏合适的实证研究方法也不无相关。同时，几乎所有的研究都有意无意地回避了一个关键性的问题：如何确定区域的发展目标。如果不能明确低碳经济的总体目标和阶段目标，就无法制定区域的中长期发展规划和路线图。当然，无论是国家还是

---

* 本章内容是在胡剑锋、马诗慧合作发表的论文"区域低碳经济发展目标及实施方案——以长江三角洲地区为例"（《财经研究》，2012 年第 3 期）基础上修改而成的。

区域，低碳目标的确定都是一个复杂的工程，不仅要考虑国际社会的压力和本国的责任，还要顾及自身的经济发展要求、技术水平和资金承受能力等。因此，尽管全国人民代表大会副委员长陈昌智（2010）曾多次呼吁"应早日制定国家中长期低碳经济发展规划"①，但至今这个规划迟迟难以出台。其实，国家发展规划的制定，需要以更多区域目标和经验的研究为依据。可是我国学者通常习惯等待政府先确定宏观目标及方案，学界的这种自上而下的思维模式应该加以改变。

本章以长江三角洲为例，采用实证分析方法，探讨区域低碳经济发展目标、主要路径及具体方案，希望为其他地区乃至全国制定和实施低碳经济发展规划提供参考依据及分析方法；在接下来的第二部分，首先分析 1995～2009 年长江三角洲地区碳排放的发展状况，揭示其演变规律和基本特征；第三部分，根据三种不同情景的 12 个参考标准，模拟 2010～2050 年长江三角洲地区碳排放的各种变化轨迹，为地区目标的选择提供分析思路和判断依据；第四部分，在分析碳排放影响因素的基础上，探讨长江三角洲低碳经济发展的主要路径；第五部分，重点研究长江三角洲工业部门发展低碳经济的具体方案；最后是研究的结论。

20.2 长江三角洲地区的碳排放特征

长江三角洲是我国经济最活跃、综合实力最强的区域，主要包括江苏南部、上海和浙江北部的平原地区。2008 年国务院正式将长江三角洲扩大到两省一市，即江苏省、浙江省和上海市，本章所述的"长江三角洲"就是指这一广义的概念。讨论长江三角洲的低碳发展目标及方案，首先必须分析该区域碳排放的历史变化规律和现实状况，而碳排放量的估算则是本研究的起点和基础。

国内外关于碳排放量的估算方法，主要有清单编制法、实测法、物料衡算法、模型法等。本章采用目前通用的 IPCC（2006 年）温室气体清单编制方法，对长江三角洲地区 1995～2009 年的碳排放量及其结构进行测算，并根据测算结果分析其区域特征。具体的估算方法如下：

$$C = \sum_i \left[(E_i \times \alpha \times CC_i) \times 10^{-3} - \beta \right] \times COF_i \qquad (20.1)$$

式中，C 表示碳排放量；E_i 表示第 i 种能源的消费量；α 表示转化因子，主要是指将 i 种能源转化成标准煤，再将标准煤转化成热量单位；CC_i 表示单位 i 种能源

---

① 参见新华网：陈昌智. 应早日制定国家中长期低碳经济发展规划. http：//news. xinhuanet. com/politics/2010-03/01。

的碳含量；β 表示非燃碳，即在燃料燃烧以外的原料和非能源用途中的碳；COF_i 表示碳氧化因子，即碳被氧化的比例，通常该值为 1，表示完全氧化。

本章采用的有关能源消费数据和能源转化系数，分别来自《中国能源统计年鉴》中的"能源平衡表"及其附录的"参考系数表"。考虑到"能源平衡表"中的能源分类不是很合理，作者在统计时做了一些调整①。长江三角洲 GDP 和常住人口数据分别来自《浙江统计年鉴》、《江苏统计年鉴》和《上海统计年鉴》。为了剔除价格因素对 GDP 的影响，本章以 1995 年为基础年份，采用实际 GDP 进行运算。1995～2009 年长江三角洲能源消费结构、碳排放总量和人均碳排放量的测算结果如表 20.1 所示。

从表 20.1 的数据分析可知，1995～2009 年长江三角洲地区的碳排放体现出如下一些特征：

第一，从时间序列来看，长江三角洲碳排放总量呈现逐年递增的趋势（图 20.1）。具体来说，碳排放总量除 2001 年略有下降外，其他年份均呈现增长的趋势，并具有明显的阶段性特征。其中，1995～2000 年属平稳增长阶段，碳排放量的增幅较小，基本维持在个位数水平；2001 年因基础能源消费，特别是油类能源的消费量锐减，而使碳排放量有所降低；2002～2009 年则处于高速增长阶段，其增幅几乎都在 10% 以上。到 2009 年，碳排放总量已在 1995 年的基础上翻了两番。

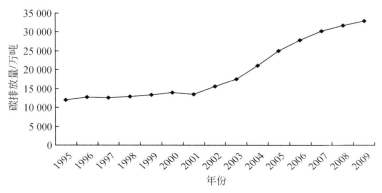

图 20.1　1995～2009 年长江三角洲碳排放总量变化情况

---

① 在《中国能源统计年鉴》的平衡表中，把能源分为四类共 20 种。但是作者认为，这种分类方式不能真正体现长江三角洲地区的能源结构，因此在统计时对平衡表中的能源分类作了部分调整。具体而言，先把"终端消费量"和"平衡差额"这两大块的能耗数据按"煤类能源"、"油类能源"和"气类能源"进行整合，然后，将"加工转化量"中的"发电"、"供热"统计到"热电及其他能源"，把"洗选煤"、"炼焦"、"煤制品加工"归入"煤类能源"，把"炼油"、"制气"分别计入"油类能源"和"气类能源"。

表20.1 1995~2009年长江三角洲能源消费结构、碳排放总量和人均碳排放量

年份	能源消费/万吨	煤类能源/万吨	比例/%	油类能源/万吨	比例/%	气类能源/万吨	比例/%	热、电及其他/万吨	比例/%	碳排放总量/万吨	人口/万	人均碳排放/(吨/人)
1995	20 258.73	17 455.84	86.16	2 511.38	12.40	0.19	0.001	291.32	1.44	12 028.31	12 756.39	0.94
1996	20 811.96	17 936.31	86.18	2 732.81	13.13	0.16	0.001	142.68	0.69	1 2641.47	12 827.59	0.99
1997	20 872.16	17 822.31	85.39	2 935.83	14.07	0.21	0.001	113.81	0.55	1 2573.22	12 888.12	0.98
1998	20 934.54	17 651.72	84.32	3 031.88	14.48	0.01	0.000	250.93	1.20	1 2862.35	12 945.24	0.99
1999	21 431.74	18 010.15	84.03	3 164.99	14.77	1.41	0.007	255.19	1.19	13291.86	13 001.65	1.02
2000	23 170.91	18 514.23	79.90	3 802.69	16.41	0.31	0.001	853.68	3.68	13892.79	13 328.78	1.04
2001	22 367.31	19 234.86	86.00	2 846.19	12.72	3.31	0.015	282.95	1.27	13 510.62	13 361.33	1.01
2002	25 283.90	20 512.86	81.13	4 326.59	17.11	1.01	0.004	443.44	1.75	15 619.28	13 445.96	1.16
2003	28 537.95	22 571.36	79.09	4 973.75	17.43	5.61	0.020	987.23	3.46	17 563.54	13 511.05	1.30
2004	33 827.84	27 201.69	80.41	5 787.48	17.11	14.05	0.042	824.62	2.44	21 043.33	13 588.37	1.55
2005	40 469.50	32 746.62	80.92	6 352.66	15.70	32.73	0.081	1337.49	3.30	25 021.76	13 732.76	1.82
2006	44 141.82	36 183.48	81.97	6 875.81	15.58	69.90	0.158	1 012.63	2.29	27 787.09	13 897.58	2.00
2007	49 309.99	39 445.91	80.00	7 197.65	14.60	90.66	0.184	2 575.78	5.22	30 169.68	14 063.36	2.15
2008	52 884.90	40 955.19	77.44	7 395.73	13.98	110.83	0.210	4 423.15	8.36	31 708.26	14 187.54	2.23
2009	54 904.04	41 252.61	75.14	7 942.04	14.47	116.04	0.211	5 593.35	10.19	32 859.46	13 841.38	2.37

第二，从行业结构来看，各行业的碳排放量比重具有很大的差异（图20.2）。农林牧副渔、工业、建筑业、交通运输、批发零售、生活消费和其他各行业的碳排放平均值比例分别占3.23%、75.57%、1.05%、8.58%、2.00%、6.76%、2.80%。显然，工业的碳排放量占据了绝大部分的比重，且呈现出快速增长的趋势。2009年的工业碳排放量在1995年的基础上增长了两倍多，这是拉动长江三角洲碳排放总量快速增长的主要动力。

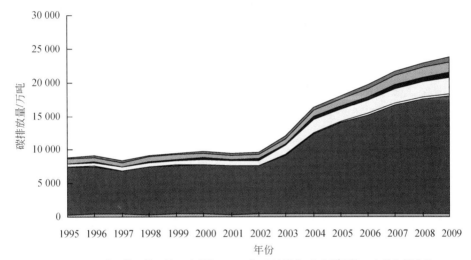

图 20.2　1995~2009 年长江三角洲各行业碳排放量变化情况

第三，从能源消耗来看，具有明显的结构特征（图20.3）。煤类能源消费所产生的碳排放量占总量的75%左右，而油类、气类、热电及其他能源的碳排放量比例分别为20.92%、0.62%和2.92%。可见，正是因为煤类能源消耗总量的扩大才推动了长江三角洲地区碳排放总量的不断攀升。

第四，从碳排放强度和人均碳排放来看，具有明显的地域性特征（图20.4）。与全国同期数据相比，长江三角洲人均碳排放量始终高于全国的平均水平，差距也越来越大。这与该地区人均 GDP 较高及其增幅较大有关。如果从碳排放强度来看，其绝对数值却明显低于全国同期的平均数据，且呈现出递减的态势。说明长江三角洲地区的能源利用效率高于全国平均水平，并且总体处于优化状态。但值得关注的是，近几年两者之间的差距正在逐步缩小。

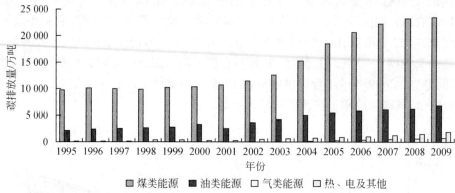

图 20.3　1995～2009 年长江三角洲各类能源的碳排放量变化情况

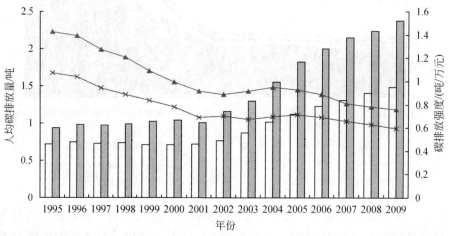

图 20.4　1995～2009 年长江三角洲人均碳排放、碳排放强度与全国平均水平的比较

20.3　长江三角洲低碳经济目标的情景模拟分析

低碳目标的制定，不仅要考虑历史和现状，还要预测未来的走势。目前国内外采用的碳排放预测工具，主要有模型分析和情景模拟两种方式。模型分析可以描述影响碳排放的经济、社会和技术等因素的作用机制，并表征这些因素的参数。而情景模拟是对未来经济、社会和技术发展路径的预期，不同预期通过赋予

模型参数不同的数值来实现，将参数输入模型就可以进行碳排放预测（岳超等，2010）。本章将基于未来 GDP 的增长趋势，结合三种不同的碳强度变化情景，利用碳强度的公式对长江三角洲碳排放的未来变化趋势进行模拟，以期对该地区未来的碳排放情况有个全面的把握，为该地区的目标确定提供参考和依据。碳排放的公式为

$$C = G \frac{C}{G} = GC_g \qquad (20.2)$$

式中，G 为 GDP，C_g 为碳强度。长江三角洲地区未来的 GDP 数据参照我国经济发展三步走战略，以及该地区产值与我国 GDP 总量之间的关系进行测算。按照我国经济发展三步走战略，我国未来 GDP 增长率将呈现递减的趋势（表 20.2）。通过对历年全国 GDP 增长率与长江三角洲地区 GDP 增长率间的关系进行研究，发现两者之间存在正相关性。回归结果显示，长江三角洲 GDP 增长率大约等于 0.72 乘全国 GDP 增长率再加上 0.04。在参考未来中国 GDP 增长率变化趋势的基础上，推算长江三角洲地区的 GDP 增长率，从而得到 2050 年以前长江三角洲地区 GDP 预测值。

表 20.2 中国经济发展三步走战略的 GDP 增长趋势

年份	GDP	年增长率
2005	183	0.118 687
2010	291	0.097 207
2020	650	0.083 682
2030	1 291	0.071 029
2040	2 100	0.049 855
2050	2 992	0.036 035

资料来源：姜克隽等，2009。GDP 单位为千亿元，按 2005 年不变价格计算。

碳排放强度则分别按照以下 3 种情景的 12 个参考标准进行预测。

（1）基于我国碳排放强度"五年计划"的情景。1980 年以来，我国的碳排放强度一直处于下降的趋势。在 1980~2010 年时段内，碳排放强度基本上每 5 年下降 20% 左右。因此，本章"五年计划"情景的第一种假设（情景 1.1）是：未来长江三角洲的碳排放强度变化将延续这一趋势，即 2011~2050 年碳强度每 5 年降低 20%。此外，考虑到目前长江三角洲仍然处于工业化和城市化的快速发展时期，短期之内的碳强度减少幅度可能相对较小。但是，随着生产力的提高以及新能源等低碳技术的发展应用，今后碳强度的降幅将进一步加快。为此，本章

"五年计划"情景的另一个假设（情景1.2）为：2011～2020年碳强度每5年下降15%，2021～2035年每5年下降20%，2036～2050年每5年下降25%。

（2）基于发达国家历史碳强度变化规律的情景。假设2050年以前长江三角洲地区碳强度的变化遵循一些发达国家的历史规律。根据有关资料，发达国家的碳排放强度的变化基本上体现出指数函数的递减趋势，主要发达国家每年的碳排放强度降幅分别为：美国1.34%，德国2.39%，英国1.69%，日本1.2%，"G8"国家（不含俄罗斯）平均为1.18%（中国科学院学部咨询专题组，2009）。

（3）基于2050年碳强度假设的情景。假定长江三角洲地区的碳减排同样也呈现指数递减的趋势，并且到2050年时碳排放强度降至主要发达国家2005年的水平。根据这一假定，长江三角洲地区的碳排放强度年均下降速率分别为3.62%（按美国标准，以下简写国家名），4.10%（德国），4.53%（英国），5.27%（日本）和4.10%（G8国家）（中国科学院学部咨询专题组，2009）。

为了方便比较，并考虑图示的清晰度，本章将情景1和情景2，情景1和情景3的各种预测结果分别放在两个不同的图中进行对比（图20.5、图20.6）。

如图20.5所示，基于情景2的5种预测结果普遍高于情景1的结果。除了德国标准外，按照其他国家标准的预测结果均没有出现拐点的迹象，其碳排放总量始终处于持续增长的趋势。并且，到2050年的碳排放总量都超过了15亿t，有的甚至已接近30亿t。由此表明，以发达国家的历史数据确定长江三角洲地区的碳减排目标是不够的，长江三角洲地区必须采取更大的减排力度。

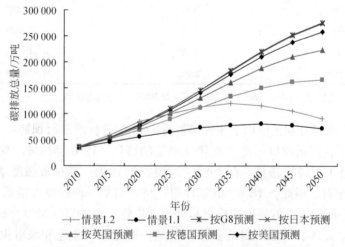

图20.5　基于情景1和情景2的长江三角洲未来碳排放变化趋势模拟

如图 20.6 所示，基于情景 3 和情景 1 的各种预测结果相对比较接近，最终都能将年碳排放总量控制在 10 亿吨以内。同时，基本上都呈现出先增后减的趋势，情景 1 的拐点大致在 2035 年左右，而情景 3 的拐点大多出现在 2045 年前后。不过，如果按照情景 1.2 "先低后高" 的方案执行，在拐点处的年排放量会比较大，说明今后长江三角洲地区的碳减排目标最好不要采用幅度较大的 "低开高走" 方法，前后期目标之间应相对平稳一些。图 20.6 还显示，即使按照最高的日本标准执行，到 2050 年长江三角洲地区的碳排放总量也不可能低于 2010 年的水平。这从一定程度上说明 "我国政府不认同国际组织提出的 2050 年绝对量减排的协议内容"（潘家华，2010）是符合客观事实的，因为长江三角洲地区是中国的一个缩影。

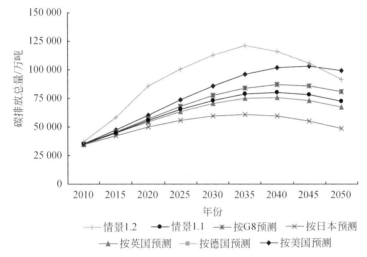

图 20.6　基于情景 1 和情景 3 的长江三角洲未来碳排放变化趋势模拟

长江三角洲地区低碳目标的一个刚性约束条件就是我国政府已经作出的 2020 年承诺，这可以说是长江三角洲地区必须实现的基本要求。由于 "十一五" 期间我国已实现单位 GDP 能耗下降 19.1% 的目标，因此今后 10 年还必须完成碳排放强度降低 20.9%~25.9%。把它换算为碳强度年均下降速率，则为 2.32%~2.96%。显然，情景 2 中的德国标准（2.39%）就在这一范围。假如今后 40 年长江三角洲地区均按此标准执行，那么到 2050 年其年碳排放量在 16.7 亿吨左右。按其 1995~2009 年占全国比重的平均值 15.3% 进行推算，那时中国的年碳排放量将达到 109 亿吨，折合成 CO_2 约为 400 亿吨。再按 CO_2 占温室气体 75% 计算，则相当于排放温室气体 533 亿吨。这个数字是 IPCC 提出的 "到 2050 年要实现 2℃ 温升控制目标,全世界的温室气体排放总量只能有 200 亿吨"的 2.67 倍。这肯定是难以让国际社会所接受的。

然而,假如按情景 3 的日本标准或英国标准执行,那么每 5 年的降幅分别为 23.7% 和 20.7%。从中国的历史和现实观察,超过 20% 的减排目标是非常困难的,除非有重大的科技创新。潘家华(2010,2011)曾多次强调,发展低碳经济"不宜激进、猛进,要高歌稳进"。因此,长江三角洲地区的碳减排目标可以考虑参照情景 3 的美国标准,或者德国和 G8 国家(未包含俄罗斯)标准制定。按照前者标准,每 5 年的降幅为 16.8%,到 2050 年的年碳排放量约为 10 亿吨;而按后者标准推算,每 5 年的降幅是 18.9%,2050 年的碳排放量约为 7.2 亿吨。为此,本着积极、稳妥的态度,今后长江三角洲的"五年碳减排目标"可以在 17%~19% 进行选择。如果因一些客观原因需要定得低点,但也不能低于 16%。正如情景 1.2 所示,过低的起点不仅会给今后增加较大的减排压力,也会出现较高的峰值。

20.4 长江三角洲发展低碳经济的主要路径

探索碳减排的主要路径,势必需要先了解碳排放的影响因素及其水平。目前碳排放影响因素的分析主要有两种思路:一是定性设定相关的影响因素,然后运用关联分析法、线性回归法等方法去衡量各个因素与碳排放量之间的关系;二是先运用数学恒等式将碳排放量进行拆分,将其分解为若干相关联的因素,然后再运用分解分析法对这些因素进行分解,量化它们的贡献率。第一种思路的优势是可以分析多个影响因素与碳排放量之间的关系,但是却没有办法把碳排放量的变化完全分解到各个因素中去,因此只能得到各影响因素与碳排放量之间的一个关联度。第二种思路则能很好地弥补第一种思路的缺陷,通过数学恒等式的变形可将碳排放量的变化完全分解到所拆分的因素之中,进而可衡量各个影响因素的贡献率(刘红光和刘卫东,2009)。为此,本章采取第二种思路分析长江三角洲地区碳排放的影响因素。

本节借用日本学者 Yoichi Kaya 提出的 KAYA 恒等式,然后参考 Wu 等(2005)提出的"三层完全分解法"以及王锋等(2010)改进的"两层分解法",把产业结构(各产业产值在 GDP 总量中的比重)这一变量引入原始恒等式,建立能够表征产业结构、能源消费、经济增长及人口增长因素的扩展的 KAYA 恒等式:

$$C = \sum_{i=1}^{3} \sum_{j=1}^{4} C_{ij} = \sum_{i=1}^{3} \sum_{j=1}^{4} \frac{C_{ij}}{E_{ij}} \frac{E_{ij}}{E_i} \frac{E_i}{Y_i} \frac{Y_i}{Y} \frac{Y}{P} P \tag{20.3}$$

式中，C 为二氧化碳排放量，E 为能源消费量，Y 为国内生产总值，P 为人口，i, j 分别指 i 种产业和 j 种能源。根据各类能源排放强度因素 $F_{ij} = C_{ij}/E_{ij}$，即 i 产业消费 j 种能源的碳排放量；能源结构因素 $S_{ij} = E_{ij}/E_i$，即 i 产业消费的 j 种能源在该产业消费的所有能源中的份额；能源强度因素 $I_i = E_i/Y_i$，即 i 产业单位产值的能源消耗；产业结构因素 $H_i = Y_i/Y$，即 i 产业产值在总产值中的比重；经济发展因素 $R = Y/P$，即人均 GDP，则人均碳排放量可以写为

$$A = \frac{C}{P} = \sum_i \sum_j F_{ij} S_{ij} I_i H_i R \qquad (20.4)$$

由公式（20.4）可知，人均碳排放量 A 的变化来自 F_{ij} 的变化（能源排放强度）、S_{ij} 的变化（能源结构）、I_i 的变化（能源强度）、H_i 的变化（产业结构）和 R 的变化（经济发展）。

接着，本章采用 Ang 等（1998）提出的对数平均权重分解法（LMDI），把式（20.4）替换成简单算术平均权重的计算方式（这一方法具有不产生余值且允许数据中包含零值的优势）。这样，第 t 期相对于基期的人均碳排放量的变化，就可分别转换为如下的加法形式和乘法形式：

（1）加法形式为

$$\Delta A = A^t - A^0 = \sum_i \sum_j F_{ij}^t S_{ij}^t I_i^t H_i^t R^t - \sum_i \sum_j F_{ij}^0 S_{ij}^0 I_i^0 H_i^0 R^0$$

$$= \Delta A_F + \Delta A_S + \Delta A_I + \Delta A_H + \Delta A_R + \Delta A_{rsd}$$

$$= \sum_i \sum_j W_{ij}^* \mathrm{Ln} \frac{F_{ij}^t}{F_{ij}^0} + \sum_i \sum_j W_{ij}^* \mathrm{Ln} \frac{S_{ij}^t}{S_{ij}^0} + \sum_i \sum_j W_{ij}^* \mathrm{Ln} \frac{I_{ij}^t}{I_{ij}^0}$$

$$+ \sum_i \sum_j W_{ij}^* \mathrm{Ln} \frac{H_{ij}^t}{H_{ij}^0} + \sum_i \sum_j W_{ij}^* \ln \frac{R_{ij}^t}{R_{ij}^0} + \Delta A_{rsd} \qquad (20.5)$$

其中，

$$W_{ij}^* = \frac{A_{ij}^t - A_{ij}^0}{\mathrm{Ln}(A_{ij}^t/A_{ij}^0)},$$

$$\Delta A_{rsd} = \Delta A - (\Delta A_F + \Delta A_S + \Delta A_I + \Delta A_H + \Delta A_R)$$

$$= A^t - A^0 - \sum_i \sum_j W_{ij}^* \left(\mathrm{Ln} \frac{F_{ij}^t}{F_{ij}^0} + \mathrm{Ln} \frac{S_{ij}^t}{S_{ij}^0} + \mathrm{Ln} \frac{I_{ij}^t}{I_{ij}^0} + \mathrm{Ln} \frac{H_{ij}^t}{H_{ij}^0} + \mathrm{Ln} \frac{R_{ij}^t}{R_{ij}^0} \right)$$

$$= A^t - A^0 - \sum_i \sum_j W_{ij}^* \mathrm{Ln} \frac{A_{ji}^t}{A_{ij}^0} = A^t - A^0 - \sum_i \sum_j (A_{ij}^t - A_{ij}^0) = 0$$

（2）乘法形式为

$$D = \frac{A^t}{A^0} = D_F D_S D_I D_H D_R D_{rsd}$$

$$= \exp(W\Delta A_F) \times \exp(W\Delta A_S) \times \exp(W\Delta A_I) \times \exp(W\Delta A_H) \times \exp(W\Delta A_R) \times D_{rsd}$$

$$(20.6)$$

其中，$W = \dfrac{\mathrm{Ln}A^t - \mathrm{Ln}A^0}{A^t - A^0}$，

$$D_{rsd} = \frac{D}{D_F D_S D_I D_H D_R} = \frac{A^t}{A^0} \frac{1}{e^{w(\Delta A_F + \Delta A_S + \Delta A_I + \Delta A_H + \Delta A_R)}} = \frac{A^t}{A^0} \frac{1}{e^{(\mathrm{Ln}A^t - \mathrm{Ln}A^0)}} = \frac{A^t}{A^0} \frac{1}{\frac{A^t}{A^0}} = 1$$

在以上的表达式中，ΔA_F、D_F 为能源排放强度因素，ΔA_S、D_S 为能源结构因素，ΔA_I、D_I 能源强度因素，ΔA_H、D_H 为产业结构因素，ΔA_R、D_R 为经济发展因素，ΔA_{rsd}、D_{rsd} 为分解余量。式（20.5）中的 ΔA_F、ΔA_S、ΔA_I、ΔA_H、ΔA_R、ΔA_{rsd} 分别为各影响因素变化对人均碳排放变化的贡献值，它们是有单位的实值。而公式（20.6）中的 D_F、D_S、D_I、D_H、D_R 为各影响因素变化对人均碳排放的贡献率。通过计算，可得出图 20.7 的结果。

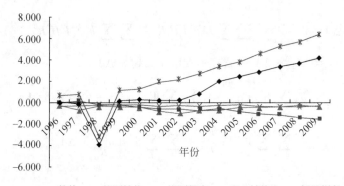

图 20.7　1996~2009 年四因素对长江三角洲地区碳减排的贡献率

如图 20.7 所示，在影响人均碳排放量的四个因素中，能源结构、能源强度和产业结构对长江三角洲地区人均碳排放量的影响是反向的，即为抑制碳排放量增长的因素；而经济增长对人均碳排放量的影响则是正向的，即属于拉动碳排放量增长的因素。显然，经济增长对人均碳排放量增长的拉动力量非常大，而其他三个因素的抑制能力总体较弱。这就是导致长江三角洲地区人均碳排放量持续攀升的内在原因。从三个抑制因素来看，2004 年以来能源结构的抑制力在逐年增

大，说明能源结构正在逐步优化；在 2002 年以前，能源强度的贡献率出现上下波动现象，之后却不升反降，这可以进一步解释本章第 2 节中关于区域特征的概括，即"长江三角洲的能源强度与全国平均的差距正在逐年缩小"的内在原因；而产业结构的贡献率几乎没有大的变化。从理论上讲，控制经济增速、优化能源和产业结构、提高能源效率等，都可以减少 CO_2 的排放量。然而，事实表明，简单抑制经济增长并不可取，大幅降低能源强度或优化能源结构必须依靠技术进步。因此，在科技尚未取得重大突破前，长江三角洲地区发展低碳经济的路径主要是调整产业结构。目前长江三角洲地区产业结构贡献率较小的现实从另一侧面也说明，结构调整蕴藏着巨大的空间。

20.5　长江三角洲工业部门的结构调整方案

上述分析表明，工业部门占据了长江三角洲碳排放总量的一大半，因此探讨工业部门的结构优化问题就显得特别有意义，这可以作为长江三角洲地区碳减排的一个重要抓手。为了探讨长江三角洲工业部门的结构调整方案，本章采用灰色关联度的分析方法，测算长江三角洲工业内部各行业的发展与碳排放量和地区经济发展之间的关联度。具体的运算程序如下。

设长度相同的系统行为序列为 $X_i = (x_i(1)，x_i(2)，\cdots)$，其中 X_0 序列为基准序列，其他为对比序列。X_i 序列的初值为

$$X'_i = (x_i(1)/x_i(1)，x_i(2)/x_i(1)，\cdots，x_i(n)/x_i(1))$$
$$= (x'_i(1)，x'_i(2)，\cdots，x'_i(n))$$

其中，$i = 0，1，2，\cdots$。

X' 序列的始点零化像为

$$X^0_i = (x'_i(1) - x'_i(1)，x'_i(2) - x'_i(1)，\cdots，x'_i(n) - x'_i(1))$$
$$= (x^0_i(1)，x^0_i(2)，\cdots，x^0_i(n))$$

则

$$|S_0| = \left| \sum_{k=2}^{n=1} x^0_0(k) + \frac{1}{2} x^0_0(n) \right|$$

$$|S_i| = \left| \sum_{k=2}^{n=1} x^0_i(k) + \frac{1}{2} x^0_i(n) \right|$$

$$|S_i - S_0| = \left| \sum_{k=2}^{n=1} (x^0_i(k) - x^0_0(k)) + \frac{1}{2} (x^0_i(n) - x^0_0(n)) \right|$$

由此，X_0 与 X_i 的灰色相对关联度可表示为

$$R = \frac{1 + |S_0| + |S_I|}{1 + |S_0| + |S_i| + |S_I - S_0|}$$

(20.7)

把有关数据代入式（20.7）后，可以得到如下各行业的关联度（表20.3）。

表20.3　长江三角洲工业部门各行业与经济总量和碳排放量之间的关联度

行业	与经济总量关联度	与碳排放量关联度	行业	与经济总量关联度	与碳排放量关联度
煤炭采选业	0.9274	0.9458	医药制造业	0.9628	0.9819
黑色金属矿采选业	0.8287	0.8329	化学纤维制造业	0.8956	0.9105
有色金属矿采选业	0.9222	0.9418	橡胶制品业	0.9166	0.9329
非金属矿采选业	0.9528	0.9728	塑料制品业	0.9343	0.9547
其他采矿业	0.9320	0.9159	非金属矿物制品业	0.9453	0.9311
农副食品加工业	0.9464	0.9481	黑色金属冶炼及压延加工业	0.8743	0.8842
食品制造业	0.9889	0.9563	有色金属冶炼及压延加工业	0.8342	0.8382
饮料制造业	0.9114	0.9310	金属制品业	0.9247	0.9424
烟草制品业	0.9866	0.9553	通用设备制造业	0.9360	0.9072
纺织业	0.9106	0.9308	专用设备制造业	0.9251	0.9401
纺织服装、鞋、帽制造业	0.9571	0.9778	交通运输设备制造业	0.9466	0.9599
皮革、毛皮、羽毛（绒）及其制品业	0.9624	0.9770	电气机械及器材制造业	0.8849	0.8958
木材加工及木、竹、藤、棕、草制品业	0.9116	0.9256	通信设备、计算机及其他电子设备制造业	0.8874	0.9063
家具制造业	0.8963	0.8687	仪器仪表及文化、办公用机械制造业	0.9037	0.9169
造纸及纸制品业	0.9237	0.9629	工艺品及其他制造业	0.9851	0.9495
印刷业和记录媒介的复制	0.9974	0.9595	废弃资源和废旧材料回收加工业	0.5747	0.5559
文教体育用品制造业	0.9632	0.9341	电力、热力的生产和供应业	0.8343	0.8363
石油加工、炼焦及核燃料加工业	0.9349	0.9570	燃气生产和供应业	0.8655	0.8681
化学原料及化学制品制造业	0.8968	0.9089	水的生产和供应业	0.9211	0.8819

所谓低碳经济应该是一种高增长、低排放的发展模式,因此区域发展低碳经济的基本思路是:大力鼓励与经济发展关联度较大的低碳行业;严格控制与经济发展关联度较小的高碳行业。对于与经济发展关联度较大的高碳行业,如果能采取有效措施降低碳排放,那么这些行业可以积极发展;否则,应予以限制。对与经济发展关联度较小的低碳行业,则要视实际情况而定。譬如,如果能提供大量的就业岗位,也可考虑发展。

如表 20.3 所示,当前长江三角洲地区应该积极鼓励文教体育用品制造业(0.9632/0.9341)、工艺品及其他制造业(0.9851/0.9495)等行业的发展。同时,要注意控制造纸及纸制品业(0.9237/0.9627),石油加工、炼焦及核燃料加工业(0.9347/0.9570),塑料制品业(0.9343/0.9547),交通运输设备制造业(0.9466/0.9600)等行业的规模。

20.6 结论

发展区域低碳经济既是一项重要的政治任务,也是自身可持续发展的必然选择。本章利用实证分析方法,研究了长江三角洲地区的碳排放特征、低碳目标、减排路径以及工业部门的结构调整方案。对过去 15 年碳排放量及其结构的分析表明,长江三角洲地区的碳排放与我国整体情况类似,具有一些共同的特征。譬如,排放总量逐年攀升,工业比重和煤类能源消费比重过大等。相对而言,长江三角洲地区的碳排放强度低于全国平均水平,但近几年两者的差距正在逐步缩小,这应引起高度重视。

如果只是为了完成我国政府已作出的 2020 年承诺,那么今后 10 年长江三角洲地区的碳排放强度只要达到年均下降 2.32% ~ 2.96% 就可以了。然而,基于情景模拟的分析表明,从长远来看仅仅以此为目标是远远不够的,并且以"低开高走"的方法制定发展规划也不可行。今后 40 年,长江三角洲地区低碳经济的发展目标必须相对稳定,并且保持一定的高度。本着"高歌稳进"的思想,其每个"五年目标"大体可以在 17% ~ 19% 进行选择,一般不宜低于 16%。而要实现这个艰巨的目标,当前主要应通过调整产业结构的方式进行,尤其要加大工业部门的结构调整力度。积极鼓励发展文教体育用品、工艺品等与经济关联度较大的低碳产业,合理控制造纸、石油加工、炼焦及核燃料加工、塑料制品、交通运输设备制造等产业的发展规模,对长江三角洲地区发展低碳经济具有重要的现实意义。

21

浙江省制造业可持续发展路径及对策[*]

21.1 引言

　　浙江省经济增长一直维持在国内领先水平，人民生活水平持续提高。但与此同时，显现了许多不利于持续发展的问题，主要集中体现在人口规模过大，水、土地等资源开发利用和保护的矛盾突出，生态系统比较脆弱，自然灾害频发，局部区域污染继续加剧。因此中共浙江省委在"十二五"规划的建议中指出，应以可持续发展精神为导向，加快建设资源节约型和环境友好型社会，减少主要污染物排放，持续改善生态环境，促进可持续发展水平的提高；应坚持转型发展，加快产业结构升级，把推进产业结构升级作为加快转变经济发展方式的重大任务。由于不同产业结构会产生不同经济增长效应，找准产业转型升级的方向、选择最适合本土的结构模式（刘伟和李绍荣，2002）具有重要的现实意义。

　　从现有研究来看，许多学者提出了产业转型升级的定性标准（黄继忠等，2002），但不易实际应用。也有学者深入研究了劳动力等具体要素的作用（张学江，2009），但难以得出全局性的政策指导。各种产业类型中，制造业对可持续发展的影响最大，故探讨制造业的转型升级方向，对提升区域可持续发展能力有着重要的意义。

　　本章基于浙江省1995~2009年制造业的实际情况，将产业转型问题与可持续发展相结合，以浙江省区域经济可持续发展作为明确目标，深入探讨制造业转型升级之路；在接下来的第二部分，通过两种不同的产业分类方法，有针对性地对浙江省的制造业进行全面的了解，得出下文所需的制造业结构变量的具体数

---

　　* 本章内容由胡剑锋、潘震宇撰写。

值；在重点的第三部分，采用真实储蓄率方法定量评价浙江省可持续发展能力的变化，明确浙江省近年来的经济发展特点；在核心的第四部分中，利用 Spearman 秩相关系数对浙江省制造业结构与可持续发展能力之间的关联性进行分析，推导出制造业中具体行业对可持续发展能力的影响；最后一部分是结论。

21.2　浙江省制造业结构特点

21.2.1　按生产要素密集度划分的制造业结构特征

根据各产业投入生产的要素不同，可将产业划分为劳动密集型产业、资本密集型产业和技术密集型产业三大类。这种产业划分方法对衡量区域产业的结构层次和技术水平，研究区域生产要素优势、规划区域产业结构都有重要的意义。但随着科学技术的发展，劳动、资本、技术三者间的交叉越来越明显。因此本章借鉴张理（2007）的研究成果，选择固定资产比重与资本劳动比重、研究开发费用比重与技术人员比重等分类指标，尽量消除变量之间的影响，对统计年鉴中制造业各个行业通过 SPSS 软件，采用聚类分析法重新划分为表 21.1 中五个大类：劳动密集型、劳动技术密集型、资本密集型、资本技术密集型和技术密集型。

表 21.1　按生产要素密集度划分的制造业类别

劳动密集型	劳动技术密集型	资本密集型	资本技术密集型	技术密集型
纺织服装、鞋、帽制造业	医药制造业	农副食品加工业	化学原料及化学制品制造业	交通运输设备制造业
皮革、毛皮、羽毛（绒）及其制造业	橡胶制造业	饮料制造业	黑色金属冶炼及压延加工业	通信设备、计算机及其他电子设备制造业
家具制造业	通用设备制造业	烟草制造业	有色金属冶炼及压延加工业	
文教体育用品制造业 印刷业和记录媒介的复制	专用设备制造业 电气机械及器材制造业	造纸及纸制品业 石油加工、炼焦及核燃料加工业		
工艺品及其他制造业	仪器仪表及文化、办公用机械制造业	化学纤维制造业		
食品制造业 纺织业		塑料制品业		

劳动密集型	劳动技术密集型	资本密集型	资本技术密集型	技术密集型
木材加工及木、竹、藤、棕、草制品业		非金属矿物制品业		
金属制品业				

代入《中国统计年鉴》、《浙江省统计年鉴》中 1995 ~ 2009 年的相关产业数据，计算浙江省各类制造业在当年工业增加值中的比重，可得图 21.1。

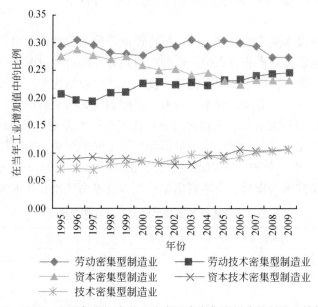

图 21.1　1995 ~ 2009 年浙江省基于生产要素密集度划分的制造业结构变化

由图 21.1 可知，各类制造业在工业增加值中所占的比重波动性较大，其中资本密集型制造业、劳动技术密集型制造业、技术密集型制造业的变化趋势较为明显。从总体上看，劳动技术密集型制造业、资本技术密集型制造业、技术密集型制造业的比重有所上升，劳动密集型制造业、资本密集型制造业的比重有所下降。在不同的时间段内呈现不同的曲线特征，1996 ~ 2000 年，变化趋势较为显著；2001 ~ 2004 年，变化趋势较为平缓，基本没有大的改变；2005 ~ 2009 年，则延续曲线的整体走势，并表现得非常明显。

此外，图 21.1 显示浙江省制造业对劳动力要素的需求仍是居于第一位。劳动密集型与劳动技术密集型制造业的比重在近十几年来一直占 50% 左右的份额。资本类制造业整体比重有所下降，尤其资本密集型制造业比重下降幅度较大，但自 2006 年以来趋于稳定。这与浙江省自然资源有限、资本重心转移的实际情况相符。而资本技术密集型制造业所占比重以 2003 年为界，呈现先减后增的变化趋势。技术密集型制造业在工业总增加值中的比重并不高，但近年来一直有稳定的增长。从整体上看，技术密集型、资本技术密集型、劳动技术密集型制造业都有一定幅度的增长，这说明技术要素在促进浙江省经济增长中的作用越来越明显。

21.2.2 按可持续发展原则划分的制造业结构特征

可持续发展原则依据可持续发展最核心的思想，选取各行业单位产值资源消耗强度和污染排放强度为参考对象，对国民经济各个部门进行重新划分。在众多种类的自然资源中，影响较大的主要为能源消耗和水资源消耗，因此选用万元产值综合能耗和万元产值耗水量两个指标。污染排放主要是"三废"，因此采用万元产值废气、废水排放量和亿元产值固体废弃物产生量作为评价指标。根据浙江省制造业各部门的资源消耗和"三废"排放情况综合排序，划分为表 21.2 中四类产业：高资源投入高污染排放行业、高资源投入低污染排放行业、低资源投入高污染排放行业、低资源投入低污染排放行业。

表 21.2 按可持续发展原则划分的制造业类别

高资源投入高污染排放行业	高资源投入低污染排放行业	低资源投入高污染排放行业	低资源投入低污染排放行业	
黑色金属冶炼及压延加工业	纺织业	石油加工、炼焦及核燃料加工业	农副食品加工业	文教体育用品制造业
电力、热力的生产和供应业	纺织服装、鞋、帽制造业	化学原料及化学制品制造业	食品制造业	电气机械及器材制造业
燃气生产和供应业	塑料制品业	医药制造业	饮料制造业	专用设备制造业
水的生产和供应业	金属制品业	橡胶制品业	烟草制品业	交通运输设备制造业
煤炭开采和洗选业				通用设备制造业
黑色金属矿采选业	有色金属冶炼及压延加工业	皮革、毛皮、羽毛（绒）及其制品业		通信设备、计算机及其他电子设备制造业

续表

高资源投入高污染排放行业	高资源投入低污染排放行业	低资源投入高污染排放行业	低资源投入低污染排放行业
有色金属矿采选业		家具制造业	仪器仪表及文化、办公用机械制造业
非金属矿采选业		印刷业和记录媒介的复制	工艺品及其他制造业
其他采矿业		木材加工及木、竹、藤、棕、草制品业	
化学纤维制造业			废弃资源和废旧材料回收加工业
非金属矿物制品业			

　　代入年鉴中相关数据，计算可得按可持续发展原则划分的四类制造业结构详情，并以直观的图 21.2 的形式表现出来。

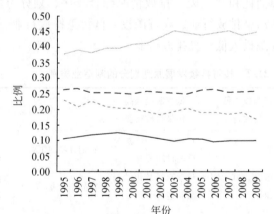

图 21.2　1995～2009 年浙江省基于可持续发展原则划分的制造业结构变化

　　通过对浙江省近 15 年来各制造业的数据整理，可知高资源投入低污染排放行业、低资源投入高污染排放行业在工业中的比重维持在一个较为稳定的水平，基本没有大的波动。其中低资源投入高污染排放行业在 20 世纪 90 年代呈现小幅的上升趋势，而后逐渐下降并维持 10% 左右的均衡。而高资源投入高污染排放行业的比重则呈现持续的下降趋势，相对的，低资源投入低污染排放行业的比重则呈现明显的上升趋势，且增长幅度较大。

21.3　浙江省可持续发展能力测算

可持续发展能力的量化一直是研究的一个难点与重点，在现有的研究中尚未形成统一的测算方法。本章采用真实储蓄率衡量浙江省可持续发展能力，一来可以深入研究资源消耗、环境污染所引致的经济价值损失；二来系统误差不会对下文的关联性分析产生较大影响。

21.3.1　真实储蓄率应用原理

真实储蓄模型的基本指导思想是：从 GDP 中减去社会和个人的总消费，可以得到总储蓄；再从总储蓄中扣除产品资本等各项折旧，得到净储蓄值。但是净储蓄偏重于产品资本，仍然不具备可持续发展性。因此，在净储蓄值的基础上扣除资源的消耗，以及环境污染所带来的损害，就得到一个国家真实的储蓄额，即真实储蓄。其中对教育等的支出不应看成消费，而应是一种投资，可以为将来创造价值，所以成为净储蓄的重要组成部分。而真实储蓄占本年 GDP 的比重即是真实储蓄率，可近似地看成本国的可持续发展能力。详细的计算过程可见表 21.3。

表 21.3　真实储蓄率的具体计算过程

项目	计算方法	项目	计算方法
GDP	①	固定资产折旧	⑧
总消费	②	净储蓄	⑨=⑦-⑧
货物及服务净出口	③	自然资源消耗	⑩
总储蓄	④=有效投资系数×（①-②-③）	二氧化碳的域外影响	⑪
人力资本投资	⑤	环境污染的损失	⑫
国外借款	⑥	真实储蓄	⑬=⑨-⑩-⑪-⑫
广义国内总储蓄	⑦=④+⑤-⑥	真实储蓄率	⑭=⑬÷①×100%

注：表中有效投资系数取 0.8。

21.3.2　主要指标与数据处理

21.3.2.1　资源损耗测算

资源可以分为可再生资源和不可再生资源。资源的种类繁多，资源账户要囊括所有资源目前还十分困难，只能挑选那些对浙江省的发展起决定性作用的关键资源。在可再生资源方面，主要为森林资源，此外还有草地资源、耕地资源、水资源、旅游资源等。浙江省历年的统计数据显示，人均森林资源、水资源、耕地资源等变化很小，于是不考虑这一部分的资源损耗，将重点放在可耗竭资源上。在不可再生资源方面，一般指矿产资源的消耗。基于国家和省统计数据的编撰方法，结合浙江省资源消耗的实际情况，主要考虑煤炭、黑色金属、有色金属、非金属等四类矿产资源。

对资源损耗量化测定的问题，国际上一般采用净价法计算。在实际测算中，难以得出生产成本的函数，因而无法确定边际成本，所以一般用平均成本代替。在完全竞争市场中，企业收益始终等于成本。本章采取近似处理，认为煤炭等矿产企业的成本约等于主营业务收入，用销售收入和业务成本的差值替代资源成本。此外，根据《浙江省能源与利用状况白皮书》的估算，浙江省由于自身资源有限，约 95% 的资源需要从外省调入①。整理后浙江省历年资源消耗数据可见表 21.4。

表 21.4　1995～2009 年浙江省不可再生资源损耗值　　（单位：万元）

年份	煤炭业	黑金属业	有色金属业	非金属业	总资源消耗
1995	15.24	5.38	26.77	27.32	33.09
1996	16.00	6.08	19.32	17.12	18.79
1997	19.81	7.07	24.24	21.48	23.70
1998	18.48	5.97	23.83	21.44	24.11
1999	18.38	5.48	25.11	23.05	26.41
2000	15.78	3.51	24.77	23.67	28.16
2001	23.54	3.15	27.16	21.57	23.38
2002	20.09	3.70	32.75	31.51	37.84

---

①　此为 2004 年数据，每年的比率略有不同，此处为综合考虑历年数据的一个估值。

年份	煤炭业	黑金属业	有色金属业	非金属业	总资源消耗
2003	26.44	11.19	39.76	39.12	45.79
2004	15.67	32.51	44.98	60.36	75.02
2005	29.02	31.00	72.40	87.51	109.20
2006	25.09	23.51	54.49	63.77	78.47
2007	20.95	55.77	100.76	210.61	388.09
2008	7.41	89.34	73.93	217.93	388.61
2009	30.29	4.52	68.56	229.79	333.15

资料来源：《浙江省统计年鉴》、《中国统计年鉴》

21.3.2.2 环境污染估值

污染物排放量：环境账户中主要包括引起居民生活质量和生产条件重大变化的各类污染物。根据污染物的形态不同可简单地分为废气、废水和固体废弃物。根据国际上的分析惯例，主要考虑工业排放的废水、固废和废气中的二氧化硫（SO_2）、烟尘、粉尘和氮氧化物（NO_x）。此外，随着全球温室效应的日益严重，亦须考虑二氧化碳造成的环境损失。由于统计数据的限制，本章忽略氮氧化物的影响，并用工业废气、固废的数据近似代替浙江省全部的废气、固废数据。

污染物价格：污染物价格的确定采用成果借鉴法，本章参考杨友孝和蔡运龙（2000）在中国农村资源、环境的基础研究成果，根据可比价格推算出剩余年份各污染物的边际社会成本。此外，认为二氧化碳对全球的边际损害为20美元/吨，并根据历年汇率进行相应调整。

环境污染估值：将各污染物单价与污染量相乘后加总，并除去废物利用产生的利润，即可得到浙江省环境污染引致的价值损失，详见表21.5。

表 21.5 1995～2009 年浙江省环境污染价值估算 （单位：万元）

年份	SO_2和烟尘	粉尘	废水	固废	碳排放	三废综合利用
1995	29.93	8.11	53.81	29.22	55.66	13 177
1996	30.62	7.70	47.83	31.16	65.65	9 041
1997	59.87	39.87	67.01	44.22	75.36	13 041
1998	66.53	38.92	71.80	50.94	84.00	23 935
1999	70.90	41.60	83.86	54.82	95.86	55 239

年份	SO₂和烟尘	粉尘	废水	固废	碳排放	三废综合利用
2000	71.34	32.49	102.39	61.35	113.85	32 244
2001	72.07	33.54	128.06	77.98	104.58	52 167
2002	78.25	26.46	150.44	95.06	168.53	65 614
2003	103.60	27.96	172.59	116.11	207.26	82 526
2004	125.34	32.30	197.59	149.69	280.81	103 798
2005	143.04	24.64	241.93	178.41	350.95	130 552
2006	156.28	25.81	280.95	241.47	420.31	188 757
2007	157.99	26.19	315.92	309.69	483.68	272 912
2008	162.57	24.26	360.07	356.55	513.40	394 586
2009	173.51	26.22	412.56	404.48	585.95	570 507

资料来源:《浙江省统计年鉴》、《中国统计年鉴》

21.3.3　浙江省历年真实储蓄率结果及分析

将所有相关数据通过 GDP 平减指数调整后,得出以 1995 年为基年的可比价格,计算得出表 21.6 中浙江省真实储蓄率。

表 21.6　1995～2009 年浙江省真实储蓄结果

年份	资源损耗/亿元	环境污染/亿元	真实储蓄/亿元	真实储蓄率/%
1995	113.21	175.42	853.41	23.99
1996	108.48	182.07	913.85	22.80
1997	117.81	285.03	855.73	19.21
1998	91.99	309.80	1 022.88	20.85
1999	94.65	341.52	909.70	16.85
2000	91.91	378.20	878.31	14.65
2001	103.36	411.02	798.58	12.04
2002	135.20	512.18	1 062.07	14.21
2003	190.36	619.26	1 449.58	16.91
2004	273.57	775.34	1 477.70	15.06
2005	291.40	925.92	1 289.46	11.66

续表

年份	资源损耗/亿元	环境污染/亿元	真实储蓄/亿元	真实储蓄率/%
2006	326.38	1 105.95	1 506.87	11.96
2007	388.09	1 266.18	2 016.26	13.96
2008	388.61	1 377.40	1 910.91	12.02
2009	333.15	1 545.67	2 707.45	15.63

图 21.3 表明，真实储蓄率呈现先降后升、近年多有波动的整体趋势。尤其是 2001 年为一个显著的分水岭，前后呈现截然不同的特征。2001 年之前，真实储蓄率近乎单调下降，降幅几乎达到 50%，表明 20 世纪 90 年代的发展模式不可持续，整个社会的资源消耗、环境污染等隐性成本过高，使浙江省可持续发展能力持续下降。而 2001 年之后，真实储蓄率开始上升反弹，之后呈波动变化，并小幅上扬。这说明浙江省已经意识到可持续发展的重要性并采取了一定的措施。然而尚未找到适合自身的长久发展之路，仍处于摸索之中。

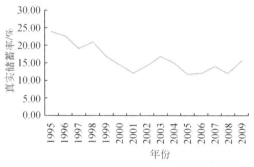

图 21.3 1995～2009 年浙江省真实储蓄率变化

对浙江省真实储蓄率的测算过程中的大量数据做进一步的筛选与分析，可知在经济发展过程中，仍呈现出许多其他的特点。

1）固定资产折旧过高

由图 21.4 可知，固定资产折旧在浙江省 GDP 中的比重由 1995 年的 8.4% 逐步上升至 2009 年的 12.9%，尤其自 1999 年以来，固定资产折旧所占比重一直维持在 12% 以上。这与近年来浙江省在固定资产投资上的增加有关。数据显示，浙江省对固定资产的投资由 1999 年的 1847.93 亿元急剧攀升至 2009 年的 12 376.04 亿元。固定资产投资在 GDP 中的比重也由 36.57% 上升至 46.73%。

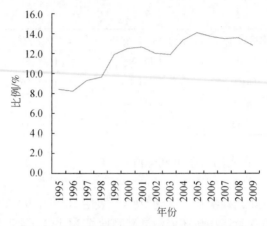

图 21.4　固定资产折旧在当年 GDP 中的比例

2）人力资本投资偏少

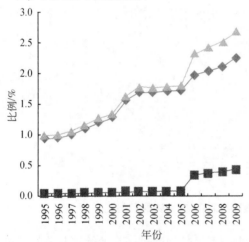

◆ 经常性教育支出比重　■ 科研支出比重

▲ 人力资本投资比重

图 21.5　人力资本投资在 GDP 中的比重

由图 21.5 可知，以教育和科研投入衡量的人力资本投资在浙江省 GDP 中所占比重一直较低，1995～2009 年平均只有 1.7%。值得称道的是，从 1995 年开始，浙江省便已意识到科学和教育的重要作用，并逐步增加了对人力资本的投入，在 GDP 中所占比重也从 1% 稳步上升到 2009 年的 2.7%。且从 2006 年开始，大幅增加了人力资本投资，经常性教育支出由 2005 年的 190.9 亿元上升至 2006 年的 249.1 亿元、科研支出由 2005 年的 8.7 亿元跃升至 2006 年的 44 亿元，切实贯彻教育强省、科教兴国战略。

3）环境问题日益严重

由图 21.6 中主要污染物排放量的变化情况可知，浙江省的三废产量在整体上的增长幅度较大，其中废水产生量增长较为稳定，而固废和二氧化碳的排放量则在 21 世纪后快速上升，二氧化硫和烟尘的排放量呈现小幅波动，粉尘产生量在 1997 年到达一个高峰后出现持续的回落。

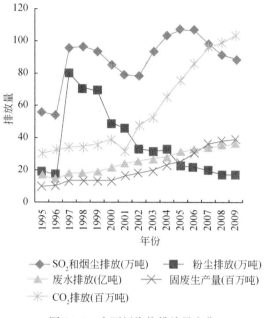

图 21.6　主要污染物排放量变化

将各污染物对环境的损害量化后可得图 21.7，可知环境污染在 GDP 中的比重越来越高，在经过 1997~2001 年的稳定期后，已逐步提升至 2009 年的 8.9%，约为 1996 年的两倍。浙江省单位 GDP 的增长所引致的环境污染损害已越来越大，环境问题正变得日益严重。

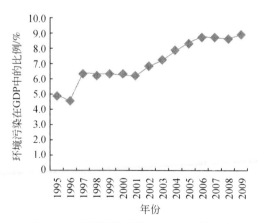

图 21.7　环境污染价值在 GDP 中的比重

4) 外来资本依存度大幅下降

由图 21.8 可知，浙江省 FDI 和国外贷款在 GDP 中比重的变化趋势较为相近。虽然外资在 GDP 中整体比重不高，但自 1995 年以来，浙江省国外贷款数量有明显上升，通过利用外资，大力促进经济发展，并逐步进行自身的资本积累。2005 年国外贷款数量为 387. 3 亿元达到了历史新高，但此后呈现急剧下降的趋势。且从 2007 年开始，浙江省国外贷款首次回落到 0. 5% 以下，并一直保持低位，同时 FDI 比重自 2004 年始稳步下降幅度达 30. 5% 。这说明浙江省对外来资本的依赖逐渐降低，自身资本积累已达到一定的高度。

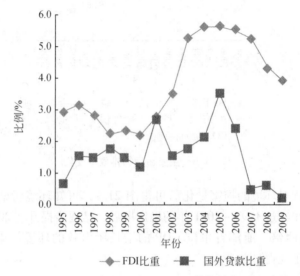

图 21.8　1995 ~ 2009 年浙江省 FDI 和国外贷款在 GDP 中的比重

21.4　制造业转型升级方向的实证分析

21.4.1　Spearman 秩相关系数应用原理

Spearman 秩相关系数是一个非参数的、度量两个变量之间的统计相关性的指标，用来评估：当用单调函数描述时，两个变量之间的关系有多好。Spearman 秩相关系数的符号表示 X 和 Y 之间联系的方向。正的 Spearman 秩相关系数对应于 X、Y 之间单调增加的变化趋势；负的 Spearman 秩相关系数对应于 X、Y 之间单调减小的变化趋势。Spearman 秩相关系数为 0，表示随着 X 的增加，Y 没有增大或减小的趋势。随着 X 和 Y 越来越接近严格单调的函数关系，Spearman 秩相关系数在数值上越来越大。

由于对浙江省制造业与可持续发展能力两变量间的关系类别不能确定，不便以具体函数关系为分析方向。且本章重在探讨这两个变量间的整体关联性，因此适当放宽对变量数据的要求，选用 Spearman 秩相关系数法进行测定。

21.4.2　实证结果

以前文 1995~2009 年浙江省制造业结构与真实储蓄率数据，作为 Spearman 秩相关系数法的两个变量数据。并由其曲线特征可知，在不同时间段内这两个变量呈现明显不同的特点。因此本章分别针对整个时间序列和各个时段测算两个变量间的相关关系，汇总结果得表 21.7。

表 21.7　各制造业与上升趋势的真实储蓄率间相关性

相关性	制造业类型			
正相关	低入低排型	劳动技术密集型	技术密集型	
负相关	高入高排型	高入低排型	低入高排型	劳动密集型

结果显示，低资源投入低污染排放产业、劳动技术密集型产业、技术密集型产业与上升趋势的真实储蓄率间有正相关性，很可能促进真实储蓄率的提高；而高资源投入产业、高污染排放产业、劳动密集型产业与上升的真实储蓄率间有负相关性，很可能会导致真实储蓄率的降低。

21.4.3　制造业转型升级方向

根据不同类别制造业与真实储蓄率间的相关关系，推导出各类别中具体行业对真实储蓄率的影响，即对浙江省可持续发展能力的影响。若不同分类法中同一行业对真实储蓄影响皆为正，则此行业对可持续发展能力有正面影响；若皆为负，则此行业对可持续发展能力有负面影响。由此可得表 21.8。

表 21.8　各制造业对可持续发展能力的不同影响

正相关	负相关	有正有负
通用设备制造业	造纸及纸制品业	医药制造业
专用设备制造业	化学纤维制造业	橡胶制品业

续表

正相关	负相关	有正有负
交通运输设备制造业	非金属矿物制品业	农副食品加工业
电气机械及器材制造业	黑色金属冶炼及压延加工业	食品制造业
通信设备、计算机及其他电子设备制造业	石油加工、炼焦及核燃料加工业	饮料制造业
	化学原料及化学制品制造业	烟草制品业
仪器仪表及文化、办公用机械制造业	金属制品业	皮革、毛皮、羽毛（绒）及其制品业
废弃资源和废旧材料回收加工业	塑料制品业	木材加工及木、竹、藤、棕、草制品业
	煤炭开采和洗选业	家具制造业
	黑色金属矿采选业	印刷业和记录媒介的复制
	有色金属矿采选业	文教体育用品制造业
	非金属矿采选业	工艺品及其他制造业
	其他采矿业	

由上可知，计算机行业、设备制造业等对浙江省可持续发展能力有正面影响；造纸、化学、矿产资源等行业对浙江省可持续发展能力有负面影响；而医药、食品、饮料、家具等大量与民生关系密切相关的行业则对浙江省可持续发展能力有综合性影响，不能简单地用正负衡量。一方面这些行业创造了经济价值，拉动 GDP 增长；另一方面也消耗了各种资源，产生了环境污染。

21.5 结论与政策建议

产业转型升级是保持经济长久增长的重要保障，也是提高区域可持续发展能力的主要途径。本章通过实证分析评估了浙江省可持续发展能力变化，并指出了制造业转型升级的方向。

对真实储蓄率的测算结果表明，浙江省可持续发展能力较之 20 世纪 90 年代中期已有明显下降，并且暴露出环境污染日益严重、人力资本投资偏少等诸多问题。在经济增长的同时，更加重视资源、环境等问题，已成为浙江省刻不容缓的要务。

制造业转型升级是一个非常复杂的系统工程，需要综合考虑经济、社会、生态各方面的因素。基于中共浙江省委对"十二五"规划的解读，本章建议政府大力鼓励计算机、通信、设备制造业等行业的发展，稳步提升可持续发展能力；限制造纸、化工、矿产等行业的发展，满足基本的生产生活需要即可。此外，由于各个行业对浙江省可持续发展能力的作用只是针对目前的技术水平和生产工艺而言，且受当前的行业分类方法影响，因此结果并不是一成不变的。所以政府应重点关注医药、食品、饮料、家具、皮革等制造业的发展，引导企业完善管理体制，加大科技投入，创新生产工艺，淘汰一批生产商，促进这类行业向有利于可持续发展的方向转型。

22

研究结论与政策建议

22.1　主要结论

本书通过理论分析、实证研究、实践归纳和政策评价四个部分 21 个章节的研究分析，得出以下主要结论。

22.1.1　能源效率

从全国范围来看，我国各地区全要素能源要素效率呈现较大的地区差异性，东部显著高于中部和西部。而从全要素能源相对效率的变化趋势上看，大多省份符合"先上升，再下降"的特征，转折点一般出现在 2000 年。在 1999 年之后，省级之间的全要素能源相对效率差距逐渐扩大，不具有趋同性。东部的全要素能源相对效率在 2000 年前后的变动幅度小于中西部，东部和西部区域内的省（自治区、直辖市）有较明显的发散趋势，中部地区各省则呈现一定的收敛趋势。

以"退二进三"为主要思路的产业结构调整能够在一定程度上改善能源效率。如果第二产业结构比重下降 1%，则全要素能源相对效率将提高 0.14% ~ 0.16%。同时，深化国有经济改革、降低国有经济比重，也是提高全要素能源相对效率的有效手段。如果国有职工就业比重减少 1%，代表相应的国有经济所占比重下降 1%，这对全要素能源相对效率的改善作用与产业结构调整的效果接近，约 0.15% ~ 0.16%。

资本深化对全要素能源相对效率的影响较为复杂，总体来看，资本深化在考察期内产生了一定的负面作用，但呈现了地区间的差异性，并同地区自身发展水平有关。如何吸引较高水平的投资及如何发挥各地区的"资源禀赋"优势，是各地区转变发展模式、从单纯的资本积累到依靠效率提升所必然面临的课题。

优化能源消费结构可以大幅改善全要素能源相对效率。若电力占能源消费的比重提高 1%，则全要素能源相对效率可以改善 0.5% ~ 0.7%，此外还能促进环境质量的改善。尽管目前短期内仍然无法改变以煤为主的现状，但长期来看，降低化石能源消费份额，大规模发展非化石能源、可再生能源利用是实现可持续发展的必经之路。

从整体来看，信息化的推进也同样可以有效降低能源强度，提高能源效率。其中，通信资本的投入加大可显著降低能源强度，但信息资本投入的增加反而会提高能源强度。此外，能源与资本、劳动力之间具有互补关系，说明在一定程度上借助资本和劳动力的投入有利于缓解我国能源供应短缺的问题；而能源价格和能源强度却存在背离关系，则说明运用经济手段适当提高能源的价格、充分发挥价格机制的调节作用是提高我国能源配置效率和利用效率的一条重要途径。

此外，工业企业规模、信息化程度同能源效率之间显著正相关，意味着适度扩大工业规模、以信息化促进工业化等手段都能提高能源效率；而对外开放对能源效率的影响则较为复杂，虽然能够通过技术、人力资本等途径改善能源效率，但是由于外资质量的差异性以及投资产业的特征，反而会加剧地区间效率差距，甚至产生负面影响。

22.1.2 污染物减排

水体污染物治理是我国污染物控制和减排实践中的典型案例。通过浙江省污水治理的实践可以发现，当前我国的环境政策工具还过于单一，并且以强制性手段为主，缺乏一定的灵敏性和灵活性，以致政策的执行成本过高，实施效果也不够明显。例如，收费制度会引起排污企业的流动性问题；税收制度则因制订或修正的程序十分复杂而使制定成本过大；而大量采用的强制性规章制度既缺乏效率又容易遭到企业的抵制。目前，在实践中正在试点的市场化激励工具（如可交易许可证制度）和公众参与的自愿性工具已经显示出较好的政策效果，也得到了企业和公众的普遍接受和欢迎。政策制定者在机制设计时，应根据具体目标和现实背景进行灵活选择，综合运用多种政策工具手段。在现实中，工业园区、经济开发区等是抓好当前"节能减排"工作的一个重要抓手。因为园区产业集中，便于开展产业结构调整、推广节能和清洁生产技术，也有利于实施能源资源的集成，以及"三废"的综合治理和利用。

大气污染物控制与减排则是我国未来污染物减排的另一个重点领域。从碳排放强度指标的国际比较来看，我国的碳排放强度处于下降通道，在 1991 ~ 2001 年减少了 53.16%；之后在 2001 ~ 2004 年小幅反弹，增幅为 29.8%；又于 2004

年后继续下行。但是我国碳排放强度仍然高于世界大部分地区，其主要原因在于与其他地区相比，我国能耗强度较高，且能源结构中仍然以煤为主。

从人均碳排放指标的国际比较来看，中国的人均碳排放增长较快：从 1980 年的 1.48 吨/人上升到 2004 年的 3.84 吨/人，2004 年已经接近全球平均水平（4.38 吨/人）。中国人均碳排放快速增加的主要因素是这一时期人均收入的增加，同时能耗强度的降低却减缓了人均碳排放的增加速度。相对而言，碳排放结构对人均碳排放的影响较小。未来，在人均收入持续增长的预期和以煤为主的能源禀赋背景下，中国实现低碳经济转型将主要依靠降低能耗强度、发展清洁可再生能源两条途径。其中，降低能耗强度需要在微观层面上促进企业节能技术的研发与应用，并借助能源价格的调整予以经济激励；在宏观层面上则要通过产业结构的转型升级和区域合理布局进行宏观管理。优化能源消费结构需要两头并举，一方面要加大对煤炭高效、清洁利用技术研发的投入，使得煤炭的碳排放系数得以降低；另一方面则要大力发展核能、太阳能、风能等可再生能源，通过有效的财税补贴与税费政策予以激励。

从浙江省这一处于工业化中后期典型省份的碳排放历史趋势来看，浙江省的碳排放量在工业化进程中呈现逐年递增趋势。其中，1995～2000 年排放总量较为平稳，增幅较小；而 2001～2008 年随着工业化进程的加速，碳排放总量也呈现高速增长态势，其中工业部门是主要排放源。此外，浙江省的碳排放与经济增长之间并不符合环境库兹涅兹倒"U"形曲线假设，而是呈现出倒"N"形的趋势，这表明经济增长并不一定会导致碳排放的自动减少。因此，控制碳排放量并不能仅仅依靠经济的快速发展实现，在发展经济的同时必须考虑对环境所造成的影响，同时政府必须有所作为，通过其他相应配套措施和政策减缓温室气体的排放。

22.1.3 国内外经验

国内产业及工业园区节能减排的实践表明，无论是高耗能高污染的传统制造业，还是低能耗低污染高附加值的新兴产业，均存在不同程度的节能减排空间。在设计产业节能减排政策时，需要综合考察产业生产流程的各个相关环节，对不同污染物的排放，例如废水、废气和固体废物的产生进行代谢分析，基于产品生产全流程进行能源消费情况分析，并结合产业（园区）内相关产业生态链企业情况，分别从源头控制与减排、资源减量化生产、废弃物资源化循环再利用等层面构建综合的节能减排体系。此外，要寻求科技与产业发展的互动，依靠制度创新和管理创新支撑产业的生态化发展，探索和推广适用的节能减排途径。

国际推动节能减排工作的经验表明，节能减排在起始阶段离不开政府推动，在关键时期也需政府发挥重要作用。在制定节能减排政策时，政府要注重宏观政策与市场机制相协调，注重综合利用财政税收等多种调控手段。政府要发挥弥补市场失灵、增进市场力量的作用。但一旦市场机制建立起来后，政府就要迅速退出。在节能减排工作中，政府的主导作用与市场的激励作用是相辅相成、相互促进的。由于节能减排经常要求实现多重目标，所以节能减排政策的制定并不仅仅是在"市场化工具"和"命令–控制式工具"之间进行简单的选择，而是需要依据具体的生态环境与产业特征进行灵活选择和设计，并且通常需要多个工具的综合运用。提高公众意识、促进公众参与，是节能减排工作的一个发展趋势，也是一个重要手段。

22.1.4 政策评价

尽管由于节能减排政策的时滞性、可适用性及可操作性的问题，导致在"十一五"时期多数省份均未能完成阶段性目标。但从总体来看，我国"十一五"规划制定的到 2010 年能耗强度下降 20%、污染物排放总量下降 10% 的节能减排目标在理论上是完全可以实现的。同时，实施节能减排对经济增速的影响完全在可承受范围内，对经济增长速度的影响并不大。考虑到实际产出同前沿上的目标产出之间仍有近 20% 的增长潜力，而这一部分额外的增长空间是可以通过调整经济增长方式、改善效率获取的。但是，随着大规模节能减排基础设施的建设，"十二五"时期我国节能减排潜力逐渐减小，节能减排的成本逐渐增加，需要更多地借助市场手段降低政策实施的总体成本。

我国"十一五"时期能耗强度的地区分解目标的科学性值得进一步商榷。对于节能降耗目标的分解，不能一刀切，应该考虑到地区差异，根据各地自身的发展水平和阶段制定，遵循"先易后难"的原则，优先从节能潜力更大的地区入手以满足节能总量目标。本书的研究结果表明：东部地区能耗强度变动对我国能耗强度变动的影响最大，其次分别为中部和西部地区。其中，东部地区对能耗强度下降贡献较大的省份包括山东、江苏、辽宁和河北；中部贡献较大的省份包括山西、内蒙古、黑龙江和河南；对西部能耗强度影响较大的地区包括四川、贵州和重庆。对区域和全国能耗强度贡献较大的省份，理应成为需要关注的重点节能地区，也因此需要承担更为严格的节能目标。与现有的国家设定的地区节能计划相比较，除了需要关注已经确定的山东、山西、吉林等节能重点省份以外，还需要重点关注江苏、辽宁、黑龙江、四川、贵州和重庆等省份和地区的节能工作；此外，山西、内蒙古和重庆等地能耗强度与区域能耗变动趋势相背，需要进一步加强宏观调控。

碳税是实现节能减排的一种重要的市场手段，但征收碳税需要综合考虑对宏观经济的冲击以及对环境的改善程度。本书中对浙江省的分析表明：征收碳税会在一定程度上对浙江省的宏观经济增长带来负面影响，但这个影响程度并不大，甚至会小于全国的平均水平。在环境质量影响方面，征收碳税将导致 CO_2 排放总量降低，并且随着税率的提高减排量也相应增加，对减排具有一定的积极作用。在行业部门影响方面，碳税对浙江省各行业的产出水平、进出口贸易、省际贸易都产生了不同程度的影响，并且都高于整个宏观经济的受影响程度。其中受影响较大的是建筑业、重工业、电力行业等能源密集型行业，受影响最小的是农业和服务业。而在税收收入方面，尽管征收碳税会使经济主体的收入下降，进而减少政府的所得税收入，同时产量下降也会减少政府的间接税收入，但是碳税收入的增加足以弥补上述其他税收收入的下降，因而征收碳税后政府的财政收入将会增加。

发展区域低碳经济是实施经济发展方式转变的重要途径，也是实现可持续发展的必然选择。本书对长江三角洲地区的低碳经济发展目标及可行途径进行了研究，提出在未来时期内，其低碳经济的发展目标必须相对稳定，并且要保持一定的高度，每个"五年目标"大体可以在 17% ~ 19% 进行选择，一般不宜低于 16%。而要实现这个艰巨的目标，当前主要应通过调整产业结构的方式，尤其要加大工业部门的结构调整力度。积极鼓励发展文教体育用品、工艺品等与经济关联度较大的低碳产业，合理控制造纸、石油加工、炼焦及核燃料加工、塑料制品、交通运输设备制造等产业的发展规模。

产业转型升级是保持经济长久增长的重要保障，也是提高区域可持续发展能力的主要途径。本书以浙江省制造业为例，评估了基于可持续发展视角下，浙江省制造业转型升级的方向和路径，结果表明：浙江省可持续发展能力较之 20 世纪 90 年代中期已有明显下降，并且暴露出环境污染日益严重、人力资本投资偏少等诸多问题。建议政府应大力鼓励计算机、通信、设备制造业等行业的发展，稳步提升可持续发展能力；限制造纸、化工、矿产等行业的发展，满足基本的生产生活需要即可。

22.2 重要观点

根据以上研究结论，本书提炼出以下几个重要观点：

（1）中国"十一五"的节能减排任务虽然提前完成，但其中存在的"节能不经济"、"减排不科学"的问题还是显而易见的。目前我国主要采用的是行政、法律等强制性手段，因此不仅耗费了大量的财政资源和社会交易成本，而且也容易造成中央政府与地方政府目标的冲突、决策者与执行者目标的冲突、政府与企业和个人目标的冲突。为此，在现有的政策工具箱中，需要增加更多可行的经济手段，进一步加强和完善市场机制和长效机制，使节能减排的短期目标同可持续发展的长期目标相结合。

（2）每个环境政策工具都有自身发挥作用的空间，但各自都存在一定的局限性。同时，由于节能减排工作经常要求实现多重目标，所以有关政策的制定并不仅是在"市场化工具"和"命令-控制式工具"之间进行简单的选择，而是需要依据具体的生态环境与产业特征进行灵活选择和设计，并且通常需要多个工具的综合运用。在多数情况下，需要"看得见的手"和"看不见的手"兼而用之。而在特定情况下，哪一种政策工具更加有效，则取决于污染物的特点，以及所处的社会、政治和经济环境。

（3）提高能源的利用效率和环境政策的有效性是"节能减排"理论研究的两个核心内容。而开展重点区域的环境整治、工业产业推行循环经济以及工业园区实施生态化建设改造等，则是做好"节能减排"工作的几个重要抓手。因为园区产业集中，便于通过"腾笼换鸟"、"退二进三"等方式，开展产业结构调整，也有利于推广节能和清洁生产技术，实施能源集成和"三废"的综合治理；工业产业可以按照"纵向闭合、横向耦合"的思路建立生态工业链，实现资源能源的循环利用和梯度利用，从而减少资源能源的浪费，降低工业生产对环境的破坏；而重点区域的环境整治则可集中各种资源，取得更为显著的效果。

（4）节能减排政策是政府提高能源利用效率，改善环境质量的重要手段。但是，如果仅仅依靠这些政策工具将外部效应内部化，则不利于社会经济福利的提高。要真正实现经济与环境的持续协调发展，还需要依靠科技进步，进一步减少环境污染的负外部性。

22.3 政策建议

根据以上研究结论和重要观点，本书提出了若干相应的政策建议，主要有如下几点：

（1）针对目前我国节能减排政策过于单一，并以强制性手段为主的状况，本研究建议：政府有关部门和企业要在实践中积极探索，不断创新，尤其要加大市场化政策工具和公众参与政策的试点和推广。在"十二五"设定节能减排目标时，应该采取更为理性和经济的办法，比如推出环境税、碳税，实施生态补偿制度、可交易许可证制度等手段，提高能源利用率和环境治理效果。总的趋势是要使节能减排政策从"强硬型"向"温柔型"转变，善于"用一双温柔的手"进行命令和控制。在执行过程中，则要特别重视政策设计的灵活性和实施的有效性。

（2）关于节能减排政策的时滞性、可适用性及可操作性的问题，建议当前的重点应着眼于：各地区要找准调整经济结构、推动技术进步的突破口，根据本地区特点和发展阶段，采取旨在提高经济可持续发展的政策举措。对中央政府而言，还需要进一步打破国内地区间市场壁垒，优化要素的流动配置，提升、整合产业的规模效率。更重要的是，要建立节能减排的内在动力机制，设计出有利于激励相容的机制以协调地区间经济发展，同时要建立相应的配套制度。

（3）关于如何建立节能减排的内在动力机制的问题，本研究建议：一方面，对于地区政府，尤其是欠发达的中西部地区政府而言，需要中央政府设计有效的机制，将经济增长方式转变的内在要求转化为地区经济增长行为的变化以及政府职能的变化；另一方面，要完善转移支付的配套制度，缓解欠发达地区的 GDP 冲动，从而有效的实施节能减排。对企业而言，理顺能源价格是引导企业有效利用、配置能源，使得现行经济结构向低碳经济结构转变的激励机制中的关键经济手段。

（4）关于节能减排的技术进步的问题，本研究建议：在短期内，要关注对有效的、适用的节能减排技术的大规模推广应用；而从长期来看，则应考虑转变目前的研发模式，将由政府主导的研发行为转变为市场为导向的企业自主研发行为。

（5）关于降低碳排放的问题，本研究建议：不同地区应根据自身资源禀赋和现有技术条件，一方面可以通过调整产业结构、采用清洁生产技术、改进工艺流程、实施资源再利用等源头控制和过程控制手段，提高能源利用效率；另一方面还可以考虑通过调整能源消费结构，改变以煤炭为主的能源消费模式，来降低单位 GDP 的二氧化碳排放量。

（6）关于是否有必要开征碳税的问题，本书首先表示有必要开征，但建议在碳税开征之初，不宜采用过高的税率，实行较低税率（如 10 元/吨）相对较为可行。鉴于碳税收入中性的国际经验，建议我国在开征碳税时适当调低扭曲型税收的税率，使整体税负保持相对稳定，以避免企业承受过大的税收负担。此外，本书还建议，碳税不应该是我国二氧化碳减排的唯一手段，开征碳税的同时还需引进其他一些减排手段，例如，碳排放交易、清洁发展机制、联合履约、自愿协议等。这些政策措施互有长短，只有相互协调配合才能有效发挥二氧化碳减排的调节作用。

参 考 文 献

奥尔森 . 2006. 集体的选择 . 上海：上海三联书店，上海人民出版社 .

奥立弗·E. 威廉姆森 . 2003. 从选择到契约：作为治理结构的企业理论 . 赵静，丁开杰译 . 经济社会体制比较，（3）：79-94.

白泉，佟庆 . 2004. 信息化提高工业用能效率从何处做起 . 节能与环保，（2）：11-14.

伯特尼，史蒂文斯 . 2004. 环境保护的公共政策 . 上海：三联书店，上海人民出版社 .

蔡昉，都阳，王美艳 . 2008. 经济发展方式转变与节能减排内在动力 . 经济研究，（6）：4-11.

曹慧，方岩，王锋等 . 2005. 水头治污——谁之过？中国皮革，（17）：55-59.

常兴华，张建平，杨国锋，等 . 2007. 部分省区节能减排工作调研报告 . 宏观经济管理，（11）：47-49.

陈昌智 . 2010a. 在 2010 世界包装大会开幕式上的致辞 . 中国包装，（06）：8-10.

陈昌智 . 2010b. 应落实政策支持中小企业发展 . 中国商人，（11）12-14.

陈昌智 . 2010c. 大力发展风险投资 加快培育战略性新兴产业 . 中国流通经济，（11）4-6.

陈昌智 . 2010d. 加大力度 落实政策 推动中小企业创新发展 . 经济界，（06）4-7.

陈竹音 . 2009. 中美排污权交易制度比较研究 . 长春：吉林大学 .

村上直树，申寅荣 . 2006. 中国企业的效率和生产率及其决定因素——基于包络线分析的讨论 . 世界经济文汇，（5）：1-20.

代谦，别朝霞 . 2006. FDI、人力资本积累与经济增长 . 经济研究，4：16-28.

戴荔珠，马丽，刘卫东 . 2008. FDI 对地区资源环境影响的研究进展评述，地球科学进展，23（1）：55-62

戴彦德，朱跃中 . 2005. 慎重看待能源效率水平评价的国际比较 . 天然气经济，06：6-8.

单豪杰 . 2008. 中国资本存量 K 的再估算：1952～2006 年 . 数量经济技术经济研究，10：17-31.

丁仲礼，段晓男，葛全胜，等 . 2009. 2050 年大气 CO_2 浓度控制：各国排放权计算 . 中国科学 D 辑：地球科学，39（8）：1009-1027.

冯沛运，红娜，王锋 . 2010. 我国经济增长、经济结构与能源消费关系之研究 . 统计教育，（09）：49-55.

高鹏飞，陈文颖 . 2002. 碳税与碳排放 . 清华大学学报（自然科学版），42（10）：1335-1338.

高振宇，王益 . 2006. 我国能源生产率的地区划分及影响因素分析 . 数量经济技术经济研究，（9）：46-57.

龚向前 . 2006. 欧盟的可再生能源促进政策对我们的启示 . 能源研究与应用，（6）：1-5.

郭志达.2010. 辽宁低碳经济的制约因素与应对策略. 环境保护科学，（2）：109-111.

国务院发展研究中心课题组.2009. 全球温室气体减排：理论框架和解决方案. 经济研究，（3）：4-13.

过孝民，张慧勤，李平.1990. 中国环境污染和生态破坏造成的经济损失估算，公元2000年中国环境预测与对策研究. 北京：清华大学出版社.

杭雷鸣，屠梅曾.2006. 能源价格对能源强度的影响——以国内制造业为例. 数量经济技术经济研究，12：93-100.

何建坤，张希良，李政，等.2008. CO_2减排情景下中国能源发展若干问题. 科技导报，26（2）：90-92.

何洁.2000. 外商直接投资对中国工业部门外溢效应的进一步精确量化. 世界经济，（12）：29-36.

何祚麻，王亦楠.2004. 风力发电——我国能源和电力可持续发展战略的最现实选择. 自然辩证法研究，10：80-85.

贺菊煌，沈可挺，徐篙龄.2002. 碳税与二氧化碳减排的CGE模型. 数量经济技术经济研究，（10）：39-47.

侯小伏.2004. 英国环境管理的公众参与及其对中国的启示. 中国人口·资源与环境，（5）：125-129.

胡鞍钢，郑京海，高宇宁，等.2008. 考虑环境因素的省级技术效率排名（1999—2005）. 经济学季刊，7（3）：933-960.

胡初枝，黄贤金，钟太洋，等.2008. 中国碳排放特征及其动态演进分析. 中国人口·资源与环境，18（3）：38-42.

胡继连，朱涛，朱莉雅.2005. 环境经济手段的比较研究. 管理科学文摘，（9）：11-13.

黄继忠.2002. 对产业结构优化理论中一个新命题的论证. 经济管理，（4）：11-16.

黄伟，沈跃栋.2010. 长三角发展低碳经济的思考. 上海电力，01：13-16.

黄显峰，邵东国，顾文权.2008. 河流排污权多目标优化分配模型研究. 水利学报，39（1）：73-78.

姜克隽.2009. 征收碳税对GDP影响不大. 中国投资，（9）：20-24.

姜亦华.2007. 节约能源：日本的成效、经验及启示. 世界经济，（9）：73-76.

蒋金荷.2004. 提高能源效率与经济结构调整的策略分析. 数量经济技术经济研究，（10）：16-23.

李琮.2000. 世界经济学大辞典. 北京：经济科学出版社.

李国章，王双.2008. 中国能源强度变动的区域因素分解分析——基于LMDI分解方法. 财经研究，34（8）：52-62.

李廉水，周勇.2006. 技术进步能提高能源效率吗？——基于中国工业部门的实证检验. 管理世界，（10）：82-89.

李明，王清，吴大千，等.2004. 基于真实储蓄方法的招远市的可持续发展能力评价. 山东大学学报（工学版），34（5）：109-115.

李上鹤.2002.经济结构调整战略中提高能源效率的探讨.广西电业，7：18-19.

李王君，司言武.2007.我国排污费改税的现实思考与理论构想.经济工作，(13)：124-127.

李艳梅，张雷，程晓凌.2010.中国碳排放变化的因素分解与减排途径分析.资源科学，32 (2)：218-222.

林伯强，蒋竺均.2009.中国 CO_2 的环境库兹涅兹曲线预测及影响因素.管理世界，4：27-36.

林梅.2003.环境政策工具实施机制研究——一个制度分析框架.社会学研究，(1)：102-110.

林巍，傅国伟，刘春华.1996.基于公理体系的排污总量公平分配模型.环境科学，17（1）：35-37.

林毅夫，刘培林.2004.地方保护和市场分割：从发展战略的角度考察.北京大学中国经济中心.

刘传江.2010.低碳经济发展的制约因素与中国低碳道路的选择.吉林大学社会科学学报，(3)：146-152.

刘丹鹤.2003.环境政策工具对技术进步的影响机制及其启示.自然辩证法，(1)：66-69.

刘红光，刘卫东.2009.中国工业燃烧能源导致碳排放的因素分解.地理科学进展，(2)：285-292.

刘宏杰，李维哲.2006.中国能源消费状况和能源消费结构分析.能源资源，(12)：39-44.

刘兰翠，范英，吴刚，等.2005.温室气体减排政策问题研究综述.管理评论，17（10）：46-55.

刘树成.2008-12-17.渐进式，一条符合中国国情的改革之路.光明日报，5.

刘薇.2010.北京发展低碳经济的路径探析.商业研究，(09)：160-164.

刘伟，李绍荣.2002.产业结构与经济增长.中国工业经济，05：14-21.

刘小玄.2004.民营化改制对中国产业效率的效果分析——2001年全国普查工业数据的分析.经济研究，(8)：16-26.

鲁成军，周端明.2008.中国工业部门的能源替代研究——基于对 ALLEN 替代弹性模型的修正.数量经济技术经济研究，5：30-42.

陆霞，周永刚，王锋.2010.低碳经济背景下江苏开放型经济发展差异的实证研究.江苏商论，10：15-18.

路正南.1999.产业结构调整对我国能源消费影响的实证分析.数量经济技术经济研究，(12)：53-55.

潘家华.2010.低碳转型的背景与途径：从哥本哈根会议说起.阅江学刊，(4)：85-89.

潘家华.2011.节能减碳需要高歌稳进.中国经贸导刊，(9)：11-13.

潘岳.2006-07-07.和谐社会与环境友好型社会.科技日报，专家论坛.

彭海珍，任荣明.2003.环境政策工具与企业竞争优势.中国工业经济，(7)：75-82.

齐建国.2007.坚决执行节能减排措施 着力减少资源能源消耗.环境保护，(21)：12-14.

齐志新，陈文颖.2006.结构调整还是技术进步？上海经济研究，(6)：8-16.

齐志新，陈文颖，吴宗鑫．2007．工业轻重结构变化对能源消费的影响．中国工业经济，（2）：35-42.

沈坤荣．1999．外国直接投资与中国经济增长．管理世界，（5）：22-34.

沈满洪．2009．排污权交易的可行性分析——以浙江省为例．学习与实践，（1）：56-65.

师博，沈坤荣．2008．市场分割下的中国全要素能源效率：基于超效率 DEA 方法的经验分析．世界经济，（9）：49-59.

施发启．2005．对我国能源消费弹性系数变化及成因的初步分析．统计研究，（5）：8-11.

史丹．1999．结构变动是影响我国能源消费的主要因素．中国工业经济，（11）：38-43.

史丹．2002．中国经济增长过程中能源利用效率的改进．经济研究，（9）：49-56.

史丹，张金隆．2003．产业结构变动对能源消费的影响．经济理论与经济管理，8：30-32.

宋德勇，卢忠宝．2009．中国碳排放影响因素分解及其周期性波动研究．中国人口·资源与环境，19（3）：158-161.

苏明，傅志华，许文，等．2009．我国开征碳税问题研究．经济研究参考，（72）：2-16.

孙鹏，顾晓薇，刘敬智，等．2005．中国能源消费的分解分析．资源科学，5：10-12.

孙振清，张晓群．2004．日本企业减少环境负担的举措和启示．中国人口·资源与环境，14（5）：137-140

泰坦伯格．1992．排污权交易——污染控制政策的改革．崔卫国，等译．上海：三联书店．

谭丹，黄贤金．2008．我国东、中、西部地区经济发展与碳排放的关联分析及比较．中国人口·资源与环境，18（3）：54-57.

谭忠富，蔡丞恺．2008．北京市能源强度分析的完全因素分解方法．华北电力大学学报，（6）：28-31.

碳税课题组．2009．我国开征碳税的可行性分析．中国财政，（19）：52-53.

田智宇．2008．英国和法国支持节能的财税政策及对我国的启示．研究与探讨，（05）：32-35.

涂正革．2008．区域经济和谐发展的全要素生产率研究——基于对 1995—2004 年 28 个省市大中型工业企业的非参数生产前沿分析．经济评论，（1）：29-35.

汪俊启，张颖．2000．总量控制中水污染物允许排放量公平分配研究．安庆师范学院学报（自然科学版），6：37-40.

汪淼军，张维迎，周黎安．2007．信息化、组织行为与组织绩效：基于浙江企业的实证研究管理世界（月刊），4：94-105.

王兵，王春胜．2006．论环境技术社会化的社会制约．中国科技论坛，3：115-119.

王灿，陈吉宁，邹骥．2005．基于 CGE 模型的 CO_2 减排对中国经济的影响．清华大学学报（自然科学版），45（12）：1621-1624.

王峰，吴丽华，杨超．2010．中国经济发展中碳排放增长的驱动因素研究．经济研究，（2）：123-136.

王锋，辛欣，李锦学．2010．中国能源消费与经济发展的"脱钩"研究．中国市场，13：20-22.

王好，赵艾凤．2010．重庆发展低碳经济的路径探析．科技经济市场，11：41-42．

王健民，蒋庭松，叶亚平，等．2000．中国乡镇企业污染控制环境经济政策研究．北京：气象
　出版社．

王金南，严刚，姜克隽，等．2009．应对气候变化的中国碳税政策研究．中国环境科学，29
　（1）：101-105．

王俊松，贺灿飞．2009．技术进步、结构变动与中国能源利用效率．中国人口·资源与环境，
　19（2）：157-161．

王萌，李波．2009．私权公权化问题探究．法制与社会，（01）：215．

王庆一．2005．中国的能源效率及国际比较．节能与环保，（6）：10-13．

王群伟，周德群，张柳婷．2008．影响我国能源强度变动的因素探析．统计与决策，（8）：
　72-74．

王少鹏，朱江玲，岳超，等．2010．碳排放与社会经济发展——碳排放与社会发展Ⅱ．北京大
　学学报（自然科学版），46（4）：505-509．

王文军．2009．低碳经济：国外的经验启示与中国的发展．西北农林科技大学学报，（06）：
　74-77．

王先甲，肖方，胡振鹏．2004．排污权初始分配的两种方法及其效率比较．自然科学进展，14
　（1）：81-87．

王志刚，龚六堂，陈玉宇．2006．地区间生产效率与全要素生产率增长率分解：1978-2003．中
　国社会科学，（2）：55-56．

王中英，王礼茂．2006．中国经济增长对碳排放的影响分析．安全与环境学报，6（5）：88-91．

魏楚，沈满洪．2007a．能源效率及其影响因素：基于 DEA 的实证分析．管理世界，（8）：
　18-30．

魏楚，沈满洪．2007b．能源效率与能源生产率：一个基于 DEA 方法的省级比较．数量经济与
　技术经济研究，（9）：66-76．

魏楚，沈满洪．2008．工业绩效、技术效率及其影响因素——基于 2004 年浙江省经济普查数据
　的实证分析．数量经济与技术经济研究，（8）：110-121．

魏楚，沈满洪．2009．规模效率与配置效率：一个对中国能源低效的解释．世界经济，4：
　84-96．

魏涛远，格罗姆斯洛德．2002．征收碳税对中国经济与温室气体排放的影响．世界经济与政治，
　（8）：47-49．

魏巍贤，王锋．2010．能源强度收敛：对发达国家与发展中国家的检验．中国人口·资源与环
　境，（1）：4-10．

魏一鸣，范英，王毅，等．2006．关于我国碳排放问题的若干对策与建议．气候变化研究进展，
　2（1）：15-20．

吴滨，李为人．2007．中国能耗强度变化因素争论与剖析．中国社会科学院研究生学报，（2）：
　121-128．

吴巧生，成金华．2006．中国工业化中的能源消耗强度变动及因素分析——基于分解模型的实证分析．财经研究，32（6）：75-85．

伍德里奇．2003．计量经济学导论：现代观点．北京：中国人民大学出版社．

肖红叶，郝枫．2005．资本永续盘存法及其国内应用关．财贸经济，3：55-62．

肖江文，罗云峰，赵勇，等．2001．初始排污权拍卖的博弈分析．华中科技大学学报（自然科学版），29（9）：37-39．

肖江文．2002．财务申报机制设计的博弈分析．系统工程理论与实践，22（11）：87-91．

徐博，刘芳．2004．产业结构变动对能源消费的影响．辽宁工程技术大学学报（社会科学版），（05）：499-501．

徐国泉，刘则渊，姜照华．2006．中国碳排放的因素分解模型及实证分析：1995—2005．中国人口·资源环境，16（6）：158-161．

徐华清．1996．发达国家能源环境税制特征与我国征收碳税的可能性．环境保护，（11）：35-37．

徐玉高，郭元．1999．经济发展，碳排放和经济演化·环境科学进展，7：10-12．

许和连，亓朋，祝树金．2006．贸易开放度、人力资本与全要素生产率：基于中国省际面板数据的经验分析．世界经济，12：3-10．

宣能啸．2004．我国能源效率问题分析．国际石油经济，（9）：35-39．

杨文举．2006．技术效率、技术进步、资本深化与经济增长：基于 DEA 的经验分析．世界经济，5：73-83．

杨永福．2002．信息化战略驱动下的传统产业改造分析——以中国烟草安徽省公司对传统产业的信息化改造为例．世界经济，8：78-87．

杨友孝，蔡运龙．2000．中国农村资源、环境与发展的可持续性评估——SEEA 方法及其应用．地理学报，（5）：596-606．

杨中东．2007．对我国制造业的能源替代关系研究．当代经济科学，5：10-15．

姚洋，章奇．2001．中国工业企业技术效率分析．经济研究，（10）：13-21．

余甫功．2007．我国能源强度变化因素分析——以广东作为案例．学术研究，（02）：74-79．

岳超，胡雪洋，贺灿飞，等．2010．1995——2007 年我国省区碳排放及碳强度的分析——碳排放与社会发展Ⅲ．北京大学学报（自然科学版），46（4）：510-516．

岳超，王少鹏，朱江玲，等．2010．2050 年中国碳排放情景预测．北京大学学报（自然科学版），（4）：517-524．

岳书平．2004．可持续发展与产业结构调整——以济南市为例．国土与自然资源研究，（2）：21-22．

张景华．2010．碳税的社会福利效应分析．当代经济管理，32（8）：76-78．

张军，吴桂英，张吉鹏．2004．中国省级物质资本存量估算：1952—2001．经济研究，（10）：36-44．

张军，章元．2003．对中国资本存量 K 的再估计．经济研究，7：35-43．

张刊民，温宗国，杜斌，等.2003.生态城市评估与指标体系.北京：化学工业出版社.

张雷，黄园淅，李艳梅，等.2010.中国碳排放区域格局变化与减排途径分析.资源科学，32（2）：211-217.

张雷.2003.经济发展对碳排放的影响.地理学报，58（4）：629-637.

张雷.2006.中国一次能源消费的碳排放区域格局变化.地理研究，25（1）：1-9.

张理.2007.应用 SPSS 软件进行要素密集型产业分类研究.华东经济管理，08：55-58.

张明文，张金良，谭忠富，等.2009.碳税对经济增长、能源消费与收入分配的影响分析.技术经济，28（6）：48-52.

张明喜.2010.我国开征碳税的 CGE 模拟与碳税法条文设计.财贸经济，（03）：61-66.

张瑞，丁日佳.2007.中国能耗强度变动因素分析.中国矿业，16（2）：18-20.

张炜，樊瑛.2008.德国节能减排的经验及启示.世界经济，（3）：64-68.

张晓晶，常欣.2008.扩大内需的历史经验与政策建议·中国金融，24：60-61.

张秀梅，李升峰，黄贤金，等.2010.江苏省1996年至2007年碳排放效应及时空格局分析.资源科学，32（4）：768-775.

张学江.2009.产业结构优化升级与提高劳动力素质.商业研究，02：83-86.

张志强，曲建升.2008.温室气体排放评价指标及其定量分析.地理学报，（7）：693-702.

张志耀，张海明.2001.污染物排放总量分配的群体决策方法研究.系统科学与数学，21（4）：473-479.

赵丽霞，魏巍贤.1998.能源与经济增长模型研究.预测，（6）：32-49.

赵敏，张卫国，俞立中.2009.上海市能源消费碳排放分析.环境科学研究，22（8）：984-989.

赵涛，刘朝.2011.天津市低碳经济发展路径研究与分析.西安电子科技大学学报（社会科学版），（2）：31-36.

赵旭，赵子健.2009.促进风电产业发展的政策研究.生态经济，02：128-130.

赵忠民.1992.二氧化碳税简介.涉外税务，（01）：46.

浙江省环境保护科学设计研究院.2007.平阳县水头制革基地污染整治技术报告.

浙江省统计局.2000-2006.浙江省统计年鉴.北京：中国统计出版社.

郑毓盛，李崇高.2003.中国地方分割的效率损失.中国社会科学，（1）：64-72.

郑照宁，刘德顺.2004.中国能源资本替代的不确定性.运筹与管理，4：74-78.

中国科学院可持续发展战略研究组.2009.2009中国可持续发展战略报告——探索中国特色的低碳道路.北京：科学出版社.

中国科学院学部咨询专题组.2009.2009哥本哈根气候变化谈判的科学基础和建议.中国科学院学部咨询专题研究报告.

中国气候变化国别研究组.2000.中国气候变化国别研究.北京：清华大学出版社.

周伏秋，戴彦德.2001.从能源节约的角度解读信息时代.中国能源，（10）：18-21.

周鸿，林凌.2005.中国工业能耗变动因素分析：1993—2002.产业经济研究，（5）：13-18.

周勇，李廉水. 2006. 中国能耗强度变化的结构与效率因素贡献——基于 AWD 的实证分析. 产业经济研究，（4）：68-74.

周勇. 2009. 荷兰节能减排五项最有效政策工具及在中国的应用. 城市发展研究，（6）：13-18.

朱江玲，岳超，王少鹏，等. 2010. 1850—2008 年中国及世界主要国家的碳排放——碳排放与社会发展 I. 北京大学学报（自然科学版），46（4）：497-504.

朱勤，彭希哲，陆志明，等. 2009. 中国能源消费碳排放变化的因素分解及实证分析. 资源科学，31（12）：2072-2079.

朱勤，彭希哲，陆志明，等. 2010. 人口与消费对碳排放影响的分析模型与实证. 中国人口·资源与环境，20（2）：98-102.

朱永彬，王铮，庞丽，等. 2009. 基于经济模拟的中国能源消费与碳排放高峰预测. 地理学报，64（8）：935-944.

主春杰，马忠玉，王灿，等. 2006. 中国能源消费导致的二氧化碳排放量的差异特征分析. 生态环境，15（5）：1029-1034.

庄贵阳，潘家华，朱守先. 2011. 低碳经济的内涵及综合评价指标体系构建. 经济学动态，（1）：132-136.

邹秀萍，陈邵峰，宁淼，等. 2009. 中国省级区域碳排放影响因素的实证分析. 生态经济，（03）：34-37.

Ackerman F，Biewald B，White D，et al. 1999. Grandfathering and coal plant emissions：the cost of cleaning up the clean air act. Energy Policy，27：929-940.

Ali A I，Seliford L M. 1990. Translation Invariance in Data Envel opment Analysis. Operations Research Letters，9：403-405.

Andrea Baranzini，José Goldemberg，Stefan Speck. 2000. A future for carbon taxes. Ecological Economics，32（3）：395-412.

Ang B W，Zhang F Q，Choi K. 1998. Factorizing changes in energy and environmental indicators through decomposition. Energy，23（6）：489-495.

Ang B W，Zhang F Q. 2000. A Survey of index decomposition analysis in energy and environmental studies. Energy，25：1149-1176.

Ang B W. 2004. Decomposition analysis for policymaking in energy：which is the preferred method? Energy Policy，32：1131-1139.

Ang B W. 2005. The LMDI approach to decomposition analysis：a practical guide. Energy Policy，（33）：867-871.

Arrow K J，Debreu G. 1954. Existence of an equilibrium for a competitive economy. Econometrica，22：265-290.

Azomahou，Laisney，Phu N Van. 2006. Economic development and CO_2 emissions：a nonparametric panel approach. Journal of Public Economics，90：1347-1363.

Banker R D. 1984. Estimating most productive scale size using data envelopment analysis. European

Journal of Operational Research, 17 (1): 35-44.

Baranzini, Chesney, Morisset. 2003. The impact of possible climate catastrophes on global warming policy. Energy Policy, 31: 691-701.

Baranzini, Goldemberg, Speck. 2000. A future for carbon taxes. Ecological Economics, 32: 395-412.

Barker T, Baylis S, Madsen P. 1993. A UK Carbon/Energy Tax: The Macroeconomic Effects. Energy Policy, 21 (3): 296-308.

Barker, Kohler. 1998. Equity and ecotax reform in the EU: achieving a 10 percent reduction in CO_2 emissions using excise duties. Fiscal Studies, 19 (4): 375-402.

Barker. 1998. The effects on competitiveness of coordinated versus unilateral fiscal policies reducing GHG emissions in the EU: an assessment of a 10% reduction by 2010 using the E3ME model. Energy Policy, 26: 1083-1098.

Baron. 1997. Economic/fiscal instruments: competitiveness issues related to carbon/energy taxation. Policies and Measures for Common Action: Working Paper: 14.

Bemelmans-Videc M L, Rist R C, Vedung E. 1998. Carrots, Sticks, and Sermons: Policy Instruments and Their Evaluation. New Brunswick, N. J.: Transaction.

Berg S A, Forsund F R, Jansen E S. 1992. Malmquist Indices of Productivity Growth During the Deregulation of Norwegian Banking 1980—89. Scandinavian Journal of Economics: 211-228.

Bergh B, Opschoor. 1998. Economic growth and emissions: reconsidering the empirical basis of environmental Kuznets curves. Ecological Economics, 25: 161-175.

Bergland H, Pedersen P A. 1997. Catch regulation and accident risk: the moral hazard of fisheries' management. Marine Resource Economics, 12 (4): 281-292.

Berkhout, Carbonell, Muskens. 2004. The expost impact of an energy tax on household energy demand. Energy Economics, 26: 297-317.

Berndt E R, Wood D O. 1975. Technology, prices, and the derived demand for energy. The Review of Economics and Statistics, 5: 259-268.

Berndt E R. 1978. Aggregate energy, efficiency and productivity measurement. Annual Review of Energy, 3: 225-249.

Bernstein R, Madlener R. 2005. The Impact of Disaggregated ICT Capital on Electricity Intensity of Production: Econometric Analysis of Major European Industries. FCN Working Paper No. 4/2008

Birol F, Keppler J H. 2000. Prices, technology development and the rebound effect. Energy Policy, 28 (6-7): 457-469.

Bjorner, Jensen. 2002. Energy taxes, voluntary agreements and investment subsidies—a micro-panel analysis of the effect on Danish industrial companies' energy demand. Resource and Energy Economics, 24: 229-249.

Bohringer, Rutherford. 1997. Carbon taxes with exemptions in an open economy: a general equilibrium analysis of the german tax initiative. Journal of Environmental Economics and Management, 32:

189-203.

Bovenberg, Ploeg. 1996. Optimal taxation, public goods and environmental policy with involuntary unemployment. Journal of Public Economics, 62: 59-83.

Boyd G A, Pang J X. 2000. Estimating the linkage between energy efficiency and productivity. Energy Policy, 28: 289-296.

Brannlund, Nordstrom. 2004. Carbon tax simulations using a household demand model. European Economic Review, 48: 211-233.

Bruvoll, Larsen. 2004. Greenhouse gas emissions in Norway: do carbon taxes work? Energy Policy, 32: 493-505.

Buettner. 2003. Tax base effects and fiscal externalities of local capital taxation: evidence from a panel of German jurisdictions. Journal of Urban Economics, 54: 110-128.

Burniaux J M, Nicoletti G, Oliveira- Martins J. 1992. GREEN: A Global Model for Quantifying the Costs of Policies to Curb CO_2 Emissions. OECD Economic Studies No. 19, Winter, 49-92.

Burtraw D, Toman M. 1997. The Benefits of Reduced Air Pollutants in the US from Greenhouse Gas Mitigation Policies. Resources for the Future Discussion Paper 98- 01, Resources for the Future, Washington D. C.

Burtraw, Krupnick, Palmer, et al. 2003. Ancillary benefits of reduced air pollution in the US from moderate greenhouse gas mitigation policies in the electricity sector. Journal of Environmental Economics and Management, 45: 650-673.

Callan, Lyons, Scott, et al. 2009. The distributional implications of a carbon tax in Ireland. Energy Policy, 37: . 407-412.

Cason T N. 1993. Seller incentive properties of EPA's emission trading auction. Journal of Environmental Economics and Management, 25 (2): 177-195.

Cason T N. 1995. An experimental investigation of the seller incentives in the EPA's emission trading auction. American Economic Review, 85 (4): 905-922.

Cason T N, Plott C R. 1996. EPA's new emissions trading mechanism: a laboratory evaluation. Journal of Environmental Economics and Management, 30 (2): 133-160.

Charles J, O'Kelly, David J. 1996. The flagellar apparatus of Cafeteria roenbergensis Fenchel & Patterson. European Journal of Protistology, 32: 216-226

Cheng F Lee, Sue J Lin, Lewi, et al. 2007. Effects of carbon taxes on different industries by fuzzy goal programming: a case study of the petrochemical-related industries, Taiwan. Energy Policy, 35: 4051-4058.

Cheng F Lee, Sue J Lin, Lewis. 2008. Analysis of the impacts of combining carbon taxation and emission trading on different industry sectors. Energy Policy, 36: 722-729.

Chiang P K, Gordon P K, Tal J, et al. 1996. S-Adenosylmethionine and methylation. FASEB, 10: 471-480.

Cho Youngsang, Lee Jongsu, Kim Tai-Yoo. 2007. The impact of ICT investment and energy price on industrial electricity demand: Dynamic growth model approach. Energy Policy, 35 (9): 4730-4738.

Coase R H. 1960. The problem of social cost. Journal of Law and Economics, 3 (1): 1-44.

Coase R H. 1992. The institutional structure of production. American Economic Review, 82: 713-719.

Coelli T J. 1992. A computer program for frontier production function estimation: Frontier version 2. 0. Economics Letters, 39: 29-32

Coelli T J. 1996. A Guide to DEAP Version 2. 1: A Data Envelopment Analysis (Computer) Program. CEPA Working Paper 96/8, Department of Economertrics, University of New England, Armidale NSW Australia.

Coelli T J, Rao D S P, Battese G E. 1998. An Introduction to Efficiency and Productivity Analysis. Boston: Kluwer Academic Publishers.

Collard F, Fève P, Portier F. 2005. Electricity consumption and ICT in the French service sector. Energy Economics, 27 (3): 541-550.

Collins C. 1992. Transport Energy Management Policies: Potential in New Zealand. Wellington: Ministry of Commerce.

Coondoo, Dinda. 2008. Carbon dioxide emission and income: A temporal analysis of cross-country distributional patterns. Ecological Economics, 65: 375-385.

Cramton, Kerr. 2002. Tradable carbon permit auctions, How and why to auction not grandfather. Energy Policy, 30: 333-345.

Cremer, Gahvari. 2001. Second-best taxation of emissions and polluting goods. Journal of Public Economics, 80: 169-197.

Cremer, Gahvari. 2004. Environmental Taxation, tax competition, and harmonization. Journal of Urban Economics, 55: 21-45.

Dales J H. 1968. Pollution, Property and Prices. Toronto, Canada: University of Toronto Press.

Dasgupta P. 1982. The Control of Resources. Oxford: Basil Blackwell.

Davies J C M. 1998. Pollution Control in the United States: Evaluating the System. Rff Press.

Debreu G. 1951. The coefficient of resource utilization. Econonmetrica, 19: 272-292.

Demsetz H. 1967. Toward a theory of property rights. American Economic Review, 3: 12-15.

Dhakal S. 2009. Urban energy use and carbon emissions from cities in China and policy implications. Energy Policy, 37: 4208-4219.

Dijkgraaf, Vollebergh. 2001. A note on testing for environmental Kuznets curves with panel data. Fondazione Eni Enrico Mattei Working Paper, No. 63.

Dinda S. 2004. Environmental Kuznets curve hypothesis: a survey. Ecological Economics, 49: 431-455.

Dissou Y. 2005. Cost-effectiveness of the performance standard system to reduce CO_2 emissions in Canada. Resource and Energy Economics, 27: 187-207.

Dixon J A, Howe C W. 1993. Inefficiencies in water project design and operation in the third world: an economic perspective. Water Resources Research, 29 (7): 1889-1894.

Dolmas, Huffman. 1997. The political economy of endogenous taxation and redistribution. Economics Letters, 56: 223-227.

Douglass C N. 1981. The enclosure of ocean resources: Economics and the law of the sea. Public Choice, 3 (2): 377-388.

Ebohon O J, Ikeme A J. 2006. Decomposition analysis of CO_2 emission intensity between oilproducing and non-oil-producing sub-Saharan African countries. Energy Policy, (34): 3599-3611.

Ebohon O J, Ikeme A J. 2006. Decomposition analysis of CO_2 emission intensity between oil-producing and non-oil-producing sub-Saharan African countries. Energy Policy, (34): 3599-3611.

Edwards, Hutton. 2001. Allocation of carbon permits within a country: a general equilibrium analysis of the United Kingdom. Energy Economics, 23: 371-386.

Ekins P, Barker T. 2001. Carbon taxes and carbon emissions trading. Journal of Economic Surveys, 15: 325-76.

Ekins P. 1996. The secondary benefits of CO_2 abatement: How much emission reduction do they justify? Ecological Economics, 16: 13-24.

Ekins P. 1999. European environmental taxes and charges: recent experience, issues and trends. Ecological Economics, 31: 39-62.

Eyre N. 1996. External costs, What do they mean for energy policy? Energ Policy, 25: 85-95.

Fabrice C, Patrick F, Franck P. Electricity consumption and ICT in the French service sector. Energy Economics, 27 (3): 541-550.

Faiz A, Weaver C S, Walsh M P. 1996. Air Pollution from Motor Vehicles. International Bank for Reconstruction and Development/World Bank.

Fan Y, Liua L-C, Wu G, et al. 2007. Changes in carbon intensity in China: Empirical findings from 1980—2003. Ecological Economics, (62): 683-691.

Farrel M J. 1957. The measurement of productive efficiency. Journal of Royal Statistical Society, 120: 253-281.

Ferrier G D, Lovell C A K. 1990. Measuring cost efficiency in banking: Econometric and linear programming evidence. Journal of Econometrics, 46: 229-245.

Field B C, Grebenstein C. 1980. Capital-energy substitution in US manufacturing. The Review of Economics and Statistics, 62 (2): 207.

Fisher-vanden K, Jefferson G H, Jingkui M. 2006. Technology development and energy productivity in China. Energy Economics, 28 (5-6): 690-705.

Florosa, Vlachou. 2005. Energy demand and energy-related CO_2 emissions in Greek manufacturing: Assessing the impact of a carbon tax. Energy Economics, 27: 387-413.

Franciosi R, Isaac M, Pingry D, et al. 1993. An experimental investigation of the Hahn-Noll revenue neutral auction for emissions licenses. Journal Environmental Economic Management, 24 （1）: 1-24.

Frankhauser S. 1995. Valuing Climate Change: The Economics of the Greenhouse. London: Earth Scan Press: 21-24.

Friedl, Getzner. 2003. Determinants of CO_2 emissions in a small open economy. Ecological Economics, 45: 133-148.

Fullerton D, Metcalf G. 1998. Environmental taxes and the double dividend hypothesis: did you really expect something for nothing. Chicago-Kent Law Review, 73 （1）: 221-256.

Fullerton D, Metcalf G. 2001. Environmental controls, scarcity rents, and pre-existing distortions. Journal of Public Economics, 80: 249-268.

Fuss M. 1977. The demand for energy in Canadian manufacturing: An example of the estimation of production structures with many inputs. Journal of Econometrics, 5 （1）: 89-116.

Färe R, Grosskopf S, Lovell C A K, et al. 1989. Multilateral productivity comparisons when some ourputs are undesirable: a nonparametric approach. The Review of Economics and Statistics, 71: 90-98.

Färe R, Lovell C A K. 1978. Measuring the Technical Efficiency of Koopmans, Activity Analysis of Production and Allocation. Cowles Commission for Research in Economics. New York: Wiley.

Galeotti, Lanza, Pauli. 2006. Reassessing the environmental Kuznets curve for CO_2 emissions: a robustness exercise. Ecological Economics, 57: 152-163.

Gang F, Stern N, Edenhofer O, et al. 2009. Going Clean—The Economics of China's Low-carbon Development. Sweden: Stockholm Environment Institute.

Glomma, Kawaguchi, Sepulveda. 2008. Green taxes and double dividends in a dynamic economy. Journal of Policy Modeling, 30: 19-32.

Godal O, Holtsmark B. 2001. Greenhouse gas taxation and the distribution of costs and benefits: the case of Norway. Energy Policy, 29: 653- 662.

Golany B, Roll Y. 1989. An application procedure for DEA. Omega, 17 （3）: 237-250.

Goto N. 1995. Macroeconomic and sectoral impacts of carbon taxation. Energy Economics, 17: 277-292.

Goulder L H, Williams R C, Burtraw D. 1999. The cost-effectiveness of alternative instruments for environmental protection in a second-best setting. Journal of Public Economics, 72: 329-360.

Goulder L H. 1995a. Environmental taxation and the double dividend: a readers' guide. International Tax and Public Finance, 2: 157-183.

Goulder L H. 1995b. Effects of carbon taxes in an economy with prior tax distortions: an intertemporal general equilibrium analysis. Journal of Environmental Economics and Management, 29: 271-297.

Green H M. 1997. Common low, property rights, and the environment: a comparative analysis of historical developments in the United States and England and a model for the future. Cornell

International Law Journal, 30 (2): 541.

Grimes P E, Roberts J T. 1997. Carbon Intensity and Economic Development1962-91: A Brief Exploration of the Environmental Kuznets Curve. World Development, 25: 191-198

Grossman G M, Krueger A B. 1991. Environmental impact of a north American free trade agreement. NBER Working paper No. 3914.

Grubler G. 1993. The transportation sector: growing demand and emissions. Pacific and Asian Journal of Energy, 2: 179-199.

Hahn R, Noll R. 1982. Designing a market for tradeable emissions permits//Magat W A. 1982. Reform of Environmental Regulation. Cambridge, Massachusetts: 119-146.

Hammar, Jagers. 2007. What is a fair CO_2 tax increase? On fair emission reductions in the transport sector. Ecological Economics, 61: 377-387.

Hamwey R, Baranzini A. 1999. Sizing the global GHG offset market. Energy Policy, 27 (3): 123-127.

Hanemann W M. 1995. Improving environmental policy: are markets the solution? Contemporary Economic Policy, 13 (1): 74-79.

Hanley N D, Shogren J F, White B. 2007. Environmental Economics in Theory and Practice. 2nd ed. New York: Palgrave Macmillan.

Hepburn C, Grubb M, Neuhoff K, et al. 2006. Auction of EU ETS phase II allowances: how and why? Climate Policy, 6 : 137-160.

Hill, Hadley. 1995. Federal tax effects on the financial attractiveness of renewable versus conventional power plants. Energy Policy, 23: 593-597.

Hisashi Ishitani, Yoichi Kaya. 1989. Robotization in Japanese manufacturing industries. Technological Forecasting and Social Change, (2): 97-131.

Hoeller P, Wallin M. 1991. Energy Prices, Taxes and Carbon Dioxide Emissions. OECD Economics and Statistics Department Working Papers, No. 106, OECD: Paris.

Holger Scheel. 2001. Undesirable outputs in efficiency valuations. EJOR, 132 (6): 400-410.

Holtz-Eakin D, Selden T M. 1995. Stoking the fires? CO_2 emissions and economic growth. Journal of Public Economics, 57 (1): 85-101.

Hu J L, Wang S C. 2006. Total-factor energy efficiency of regions in China. Energy Policy, 34: 3206-3217.

Hua Liao, Ying Fan, Yi-Ming Wei. 2007. What induced China's energy intensity to fluctuate: 1997—2006. Energy Policy, 35: 4640-4649.

IEA. 2004. World Energy Outlook (2004 Edition). http://www.iea.org.

IEA. 2006. Key World Energy Statistic (2006 Edition). http://www.iea.org.

IEA. 2009. CO_2 Emission from Fuel Combustion (2008 Edition) http://www.iea.org.

IFIAS. 1974. Energy Analysis Workshop on Methodology and Conventions. Sweden: Guldsmedshyttan.

International Federation of Institutes for Advanced Study. 1974. Energy Analysis Workshop on Methodology and Conventions. Report No. 6, IFIAS, Stockholm.

IPCC. 2007. Climate Change 2007: the Fourth Assessment Report of the Intergovernmental Panel on Climate Change. Cambridge: Cambridge University Press.

Jenkins R R. 1993. The Economics of Solid Waste Reduction: The Impact of User Fees. Aldershot, Hampshire: Edward Elgar.

Jenne C A, Cattell R K. 1983. Structural change and energy efficiency in industry. Energy Economics, 5: 114-123.

Ji Han, Yoshitsugu Hayashi. 2008. A system dynamics model of CO_2 mitigation in China's inter- city passenger transport. Transportation Research, Part D, 13: 298-305.

Joskow P L, Schmalensee R. 1998. The political economy of market- based environmental policy: the U. S. Acid Rain Program. Journal of Law and Economics, 41 (1): 37-84.

Kamat, Rose, Abler. 1999. The impact of a carbon tax on the Susquehanna River Basin economy. Energy Economics, 21: 363-384.

Kambara T. 1992. The energy situation in China. The China Quarterly, (131): 608-636.

Karen Fisher-vanden, Gary H Jefferson, Hongmei Liu, et al. 2004. What is driving China's decline in energy intensity? Resource and Energy Economics, 26 (1): 77-97.

Kaya Y. 1989. Impact of carbon dioxide emissions on GNP growth: Interpretation of proposed scenarios. Response Strategies Working Group, IPCC.

Kehoane N, Revesz R, Stavins R. 1998. The Positive Political Economy of Instrument Choice in Environmental Policy. London: Edward Elgar.

Klaassen G A J, Johannes B. 1991. Economics of sustainability or the sustainability of economics: Different paradigms. Ecological Economics, 4 (2): 93-115.

Klimenko, Mikushin, Tereshin. 1999. Do we really need a carbon tax? Applied Energy, 64: 311-316.

Kline J J, Menezes F M. 1999. A simple analysis of the US emission permits auctions. Economics Letters, 65: 183-189.

Kling C L, Zhao J H. 2000. On the long-run efficiency of auctioned vs. free permit. Economics Letters, 69 (2): 235-238.

Kneese B. 1968. Managing Water Quality: Economics, Technology, Institutions, Baltimore. Johns Hopking Press.

Kopczuk. 2005. Tax bases, tax rates and the elasticity of reported income. Journal of Public Economics, 89: 2093-2119.

Kouvaritakis B, Cannon M, Rossiter J A. 2002. Who needs QP for linear MPC anyway? Automatica, 38 (5): 879-884.

Labandeira, Labeaga, Rodriguez. 2009. An integrated economic and distributional analysis of energy policies. Energy Policy, 41: 1-11.

Laffont J J, Tirole J. 1996. Pollution permits and compliance strategies. Journal of Public Economics, 62 (1-2): 85-125.

Lan-Cui Liua, Ying Fana, Gang Wua, et al. 2007. Using LMDI method to analyze the change of China s industrial CO_2 emissions from final fuel use: An empirical analysis. Energy Policy, (35): 5892-5900.

Lee C, Wei X, Kysar J W, et al. 2008. Measurement of the elastic properties and intrinsic strength of monolayer graphene. Science, 321: 385-388.

Lee K, Oh W. 2006. Analysis of CO_2 emissions in APEC countries: a time-series and a cross-sectional decomposition using the log mean Divisia method. Energy Policy, 34: 2779-2787.

Liao H, Fan Y, Wei Y. 2007. What induced China's energy intensity to fluctuate: 1997—2006. Energy Policy, 35 (9): 4640-9.

Liu L, Fan Y, Wu G, et al. 2007. Using LMDI method to analyze the change of China's industry CO_2 emission from final fuel use: an empirical analysis. Energy Policy, 35 (11), 5892-5900.

Liu W, Sharp J. 1999. DEA Models Via Goal Programming//Westermann G. Data Envelopment Analysis in the Service Sector. Deutscher Universit attsverlag, Wiesbaden.

Lovell C A K. 1993. Production Frontier and Productive Efficiency? //Fried H O, Lovell C A K, Schmidt S S. The Measurement of Productive Efficiency. New York: Oxford University Press.

Lozano S, Villa G, Brannlund R. 2009. Centralised reallocation of emission permits using DEA. European Journal of Operational Reasearch, 193: 752-760.

Lyon R M. 1982. Auctions and alternative procedures for allocating pollution rights. Land Economics, 58 (1): 16-32.

MacKenzie I A, Hanley N, Kornienko T. 2008a. A permit allocation contest for a tradable permit market. Center of Economic Research, ETH Zu¨ rich. working paper, 08/82.

MacKenzie I A, Hanley N, Kornienko T. 2008b. The optimal initial allocation of pollution permits: a relative performance approach. Environ Resource Econ, 39: 265-282.

MacKenzie I A, Hanley N, Kornienko T. 2009. Using contests to allocate pollution rights. Energy Policy, 37: 2798-2806.

Maddison A. 1987. Growth and slowdown in advanced capitalist economies: techniques of quantitative assessment. Journal of Economic Literature, (2): 639-698.

Manne A S, Richels R G, Edmonds J A. 2005. Market exchange rates or purchasing power parity: does the choice make a difference to the climate debate? Climate Change, 71: 1-8.

Manne, Richels. 1993. The EC proposal for combining carbon and energy taxes. Energy Policy, 8: 5-12.

Manresa, Sancho. 2005. Implementing a double dividend: recycling ecotaxes towards lower labour taxes. Energy Policy, 33: 1577-1585.

Montgomery D W. 1972a. Markets in licenses and efficient pollution control programs. Journal of Economic Theory, 5: 395-418.

Montgomery D W. 1972b. Markets in licenses and efficient pollution rights. Journal of Environmental Economics and Management, 16: 156-166.

Nakata T, Lamont. 2001. Analysis of the impacts of carbon taxes on energy systems in Japan. Energy Policy, 29: 159-166.

Nakata T. 2004. Energy-economic models and the environment. Progress in Energy and Combustion Science, 30: 417-475.

Nordhaus W D. 1993. Rolling the "DICE": an optimal transition path for controlling greenhousegases" Resource and Energy Economics, 15 (1): 27-50.

OECD. 1996. Unemployment hysteresis-macro evidence from 16 OECD countries. Empirical Economics, 21 (4): 589-600.

Oehmke J. 1987. The allocation of pollutant discharge permits by competitive auction V. Resources and Energy, 9 (2): 153-162.

Opschoor J B, Pearce D W. 1991. Persistent Pollutants: Economics and Policy. Kluwer.

Paresh K N, Narayan S. 2010. Carbon dioxide emissions and economic growth: panel data evidence from developing countries. Energy Policy, 38: 661-666.

Parry I W H. 1995. Pollution taxed and revenue recycling. Journal of Environmental Economics and Management, 29: 64-77.

Parry I W H. 1999. When can carbon abatement policies increase welfare? The fundamental role of distorted factor markets. Journal of Environmental Economics and Management, 37: 52-84.

Parry I W H. 2004. Are emissions permits regressive? Journal of Environmental Economics and Management, 47: 364-387.

Parshall L, Gurney K, Hammer S A, et al. 2010. Modeling Energy Consumption and CO_2 Emissions at the Urban Scale: Methodological Challenges and Insights from the United States. Energy Policy, 38 (9): 4765-4782.

Patterson M G, Wadsworth C. 1993. Updating New Zealand's Energy Intensity Trends: What has Happened Since 1984 and Why? Wellington: Energy Efficiency and Conservation Authority.

Patterson M G. 1996. What is energy efficiency? Concepts, indicators and methodological issues. Energy Policy, 24 (5): 377-390.

Peace, Juliani. 2009. The coming carbon market and its impact on the American economy. Policy and Society, 27: 305-316.

Pearce D. 1991a. The role of carbon taxes in adjusting to global warming. Economic Journal, 101: 938-948.

Pearce D. 1991b. The Secondary Benefits of Greenhouse Gas Control. UK Department of the Environment.

Pearce D. 2006. The political economy of an energy tax: The United Kingdom's climate change levy. Energy Economics, 28: 149-158.

Peck S C, Teisberg T J. 1992. CETA: A model for carbon emissions trajectory assessment. The Energy Journal, 13 (1): 55-78.

Peretto. 2009. Energy taxesandendogenoustechnologicalchange. Journal of Environmental Economics and Management, 57: 269-283.

Pezzey J. 1992. Sustainability: an interdisciplinary guide. Environmental Values, 1 (4): 321-362.

Pigou A C. 1932. The Economics of Welfare. 4th ed. London: Macmillan.

Pizer W A. 1999. The optimal choice of climate change policy in the precent of uncertainty. Resource and energy Economics, 21 (3-4): 255-287.

Porter M E. 1990. The competitive advantage of nations. New York, N. Y. : Free Press.

Porter, van der Linde. 1995. Toward a new conception of the environment competitiveness relationship. Journal of Economic Perspectives, 9 (4): 97-118.

Probst K N, Beierle T C. 1999. The Evolution of Hazardous Waste Problems: Lessons from Eight Countries. Washington: Resources for the Future, Center for Risk Management.

Rashe R, Tatom J. 1977. Energy resources and potential GNP. Federal Reserve Bank of St. Louis Review, 59: 68-76.

Renshaw E F. 1981. Energy efficiency and the slump in labor productivity in the USA. Energy Economics, 3: 36-42.

Rose A, Stevens B. 1993. The efficiency and equity of marketable permits for CO_2 emission. Resource and Energy Economics, 15 (1): 117-146.

Rousseau S, Proost S. 2005. Comparing environmental policy instruments in the presence of imperfect compliance—a case study. Environmental and Resource Economics, 32: 337-365.

Ruth M, Bernier C, Meier A, et al. 2007. PowerPlay: Exploring decision making behaviors in energy efficiency markets. Technological Forecasting and Social Change, 74 (4): 470-490.

Saidel, Alves. 2003. Energy efficiency policies in the OECD countries. Applied Energy, 76: 123-134.

Scrimgeour, Les Oxley, Koli Fatai. 2005. Reducing carbon emissions? The relative effectiveness of different types of environmental tax: the case of New Zealand. Environmental Modelling & Software, 20: 1439-1448.

Shen-Guan Shih, Tsung-Pao Hu, Ching-Nan Chen. 2006. A game theory-based approach to the analysis of cooperative learning in design studios. Design Studies, 27: 711-722.

Shrestha R M, Timilsina G R. 1996. Factor affecting CO_2 intensities of power sector in Asia: a Divisia decompsition analysis. Energy Economics, 18 (4): 283-293.

Smith R, Tsur Y. 1997. Asymmetric immformation and the pricing of natural resource: the case of unmetered water. Land Economics, 73 (3): 392-403.

Smith, Hall, Mabey. 1995. Econometric modelling of international carbon tax regimes. Energy

Economics, 17: 133-146.

Song Tao, Zheng Tingguo, Tong Lianjun. 2008. An empirical test of the environmental Kuznets curve in China: a panel cointegration approach. China Economic Review, 19: 381-392.

Speck S. 1999. Energy and carbon taxes and their distributional implications. Energy Policy, 27: 659-667.

Spulber D F. 1985. Optimal environmental regulation under asymmetric imformation. Journal of Public Economics, 35: 163-181.

Stavins R N. 1996. Correlated uncertainty and policy instrument choice. Journal of Environmental Economics and Management, 30 (2): 218-232.

Stavins R N. 1997. What can we learn from the grand policy experiment? Positive and normative lessons from SO$_2$ allowance trading. Journal of Economic Perspectives, 12 (3): 69-88.

Stern D I. 2004. The rise and fall of the environmental Kuznets curve. World Development, 32: 1419-1439.

Sterner T. 2002. Policy Instruments for Environmental and Natural Resource Management. Swedian: Resource for Future.

Stigler G. 1996. The Economic Effects of the Antitrust Laws. Law & Economics, 9 (10): 225-258.

Sunnevåg K J. 2001. Auction design for the allocation of emission permits. Working Paper.

Svendsena G T, Christensen J L. 1999. The US SO$_2$ auction: analysis and generalization. Energy Economics, 21: 403-416.

Taerakul P, Sun P, Golightly D W, et al. 2007. Characterization and re-use potential of by-products generated from the Ohio State Carbonation and Ash Reactivation (OSCAR) process. Fuel, (04): 541-553.

Tietenberg T H. 1995. Tradeable permits for pollution control when emission location matters: what have we learned? Environmental and Resource Economics, 5 (2): 95-113.

Tietenberg T H. 1998. Disclosure Strategies for Pollution Control// Sterner T. The Market and the Environment. Cheltenham: Edward Elgar.

Tietenberg T. 2006. Emissions trading: principles and practice. 2nd ed. Washington: RFF Press.

Tiezzi S. 2005. The welfare effects and the distributive impact of carbon taxation on Italian households. Energy Policy, 33: 1597-1612.

Timo K, Bijsterbosch N, Dellink R. 2009. Environmental cost-benefit analysis of alternative timing strategies in greenhouse gas abatement: a data envelopment analysis approach. Ecological Economics, 68 (6): 1633-1642.

Toman M A. 2001. Climate Change Economics and Policy: An RFF Anthology. Washington: Resources for the Future.

Tone K, Sutsul M. 2007. Tuning SFA results for use in DEA. Grips research report series, National Graduate Institute for Policy Studies.

Torvanger A. 1991. Manufacturing sector carbon dioxide emission in nine OECD countries, 1973—1987: a Divisia decomposition to changes in fuel mix, emission coefficient, industry structure, energy intensities and international structure. Energy Economics, 13 (3): 168-186.

Tucker M. 1995. Carbon dioxide emissions and global GDP. Ecological Economics, 15 (3): 215-223.

Turvey R. 1963. On divergences between social cost and private cost. Economica, 30 (119): 309-313.

Vanden, Wing. 2008. Accounting for quality: Issues with modeling the impact of R&D on economic growth and carbon emissions in developing economies. Energy Economics, 30: 2771-2784.

Vetere A, Cooper J. 2000. Working systematically with family violence: risk, responsibility, and collaboration. International Perspectives on Child and Adolescent Mental Health, (1): 311-329.

Viklund M. 2004. Energy policy options—from the perspective of public attitudes and risk perceptions. Energy Policy, 32: 1159-1171.

Wang C, Chen J N, Zou J. 2005. Decomposition of energy-related CO_2 emission in China: 1957—2000. Energy, 30: 73-83.

Wang Y, Chandler W. 2010. The Chinese Nonferrous Metals Industry—Energy Use and CO_2 Emissions. Energy Policy, 38 (11): 6475-6484.

WCED. 1987. Our Common Future. Oxford: Oxford University Press.

Williamson O E. 1975. Markets and Hierarchies: Analysis and Antitrust Implications. New York, N. Y. : Free Press.

Wilson B, Trieu L H, Bowen B. 1994. Energy efficiency trends in Australia. Energy Policy, 22: 287-295.

Wissema, Dellink. 2007. AGE analysis of the impact of a carbon energy tax on the Irish economy. Ecological Economics, 61: 671-683.

World Bank. 1997. Five Years after Rio: Innovations in Environmental Policy. Environmentally Sustainable Development Studies and Monograph Series. No. 18. Washington: World Bank.

World Bank. 2001. China Country Brief. http://www.worldbank.org.

World Bank. 2006. World Development Indicator 2006. http://www.worldbank.org.

Wu JunJie, Zilberman, Babcock. 2001. Environmental and distributional impacts of conservation targeting strategies. Journal of Environmental Economics and Management, 41: 333-350.

Wu L, Kaneko S, Matsuoka S. 2005. Driving forces behind the stagnancy of China's energy-related CO_2 emission from 1996 to 1999: the relative importance of structural change, intensities change and scale change. Energy Policy, 33 (3): 319-335.

Xepapadeas, Zeeuw. 1999. Environmental policy and competitiveness: the porter hypothesis and the composition of capital. Journal of Environmental Economics and Management, 37: 165-182.

Xiangzhao F, Ji Z. 2008. Economic analysis of CO_2 emission trends in China. China Population, Resource and Eviroment, 18 (3): 43-47.

Yutaka Ikushima, Juncheng Lina, Poovathinthodiyil Raveendran. 2006. Synthesis of crystalline quantum dots in AOT-stabilized water-in-CO$_2$ microemulsions. Studies in Surface Science and Catalysis, 2: 729-732.

Zhang M, Mu H, Ning Y, et al. 2009. Decomposition of energy-related CO$_2$ emission over 1991—2006 in China. Ecological Economics, 68 (7): 2122-2128.

Zhang X P, Cheng X M. 2009. Energy consumption, carbon emissions, and economic growth in China. Ecological Economics, 68: 2706-2712.

Zhang Z X. 1996. Integrated economy-energy-environment policy analysis: a case study for the People's Republic of China. PhD thesis, Wageningen University, The Netherlands.

Zhang Z X. 1998. Macroeconomic effects of CO$_2$ emission limits: a computable general equilibrium analysis for China. Journal of Policy Modeling, 20 (2): 213-250.

Zhang Z X. 1999. Should the rules of allocating emissions permits be harmonised? Ecological Economics, 31: 11-18.

Zhang Z X. 2000. Can China afford to commit itself an emissions cap? An economic and political analysis. Energy Economics, 22: 587-614.

Zhang Z X. 2009. Is it fair to treat China as a Christmas tree to hang everybody's complaints? Putting its own energy saving into perspective. Energy Economics, 10: 10-19.

Zodrow R. 1992. Grandfather rules and the theory of optimal tax reform. Journal of Public Economiecs, 49: 163-190.

"Skip" Laitner, John A. 2000. Energy efficiency: rebounding to a sound analytical perspective. Energy Policy, 28 (6-7): 471-475.

后　记

本书是胡剑锋教授主持的国家自然科学基金项目"农村环境治理中的政策工具研究：基于均衡模型的分析"（77073107）和国家社会科学基金项目"建立健全节能减排的市场机制与政策体系研究"（08BJY066）的研究成果。

本书的较大部分内容已经在《管理世界》、《世界经济》、《财经研究》、《经济理论与经济管理》、《数量经济与技术经济研究》、《浙江大学学报》等国内学术刊物以及《China & World Economy》、《Frontiers of Economics in China》等国际刊物上公开发表。其中，三个阶段性研究成果分别获得 2009 年浙江省第十五届哲学社会科学优秀成果奖三等奖、2009 年浙江省高校优秀科研成果奖一等奖和 2008 年浙江省高校优秀科研成果奖二等奖。本书的部分研究成果已得到浙江省有关部门和地方政府的充分肯定及采纳。

在研究过程中，沈满洪教授、李植斌教授、彭熠副教授以及 15 名硕士研究生参与了相关专题的研究。对于与他们合作发表的论文，作者在每章的开头均给予了注释。通过两个国家基金以及一系列省部级和地方政府委托项目的研究，目前浙江理工大学已经形成了以胡剑锋教授为负责人、彭熠博士、魏楚博士等为骨干的"资源环境与区域发展"研究团队。该团队分别被列为 2010 年"浙江省高校创新团队"和 2011 年"浙江省科研院所创新团队"。

节能减排是一个复杂的工程，也是一项长期任务。希望本书的出版能引起理论工作者的共鸣，同时也希冀对实践部门能有所帮助。书中若有疏漏甚至错误之处，敬请读者不吝赐教（jfhu318@163.com）。

胡剑锋
2012 年 8 月于杭州下沙